21世纪高等学校规划教材 | 软件工程

实用软件测试教程

（第2版）

王法胜 李绪成 温艳冬 编著

清华大学出版社
北京

内容简介

本书主要介绍软件测试基础理论和测试技术，以及自动化测试工具的使用方法。全书共分为11章。第1章为测试基础部分，主要讲解软件测试的基础理论。第2章和第3章讲解测试用例的设计方法，较全面地介绍了常用的黑盒、白盒测试用例设计方法，以及IBM Rational Purify测试工具的使用方法。第4章介绍了单元测试的相关内容，以及常用的测试框架JUnit、HttpUnit、HtmlUnit等。第5章介绍了集成测试的理论及方法。第6章和第7章分别系统地介绍了功能测试和性能测试，还介绍了功能及性能自动化测试工具的使用方法，对主流的HP系列、IBM Rational系列自动化测试工具进行了较为详细的讲解。第8章和第9章分别介绍了本地化测试和网络互联与测试的相关内容。第10章和第11章分别介绍测试环境搭建技术以及软件测试管理理论，还简要介绍了QC的使用方法。

本书可作为高等院校、高职高专院校、示范性软件学院的软件工程、软件测试、软件技术以及计算机相关专业的学生软件测试课程的教材，也可作为从事软件开发和软件测试工作的专业技术人员学习软件测试的参考书和培训教材。

图书在版编目(CIP)数据

实用软件测试教程/王法胜，李绪成，温艳冬编著. --2版. --北京：清华大学出版社，2014(2025.2重印)
21世纪高等学校规划教材・软件工程
ISBN 978-7-302-33364-7

Ⅰ. ①实… Ⅱ. ①王… ②李… ③温… Ⅲ. ①软件－测试－高等学校－教材 Ⅳ. ①TP311.5

中国版本图书馆CIP数据核字(2013)第181010号

责任编辑：魏江江　王冰飞
封面设计：傅瑞学
责任校对：时翠兰
责任印制：曹婉颖

出版发行：清华大学出版社
网　　址：https://www.tup.com.cn，https://www.wqxuetang.com
地　　址：北京清华大学学研大厦A座　　**邮　　编**：100084
社 总 机：010-83470000　　**邮　　购**：010-62786544
投稿与读者服务：010-62776969，c-service@tup.tsinghua.edu.cn
质量反馈：010-62772015，zhiliang@tup.tsinghua.edu.cn
课件下载：https://www.tup.com.cn，010-62795954
印 装 者：涿州市般润文化传播有限公司
经　　销：全国新华书店
开　　本：185mm×260mm　　**印　　张**：19　　**字　　数**：458千字
版　　次：2011年6月第1版　　2014年4月第2版　　**印　　次**：2025年2月第12次印刷
印　　数：8401～8900
定　　价：39.00元

产品编号：054543-01

出版说明

随着我国改革开放的进一步深化，高等教育也得到了快速发展，各地高校紧密结合地方经济建设发展需要，科学运用市场调节机制，加大了使用信息科学等现代科学技术提升、改造传统学科专业的投入力度，通过教育改革合理调整和配置了教育资源，优化了传统学科专业，积极为地方经济建设输送人才，为我国经济社会的快速、健康和可持续发展以及高等教育自身的改革发展做出了巨大贡献。但是，高等教育质量还需要进一步提高以适应经济社会发展的需要，不少高校的专业设置和结构不尽合理，教师队伍整体素质亟待提高，人才培养模式、教学内容和方法需要进一步转变，学生的实践能力和创新精神亟待加强。

教育部一直十分重视高等教育质量工作。2007 年 1 月，教育部下发了《关于实施高等学校本科教学质量与教学改革工程的意见》，计划实施"高等学校本科教学质量与教学改革工程(简称'质量工程')"，通过专业结构调整、课程教材建设、实践教学改革、教学团队建设等多项内容，进一步深化高等学校教学改革，提高人才培养的能力和水平，更好地满足经济社会发展对高素质人才的需要。在贯彻和落实教育部"质量工程"的过程中，各地高校发挥师资力量强、办学经验丰富、教学资源充裕等优势，对其特色专业及特色课程(群)加以规划、整理和总结，更新教学内容、改革课程体系，建设了一大批内容新、体系新、方法新、手段新的特色课程。在此基础上，经教育部相关教学指导委员会专家的指导和建议，清华大学出版社在多个领域精选各高校的特色课程，分别规划出版系列教材，以配合"质量工程"的实施，满足各高校教学质量和教学改革的需要。

为了深入贯彻落实教育部《关于加强高等学校本科教学工作，提高教学质量的若干意见》精神，紧密配合教育部已经启动的"高等学校教学质量与教学改革工程精品课程建设工作"，在有关专家、教授的倡议和有关部门的大力支持下，我们组织并成立了"清华大学出版社教材编审委员会"(以下简称"编委会")，旨在配合教育部制定精品课程教材的出版规划，讨论并实施精品课程教材的编写与出版工作。"编委会"成员皆来自全国各类高等学校教学与科研第一线的骨干教师，其中许多教师为各校相关院、系主管教学的院长或系主任。

按照教育部的要求，"编委会"一致认为，精品课程的建设工作从开始就要坚持高标准、严要求，处于一个比较高的起点上；精品课程教材应该能够反映各高校教学改革与课程建设的需要，要有特色风格、有创新性(新体系、新内容、新手段、新思路，教材的内容体系有较高的科学创新、技术创新和理念创新的含量)、先进性(对原有的学科体系有实质性的改革和发展，顺应并符合 21 世纪教学发展的规律，代表并引领课程发展的趋势和方向)、示范性(教材所体现的课程体系具有较广泛的辐射性和示范性)和一定的前瞻性。教材由个人申报或各校推荐(通过所在高校的"编委会"成员推荐)，经"编委会"认真评审，最后由清华大学出版

社审定出版。

目前,针对计算机类和电子信息类相关专业成立了两个“编委会”,即“清华大学出版社计算机教材编审委员会”和“清华大学出版社电子信息教材编审委员会”。推出的特色精品教材包括:

(1) 21世纪高等学校规划教材·计算机应用——高等学校各类专业,特别是非计算机专业的计算机应用类教材。

(2) 21世纪高等学校规划教材·计算机科学与技术——高等学校计算机相关专业的教材。

(3) 21世纪高等学校规划教材·电子信息——高等学校电子信息相关专业的教材。

(4) 21世纪高等学校规划教材·软件工程——高等学校软件工程相关专业的教材。

(5) 21世纪高等学校规划教材·信息管理与信息系统。

(6) 21世纪高等学校规划教材·财经管理与应用。

(7) 21世纪高等学校规划教材·电子商务。

(8) 21世纪高等学校规划教材·物联网。

清华大学出版社经过三十多年的努力,在教材尤其是计算机和电子信息类专业教材出版方面树立了权威品牌,为我国的高等教育事业做出了重要贡献。清华版教材形成了技术准确、内容严谨的独特风格,这种风格将延续并反映在特色精品教材的建设中。

清华大学出版社教材编审委员会

联系人:魏江江

E-mail:weijj@tup.tsinghua.edu.cn

前 言

软件测试正在成为IT产业生命力的重要保障，越来越多的高校开设了相关课程并设置了与软件测试相关的专业方向以培养测试方面的人才，旺盛的需求在高校培养体系中不断得以体现。与此相得益彰的是软件测试相关的书籍的不断出现。《实用软件测试教程》(第1版)自问世以来，得到了读者较为广泛的关注，让作为作者的我们受宠若惊，部分高校的同行陆续通过电子邮件给我们提出了许多宝贵的修改意见。汇总了同行们的意见后，我们决定对第1版进行修订，使得这本书能够在保留原有风格的同时，更适合学生们学习参考。

全书共分为11章。第1章介绍了软件测试的基础理论，从软件开发过程开始，由浅入深，用较为简洁的语言概述了软件测试的发展历程，从定义、软件缺陷、分类、过程模型、测试的原则、测试的误区等几个方面，让读者初步了解软件测试框架。第2章介绍了黑盒测试用例设计方法，对常用的等价类划分法、边界值分析法、决策表法、场景法、正交实验法等进行了介绍。尤其是对日益受到重视的场景法，本书从理论到实践，进行了系统讲解。第3章介绍了白盒测试用例设计方法，主要讲解逻辑覆盖、基本路径、循环测试、代码审查等内容，并在最后一部分介绍了IBM Rational Purify测试工具的实际运用。第4章介绍了单元测试及常用的单元测试框架JUnit、HttpUnit和HtmlUnit。第5章介绍了集成测试的基本理论与方法。第6章和第7章主要介绍了与功能及性能测试的基本理论及实践相关的内容，并着重介绍了HP QuickTest Professional、IBM Rational Robot、IBM Rational Functional Tester等功能自动化测试工具，HP LoadRunner、IBM Rational Performance Tester等性能自动化测试工具的实际应用。第8章介绍了本地化测试的相关内容，包括基本概念、简体中文本地化规范、本地化测试工程师等内容。第9章以计算机网络技术为基础，讲述了网络互联与测试的基础知识，包括OSI的七层模型、TCP/IP协议族、IP地址分类、ping命令、tracert命令、ipconfig命令、arp命令、ftp命令和网络故障分析。第10章介绍了测试环境搭建的内容，包括测试环境的概述、Windows系统及Linux系统环境下的典型测试环境搭建以及常见问题的解决方法。第11章介绍了软件测试管理的相关内容，包括缺陷管理、团队管理、风险管理、过程管理，最后简单介绍了Quality Center测试管理工具。本书每一章的最后都有小结部分，供读者在学习过程中进行阶段性总结。

本书是在总结了作者多年教学软件测试课程建设和教学经验，以及作者在软件公司从事测试工作的经验的基础上进行编写的。在编写过程中，作者参考了大量的国内外参考文献资料，不断进行充实和总结，最终完成了本书的编写工作。本书原稿及第1版经过了多轮的试用，经过了实践的检验。本书适用于高等院校、高职高专院校、示范性软件学院的软件工程、软件测试、软件技术等专业，以及计算机相关专业的学生使用，可作为软件测试课程的教材；本书也适用于从事软件开发和软件测试工作的专业技术人员，作为学习软件测试的参考书和培训教材。

在编写过程中,作者得到了多位老师和前辈的帮助,在此对他们表示感谢。同时,我们要感谢清华大学出版社的编辑,他们在本书出版的过程中提出了认真细致的修改意见,使得本书在最大程度上避免了错误的出现。

对于书中存在的不足之处,恳请读者批评指正。

编　者

2013年12月

目录

第1章 软件测试基础

学习目标

- 软件和软件开发过程模型
- 软件测试的发展过程
- 软件测试的定义和分类
- 软件测试的过程模型
- 软件测试的原则

软件测试与软件开发是密不可分的。本章首先简要介绍主要的软件开发过程模型，其次介绍软件测试的基本概念以及测试过程模型，最后介绍软件测试工程师应遵循的软件测试原则。

1.1 软件开发过程

软件在当今的信息社会中占有重要的地位，软件产业是信息社会的支柱产业之一。随着软件应用范围的日益广泛、软件规模的日益扩大，人们开发、使用、维护软件必须采用工程化的方法，才能经济有效地解决软件问题。

1983年国际电子电气工程师协会(Institute of Electrical and Electronics Engineers, IEEE)将软件定义为：计算机程序、方法、规则和相关文档资料以及在计算机上运行时所必需的数据。目前对软件比较公认的解释是：程序、支持程序运行的数据以及与程序有关的文档资料的完整集合。其中，程序是按事先设计的功能和性能要求执行的指令序列，数据是使程序能正常操作信息的数据结构，文档是与程序开发、维护和使用有关的图文材料。

软件开发应该是一种组织良好、管理严密、各类人员协同配合、共同完成的工程项目，需要充分吸收和借鉴人类长期以来从事各种工程项目所积累的行之有效的管理、概念、技术和方法，特别要吸取几十年来人类从事计算机硬件研究和开发的经验教训。几十年的软件开发实践证明：按工程化的原则和方法组织管理软件开发工作是有效的，是摆脱软件危机的一个主要方法。为了解决软件危机，既要有技术措施(方法和工具)，又要有必要的组织管理措施(例如软件质量管理和配置管理)。

软件生命周期模型是从软件需求定义直至软件交付使用后报废为止，在这整个生存期中的系统开发、运行和维护所实施的全部过程、活动和任务的结构框架。到目前为止已经提出了多种模型，主要有线性顺序模型，即传统的瀑布模型(Waterfall Model)、原型模型

(Prototype Model)、螺旋模型(Spiral Model)等。模型的选择是基于软件的特点和应用的领域。下面介绍一些典型的模型。

1.1.1 线性顺序模型

线性顺序模型提出了系统地按顺序开发软件的方法,从系统级开始分析、设计、编码、测试和支持。从传统工程周期的角度,线性顺序模型包含以下活动:问题定义、需求分析、软件设计、编码、测试、运行和维护,如图 1-1 所示。各项活动以自上而下、相互衔接,如同瀑布流水、逐级下落,体现了不可逆转性。

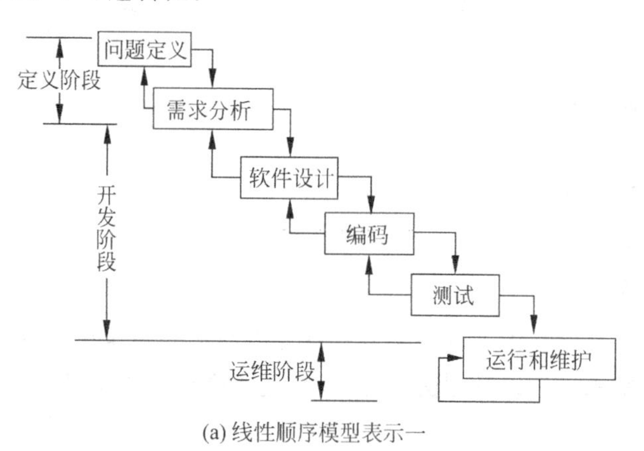

(a) 线性顺序模型表示一

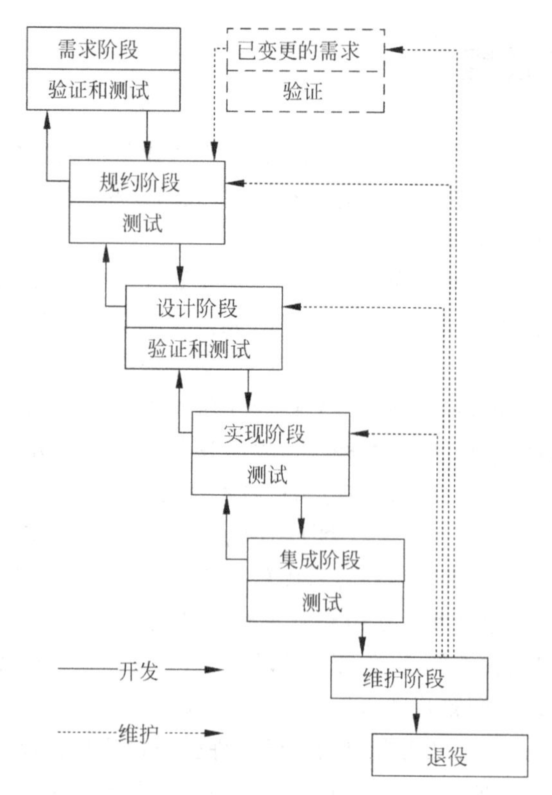

(b) 线性顺序模型表示二

图 1-1 线性顺序模型的表示

软件开发的实践表明，上述各项开发活动之间并非完全是自上而下的线性模式。实际上，要对每项活动实施的工作进行评审，如果该项活动得到确认则继续进行下一项活动，在图 1-1 中用向下的箭头表示；否则返回前面的活动进行返工，在图 1-1 中用向上的箭头表示。

线性顺序模型的优点表现在它强调开发的阶段性、强调早期计划和需求调查以及强调产品测试。但是在使用时有时会遇到如下一些问题。

(1) 实际项目很少按照该模型给出的顺序进行。虽然线性模型允许迭代，但却是间接的，在项目开发过程中可能会引起混乱。

(2) 客户常常难以清楚地给出所有需求，而该模型却要求必须如此，所以它不能接受在许多项目的开始阶段自然存在的不确定性。

(3) 客户必须有耐性。一直要等到项目开发周期的后期才能得到程序的运行版本，此时若发现大的错误，其后果可能是灾难性的。

(4) 过分依赖于早期进行的需求调查，不能适应需求的变化；由于是单一流程，开发中的经验教训不能反馈应用于本产品的过程；风险往往迟至后期的开发阶段才会显露出来，因而失去了及早纠正的机会，项目开发往往会失去控制。

尽管存在以上问题，传统的生存周期模型在软件工程中仍然占有非常重要的位置。它提供了一个模板，使得分析、设计、编码、测试和支持的方法可以在此指导下执行。

1.1.2　原型实现模型

原型实现模型的基本思想是：原型实现模型从“需求的采集和细化”开始，如图 1-2 所示，然后是“快速设计”，集中于软件中那些对用户或客户可见的部分的表示(如输入方式和输出格式)，并最终导致原型的创建。这个过程是迭代的。原型由用户或客户评估，并进一步精化待开发软件的需求，通过逐步调整以满足用户要求，同时也使开发者对将要做的事情有一个更好的理解。

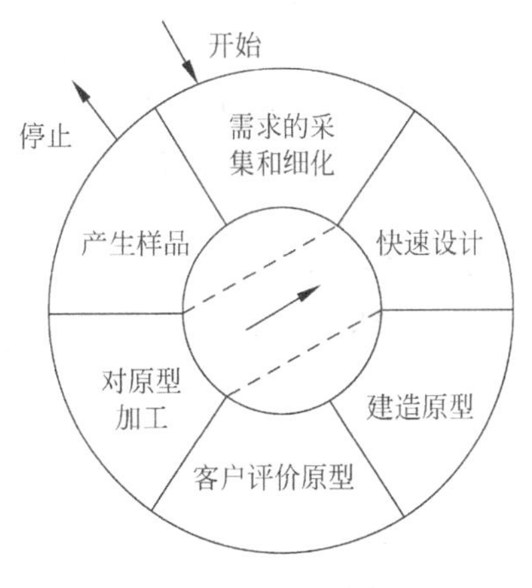

图 1-2　原型实现模型

原型实现模型的主要价值是可视化、强化沟通、降低风险、节省后期变更成本、提高项目成功率。一般来说，采用原型实现模型后可以改进需求质量；虽然先期投入了较多的时间，但可以显著减少后期变更的时间；原型投入的人力成本代价并不大，但可以节省后期成本；对于较大型的软件来说，原型系统可以成为开发团队的蓝图。另外，原型通过充分与客户交流，还可以提高客户的满意度。

根据运用原型的目的和方式不同，原型的类型有以下两种。

(1) 抛弃型或丢弃型。先构造一个功能简单而且质量要求不高的模型系统，针对这个模型系统反复进行分析修改，形成比较好的设计思想，据此设计出更加完整、准确、一致、可靠的最终系统。系统构造完成后，原来的模型系统就被丢弃不用。这种类型通常是以对系统的某些功能进行实际验证为目的，本质上仍然属于瀑布模型，只是以原型作为一种辅助的验证手段。

(2) 演化型或追加型。先构造一个功能简单而且质量要求不高的模型系统，作为最终系统的核心，然后通过不断地扩充修改，逐步追加新要求，最后发展成为最终系统。软件的原型是最终系统的第一次演化。也就是说，首先进行需求调研和分析，然后选择一个优秀的开发工具快速开发出一个原型来请用户试用，用户经过试用提出修改建议，开发人员修改原型，再返回到用户进行试用，这个过程经过多次反复直到最终用户满意为止。

使用演化模型具有以下几个好处。

(1) 任何功能一经开发就能进入测试，以便验证是否符合产品需求。

(2) 帮助导出高质量的产品要求。如果一开始无法了解所有的产品需求，也可以分批获取，而对于已提出的产品需求则可根据对现阶段原型的试用而做出修改。

(3) 风险管理较少，可以在早期就获得项目进程数据，可据此对后续的开发循环做出比较切实的估算，提供机会去采取早期预防措施，增加项目成功的几率。

(4) 有助于在早期建立产品开发的配置管理、产品构建、自动化测试、缺陷跟踪、文档管理，均衡整个开发过程的负荷。

(5) 开发中的经验教训能反馈应用于本产品的下一个循环过程，将大大提高产品质量与工作效率。

(6) 在风险管理中，若发现资金或时间已超出可承受的程度，则可以调整后续开发，或在一个适当时刻结束开发，但仍然要有一个具有部分功能的、可使用的产品。

(7) 开发人员早日见到产品的雏形，可在心理上获得一种鼓舞。

(8) 提高产品开发各过程的并行化程度。用户可以在新的一批功能被开发、测试后，立即参加验证工作，以提供有价值的反馈。此外，销售工作也有可能提前进行，因为开发方可以在产品开发的中后期用包含了主要功能的产品原型向客户作展示和试用。

演化模型同时也存在一些缺点：在一开始如果没有彻底了解所有的产品需求，则会给总体设计带来困难并削弱产品设计的完整性，最终影响产品性能的优化及产品的可维护性；如果缺乏严格的过程管理，这个生命周期模型就很可能退化为一种原始的、无计划的“试验-出错-改正”模式；会给心理上带来松懈，可能会自认为虽然不能完成全部功能，但还是会构造出一个有部分功能的产品；如果不加控制地让用户接触开发中尚未测试稳定的功能，可能会对开发人员和用户都会产生负面的影响。

尽管存在以上问题，原型模型仍是软件工程的一个有效模型，关键是定义开始时的执行规则，即客户和开发商两方面必须达成一致：原型被建造仅是为了定义需求，之后就被抛弃(或至少部分被抛弃)，实际软件在充分考虑了质量和可维护性之后才能被开发。

1.1.3 螺旋模型

螺旋模型被划分为若干个框架活动(或称任务区域)，典型情况下沿着顺时针方向划分为3个～6个任务区域。图1-3画出了包含6个任务区域的螺旋模型，在笛卡儿坐标的4个象限上分别表达了以下不同方面的活动。

(1) 客户交流。确定需求、选择方案、设定约束条件。

(2) 制订计划。定义资源、进度及其他相关项目信息所需的任务。

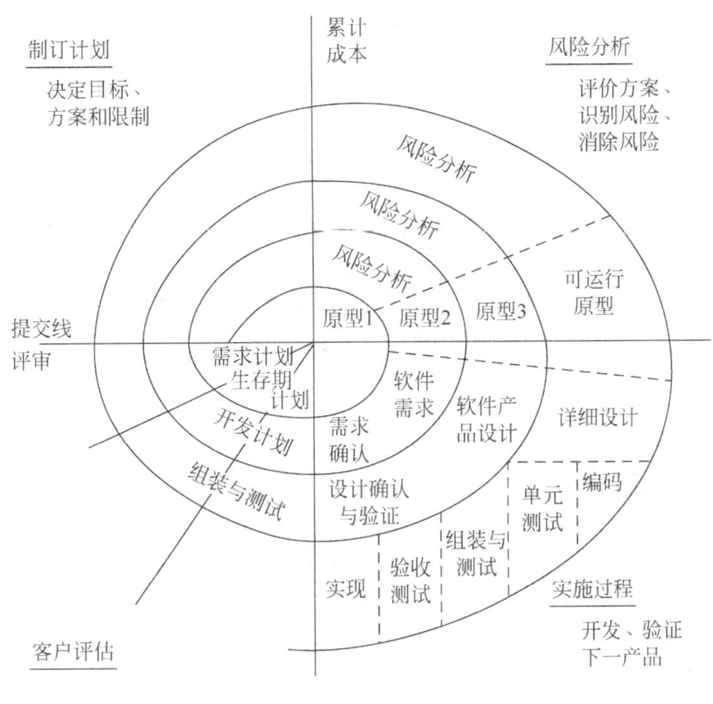

图 1-3 螺旋模型

(3) 风险分析。评估技术及管理的风险，制订控制风险措施的任务。

(4) 实施过程。实施软件开发和验证。

(5) 构造及发布。构造、测试、安装和提供用户支持(如文档和培训)所需要的任务。

(6) 客户评估。对在工程阶段产生的或在安装阶段实现的软件表示的评估，并获得客户反馈所需要的任务。

每一个区域都含有一系列适应待开发项目特点的工作任务，被称为任务集合。对于较小的项目，工作任务的数目及其形式化程度均较低；对于较大的、关键的项目，每一个任务区域包含较多的工作任务以得到较高级别的形式化。

随着演化过程的开始，软件工程项目组按顺时针方向从中心开始沿螺旋线移动，依次产生产品的规约、原型、软件更完善的版本。经过计划区域的每一圈都对项目计划进行调整，基于从客户评估得到的反馈调整费用和进度，并且项目管理者可以调整完成软件所需计划的迭代次数。

螺旋模型在"瀑布模型"的每一个开发阶段之前，引入非常严格的风险识别、风险分析和风险控制，直到采取了消除风险的措施之后，才开始计划下一阶段的开发工作。否则，项目就很可能被取消。另外，如果有充足的把握判断遗留的风险已降低到了一定的程度，项目管理人员则可做出决定让余下的开发工作采用另外的生命周期模型。

对于大型系统及软件的开发，螺旋模型是一个很实用的方法。在软件过程的演化中，开发者和用户或客户能够更好地理解和对待每一个演化级别上的风险，所以，螺旋模型可以使用原型实现作为降低风险的手段，而且开发者在产品演化的任意一个阶段都可应用原型实现方法。螺旋模型在保持传统生存周期模型中系统的、阶段性的方法基础上，对其使用迭代框架，这就更真实地反映了现实世界。而且螺旋模型可以在项目的所有阶段直接考虑技术风险,如果应用得当,就能够在风险出现之前降低该风险出现的概率。因此,螺旋模型具有以下的优点。

(1) 强调严格的全过程风险管理。

(2) 强调各开发阶段的质量。

(3) 提供机会检讨项目是否有价值继续下去。

但是,螺旋模型相对比较新,可能难以使用户或客户(尤其在合同情况下)相信演化方法是可行的,而且不像线性顺序模型或原型实现模型那样被广泛应用,对其功效的完全确定还需要时间。此外,它需要非常严格的风险识别、风险分析和风险控制的专业技术,且其成功依赖于这种专业技术,这对风险管理的技术水平提出了很高的要求,还需要对人员、资金和时间进行较大投入。

1.2 软件测试概述

本节主要讲述软件测试的发展、定义、分类以及软件缺陷的相关内容,使读者对软件测试的相关术语建立初步的认识。本节首先从几个经典的软件缺陷案例开始介绍。

1.2.1 软件缺陷的案例

1. 美国迪斯尼公司的《狮子王动画故事书》游戏软件的缺陷

这是一个典型的软件兼容性问题。1994年,美国迪斯尼公司发布面向少年儿童的多媒体游戏软件《狮子王动画故事书》。经过迪斯尼公司的大力促销活动,销售异常火爆,使该软件游戏几乎成为当年秋季全美少年儿童必买的游戏。但产品售后不久,该公司的客户支持部的电话就一直不断,愤怒的儿童家长和玩不成游戏的孩子们投诉该游戏软件的大量缺陷,一时间各种报纸和电视媒体也大量报道了这一游戏软件中的各种问题。后经调查证实,造成这一严重问题的原因是迪斯尼公司没有对该游戏软件在投入市场上使用的各种PC机型上进行正确测试,也就是说游戏软件对硬件环境的兼容性没有得到保证。该游戏软件在开发该程序的、程序员的、硬件系统上的工作是正常的,但在大众使用的常见系统中却存在不兼容问题。该软件故障使迪斯尼公司声誉大损,并为改正软件缺陷和故障付出了沉重的代价。

2. 美国航天局登陆火星事故

1999年12月3日,美国航天局的火星基地登陆飞船在试图登陆火星表面时突然失踪。负责这一太空发展项目的错误修正委员会的专家们观测到并分析了这一事故,确定出现该故障的原因可能是由于某一数据位被意外地更改,最终造成了灾难性的后果,并得出该问题应该在内部测试时就予以解决的结论。

简要地说,火星登陆的过程是这样的:当飞船快要降落到火星表面时,它将打开着陆降落伞减缓飞船的下落速度。在降落伞打开后的几秒钟内,飞船的三条支撑脚将迅速撑开,并在预定的地点着陆。在飞船离火星表面1800m高空时,飞船将丢弃降落伞,同时点燃登陆推进器,控制稳定飞船的下降速度,使其在余下的行程缓慢降落到火星表面。

然而，美国航天局为了节省研制经费，简化了确定何时关闭登陆推进器的装置。为了替代其他太空船上通常使用的贵重的着陆雷达系统，设计师们在登陆飞船的支撑脚上安装了一个简易廉价的触电开关，并在计算机中设置一个数据位来控制关闭登陆推进器的燃料。很明显，飞船的支撑腿在没有着地之前，推进器引擎就会一直处于着火工作状态。

遗憾的是，在事后的分析测试中发现，当飞船的支撑脚迅速打开准备着陆时，机械震动很容易触发着地触电开关，导致设置了错误的数据位，关闭了登陆推进器的燃料。设想当飞船开始进入着陆动作时，由于机械震动的缘故，触发了着地触电开关，计算机极有可能关闭了推进器的燃料，也就是说使得登陆推进器提前停止了工作，使火星登陆飞船加速下坠1800m之后直接冲向火星表面，被撞成碎片。

这一事故的后果非常严重，损失巨大，然而起因却如此简单——软件设计中的缺陷。事实是在飞船登陆飞行发射之前，飞船各部位的工作过程经过了多个小组的测试，其中一个小组测试飞船的支撑脚落地打开过程，另一个小组测试此后的着陆过程。前一个小组没有注意到着地数据位是否已经置位，因为这不属于他们负责的范围；而后一个小组总是在开始测试之前重置计算机，进行数据的初始化，清除数据位。双方的独立工作都很好，但从未在一起进行过集成（系统）测试，使系统测试中的衔接问题被隐藏起来，从而导致了这一灾难性事故的发生。

3. 跨世纪"千年虫"问题

这是一个非常著名的计算机软件缺陷问题，在上世纪末的最后几年中，全世界的各类计算机硬件系统、软件系统和应用系统都为"千年虫"问题而付出了巨大的代价。

20世纪70年代，一位负责开发公司工资系统的程序员当时所使用的计算机内存空间很小，迫使他在程序设计时要考虑节省每一个字节，以减少对系统内存的占用。其中节约内存的措施之一就是把表示年份的4位数，例如1973，缩减为两位，即73。因为工资系统极度依赖数据处理，会有大量的数据占用内存空间，所以节约每一个字节的意义很大，该程序员的这一方法确实节省了可观的存储空间。他采用这一措施的出发点主要是认为只有在到了2000年时程序在计算00或01这样的年份时才会出现问题，但在到达2000年时，程序早已不用或者修改升级了。而在1995年，这位程序员退休了，但他所编制的程序仍在使用，没有谁会想到进入程序去检查2000年兼容的问题，更不要说去做修改了。计算机系统在处理2000年年份问题（以及与此年份相关的其他问题）时，软、硬件系统中存在的问题隐患被业界称为"千年虫"问题。

据不完全统计，从1998年初全球就开始进行"千年虫"问题的大检查，特别是在金融、保险、军事、科学、商务等领域花费了大量的人力、物力对现有的各种各样的程序进行检查、修改和更正，据有关资料统计，仅此项费用就达数百亿美元。

4. 爱国者导弹防御系统炸死自家人

美国爱国者导弹系统首次应用于海湾战争中，以对抗伊拉克的飞毛腿导弹系统。尽管爱国者导弹防御系统在这次战争中屡建功勋，多次成功拦截飞毛腿导弹，但确实也有几次在对抗中失利，其中有一枚爱国者导弹在沙特阿拉伯的多哈炸死了28名美军士兵。事后，分析专家得出造成这一结果的原因是爱国者导弹防御系统中的一个软件系统的缺陷。一个很小的系统时钟错误积累起来就可能将系统延时 14 个小时,造成跟踪系统失去准确度。在那次多哈袭击战中,导弹系统的重要时刻被延时了一百多个小时,造成了上述悲剧。

5. Windows 2000 中文输入法漏洞

在安装微软的 Windows 2000 简体中文版的过程中,在默认情况下会同时安装各种简体中文输入法。随后这些被安装的输入法可以在 Windows 2000 系统用户登录界面中使用,以便用户能够使用基于字符的用户表示和密码登录系统。然而,在默认安装的情况下,Windows 2000 中的简体中文输入法不能正确检测当前的状态,导致了在系统登录界面中提供了不应有的功能,即出现了下面的问题。

在 Windows 2000 用户登录界面中,当用户输入用户名时,按下 Ctrl+Shift 组合键将输入法切换到全拼输入法状态下,同时在登录界面的屏幕的左下角将会出现输入法状态条。用鼠标右键单击状态条并在弹出的快捷菜单中选择"帮助"命令,再将鼠标移动到"帮助"命令上,在弹出的选择项里选择"输入法入门"选项,随后弹出"输入法操作指南"帮助窗口。再用鼠标右键单击"选项",在弹出的快捷菜单中选择"跳至 URL"命令,此时将出现 Windows 2000 的系统安装路径并要求填入路径的空白栏。如果该操作系统安装在 C 盘上,在空白栏中填入"C:\widows\system32",并单击"确定"按钮,在"输入法操作指南"右边的框里就会出现"C:\windows\system32"目录下的内容了。也就是说这样的操作成功地绕过了身份的验证,顺利地使访问者进入了系统的 system32 目录,当然也就可以进行各种各样的操作了。

此软件缺陷被披露后,微软公司推出了该输入法下的漏洞补丁,并在 Windows 2000 Service Pack 2 以后的补丁中都包含了对该漏洞的修补,但对于没有进行打补丁的用户来说,他们的系统仍处于不安全的状态。

6. Intel 奔腾除法缺陷

1994 年 12 月,Thomas 博士在他的奔腾 PC 上做除法试验:(4 195 835/3 145 727) * 3 145 727−4 195 835,结果不为 0。如果为 0 说明没有问题,如果得出别的结果,表示计算机使用的是带有浮点除法软件缺陷的老式英特尔奔腾 CPU——这个软件缺陷被刻录在一个计算机芯片中,并在生产过程中反复制造。

英特尔奔腾处理器被发现存在浮点运算缺陷后,英特尔声称,奔腾处理器出现这一问题的可能性微乎其微,因为即使是经常用到浮点运算的用户,也要每两万七千年才会遇上一次计算错误。但是,英特尔的技术性解释却引来媒体和公众更多的口诛笔伐。英特尔终于意识到,试图从技术的角度对抗消费者是徒劳无益和危险的做法。最终,英特尔当时的 CEO 安迪·葛洛夫(Andy Grove)向公众道歉,并承诺为用户更换奔腾处理器。

以上案例表明软件缺陷带来的损失是难以估计的,因此采取必要的措施避免软件缺陷的出现就成为所有软件开发者必须要做的工作,软件测试就是一种非常有效的手段。

1.2.2 软件测试的发展

软件测试是伴随着软件的产生而产生的。在早期的软件开发过程中,软件规模较小、复杂程度低,软件开发的过程混乱无序、相当随意,测试的含义比较狭窄,开发人员将测试等同于"调试",目的是纠正软件中已知的故障,常常由开发人员自己完成这部分的工作。对测试的投入极少，软件测试介入软件开发过程的时间也较晚，常常是形成代码后，产品已经基本完成时才进行测试。

直到1957年，软件测试才开始与调试区别开，作为一种发现软件缺陷的活动。人们在潜意识里仍将测试理解为"使自己确信产品能工作"，测试活动始终在开发工作之后进行，测试通常被作为软件生命周期中最后一项活动而进行。同时，也缺乏有效的测试方法，主要依靠"错误推测(Error Guessing)"来寻找软件中的缺陷。因此，大量软件被交付后，仍存在很多问题，软件产品的质量无法得到保证。

20世纪70年代，软件测试的理论基本形成。1972年，Bill Hetzel在《软件测试完全指南》(*Complete Guide of Software Testing*)一书中指出："测试是以评价一个程序或者系统属性为目标的任何一种活动。测试是对软件质量的度量"，这个定义至今仍被引用。1979年，Glenford J. Myers认为测试不应该着眼于验证软件是可工作的，相反应该首先认定软件是有错误的，然后用逆向思维去发现尽可能多的错误。他在《软件测试的艺术》(*The Art of Software Testing*)一书中提出了对软件测试的定义："测试是为发现错误而执行程序或者系统的过程"。

20世纪80年代初期，软件和IT行业进入了大发展时期，软件趋向大型化、高复杂度，软件的质量越来越重要。部分软件测试的基础理论和实用技术开始形成，并且人们开始为软件开发设计了各种流程和管理方法，软件开发的方式也逐渐由混乱无序的开发过程过渡到结构化的开发过程，以结构化分析与设计、结构化评审、结构化程序设计以及结构化测试为特征。人们将"质量"的概念融入其中，软件测试定义发生了改变，测试不单纯是一个发现错误的过程，而是将测试作为软件质量保证(SQA)的主要职能。

21世纪初，软件测试的重要性越来越被人们认同，甚至出现了软件开发活动应该以测试为主导的思潮，比如极限编程中倡导的测试驱动开发。随着软件测试分工的细化和成熟，软件企业注重自身核心竞争力的提升，促使大量的独立软件测试服务机构涌现出来，这些测试服务机构的运作机制日趋成熟，从单一的第三方认证评测逐步转向参与整个软件开发过程的测试服务，形成了一个成熟和广阔的市场区间。

1.2.3　软件测试的定义

测试(Test)最早出于古拉丁语TESTUM，有"罐"或"容器"的含义。在工业制造和生产中，测试被当作一个常规的检验产品质量的生产活动。测试的含义为"以检验产品是否满足需求为目标"。

软件测试就是在软件投入运行之前，对软件需求分析、设计规格说明和编码实现的最终审查，它是软件质量保证的关键步骤。

1983年IEEE提出的软件工程标准术语中给软件测试下的定义是：使用人工或自动手段来运行或测定某个系统的过程，其目的在于检验它是否满足规定的需求或是否弄清预期结果与实际结果之间的差别。

不同时期关于软件测试的定义如下所示。

(1) 为了发现故障而执行程序的过程。

(2) 确信程序做了它应该做的事。

(3) 确认程序正确实现了所要求的功能。

(4) 以评价程序或系统的属性、能力为目的的活动。

(5) 对软件质量的度量。

(6) 验证系统满足需求,或确定实际结果与预期结果之间的差别。

定义(1)强调寻找故障是测试的目的;定义(2)和定义(3)侧重于用户满意程度;定义(4)和定义(5)强调评估软件质量;定义(6)则将重点放在预期结果上。这些定义虽说法不一,但都很有用。这里没必要讨论它们之间的异同,但了解各种不同的定义,有助于集中精力解决那些测试中真正需要解决的问题。

1.2.4 软件缺陷的定义

软件缺陷(Defect),常常又被叫做 bug。所谓软件缺陷,即计算机软件或程序中存在的某种破坏正常运行能力的问题、错误,或者隐藏的功能缺陷。缺陷的存在会导致软件产品在某种程度上不能满足用户的需要。

IEEE 729-1983 对缺陷有一个标准的定义:从产品内部看,缺陷是软件产品开发或维护过程中存在的错误、毛病等各种问题;从产品外部看,缺陷是系统所需要实现的某种功能的失效或违背。

缺陷的表现形式不仅体现在功能的失效方面,还体现在其他方面。缺陷的主要类型有:

(1) 软件没有实现产品规格说明中所要求的功能模块。

(2) 软件中出现了产品规格说明中指明不应该出现的错误。

(3) 软件实现了产品规格说明中没有提到的功能模块。

(4) 软件没有实现虽然产品规格说明中没有明确提及但应该实现的目标。

(5) 软件难以理解、不易于使用、运行缓慢,或从测试员的角度看,最终用户会认为不好。

1. 软件缺陷的级别

一般在提交缺陷的文档中都要确定软件缺陷的严重性和处理这个缺陷的优先级。各种缺陷所造成的后果是不同的,软件缺陷的严重性可以概括为以下 4 种级别:

(1) 微小的(Minor)。一些小问题(如有个别错别字、文字排版不整齐等)对功能几乎没有影响,软件产品仍可使用。

(2) 一般的(Major)。不太严重的错误,如次要功能模块丧失、提示信息不够准确、用户界面差、操作时间长等。

(3) 严重的(Critical)。严重错误,指没有实现功能模块或某个特性,主要功能部分丧失,次要功能全部丧失,或致命的错误声明。

(4) 致命的(Fatal)。致命的错误,将造成系统崩溃、死机,或造成数据丢失、主要功能完全丧失等。

通常情况下,问题越严重,其处理优先级就越高。

2. 软件缺陷的状态

除了严重性之外,还需要反映软件缺陷处于一种什么样的状态,以便于及时跟踪和管理,下面是不同的缺陷状态。

(1) 激活状态(Open):问题没有解决,测试人员新报告的缺陷或者验证后的缺陷仍旧存在。

(2) 已修正状态(Fixed)：已经被开发人员检查、修复过的缺陷，通过单元测试，认为已经解决但还没有被测试人员验证。

(3) 关闭状态(Close)：测试人员经过验证后，确认缺陷不存在之后的状态。

以上是3种基本的状态，还有更多的状态(请参见第11.1节)。

3. 缺陷产生的原因

通过分析错误产生的原因可以帮助发现当前开发工作所采用的软件过程的缺陷，以便进行软件过程改进。

研究表明，导致软件缺陷最大的原因是软件产品说明书，第二大来源是设计方案，而因为编写代码产生错误的比例只占7%。如图1-4所示。

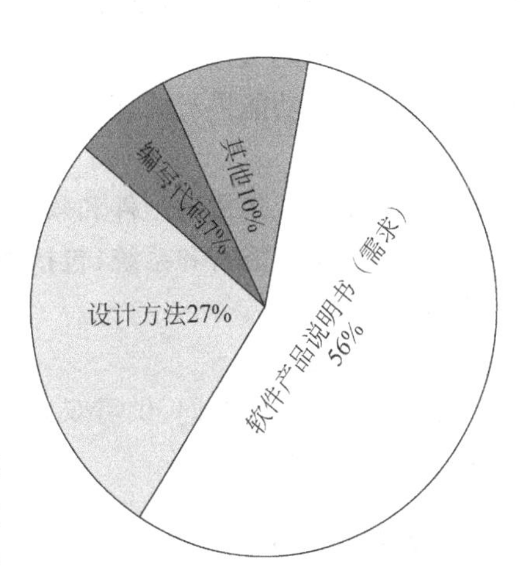

图1-4 软件缺陷产生原因分布图

4. 修复缺陷的代价

软件通常需要靠有计划、有条理的开发过程来建立。从需求、设计、编码测试一直到交付用户公开使用后的整个过程中，都有可能产生和发现缺陷。随着整个开发过程的时间推移，在需求阶段没有被修正的错误有可能不断扩展到设计阶段、编码和测试阶段，甚至到维护阶段。

越是到软件开发后期，更正缺陷或修复问题的费用越大，费用将呈几何级数增长。相反，在软件开发过程的早期所发现软件的缺陷，修正缺陷的费用就较低，如图1-5所示。

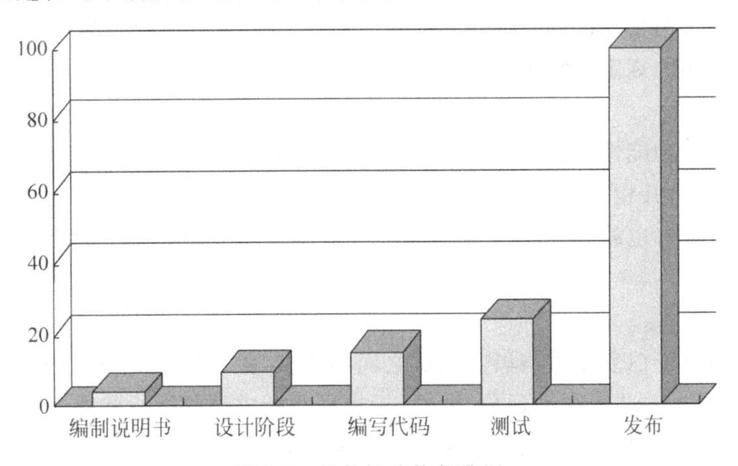

图1-5 软件缺陷修复费用

1.2.5 软件测试的分类

1. 按照开发阶段划分

按照开发阶段可将软件测试划分为单元测试、集成测试、系统测试和验收测试。

1）单元测试

单元测试又叫模块测试，用于检查每个程序单元能否正确实现详细设计说明中的模块功能等。单元测试需要从程序的内部结构出发来设计测试用例。多个模块可以并行独立地进行单元测试。

2）集成测试

集成测试也叫组装测试，通常是在单元测试的基础上，将所有的程序模块进行有序、递增的测试，检验程序单元或部件的接口关系，逐步集合成为符合概要设计要求的程序部件或整个系统。集成测试过程中会形成很多个临时版本，每个版本在提交时都会进行冒烟测试，即对程序的主要功能进行验证。

3）系统测试

系统测试是对集成的硬件和软件系统进行的测试，在真实或模拟系统运行的环境下，检查完整的程序系统能否和系统(包括硬件、外设和网络、系统软件、支持平台等)正确配置、连接，并满足用户需求。

4）验收测试

按照项目任务或合同、供需双方签订的验收依据文档进行的对整个系统的测试与评审，决定是否接受该系统。

2. 按照测试技术划分

按照测试技术可将软件测试划分为白盒测试、黑盒测试和灰盒测试。

1）白盒测试

白盒测试也叫结构性测试或逻辑驱动测试。基于产品的内部结构来规划测试，检查内部操作是否按规定执行，软件各部分功能是否得到充分使用。通过对程序内部结构的分析、检测来寻找问题。白盒测试的目的是检查所有的结构及逻辑是否正确，检查软件内部动作是否按照设计说明的规定正常进行。

2）黑盒测试

黑盒测试也叫功能性测试或数据驱动测试。测试规划基于产品的功能，目的是检查程序各功能是否实现，并检查其中的错误。在黑盒测试中，软件测试只要知道软件要做什么即可，不需看到盒子中(也就是程序内部)是如何运作的。只要进行一些输入，就能得到某种输出结果。

3）灰盒测试

灰盒测试是介于白盒测试与黑盒测试之间的测试，关注输出对输入的正确性；同时，也关注内部表现，通过一些表征性现象、事件、标志来判断内部的运行状态。

灰盒测试结合了白盒测试和黑盒测试的要素。它考虑了用户端、特定的系统知识和操作环境。它在系统组件的协同性环境中评价应用软件的设计。

3. 按照被测软件是否实际运行划分

按照被测软件是否实际运行可将软件测试划分为静态测试和动态测试。

1）静态测试

静态测试检查和审阅软件，但不实际运行软件，主要对软件的编程格式、结构等方面进行评估。静态测试可以由人工进行，充分发挥人的逻辑思维优势，也可以借助软件工具自动进行。

2）动态测试

动态测试将运行和使用软件，计算机必须真正运行被测试的程序，通过输入测试用例、对其运行情况进行分析，以达到检测的目的。

4. 按照测试实施组织划分

按照测试实施组织可将软件测试划分为开发方测试（α 测试）、用户测试（β 测试）和第三方测试。

1）开发方测试（α 测试）

开发方测试通常也叫“验证测试”或“α 测试”。开发方通过检测和提供客观证据，证实软件的实现是否满足规定的需求。验证测试是在软件开发环境下，由开发者检测与证实软件的实现是否满足软件设计说明或软件需求说明的要求。主要是指在软件开发完成以后，开发方对要提交的软件进行全面的自我检查与验证，可以和软件的“系统测试”一并进行。

2）用户测试（β 测试）

用户测试是在用户的应用环境下，用户通过运行和使用软件，检测与核实软件实现是否符合自己预期的要求。在通常情况下，用户测试不是指用户的“验收测试”，而是指用户的使用性测试，由用户找出在应用软件的过程中发现的软件缺陷与问题，并对使用质量进行评价。

β 测试通常被看成是一种“用户测试”。β 测试主要是把软件产品有计划地免费分发到目标市场，让用户大量使用，并评价、检查软件。通过用户以各种方式的大量使用，来发现软件存在的问题与错误，把信息反馈给开发者修改。

3）第三方测试

第三方测试是由介于软件开发方和用户方之间的测试组织进行的测试，也被称为独立测试。软件质量工程强调开展独立验证和确认活动。所以，第三方测试是由在技术、管理和财务上与开发方和用户方相对独立的组织进行的软件测试。一般情况下，第三方测试是在模拟用户真实应用环境下，进行的软件确认测试。

1.3 软件测试过程模型

在软件开发的实践过程中，人们总结了很多开发模型（参见第1.1节），但是这些模型没有充分强调测试的价值，利用这些模型不能够很好地指导软件测试实践。因此，提出了软件测试的过程模型，我们将测试与开发进行了融合。下面对主要的软件测试过程模型做简单介绍。

1.3.1 V模型

V模型是最具有代表意义的测试模型，最早由Paul Rook在20世纪80年代后期提出，旨在提高软件开发的效率和改进效果。

在传统的开发模型中，比如在瀑布模型中，人们通常把测试过程作为在需求分析与系统设计、概要设计、详细设计和编码全部完成之后的一个阶段，尽管有时测试工作会占用整个项目周期一半的时间，但有的人仍然认为测试只是个收尾工作，而不是主要过程。V 模型的推出就是对人们的这种认识的改进。V 模型是软件开发瀑布模型的变种，它反映了测试活动与分析和设计的关系。V 模型从左到右，描述了基本的开发过程和测试行为，非常明确地标明了测试过程中存在的不同级别，并且清楚地描述了这些测试阶段和开发过程期间各阶段的对应关系，如图 1-6 所示。

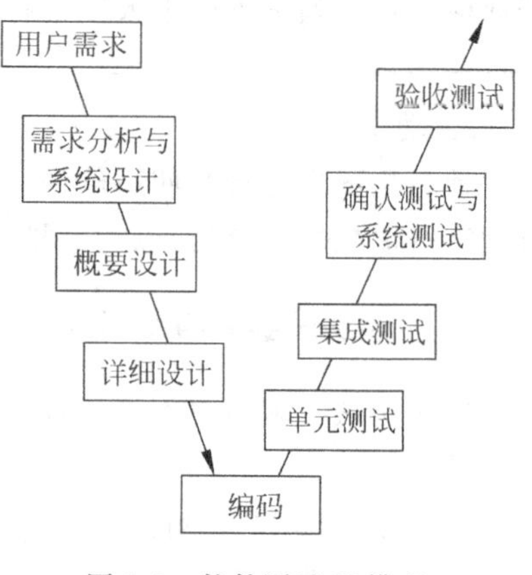

图 1-6 软件测试 V 模型

V 模型的软件测试策略既包括低层测试又包括高层测试。低层测试是为了保证源代码的正确性，高层测试是为了使整个系统满足用户的需求。

V 模型存在一定的局限性，它仅仅把测试过程作为在需求分析与系统设计、概要设计、详细设计及编码之后的一个阶段。容易使人理解为，测试是软件开发的最后一个阶段，主要是针对程序进行测试以寻找错误，而需求分析阶段隐藏的问题一直到后期的验收测试才会被发现。

1.3.2 W 模型

V 模型的局限性在于没有明确地说明早期的测试，不能体现“尽早地和不断地进行软件测试”的原则。在 V 模型中增加软件各开发阶段应同步进行的测试，V 模型被演化为一种 W 模型，因为实际上开发是 V 形状，测试也是与此相并行的 V 形状。

W 模型可以说是 V 模型自然而然的发展，如图 1-7 所示。它强调：测试伴随着整个软

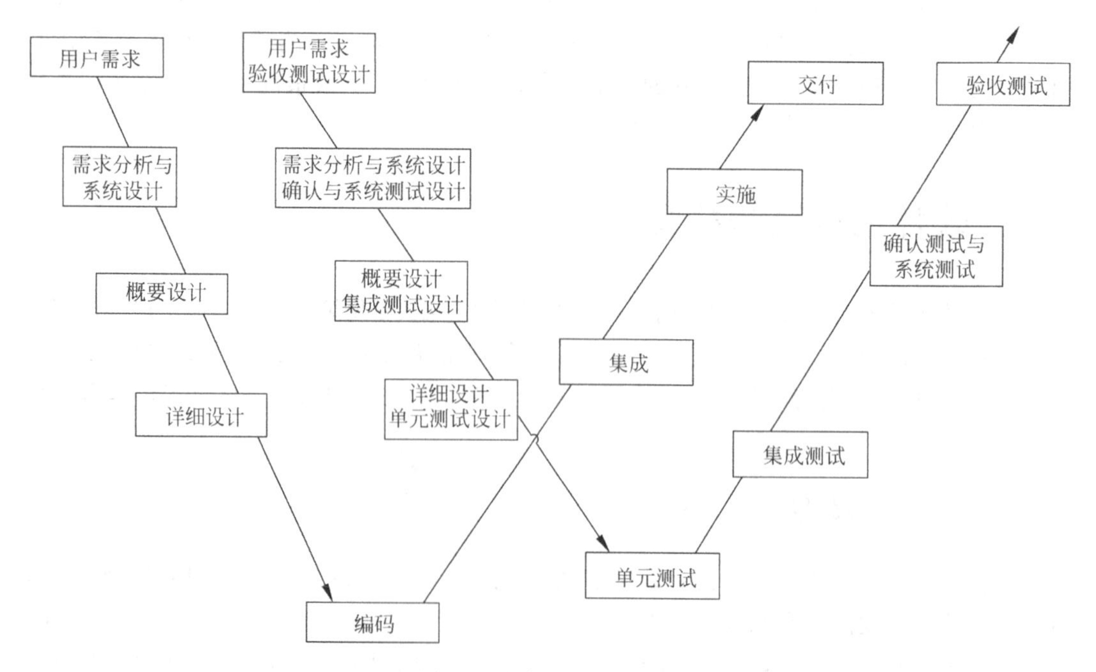

图 1-7 软件测试 W 模型

件开发周期，而且测试的对象不仅仅是程序，需求、功能和设计同样需要测试。这样，只要相应的开发活动完成，我们就可以开始执行测试。可以说，测试与开发是同步进行的，这有利于尽早地发现问题。

W 模型也有局限性。W 模型和 V 模型都把软件的开发视为需求、设计、编码等一系列串行的活动，需要有严格的指令表示上一阶段完全结束，才可正式开始下一个阶段的工作。

1.3.3 H 模型

因为 V 模型和 W 模型均存在一些不足之处。首先，如前所述，它们都把软件的开发视为需求、设计、编码等一系列串行的活动。而事实上，虽然这些活动之间存在互相牵制的关系，但在大部分时间内，它们是可以交叉进行的。虽然软件开发期有清晰的需求、设计和编码阶段，但实践告诉我们，严格阶段划分只是一种理想状况。所以，相应的测试之间也不存在严格的次序关系。同时，各层次之间的测试也存在反复触发、迭代和增量关系。其次，V 模型和 W 模型都没有很好地体现测试流程的完整性。

为了解决上述问题，有专家提出了 H 模型。它将测试活动完全独立出来，形成一个完全独立的流程，将测试准备活动和测试执行活动清晰地体现出来。

H 模型的简单示意图如图 1-8 所示。

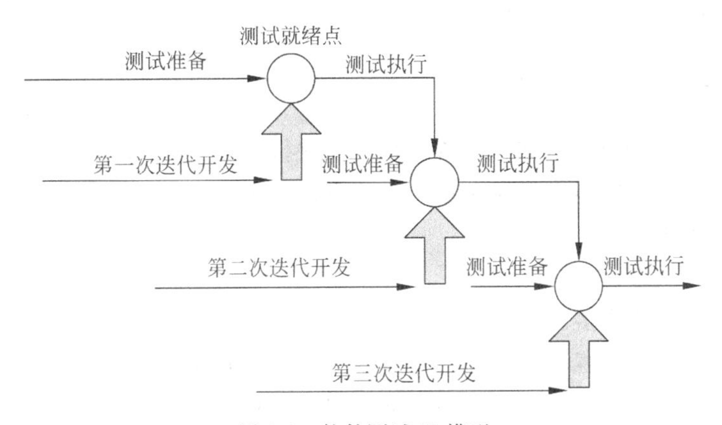

图 1-8 软件测试 H 模型

图 1-8 仅仅演示了在整个生产周期中某个层次上的一次测试“微循环”。图中的其他流程可以是任意开发流程，例如设计流程和编码流程；也可以是其他非开发流程，甚至是测试流程自身。

在 H 模型中，软件测试是一个独立的流程，贯穿于整个产品周期，与其他流程并发进行。当某个测试时间点就绪时，软件测试即从测试准备阶段进入测试执行阶段。

前面我们介绍了几种典型的测试模型，这些模型对指导测试工作的进行具有重要的意义，但任何模型都不是完美的。我们应尽可能地去应用模型中对项目有实用价值的方面，但不强行地为使用模型而使用模型，否则也没有任何实际意义。

在这些模型中，V 模型强调了在整个软件项目开发中需要经历的若干个测试级别，或者说它没有明确地指出应该对软件的需求、设计进行测试，而这一点在 W 模型中得到了补充。W 模型强调了测试计划等工作的先行和对系统需求和系统设计的测试，但 W 模型和

V模型一样也没有专门针对软件测试的流程予以说明。因为事实上，随着软件质量要求越来越为大家所重视，软件测试也逐步发展成为一个独立于软件开发部门的组织，就每一个软件测试的细节而言，它都有一个独立的操作流程。比如，现在的第三方测试，就包含了从测试计划和测试用例编写，到测试实施以及测试报告编写的全过程，这个过程在H模型中得到了相应的体现，表现为测试是独立的。也就是说，只要测试前提具备了，就可以开始进行测试了。

因此，在实际工作中，我们要灵活运用各种模型的优点，在W模型的框架下，运用H模型的思想进行独立测试，并同时将测试和开发紧密结合，寻找恰当的就绪点开始测试并反复迭代测试，最终保证按期完成预定目标。

1.4 软件测试的原则与误区

软件测试原则有助于透彻了解整个过程，是软件测试领域的公理。而软件测试误区是一些常见的错误认识，通过这部分内容的学习，希望读者能够对软件测试建立起正确的认识。

1.4.1 软件测试的原则

1. 完全测试程序是不可能的

初涉软件测试者可能认为拿到软件后就可以进行完全测试，找出所有软件缺陷，并使软件臻于完美，但遗憾的是，这是不可能的。主要有以下4个原因。

(1) 输入量太大。

(2) 输出结果太多。

(3) 软件实现途径太多。

(4) 软件说明书没有客观标准，从不同角度看，软件缺陷的标准不同。

例如Windows系统的计算器，要对它的加法运算进行完全测试，需要测试任意两个整数、实数的加法运算，这几乎是不可能完成的任务。

2. 软件测试是有风险的行为

既然决定不对所有情况进行测试，那就是选择了承担风险。仍以计算器为例，如果选择不测试512＋1024的情况，就意味着这里是存在风险的。如果这两个数的运算有问题，但恰恰没有被测试到，那么这个缺陷将由用户发现，修复的费用是很高的。

对软件不能进行完全测试，而不测试又会漏掉软件缺陷，这是矛盾的。因此软件测试工程师要能够把无边无际的可能减少到可以控制的范围。

图1-9说明了测试工作量和发现的软件缺陷故障数量之间的关系，如果试图测试所有情况，费用将大幅增加，而软件缺陷漏掉的数量并不会因费用的上涨而显著下降。如果减少测试或者错误地确定测试对象，那么费用很低，但会漏掉大量软件缺陷。因此测试的目标是找到最合适的测试量，使测试不多不少。每一个软件项目都有一个最优的测试量。

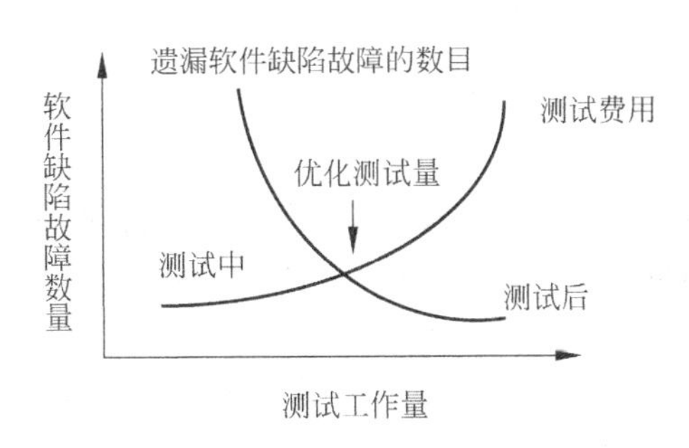

图 1-9　测试工作量与软件缺陷故障数量关系图

3. 测试无法显示潜伏的软件缺陷

软件测试工程师可以报告已发现的软件缺陷，却无法报告潜伏的软件缺陷。可以进行测试、查找并报告软件缺陷，但不能保证软件缺陷全部被找到。唯一的方法只能是继续测试，或许还会找到更多的缺陷。

4. 软件缺陷的群集现象

生活中的寄生虫和软件缺陷几乎一样，都是成群出现，发现一个，附近就会有一群。第一个原因是：程序员倦怠。和我们大家一样，程序员也会疲惫，编一天的代码没有问题，但第二天程序员就会疲惫、烦躁，出现错误，一个软件缺陷可能是泄露附近更多软件缺陷的信号。第二个原因是程序员往往犯同样的错误，每个人都有偏好，一个程序员可能总是反复犯下自己容易犯的错误。第三个原因是某些软件缺陷其实是大灾难的征兆，软件测试员开始会发现某些软件缺陷，这些缺陷表面上似乎毫无关联，最后才发现它们其实是由一个极其严重的原因造成的。

因此，针对已经报告了缺陷的程序模块要进行更充分地测试。

5. 杀虫剂怪事

与害虫对农药的抗药性类似，在软件测试中也存在这样的问题。首先，软件测试越多，其免疫力也越强。如图 1-3 所示的螺旋模型，每一次迭代都要重复测试过程。其次，经过几次迭代后，发现错误的数量明显下降，但并不能保证完全没有软件缺陷，因此软件测试工程师必须不断尝试新的测试方法和角度，以期找出更多的软件缺陷。

6. 并非所有的软件缺陷都能被修复

在软件测试中，令人沮丧的现实是，即使拼尽全力，也不是所有的软件缺陷都能被修复。当然，也不要泄气，在前面第 2 条中，我们讲到最优测数量，可根据风险决定哪些要修复，哪些不要。

造成软件缺陷不能修复的原因有以下 3 个。

1）没有足够的时间

在任何一个项目中，通常是软件功能较多，而代码编写人员和软件测试人员较少，这样为了赶进度，可能会有某些软件缺陷不能被修复。

2）不算真正的软件缺陷

在某些特殊场合,错误理解、测试错误或者说明书变更会把软件缺陷当作附加功能来对待。

3）修复的风险太大

软件本身是脆弱的,难以理清头绪,修复一个软件缺陷有可能会导致其他软件缺陷的出现。在紧迫的产品发布和进度压力之下,修改软件将冒很大风险。不理睬未知软件缺陷,以避免出现未知新缺陷的做法也许是安全之道。还有一些软件缺陷不值得被修复。可以放过一些不常出现的软件缺陷和在不常用功能中出现的软件缺陷,可以躲过用户或有办法避免的软件缺陷通常不用修复,这要归结为商业风险决策。当然,如果这个风险决策做错了,那么后果也是很糟糕的。我们在前面讲到过的英特尔奔腾软件缺陷,英特尔公司的测试工程师虽然在芯片发布之前发现了软件缺陷,但开发小组认为这是一个不常见的小缺陷,不值得修复,又处于紧张的进度催促之下,最终决定在下一次发布芯片中修复该软件缺陷。结果软件缺陷被用户发现,结果是很糟糕的。所以这就是我们说到的风险决策。

7. 难以描述的软件缺陷

有这样一条谚语“一片树叶飘落在森林中没有人听见,谁能说它发出了声音”。假如某个软件中存在问题,但程序员、测试员或者客户都没有发现,那这还算不算是一个软件缺陷呢?

我们再回顾一下前面给大家讲到的软件缺陷的定义：①软件没有实现产品说明书宣称的功能；②软件实现了产品说明书宣称不应有的功能；③软件执行了产品说明书未描述的操作；④软件没有实现产品说明书中未描述但应该实现的功能；⑤从软件测试员或最终用户的角度来看,软件难以理解、不易使用、运行缓慢或最终用户认为软件不对。

遵守以上规则,有助于帮我们澄清什么样的缺陷才真正被算作软件缺陷这个模棱两可的问题——眼见为实。与其说软件有没有某个功能,不如说软件运行时有“某功能”或者“缺少某功能”更确切。由于不能报告没有看见的问题,没有看见就不能说存在软件缺陷。只有看到了,才能断言软件缺陷,尚未发现的软件缺陷只能说是未知软件缺陷。

1.4.2 软件测试的误区

第1.4.1节讲述了软件测试工程师应该遵循的原则,本节将进一步分析常见的软件测试理解误区。

1. 软件开发完成后进行软件测试

软件项目要经过以下几个阶段：需求分析、概要设计、详细设计、软件编码、软件测试、软件发布。据此,就认为软件测试只是软件编码后的一个过程,这是不了解软件测试周期的错误认识。

事实上,软件测试贯穿于软件项目的整个生命过程。在软件项目的每一个阶段都要进行不同目的和内容的测试活动,以保证各个阶段的正确性。软件测试的对象不仅仅是软件代码,还包括软件需求文档和设计文档。软件开发与软件测试应该是交互进行的。

如果软件编码结束后进行测试,测试的时间将会很短,测试的覆盖面几乎不可能全面,测试的效果也将大打折扣。如果在编码结束后发现软件需求阶段或概要设计阶段的错误,而修复此类型的缺陷要耗费大量的时间和人力,增加了软件失败的风险。

2. 软件自动测试效率高，将取代软件手工测试

近年来，由于自动测试具有测试效率高、人工干涉少、灵活方便等优点，专用的自动测试工具已经成功地应用在某些软件的自动化测试过程中。但是，自动测试技术仍然处于不断发展中，当前市场上的自动测试工具仍然只能满足某些软件的部分测试特性，应用范围受到限制，需要针对被测软件，单独编写和调试比较复杂的测试脚本，而且自动测试工具的价格通常十分昂贵，非一般软件公司可以购买得起的。在当前的软件测试领域，测试工程师的手工测试仍然处于十分重要的地位，目前软件自动测试仅是手工测试的辅助手段。由于软件自身的复杂性和灵活性，以及高度发达的人类思维的优势，决定了无论自动测试技术多么发达，手工测试将永远不会消失。

3. 软件测试是测试人员的事情，与程序员无关

开发和测试是相辅相成的过程，需要软件测试人员、程序员、系统分析师等保持密切的联系，需要更多的交流和协调，以便提高测试效率。另外，对于单元测试而言，主要应该由程序员完成，必要时测试人员可以帮助设计测试用例。对于测试中发现的软件错误，很多需要程序员通过修改编码才能修复。程序员可以通过有目的地分析软件错误的类型和数量，找出产生错误的位置和原因，以便在今后的编程中避免出现同样的错误，从而积累编程经验、提高编程能力。

4. 软件测试是没有前途的工作，只有程序员才是软件高手

由于我国软件整体开发能力比较低，软件开发过程很不规范，很多软件项目的开发都还停留在“作坊式”和“垒鸡窝”阶段。项目的成功往往由个别全能程序员决定，他们负责总体设计和程序详细设计，认为软件开发就是编写代码，给人的印象往往是程序员是真正的牛人，具有很高的地位和待遇。因此，在这种环境下，软件测试很不受重视，软件测试人员的地位和待遇自然就很低了，甚至软件测试变得可有可无。随着市场对软件质量的要求不断提高，软件测试将变得越来越重要，相应的软件测试人员的地位和待遇将会逐渐提高。在微软等软件过程比较规范的大公司，软件测试人员的数量和待遇与程序员没有多大差别，优秀测试人员的待遇甚至比程序员的待遇还要好。软件测试将会成为一个具有很大发展前景的行业，软件测试大有前途，市场需要更多具有丰富测试技术和管理经验的测试人员，他们同样是软件专家。

本章小结

本章主要围绕软件开发过程、软件测试，介绍了一些基本概念。通过这些概念，引出了软件测试和软件缺陷的基本理论，这些内容对于软件测试的技术、方法和应用有深刻的意义。

软件过程模型明确体现软件测试的各阶段与软件开发的对应关系，在不同的软件开发过程中，软件测试工程师应该完成什么样的任务、在什么阶段完成。

本章针对软件测试领域的一些原则和误区进行了总结，进一步帮助读者建立正确的软件测试基本认识。

第2章 黑盒测试用例设计方法

学习目标

- 测试用例的概念
- 等价类划分法
- 边界值分析法
- 因果图法
- 决策表法
- 场景法
- 正交实验法

黑盒测试是非常核心的测试方法之一，应作为学习的重点内容之一。本章首先介绍测试用例的基本知识，然后介绍经典的黑盒测试方法，包括等价类划分法、边界值分析法、因果图法、决策表法、场景法和正交实验法。

2.1 测试用例设计概述

软件测试的重要性是毋庸置疑的。但如何以最少的人力、资源投入，在最短的时间内完成测试、发现软件系统的缺陷、保证软件的优良品质，则是软件公司探索和追求的目标。测试用例的质量的高低对于发现缺陷的能力的强弱是至关重要的。

测试用例在软件测试中的作用如下：

(1) 指导测试的实施。在实施测试时测试用例将作为测试的标准，测试人员一定要按照测试用例并严格按用例项目和测试步骤逐一实施测试。并将测试情况记录在测试用例管理软件中，以便自动生成测试结果文档。

(2) 规划测试数据的准备。通常情况下，测试数据是与测试用例分离的，测试人员需要按照测试用例配套准备一组或若干组原始测试数据，以及标准测试结果。尤其是测试报表类数据集的正确性，按照测试用例规划准备测试数据是十分必要的。

(3) 编写测试脚本的"设计规格说明书"。为提高测试效率，自动测试得到大力发展。自动测试的中心任务是编写测试脚本，测试用例则是设计测试脚本的规格说明书。

(4) 评估测试结果的度量基准。实施测试后，需要对测试结果进行评估，还要编制测试报告，如测试覆盖率、测试合格率等。采用测试用例作为度量基准更加准确、有效。

(5) 分析缺陷的标准。通过收集缺陷，对比测试用例和缺陷数据库，分析新缺陷是漏测还是缺陷复现。漏测反映了测试用例的不完善，应补充相应测试用例；而已有相应测试用例，则反映出实施测试或变更处理存在问题，应在管理方面着手解决相关问题。

2.1.1　测试用例的定义及表示

测试用例（Test Case）是为某个特殊目标而编制的一组测试输入、执行条件以及预期结果，以便测试某个程序路径或核实其是否满足某个特定需求，体现为测试方案、方法、技术和策略，内容包括测试目标、测试环境、输入数据、测试步骤、预期结果、测试脚本等，并将形成文档。

测试用例设计应该具备的描述信息如表 2-1 所示。

表 2-1　测试用例的描述信息

序号	测试用例的描述项	备　注
1	Test Case ID	用来标记测试用例的编号，这个编号必须是唯一的
2	测试描述	用来描述将要进行的测试是怎样被实施的
3	修订历史	为了明确测试用例的创建或者修改，每个测试用例都有其修订历史
4	功能模块	测试功能模块的名字，如果有多级菜单，应逐层列出
5	测试环境	用来描述测试环境，包括硬件环境、软件环境和网络环境
6	测试准备	测试过程中需要使用的设备、网络、数据等，如打印机
7	测试执行	详细描述测试步骤，详细程度取决于实际需要
8	期望结果	描述该功能所要实现的结果
9	实际结果	如果成功——记录实际运行的过程 如果失败——描述观察到的现象

2.1.2　测试用例与需求

测试用例反映了要核实的需求，明确需求非常重要，这是任何一名测试用例设计者必须坚持，也是必须执行的一条原则。如果在设计测试用例时发现需求文档不够理想，原因可能有如下几个。

（1）开发人员的意识不足、开发流程不规范、没有需求文档，或者只有简单的功能点。

（2）项目进度紧张，后期需求变动可能比较大，还没有及时补充详细的需求文档。

（3）项目是从原有项目上进行迭代开发的，开发人员认为不需要再写需求文档。

针对上述 3 种情况，我们的建议如下所示。

（1）针对第 1 种情况：测试负责人应该坚持没有输出需求文档，就不进行测试，要坚持让开发输出项目需求文档，即使这份文档不够详细，但至少要输出一份简单的功能列表；测试人员要对测试需求进行分析，再根据测试需求点编写测试用例。

（2）针对第 2 种和第 3 种情况：测试人员尽量找到已存在的资料，比如市场调研书和可行性分析报告，收集一切对项目有用的文档，从中提出功能点需求；如果是迭代项目开发，则需要找到前期项目的一些需求文档、概要设计、详细设计、测试需求及测试用例等，从中提出功能点需求。

（3）咨询相关人员，获取一些项目的大体功能，最好能知道项目大体的框架，然后记录咨询到的功能点；在了解项目大体框架后，可以在网络上寻找同类产品，把里面的一些亮点功能点进行提取。

综合上述3点，测试人员应该能够明确测试需求点，然后在评审会议中进行审查，参加会议的人员应包括需求人员、设计人员、开发人员、测试人员以及最终用户。只有经过评审的测试需求点才能够设计测试用例。

2.1.3 设计测试用例的步骤

在设计测试用例时，需要有清晰的测试思路，如测试对象、测试顺序、需求覆盖等。测试用例人员不仅要掌握软件测试的技术和流程，还要对被测软件的需求规格、系统设计、使用场景等有比较透彻的理解。测试用例设计一般包括以下几个步骤。

(1) 测试需求分析。从软件的需求文档中，找出待测试软件或模块的需求，通过自己的分析和理解，将其整理成为测试需求，以清楚被测试对象具有哪些功能。测试用例中的测试集与测试需求的关系是多对一的关系，即一个或多个测试用例集对应一个测试需求。

(2) 业务流程分析。有时需要对软件的内部处理逻辑进行测试。为了不遗漏测试点，需要清楚了解软件产品的业务流程。建议在做复杂的测试用例设计前，先画出软件的业务流程图。业务流程图可以帮助理解软件的处理逻辑和数据流向，从而指导测试用例的设计工作。

(3) 测试用例设计。在完成测试需求分析和软件业务流程分析后，就可以开始着手设计测试用例了。黑盒测试的测试用例设计方法有：等价类划分、边界值划分、因果图分析、错误猜测等。白盒测试的测试用例设计方法有：语句覆盖、判定覆盖、条件覆盖、判定/条件覆盖、多重条件覆盖。本章主要讨论黑盒测试。

(4) 测试用例评审。为了确认测试过程和方法是否正确，是否有被遗漏的测试点，需要进行测试用例的评审。测试用例评审一般是由测试负责人安排，参加的人员包括：测试用例设计者、测试负责人、项目经理、开发工程师、其他相关开发测试工程师。测试用例评审完毕，测试工程师根据评审结果，对测试用例进行修改，并记录修改历史。

(5) 测试用例更新完善。在测试用例编写完成之后需要对其进行不断完善，软件产品新增功能或更新需求后，测试用例必须与修改更新配套；在测试过程中发现设计测试用例时考虑不周，需要对测试用例进行修改完善；对于在软件交付使用后客户反馈的软件缺陷，如果该缺陷是由于测试用例存在漏洞造成的，也需要对测试用例进行完善。一般小的修改完善可在原测试用例文档上修改，但文档要有更改记录。软件的版本升级更新，测试用例一般也应随之编制升级更新到新版本。测试用例是“活”的，将在软件的生命周期中不断更新与完善。

本章将重点介绍黑盒测试的测试用例设计方法。

2.2 等价类划分法

等价类划分法是一种最为常见的黑盒测试方法。由于实现穷举测试是不可能的，才产生了等价类划分法。其基本思想是把程序的输入域划分成若干个子集，然后从每一个子集中选取少量具有代表性的数据作为测试用例。在该子集合中，各个输入数据对于揭示程序中的错误都是等效的。

等价类可以分为两种：有效等价类和无效等价类。

(1) 有效等价类。指对于程序的规格说明来说，是由合理的、有意义的输入数据构成的集合。主要为了检验程序是否实现了规格说明中所规定的功能和性能。

(2) 无效等价类。对规格说明书而言，是由无意义的、不合理的输入数据构成的集合。利用无效等价类中的数据，检验程序对错误输入的处理能力。

那么，如何划分等价类、如何选取有代表性的数据则成为等价类划分法的关键问题。

2.2.1　确定等价类的原则

表 2-2 列出了确定等价类的原则。

表 2-2　确定等价类的原则

序号	输入条件	划分原则	举　例
1	规定了取值范围或值的个数	确立一个有效等价类和两个无效等价类	成年人每分钟的心跳 60 下～100 下之间为正常；有效等价类：60 下～100 下；无效等价类：低于 60 下和高于 100 下
2	规定了输入值的集合或者规定了“必须如何”	确立一个有效等价类和一个无效等价类	用户密码的长度必须是 6 位的字符串，有效等价类是字符串的长度为 6，无效等价类是字符串长度不为 6 位
3	规定了一个布尔量	确立一个有效等价类和一个无效等价类	单选的选择与不选择
4	规定了输入数据的一组值(假设为 n 个)，并且程序要对每一个输入值分别处理	确立 n 个有效等价类和一个无效等价类	输入数据为省份的选择
5	规定了输入数据必须遵守的规则	确立一个有效等价类(符合规则)和若干个无效等价类(从不同角度违反规则)	程序输入条件为以字符 a 开头、长度为 6 的字符串，则有效等价类为满足了上述所有条件的字符串，无效等价类为不以 a 开头的字符串、长度不为 6 的字符串
6	在已划分的等价类中，各元素在程序中的处理方式不同	将该等价类进一步划分为更小的等价类	核对日期的有效性，初步有效等价类是 1≤Month≤12，1≤Day≤31 可是考虑到 2 月以及闰年、闰月、长月、短月等，需要进一步对情况进行细分

2.2.2　设计测试用例的步骤

通常情况下，用等价类划分法设计测试用例的步骤如下所示。

(1) 划分等价类。在划分等价类时，通常先考虑输入数据的类型(合法型和非法型)；

再考虑数据的范围(合法型中的合法区间和非法区间)。

(2) 建立等价类表,列出所有划分出的等价类,并为每一个等价类规定一个唯一的编号。

(3) 从划分出的等价类中按以下原则设计测试用例。设计一个新的测试用例,使其尽可能多地覆盖尚未被覆盖的有效等价类,重复这一步,直到所有的有效等价类都被覆盖为止;设计一个新的测试用例,使其仅覆盖一个尚未被覆盖的无效等价类,重复这一步,直到所有的无效等价类都被覆盖为止。

2.2.3 等价类划分法的应用实例

下面以某城市的电话号码为例,应用等价类划分法来设计测试用例。问题描述如下所示。

某城市电话号码由三部分组成,它们的名称和内容分别如下。

- 地区码:"空"或3位数字。
- 前缀:以非"0"或非"1"为首的3位数字。
- 后缀:4位数字。

假定被测程序能接受一切符合上述规定的电话号码,拒绝所有不符合规定的电话号码。可使用等价类划分法设计测试用例。

第一步:划分等价类。

- 针对地区码,要求是"空"或者3位数字,那么可以分解出:"空"、3位、数字。
- 针对前缀,要求是非"0"或非"1"开头的3位数字,那么可以分解为200～999的3位、数字。
- 针对后缀,要求4位数字,那么可以分解为4位、数字。

第二步:建立等价类表,如表2-3所示。

表2-3 等价类表

输入条件	有效等价类	无效等价类
地区码	1. "空"	5. 有非数字字符
	2. 3位数	6. 少于3位数字
		7. 多于3位数字
前缀	3. 200～999的3位数	8. 有非数字字符
		9. 起始位为"0"
		10. 起始位为"1"
		11. 少于3位数字
		12. 多于3位数字
后缀	4. 4位数字	13. 有非数字字符
		14. 少于4位数字
		15. 多于4位数字

第三步:设计测试用例,如表2-4所示。

表 2-4　测试用例

方　　案	内容			输　　入	预期输出
	地区码	前缀	后缀		
1	"空"	200～999 的 3 位数字	4 位数字	(　)276-2345	有效
2	3 位数字		4 位数字	(635) 805-9321	有效
3	有非数字字符			(20A)723-4567	无效
4	少于 3 位数字			(33)234-5678	无效
5	多于 3 位数字			(5555) 345-6789	无效
6		有非数字字符		(345) 5A2-3456	无效
7		起始位为"0"		(345) 012-3456	无效
8		起始位为"1"		(345) 132-3456	无效
9		少于 3 位数字		(345) 92-3456	无效
10		多于 3 位数字		(345) 4562-3456	无效
11			有非数字字符	(345) 342-3A56	无效
12			少于 4 位数字	(345) 342-356	无效
13			多于 4 位数字	(345) 562-34567	无效

2.2.4　实践体会

等价类划分法是理论层面的测试方法，在缩减测试用例组合的同时，虽然满足了软件测试需求，但同时也带来了测试的不完全；针对测试不完全的风险，工作的重点将集中体现在对需求、业务的理解，对产品功能的仔细推敲，只有这样，才能准确地划分等价类。

不同的测试人员在业务理解与测试经验上存在差异，对等价区间的划分难免存在不同。实践认为只要是对测试对象做到足够覆盖就满足要求了，对于等价区间分类，取值、用例覆盖的流程性与科学性可逐步完善。

等价类划分法没有考虑输入数据的组合情况，在设计测试用例时，应该有目的、分层次地选取数据，建议首先选取数据以达到对有效等价类的完全覆盖；其次是选取仅覆盖一个无效等价类，其他都有效的情况；然后，如果有必要的话，再逐步扩展到覆盖两个无效等价类，甚至更多。

2.3　边界值分析法

经验表明，大量的软件故障往往发生在输入定义域或输出值域的边界上，而不是在其内部。因此，边界值分析法有较好的测试回报率。例如，某循环条件为"≤"时，却错写成"＜"；计数器会发生少计数一次的情况。

边界值分析法用于考察处于等价划分边界或在边界附近的状态。本节需要进一步明确边界条件的定义。

这里以单一输入的数值型问题为例做简要介绍。边界值分析需要关注如下点：比最小值稍小(min－),最小值(min),比最小值稍大(min＋),典型正常值(nom),比最大值稍小(max－),最大值(max),比最大值稍大(max＋)。如图 2-1 所示,变量 x(x 是整数)的取值范围在[10,100]为有效等价类,$x<10$ 和 $x>100$ 为无效等价类,边界值分析设计的测试点是 9、10、11、55、99、100、101。

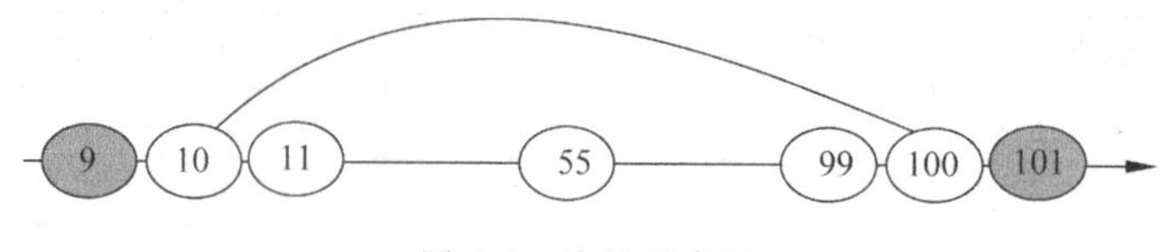

图 2-1 边界示意图

通常,软件中边界分为内部边界和外部边界两种。所谓的外部边界是可以在需求规格说明书、设计规格说明书中找到相应描述的,而内部边界是在程序实现环节存在的、至关重要的界限。

2.3.1 边界值分析法的原则

通常情况下,软件测试所包含的边界检验有几种类型:数字、字符、位置、重量、大小、速度、方位、尺寸、空间等。相应地,以上类型的边界值应该为最大/最小、首位/末位、上/下、最快/最慢、最高/最低、最短/最长、空/满等。例如在用 U 盘存储数据时,使用比剩余磁盘空间大一点(几千字节)的文件作为边界条件。

边界值分析法在应用中有如表 2-5 所示的原则供参考。

表 2-5 边界值分析法的原则

序号	原　　则	举　　例
1	如果输入条件规定了值的范围,则应取刚达到这个范围的边界的值,以及刚刚超越这个范围边界的值作为测试输入数据	重量在 10kg～50kg 的邮件,其邮费计算公式为……,则测试用例应取 10 和 50,还应取 10.01、49.99、9.99 及 50.01 和 30.00
2	如果输入条件规定了值的个数,则用最大个数、最小个数、比最小个数少 1、比最大个数多 1 的数作为测试数据	一个输入文件应包括 1 个～255 个记录,则测试用例可取 1 和 255,还应取 0 和 256 等
3	将规则 1 和规则 2 应用于输出条件,即设计测试用例使输出值达到边界值及其左右的值	要求计算出"每月保险金扣除额为 0 元～1165.25 元",其测试用例可取 0.00 和 1165.24、还可取 －0.01 和 1165.26 等
4	如果程序的规格说明给出的输入域或输出域是有序集合,则应选取集合的第一个元素和最后一个元素作为测试用例	
5	如果程序中使用了一个内部数据结构,则应当选择这个内部数据结构的边界上的值作为测试用例	在 C 语言程序中使用数组存储数据,假设数组的长度为 n,则应该测试数组的第 1 个元素(下标为 0)和第 n 个元素(下标为 $n-1$)
6	分析规格说明,找出其他可能的边界条件	详细参见第 2.3.2 节内容

请读者思考在边界附近取值时,增加或者减少的量要怎么把握?如在原则 1 中,为什么取小数点后两位?再如在原则 3 中,增加或者减少的步长为什么是 0.01?

2.3.2　内部边界值

在多数情况下，边界值条件是基于应用程序的功能设计而需要考虑的因素，可以从软件的规格说明或常识中得到，也是最终用户很容易发现问题的地方。然而，在测试用例设计过程中，某些边界值条件是不需要呈现给用户的，或者说，用户是很难注意到的，但同时确实属于检验范畴内的边界条件，我们将这些边界值条件称为内部边界值条件或子边界值条件。

内部边界值检验主要有下面几种。

(1) 数值的边界值检验。计算机是基于二进制进行工作的，因此，软件的任何数值运算都有一定的范围限制，如表 2-6 所示。

表 2-6　常用的二进制数据

项	范围或值
位(bit)	0 或者 1
字节(byte)	0～225
字(word)	0～65 535(单字)或 0～4 294 967 295(双字)
千(K)	1024
兆(M)	1 048 576
吉(G)	1 073 741 824

(2) 字符的边界值检验。在计算机软件中，字符也是很重要的表示元素，其中 ASCII 和 Unicode 是常见的编码方式。表 2-7 中列出了一些常用字符对应的 ASCII 码值。

表 2-7　常用字符的 ASCII 值

字　符	ASCII 码值	字　符	ASCII 码值
空(null)	0	A	65
空格(space)	32	a	97
斜杠(/)	47	Z	90
0	48	z	122
冒号(:)	58	单引号(')	96
@	64		

(3) 其他边界值检验。如屏幕上光标在最左上、最右下位置；报表的第一行和最后一行；数组元素的第一个和最后一个；循环的第 0 次、第 1 次和倒数第 2 次、最后一次。

2.3.3　外部边界值

通过前面的介绍，读者对于什么是边界、怎样选取边界上和边界附近的值已经有所了解。本节将关注在规格说明中明确体现的多个变量的边界问题，以及怎样设计测试用例。

基于可靠性理论中的"单故障"假设，即有两个或两个以上故障同时出现而导致软件失效的情况很少，也就是说软件失效基本上是由单故障引起的。对于一个含有 n 个变量的程序，保留其中一个变量，让其余的变量取正常值，被保留的变量依次取 min、min+、max-、max+值，对每个变量都重复进行，最后再让 n 个变量都取正常值。这样，对于一个有 n 个变量的程序，边界值分析测试程序会产生 $4n+1$ 个测试用例。这是标准的边界值分析法测试用例设计思路，如果考虑超出边界的两个边界值 min- 和 max+，则是 $6n+1$ 个，这是健壮的边界值分析法测试(在此不做区分,仅考虑健壮的边界值分析法测试)。

在如图 2-2 所示的问题中,输入数据有 x 和 y 两个变量,x 的取值范围是[a,b],y 的取值范围是[c,d],关于此问题的一组输入就对应到一个 $<x,y>$ 组合。应用边界值分析法设计测试用例(见图 2-2 中的点),测试数据如下:

$<x_{nom}, y_{min}>$; $<x_{min}, y_{nom}>$

$<x_{nom}, y_{min-}>$; $<x_{min-}, y_{nom}>$

$<x_{nom}, y_{min+}>$; $<x_{min+}, y_{nom}>$

$<x_{nom}, y_{max}>$; $<x_{max}, y_{nom}>$

$<x_{nom}, y_{max-}>$; $<x_{max-}, y_{nom}>$

$<x_{nom}, y_{max+}>$; $<x_{max+}, y_{nom}>$

$<x_{nom}, y_{nom}>$;

如果不考虑"单故障"假设,那么,当多个变量取极值时会出现什么情况?我们称这种情况为健壮最坏的测试用例,如图 2-3 所示。首先对每个变量进行包含略小于最小值 min－、最小值 min、略高于最小值 min＋、正常值 nom、略低于最大值 max－、最大值 max 和略大于最大值 max＋,七个元素集合的测试,然后对这些集合进行笛卡儿积计算,以生成测试用例。有两个输入变量程序 $F(x,y)$ 的最坏情况测试如图 2-3 所示。

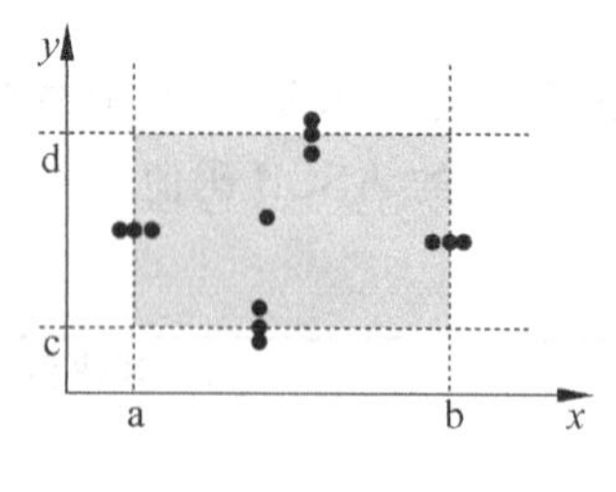

图 2-2 测试数据

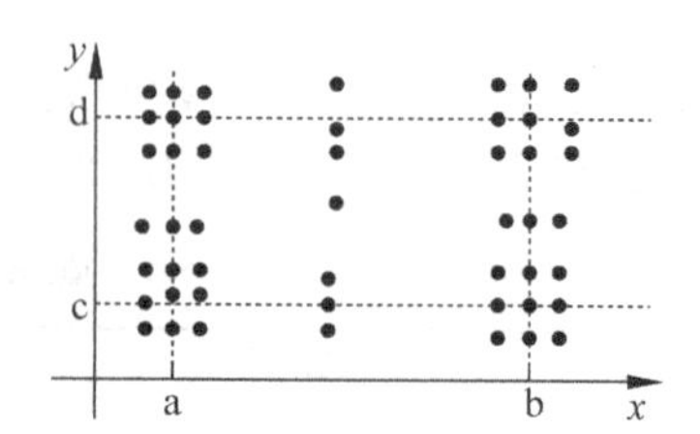

图 2-3 有两个输入变量程序的健壮最坏情况测试

2.3.4 边界值分析法应用实例

NextDate 函数问题:NextDate 函数包含 3 个变量 month、day、year,输出为输入日期下一天的日期。如:输入为 2007 年 7 月 19 日,输出为 2007 年 7 月 20 日。要求 3 个变量都为整数,且满足以下 3 个条件。

(1) 条件 1:1≤month≤12

(2) 条件 2:1≤day≤31

(3) 条件 3:1912≤year≤2050

使用边界值分析法为该问题设计测试用例。

首先,确定边界值,如表 2-8 所示。

表 2-8 边界值表

	Min－	Min	Min＋	Max－	Max	Max＋
month	－1	1	2	11	12	13
day	－1	1	2	30	31	32
year	1911	1912	1913	2049	2050	2051

然后基于单缺陷假设，设计测试用例，如表 2-9 所示。

表 2-9 测试用例表

测试用例编号	month	day	year	预 期 输 出
TC001	6	15	1911	year 超出[1912,2050]
TC002	6	15	1912	1912.6.16
TC003	6	15	1913	1913.6.16
TC004	6	15	1975	1975.6.16
TC005	6	15	2049	2049.6.16
TC006	6	15	2050	2050.6.16
TC007	6	15	2051	year 超出[1912,2050]
TC008	6	0	2001	day 超出[1,31]
TC009	6	1	2001	2001.6.2
TC010	6	2	2001	2001.6.3
TC011	6	30	2001	2001.7.1
TC012	6	31	2001	输入日期超界
TC013	6	32	2001	day 超出[1,31]
TC014	−1	15	2001	month 超出[1,12]
TC015	1	15	2001	2001.1.16
TC016	2	15	2001	2001.2.16
TC017	11	15	2001	2001.11.16
TC018	12	15	2001	2001.12.16
TC019	14	15	2001	month 超出[1,12]

2.4 因果图法

等价类划分法和边界值分析方法都是着重考虑输入条件，但没有考虑输入条件的各种组合、输入条件之间的相互制约关系。虽然各种输入条件可能出错的情况已经被测试到了，但多个输入条件组合起来可能出错的情况却被忽视了。因果图法正适合解决输入条件组合的复杂情况。

因果图是一种利用图解法分析输入的各种组合情况，从而设计测试用例的方法，它适合于检查程序输入条件的各种组合情况。

2.4.1 因果图的定义

因果图是一种描述输入和输出之间关系的图，其中出现的基本符号主要有：节点和弧线。如图 2-4 所示，节点表示原因或结果的状态，原因用 C 表示，结果用 E 表示；状态的取值为 0 或 1，其中 0 表示该节点的状态出现，1 表示该节点的状态不出现。

C —— E

图 2-4 因果图中的符号

因果图描述的原因和结果之间的关系主要有 4 种，如图 2-5 所示。

(a) 恒等：若 c_1 是 1，则 e_1 也为 1，否则 e_1 为 0。

(b) 非：若 c_1 是 1，则 e_1 为 0，否则 e_1 为 1。

(c) 或：若 c_1 或 c_2 或 c_3 是 1，则 e_1 为 1，否则 e_1 为 0，“或”可有任意个输入。

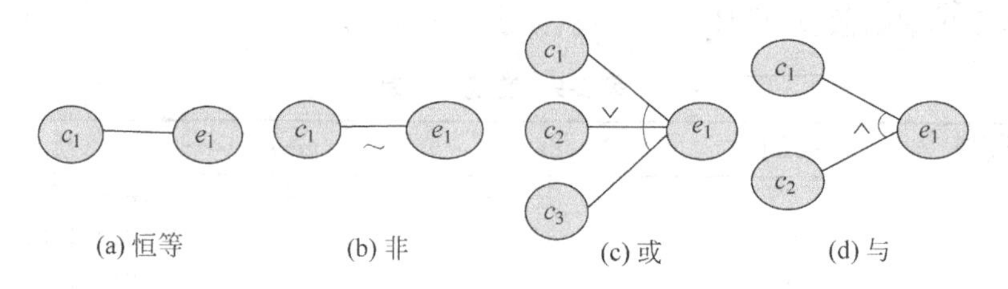

图 2-5 原因和结果的关系

(d) 与：若 c_1 和 c_2 都是 1，则 e_1 为 1，否则 e_1 为 0，"与"也可有任意个输入。

在实际问题当中，输入状态相互之间还可能存在某些依赖关系，我们称其为"约束"，如图 2-6 所示。

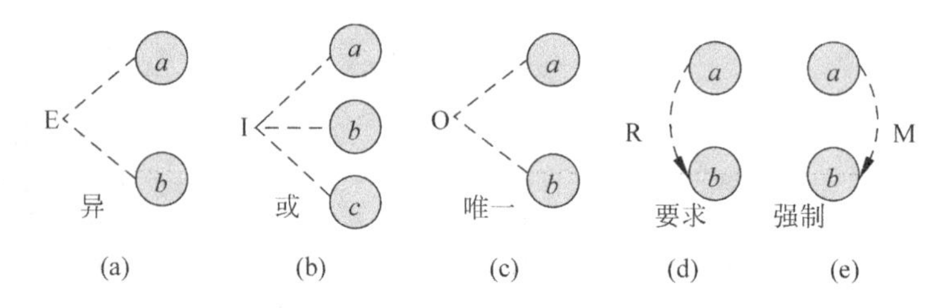

图 2-6 约束关系图示

对于输入条件的约束有以下 4 种。

(a) E 约束(异)：a 和 b 中最多有一个可能为 1，即 a 和 b 不能同时为 1。

(b) I 约束(或)：a、b、c 中至少有一个必须是 1，即 a、b、c 不能同时为 0。

(c) O 约束(唯一)：a 和 b 必须有一个且仅有一个为 1。

(d) R 约束(要求)：a 是 1 时，b 必须是 1。

对于输出条件的约束只有 M 约束，即(e)M 约束(强制)：如果结果 a 是 1，则结果 b 被强制为 0。

2.4.2 因果图法的基本步骤

用因果图法设计测试用例，首先从程序规格说明书的描述中，找出原因(输入条件)和结果(输出结果或者程序状态的改变)，然后通过因果图将原因和结果转换为判定表，最后为判定表中的每一列设计一个测试用例。具体步骤如下所示。

(1) 分析程序规格说明书中描述的语义内容，找出"原因"和"结果"，将其表示成连接各个原因与各个结果的"因果图"。

(2) 由于语法或环境限制，有些原因与原因之间或原因与结果之间的组合情况是不可能出现的，可用记号标明约束或限制条件。

(3) 将因果图转换成判定表。

(4) 根据判定表中的每一列设计测试用例。

因果图法具有如下的特点。

(1) 考虑到了输入情况的各种组合以及各个输入情况之间的相互制约关系。

(2) 能够帮助测试人员按照一定的步骤，高效率地开发测试用例。

(3) 因果图法是将自然语言规格说明转化成形式语言规格说明的一种严格的方法，可以指出规格说明存在的不完整性和二义性。

2.4.3 因果图法的应用实例

假设某程序的规格说明要求如下：输入的第一个字符必须是“#”或“*”，第二个字符必须是一个数字，在此情况下进行文件的修改；如果第一个字符不是“#”或“*”，则给出信息 N；如果第二个字符不是数字，则给出信息 M。

(1) 根据程序的规格说明书确定原因和结果。

原因：

- c_1——第一个字符是“#”
- c_2——第一个字符是“*”
- c_3——第二个字符是一个数字

结果：

- e_1——给出信息 N
- e_2——修改文件
- e_3——给出信息 M

中间结果：11——第一个字符正确。

(2) 根据找到的原因和结果，画出因果图，如图 2-7 所示。

根据语义关系添加约束，如图 2-8 所示。

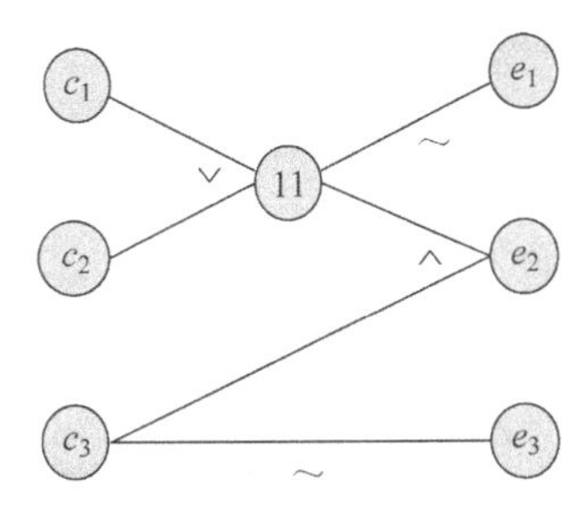

图 2-7　因果图

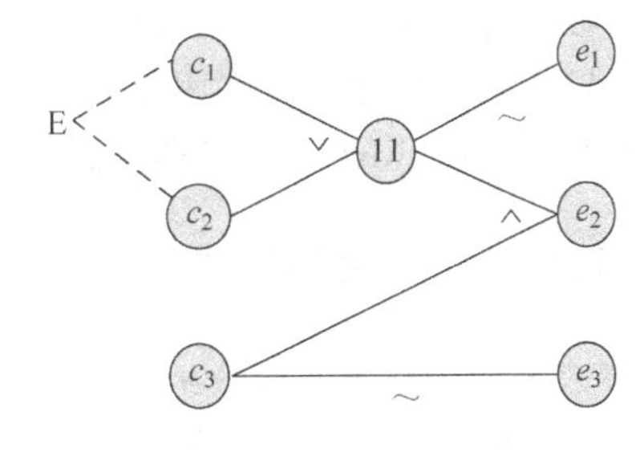

图 2-8　添加了约束的因果图

(3) 将因果图转化为判定表，如表 2-10 所示。

表 2-10　利用因果图转换而成的判定表

	1	2	3	4	5	6	7	8
c_1	1	1	1	1	0	0	0	0
c_2	1	1	0	0	1	1	0	0
c_3	1	0	1	0	1	0	1	0
11			1	1	1	1	0	0
e_1	0	0	0	0	0	0	1	1
e_2	0	0	1	0	1	0	0	0
e_3	0	0	0	1	0	1	0	1
不可能	1	1	0	0	0	0	0	0

(4) 根据判定表设计测试用例,设计的原则是判定表中的每一列对应一条测试用例,可以忽略不可能的情况。测试用例如表 2-11 所示。

表 2-11 测试用例表

编号	输入	预期结果
TC01	#3	修改文件
TC02	#B	给出信息 M
TC03	*7	修改文件
TC04	*M	给出信息 M
TC05	C2	给出信息 N
TC06	CM	给出信息 M 和 N

2.5 决策表法

决策表,也叫判定表。在所有的黑盒测试方法中,基于决策表的测试方法被认为是最严格的,因为决策表具有逻辑严格性。决策表是分析和表达多逻辑条件下执行不同操作的情况的工具,可以把复杂的逻辑关系和多种条件组合的情况表达得比较明确。

决策表技术适用于具有以下特征的应用程序。

(1) if-then-else 逻辑很突出。

(2) 输入变量之间存在逻辑关系。

(3) 涉及输入变量子集的计算。

(4) 输入与输出之间存在因果关系。

(5) 很高的圈(McCabe)复杂度。

2.5.1 决策表的结构

决策表通常由以下 5 部分组成,如图 2-9 所示。

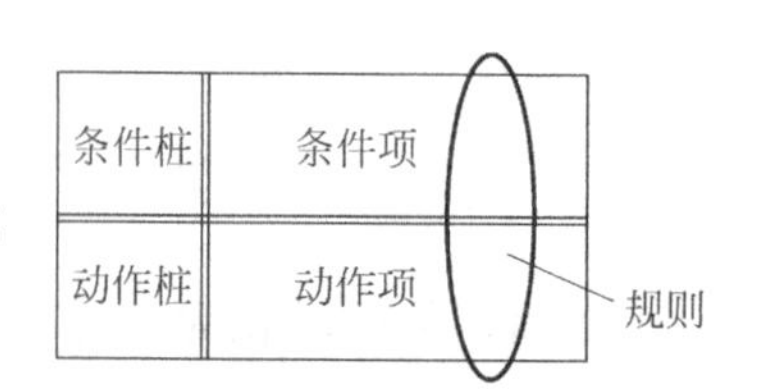

图 2-9 决策表的基本组成

(1) 条件桩——列出问题的所有条件。

(2) 条件项——针对条件桩给出的条件列出所有可能的取值。

(3) 动作桩——列出问题规定的可能采取的操作。

(4) 动作项——指出在条件项的各组取值情况下应采取的动作。

(5) 规则——贯穿条件项和动作项的一列就是一条规则。

条件桩是通过阅读需求规格说明书获得,对应问题的输入部分。读者可尝试分析程序界面,为了完成某个任务,应该提供给程序什么条件或者数值呢？每个条件的可能取值有哪些呢？动作桩比较容易获得。

举例:某厂对一部分职工重新分配工作,分配原则如下所示。

- 年龄不满 20 岁,文化程度是小学者脱产学习,文化程度是中学者当电工。
- 年龄满 20 岁但不足 50 岁,文化程度是小学或中学者,男性当钳工,女性当车工;文化程度是大学者当技术员。

- 年龄满 50 岁及 50 岁以上，文化程度是小学或中学者当材料员，文化程度是大学者当技术员。

通过阅读这个规格说明，能够确认重新分配工作的关键因素有：年龄、文化程度、性别。整理如下：

C_1：年龄——不满 20 岁（青）、满 20 岁但不足 50 岁（中）、满 50 岁及 50 岁以上（老）

C_2：文化程度——小学（小）、中学（中）、大学（大）

C_3：性别——男、女

那么对应的条件项有哪些呢？

C_1 的可能取值为 3 种；C_2 的可能取值为 3 种；C_3 的可能取值为两种。因此，条件的全组合为：3×3×2＝18。

动作桩如下所示。

- A_1：脱产学习
- A_2：电工
- A_3：钳工
- A_4：车工
- A_5：技术员
- A_6：材料员

通过这个分析过程，可以建立决策表，根据需求规格填写动作项，初步的决策表如表 2-12 所示。

表 2-12　职工重新分配的初步决策表

桩	1	2	3	4	5	6	7	8	9	10	11	12	13	14	15	16	17	18
C_1	青	青	青	中	中	中	老	老	老	青	青	青	中	中	中	老	老	老
C_2	小	中	大	小	中	大	小	中	大	小	中	大	小	中	大	小	中	大
C_3	男	男	男	男	男	男	男	男	男	女	女	女	女	女	女	女	女	女
A_1	√									√								
A_2		√									√							
A_3				√	√													
A_4													√	√				
A_5			√			√			√			√			√			√
A_6							√	√								√	√	

注：在规格描述中没有明确说明青年、大学文化程度的工人应从事的工作，考虑到所有的大学文化者的工作均为技术员，这里也假设此种情况下应将其分配为技术员。如果在实际的测试项目中，测试人员需要与客户确认，这属于需求遗漏。

2.5.2　决策表的化简

初始决策表的条件项的数目很大，若表中有两条以上规则具有相同的动作，并且在条件项之间存在极为相似的关系，便可以将它们合并。合并后的条件项用符号“－”表示，说明执行的动作与该条件的取值无关，称为无关条件。

决策表的简化方式有两种,如图 2-10 所示的是合并,即如果有两条规则的动作项一致,而其对应的条件项中只有一个不同而其余都相同。以图 2-3(a)为例加以说明。在动作一致的前提下,第 3 个条件不同,第 1 个条件和第 2 个条件的对应取值都相同,这种情况下,可以将两条规则合并为 1 条,不同的那个条件用无关符号表示。合并后的规则隐含这样的说明:在第 1 个条件为 Y,第 2 个条件为 N 时,无论第 3 个条件取 Y 还是 N,采取的动作都是第 1 个。

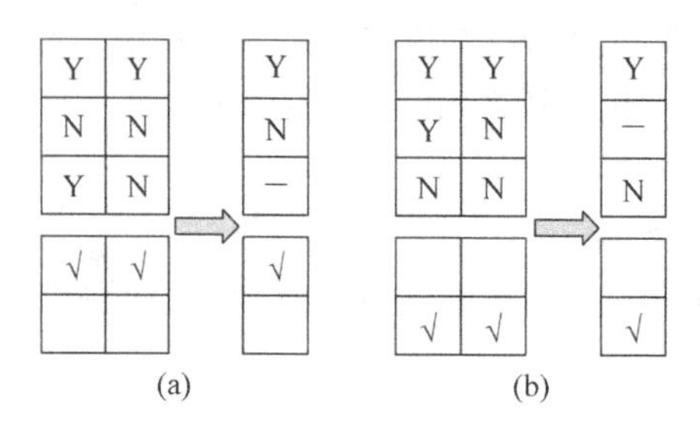

图 2-10 决策表化简示意图

注意:如果第 3 个条件的取值有 3 种情况,是不能够根据这个规则进行合并的。因为第 3 个条件变为无关后就包含了所有的可能取值。

将职工重新分配问题的决策表化简,如表 2-13 所示。

表 2-13 化简后的决策表

桩	1、10	2、11	3、12、6、15、9、18	4	5	7、16	8、17	13	14
C_1	青	青	—	中	中	老	老	中	中
C_2	小	中	大	小	中	小	中	小	中
C_3	—	—	—	男	男	—	—	女	女
A_1	√								
A_2		√							
A_3				√	√				
A_4								√	√
A_5			√						
A_6						√	√		

化简后的测试用例只有 9 条,很大程度上减少了设计测试用例的工作量。接下来需要为每个有效的规则编写一条测试用例,如表 2-14 所示。

表 2-14 职工重新分配问题的测试用例

TestCaseID	对应的规则号	输入数据	预期结果
1	1、10	青年、小学文化,男女均可	脱产学习
2	2、11	青年、中学文化、男女均可	电工
3	3、12、6、15、9、18	大学文化	技术员
4	4	中年、小学文化、男性	钳工
5	5	中年、中学文化、男性	钳工
6	7、16	老年、小学文化、男女均可	材料员
7	8、17	老年、中学文化、男女均可	材料员
8	13	中年、小学文化、女性	车工
9	14	中年、中学文化、女性	车工

2.6　场景法

现在的软件几乎都是由事件触发来控制流程的，事件触发时的情景便形成了场景，而同一事件不同的触发顺序和处理结果形成事件流。这种在软件设计方面的思想已被引入软件测试中，生动地描绘出事件触发时的情景，有利于测试设计者设计测试用例，同时测试用例也更容易得到理解和执行。提出这种测试思想的是 Rational 公司，在 RUP 2000 中文版当中对这种测试思想和对这种思想的应用进行了详尽解释，用例场景贯穿其中。

在用例规约的描述中，明确地定义了实例的基本流和备选流。基本流一般采用直黑线表示，是经过用例的最简单的路径，无任何差错，程序从开始直接执行到结束；备选流则采用不同颜色表示，一个备选流可能从基本流开始，在某个特定条件下执行，然后重新加入基本流中，也可以起源于另一个备选流，或终止用例，不在加入到基本流中，一般代表了各种错误情况。

图 2-11 展示了一个场景的实例图。在这个图中，有一个基本流和 4 个备选流。每个经过用例的可能路径，可以确定不同的用例场景。从基本流开始，再将基本流与备选流结合起来，可以确定以下 8 个用例场景。

- 场景 1：基本流
- 场景 2：基本流　备选流 1
- 场景 3：基本流　备选流 1　备选流 2
- 场景 4：基本流　备选流 3
- 场景 5：基本流　备选流 3　备选流 1
- 场景 6：基本流　备选流 3　备选流 1　备选流 2
- 场景 7：基本流　备选流 4
- 场景 8：基本流　备选流 3　备选流 4

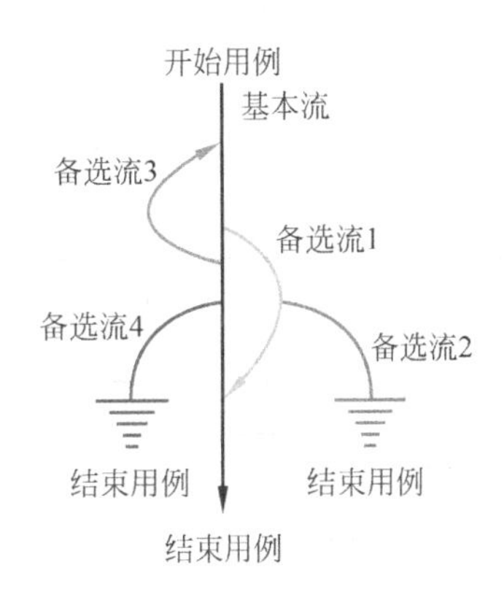

图 2-11　实例的场景示意图

本节将介绍由用例规约需求文档到场景法测试用例的转换。

2.6.1　用例规约

针对用例图中的每一个用例，都必须有一个用例规约来对用例的一些必要信息进行描述，由于 RUP 是基于用例驱动的，所以这一部分的完成质量直接关系到日后设计模型和分析模型的设计，以及最后的实现。下面给出公共图书管理系统中的管理用户的分解用例图，如图 2-12 所示。

表 2-15 是注册用户的用例规约，这是进行测试用例设计的重要依据文档，场景法设计测试用例需要从中找到基本流和备选流（即分支流）。

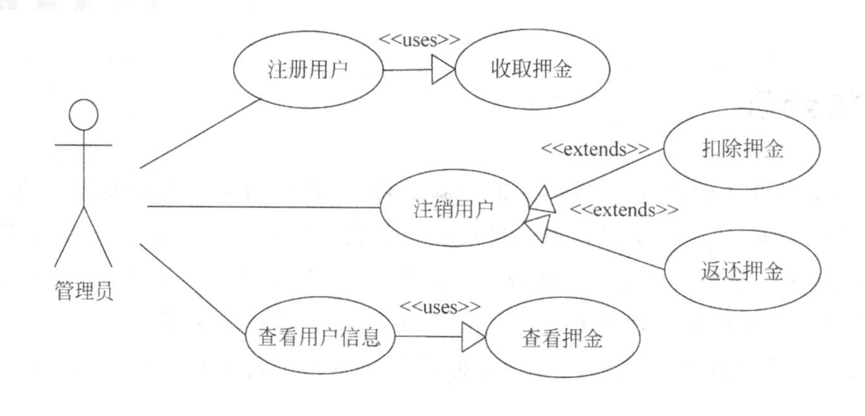

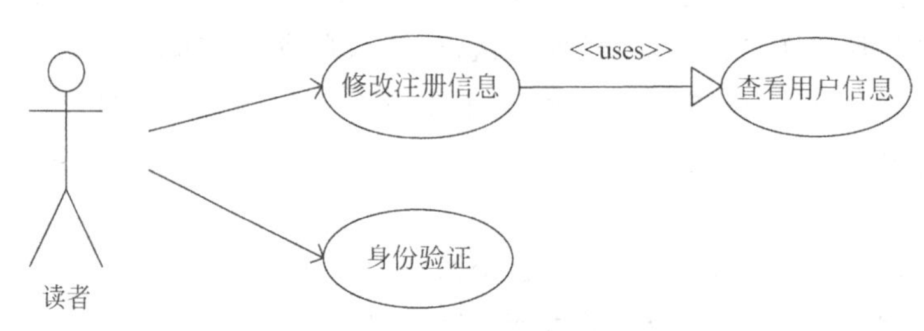

图 2-12 管理用户分解用例图

表 2-15 注册用户的用例规约

用例编号	uc001
用例名称	注册用户
参与者	借阅卡办理人员
用例说明	用例起始于卡办理人员接受读者的办卡请求
前置条件	卡办理人员经过身份验证
后置条件	保存读者信息,并分发一张对应的借阅卡
基本流	
参与者的动作	系统动作
1. 卡办理人员在注册界面中录入读者的登记信息	2. 系统对录入信息进行有效性检验
	3. 系统验证读者注册证件号具有唯一性
4. 卡办理人员录入借阅卡卡号,并收取押金,确认信息提交	5. 系统验证卡号的有效性
	6. 系统向读者信息表中增加一条读者信息,并将借阅卡卡号与读者进行对应后显示成功界面
7. 卡办理人员将借阅卡和押金收据交给读者	
分支流	
2a. 系统检查录入信息存在问题,则提示用户相应信息,系统返回到注册界面	
3a. 系统发现读者有效证件号已经存在于已注册的读者信息中,则提示用户“该证件号已经被注册”,系统返回原有注册界面	
4a. 卡办理人员取消办卡过程,则系统提示用户是否确实要取消操作	
• 如果卡办理人员确认取消,则系统返回到初始注册界面	
• 如果卡办理人员取消操作,则系统保持原有注册界面	

从中可发现构成实例的基本流是：2、3、5、6；备选流是：2a、3a、4a。

2.6.2　场景法的应用

应用场景法的基本设计步骤如下所示。

(1) 根据用例规约，描述出程序的基本流及各项备选流。

(2) 根据基本流和各项备选流生成不同的场景。

(3) 对每一个场景生成相应的测试用例。

(4) 对生成的所有测试用例重新复审，去掉多余的测试用例，确定测试用例后，对每一个测试用例确定测试数据值。

我们以注册用户的用例规约为例，来介绍场景法的应用过程。

第一步：确定基本流和备选流，如表 2-16 所示。

表 2-16　注册用户的基本流与备选流

基本流	录入信息有效性检查、证件号的唯一性检查、卡号的有效性检查、生成借阅关系
备选流 1	录入信息存在问题
备选流 2	证件号已注册
备选流 3	取消办卡操作

第二步：生成场景，如表 2-17 所示。

表 2-17　注册用户的场景

场景 1——成功注册	基本流	
场景 2——信息存在问题	基本流	备选流 1
场景 3——证件号已注册	基本流	备选流 2
场景 4——取消办卡操作	基本流	备选流 3

第三步：生成用例。

对于每一个场景都需要确定测试用例。可以采用矩阵或决策表来确定和管理测试用例。这里采用一种通用格式，其中各行代表各个测试用例，而各列则代表测试用例的信息。

在本例中，对于每个测试用例，存在一个测试用例 ID、条件(或场景)、测试用例中涉及的所有数据元素以及预期结果。

通过从确定执行用例场景所需的数据元素入手构建矩阵。对于每个场景，至少要确定包含执行场景所需的适当条件的测试用例。通常，V(有效)用于表明这个条件必须是 VALID(有效的)才可执行基本流，而 I(无效)用于表明这种条件下将激活所需备选流。表 2-18 中使用的"n/a"(不适用)表明这个条件不适用于测试用例。

表 2-18　注册用户的测试用例

ID	场景/条件	信息有效性	证件号唯一性	未取消办卡	预 期 结 果
1	场景 1——成功注册	V	V	V	成功注册
2	场景 2——信息存在问题	I	n/a	n/a	提示信息，返回注册页面
3	场景 3——证件号已注册	V	I	n/a	提示证件号已注册，返回注册页面
4	场景 4——取消办卡操作	V	V	I	提示取消确认，分两种情况处理

2.7 正交实验法

用正交实验法设计测试用例是考虑用最少的用例来覆盖两两组合的情况,是套用正交表来随机地产生用例,没有主次之分,是一种提高测试覆盖率的简单易用的方法。

正交实验设计是研究多因素多水平的一种设计方法,它是根据正交性从全面试验中挑选出部分有代表性的点进行试验,这些有代表性的点具备了“均匀分散,整齐可比”的特点,正交试验设计是一种基于正交表的、高效率的、快速的、经济的试验。

正交表具有以下两个性质。

(1) 在每一列中,不同的数字出现的次数相等。例如:在两水平正交表中,任何一列都有数码“1”与“2”,且任何一列中它们出现的次数是相等的;如在三水平正交表中,任何一列都有“1”、“2”、“3”,且在任意一列的出现数均相等。

(2) 任意两列中数字的排列方式齐全而且均衡。例如:在两水平正交表中,任何两列(同一横行内)有序对共有4种:(1,1)、(1,2)、(2,1)、(2,2)。每种对数出现次数相等。在三水平情况下,任何两列(同一横行内)有序对共有9种,(1,1)、(1,2)、(1,3)、(2,1)、(2,2)、(2,3)、(3,1)、(3,2)、(3,3),且每对出现数也均相等。

以上两点充分体现了正交表的两大优越性——“均匀分散,整齐可比”。通俗地说,每个因素的每个水平与另一个因素各水平都能够出现一次组合,这就是正交性。

2.7.1 正交实验表

什么是因素?什么是水平?什么是正交表?

(1) 在一项试验中,将要考察的变量称为因素或变量,有时也将其称为因子。

(2) 在试验范围内,因素被考察的值称为水平,即变量的取值。

(3) 正交表是一整套规则的设计表格。正交表的表示形式:

$$L_n(t^c)$$

其中,L 为正交表的代号;n 为行数,即实验次数;t 为水平数;c 为列数,即因素数。

例如,$L_4(2^3)$,它表示需要做4次实验,最多可观察3个因素,每个因素均为2水平,如表2-19所示。

表 2-19 $L_4(2^3)$

试验号 \ 列号	1	2	3
1	1	1	1
2	1	2	2
3	2	1	2
4	2	2	1

一个正交表中也可以各列的水平数不相等，这种正交表被称为混合型正交表，如 $L_8(2^4\ 4^1)$，此表的6列中，有1列为4水平，4列为2水平。

$$试验次数(行数) = \sum(每列水平数 - 1) + 1$$

例如，5个3水平因子和一个2水平因子，表示为 $3^5 \times 2^1$，试验次数 $=5\times(3-1)+1\times(2-1)+1=12$，即 $L_{12}(3^5\ 2^1)$。

如何查找正交表？

- 访问网站 Technical Support （support. sas. com）——http://support. sas. com/techsup/technote/ts723_Designs. txt
- 查阅 Dr. GenichiTaguchi 设计的正交表——http://www. york. ac. uk/depts/maths/tables/orthogonal. htm
- 阅读数理统计、试验设计等方面的书及附录

2.7.2　用例设计的基本步骤

应用正交实验法设计测试用例的步骤如下所示。

(1) 确定因素与水平，即有哪些变量，每个变量的取值有哪些。

(2) 选择一个合适的正交表。

(3) 把变量的值映射到表中。

(4) 把每一行的各因素水平的组合作为一个测试用例。

(5) 补充认为重要但没有在表中出现的组合。

如何选择正交表是一个关键问题，这里重点加以说明。

首先考虑因素(变量)的个数，其次考虑因素水平(变量的取值)的个数，最后考虑正交表的行数，且选取行数最少的一个正交表。

设计测试用例时的3种情况如下所示(见表2-20)。

(1) 因素数(变量)、水平数(变量值)相符。

(2) 因素数不相同。

(3) 水平数不相同。

表2-20　选择正交表的策略

类型	特点	举例		
		问题描述	选择正交表	部分测试用例
两者都相符	水平数相同、因素数刚好符合正交表	有3个因素：姓名、身份证号、手机号码；每个因素有两个水平： 姓名：填、不填 身份证号：填、不填 手机号码：填、不填	表中的因素数大于等于3，表中至少有3个因素的水平数大于等于2，行数取最少的一个结果：$L_4(2^3)$	填写姓名、填写身份证号、填写手机号；填写姓名、不填身份证号、不填手机号
因素数不符	取因素数最接近但略大的实际值的表	有3个因素：操作系统、浏览器、杀毒软件 每个因素有3个水平	表中的因素数≥3，表中至少有3个因素的水平数≥3，行数取最少的一个结果：$L_9(3^4)$	Windows 2000、IE 6.0、卡巴斯基；Windows 2000、IE 7.0、诺顿；Windows 2000、TT、金山；IE 6.0、诺顿

续表

类型	特点	举例		
		问题描述	选择正交表	部分测试用例
水平数不符	在因素数和水平数够用的前提下，选取行数少的正交表	有5个因素：A、B、C、D和E；两个因素有两个水平、两个因素有3个水平、一个因素有6个水平	表中的因素数≥5，表中至少有两个因素的水平数≥2；至少有另外两个因素的水平数≥3；还至少有另外一个因素的水平数≥6；行数取最少的一个($L_{49}(7^8)$、$L_{18}(3^6\ 6^1)$)结果：$L_{18}(3^6\ 6^1)$	略

本章小结

本章首先对测试用例做了简要介绍，明确测试用例的表示方法和设计测试用例的步骤；然后介绍了黑盒测试用例设计方法中的等价类划分法、边界值分析法、因果图法、决策表法、场景法和正交实验法。对运用各种方法进行测试用例设计的思想进行了阐述。黑盒测试用例设计的策略如下所示。

(1) 首先进行等价类划分，包括输入条件和输出条件的等价类划分，将无限测试变成有限测试，这是减少工作量和提高测试效率的最有效方法。

(2) 在任何情况下都必须采用边界值分析法。这种方法设计出的测试用例发现程序错误的能力最强。

(3) 用错误推断法再追加测试用例，这需要测试工程师的智慧和经验。

(4) 对照程序逻辑，检查已设计出的测试用例的逻辑覆盖程度。如果没有达到要求的覆盖标准，则应当再补充更多的测试用例。

(5) 如果程序的功能说明中含有输入条件的组合情况，则应一开始就选用决策表法。

(6) 对于参数配置类的软件，要用正交实验法选择较少的组合方式以达到最佳组合。

第3章 白盒测试用例设计方法

学习目标

- 语句覆盖
- 判定覆盖
- 条件覆盖
- 判定/条件覆盖
- 组合条件覆盖
- 路径覆盖
- 基本路径测试法
- 循环测试
- 代码审查
- 静态结构分析
- Rational Purify 应用

白盒测试以检查程序的内部结构和逻辑为根本，分为逻辑覆盖测试、路径测试以及静态代码审查等，白盒测试又可分为手工测试和应用工具测试，本章最后介绍了 Rational Purify 的简单应用。

3.1 逻辑覆盖测试

白盒测试方法是把测试对象看作一个打开的盒子，测试人员依据程序内部逻辑结构相关信息，设计或选择测试用例，对程序所有逻辑路径进行测试，通过在不同点检查程序的状态，确定实际的状态是否与预期的状态一致。

逻辑覆盖测试是以程序内在逻辑结构为基础的测试，重点关注测试覆盖率。包括以下6种类型：语句覆盖、判定覆盖、条件覆盖、判定/条件覆盖、条件组合覆盖和路径覆盖。下面将以1995年软件设计师考试的一道考试题目为例进行讲解，程序流程图如图3-1所示。

3.1.1 语句覆盖

语句覆盖是指设计若干个测试用例，使程序中的每个可执行语句至少执行一次。在保证每条语句都运行的前提下，测试用例应尽量少。在语句覆盖的基础上可以实现程序段覆盖，进而是程序块的覆盖。

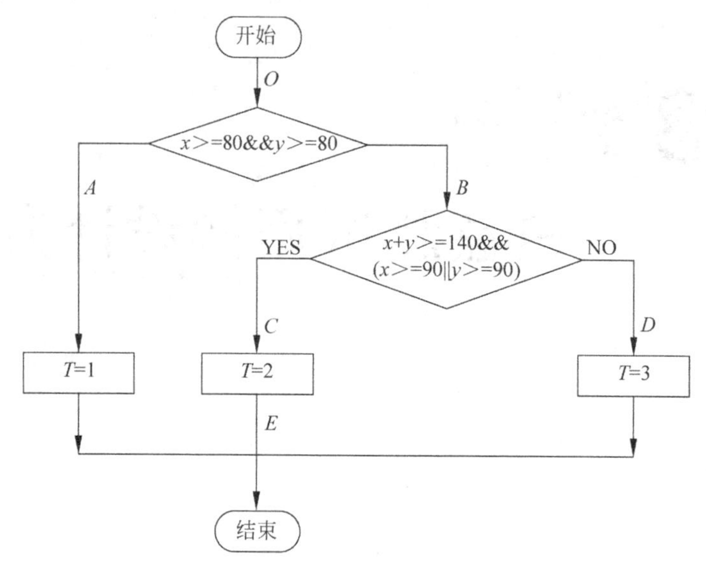

图 3-1 程序 1 流程图

以程序 1 为例,可执行语句有 3 条,能否设计一个测试用例使 3 条语句都得到运行?答案是否定的,3 条语句位于 3 个分支上,所以应该设计 3 个测试用例,使程序运行 3 次才可能使得所有的可执行语句得到运行。语句覆盖的测试用例如表 3-1 所示。

表 3-1 语句覆盖的测试用例

序号	X	Y	预期结果	路径
1	50	50	$T=3$	OBDE
2	90	70	$T=2$	OBCE
3	90	90	$T=1$	OAE

评价语句覆盖程度通常要借助语句覆盖率,即已执行的可执行语句占程序中可执行语句总数的百分比,表示为:已执行的可执行语句/程序中可执行语句总数。

$$\text{语句覆盖率} = \frac{\text{已执行的可执行语句}}{\text{程序中可执行语句总数}} \times 100\%$$

一般来讲,语句覆盖率越高越好,但它是最重要的衡量指标吗?单纯的语句覆盖无法发现 && 与||用错的问题。另外,语句覆盖测试不能发现循环次数存在问题的程序,如:

```
while(i > 3 && i < 7)
{
    s = s + i;
    i++;
}
```

而程序本意:

```
while(i >= 3 && i <= 7)
{
    s = s + i;
    i++;
}
```

因此，语句覆盖测试是较弱的一种覆盖测试。

3.1.2　判定覆盖

比语句覆盖稍强的覆盖标准是判定覆盖，判定覆盖的含义是：设计足够多的测试用例，使程序中的每个判定都至少获得“真值”和“假值”。程序中的判定有：分支判定和循环判定。除了双值判定语句外，还有多值判定语句，如 case 语句，因此判定覆盖更一般的含义是：使得每一个判定获得每一种可能的结果至少一次。

为了表示方便、做到理解上的统一，本书做出如下约定：表示某个条件的真假使用 Ti 和 Fi(i 为该条件的序号)，表示某个判定的真假使用 TDi 和 FDi (i 为该判定的序号)。如：

```
if (A < 5 and B == 5)
        x = x + 2;
```

则表示条件如下：

$A<5$，记为 T1；$A>=5$，记为 F1

$B==5$，记为 T2；$B!=5$，记为 F2

表示判定如下：

$A<5$ and $B==5$ 判定为真，记为 TD1；判定为假，记为 FD1

程序 1 中有两个判定

D1：$X>=80$ && $Y>=80$

D2：$X+Y>=140$ &&($X>=90$||$Y>=90$)

根据判定覆盖的定义，应设计测试用例使 TD1、FD1 和 TD2、FD2 都出现，究竟要怎样组合取决于条件不能相互冲突。表 3-2 为可能的测试用例设计方案之一。

表 3-2　判定覆盖的测试用例

序号	状态	条　件	X	Y	预期结果	路径
1	TD1T1T2	$X\geqslant80,Y\geqslant80$	90	90	$T=1$	OAE
2	FD1F1T2	$X<80,Y\geqslant80,X+Y\geqslant140$	35	100	$T=2$	OBCE
	TD2T3F4T5	$X<90,Y\geqslant90$				
3	FD1F1T2	$X<80,Y\geqslant80,X+Y\geqslant140$	75	75	$T=3$	OBDE
	FD2T3F4F5	$X<90,Y<90$				

表 3-2 中的状态包含了所有判定的真值与假值，因此该组测试用例满足判定覆盖的要求，同时也满足语句覆盖。但是，仍然无法发现程序段中存在的逻辑判定错误。

3.1.3　条件覆盖

条件覆盖的含义是：构造一组测试用例，使得每一个判定中每个逻辑条件的可能值至少被满足一次。程序中的判定分为单一条件的判定和多个条件的复合判定两种类型，如：

```
if(x > 4)
        y = 6;
```

这是单一条件构成的判定,其条件覆盖与判定覆盖的效果是一样的。而多条件的判定是指判定由 && 或者||连接起来的表达式,如:

```
if (A < 5 and B == 5)
    x = x + 2;
```

有两个条件,分别是:

$A<5$ 记为 T1,$A>=5$ 记为 F1

$B==5$ 记为 T2,$B!=5$ 记为 F2

程序 1 中有两个判定,共有 5 个条件,标记如下:

- D1:(1)$X>=80$ &&(2) $Y>=80$
- D2:(3)$X+Y>=140$ &&((4) $X>=90$||(5) $Y>=90$)

其中括弧中的数字为该条件的编号。

则需要构造一组测试用例,使得每个条件的真假值至少被满足一次。可能的测试用例如表 3-3 所示。

表 3-3 程序 1 的条件覆盖测试用例

序号	状态	条 件	X	Y	预期结果	路径
1	TD1T1T2	$X\geqslant80,Y\geqslant80$	90	90	$T=1$	OAE
2	FD1F1T2	$X<80,Y\geqslant80,X+Y\geqslant140$	70	100	$T=2$	OBCE
	TD2T3F4T5	$X<90,Y\geqslant90$				
3	TD1T1F2	$X\geqslant80,Y<80,X+Y<140$	100	10	$T=3$	OBDE
	FD2F3T4F5	$X\geqslant90,Y<90$				

表 3-3 中的状态包含了所有条件的真值与假值,可见,这组测试用例是满足条件覆盖的。

思考:满足条件覆盖就是满足判定覆盖吗?请看下面的例子。

判定 $A<5$ and $B==5$,其满足条件覆盖的状态有:

T1F2 和 F1T2 ===〉 FD1 和 FD1

或者

T1T2 和 F1F2 ===〉 TD1 和 FD1

这两种组合都是满足条件覆盖的测试用例状态,读者可任选其一。但是,第 2 组同时满足判定覆盖,而第 1 组仅仅覆盖判定的一种取值。

为解决这一矛盾,需要兼顾多条件和分支来进行测试。

3.1.4 判定/条件覆盖

设计足够的测试用例,使得判定中每个条件的所有可能(真/假)至少出现一次,并且每个判定本身的判定结果(真/假)也至少出现一次。即,满足判定/条件覆盖的测试用例应该同时满足条件覆盖和判定覆盖。

程序 1 的判定/条件覆盖测试用例设计如表 3-4 所示。

表 3-4 程序 1 的判定/条件覆盖测试用例

序号	状态	条 件	X	Y	预期结果	路径
1	TD1T1T2	$X\geqslant80,Y\geqslant80$	90	90	$T=1$	OAE
2	FD1F1T2	$X<80,Y\geqslant80,X+Y\geqslant140$	70	100	$T=2$	OBCE
	TD2T3F4T5	$X<90,Y\geqslant90$				
3	TD1T1F2	$X\geqslant80,Y<80,X+Y<140$	100	10	$T=3$	OBDE
	FD2F3T4F5	$X\geqslant90,Y<90$				

表 3-4 中的状态包含了所有条件的真值与假值，以及所有判定的真值与假值。可见，这组测试用例是满足判定/条件覆盖的。

同理，对于：

```
if (A < 5 and B == 5)
        x = x + 2;
```

为满足判定/条件覆盖，应选择的组合是 T1T2 和 F1F2===〉TD1 和 FD1。但是，若把逻辑运算符"&&"错写成"||"或第 2 个运算符"||"错写成"&&"，该测试用例仍然无法发现上述逻辑错误。

3.1.5 组合条件覆盖

组合条件覆盖的含义是：设计足够的测试用例，使得每个判定中条件的各种可能组合都至少出现一次。显然满足组合条件覆盖的测试用例是一定满足判定覆盖、条件覆盖和判定/条件覆盖的。

程序 1 的设计过程如下所示。

(1) 列出各个判定内条件的完全组合。

程序 1 的第 1 个判定的组合条件如下：

- T1 T2
- T1 F2
- F1 T2
- F1 F2

程序 1 的第 2 个判定的组合条件如下：

- F3 F4 F5
- F3 F4 T5
- F3 T4 F5
- F3 T4 T5
- T3 F4 F5
- T3 F4 T5
- T3 T4 F5
- T3 T4 T5

(2) 分析条件间的制约关系。

在程序 1 中隐含着这样的关系,如表 3-5 中的序号 1 所示,如果 X＜80(F1),则不可能存在 X＞＝90(T4),在设计测试用例时需要考虑这种制约关系。

表 3-5 条件间的互斥关系

序 号	互斥关系	
1	F1	T4
2	F2	T5
3	F3	T4T5
4	T1T2	T4T5

(3) 考虑判定间的条件组合。

根据第(2)步获得的互斥关系,两个判定的条件间可能存在组合,如图 3-2 所示。

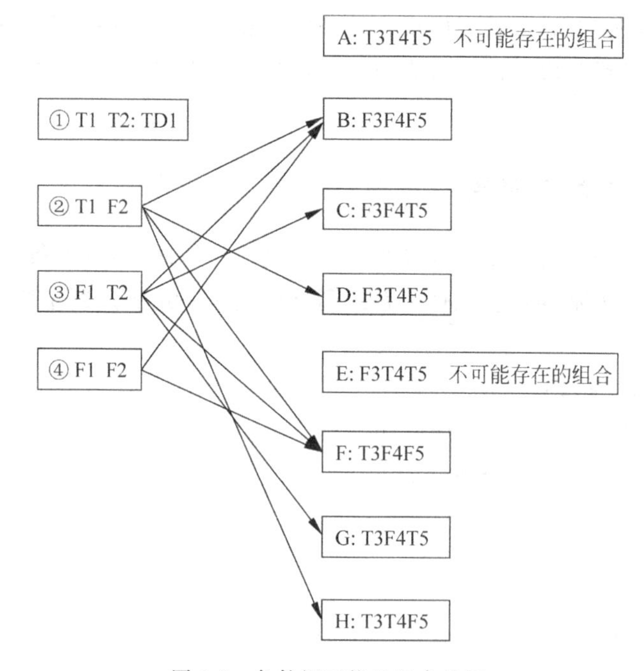

图 3-2 条件间可能的组合关系

具体的组合策略如下:

- 如果某个条件组合只有一种可能性,则优先确立关系。
- 不可能存在的组合不需要设计测试用例。
- 除了不可能的情况,所有的条件组合都必须至少出现一次。

因此,程序 1 的满足组合条件覆盖的测试用例的可能方案如表 3-6 所示。

组合条件覆盖的测试用例设计过程较复杂,在实际应用中难度较大。满足组合条件覆盖的测试用例一定是满足判定覆盖、条件覆盖和判定/条件覆盖的。

表 3-6 组合条件覆盖的测试用例

序号	状态	条件	X	Y	预期结果	路径
1	TD1T1T2	$X \geq 80, Y \geq 80$	90	90	$T=1$	OAE
2	T1F2T3T4F5	$X \geq 80, Y < 80, X+Y \geq 140$ $X \geq 90, Y < 90$	100	70	$T=2$	OBCE
3	F1T2F3F4T5	$X < 80, Y \geq 80, X+Y < 140$ $X < 90, Y \geq 90$	20	90	$T=2$	OBDE
4	F1T2T3F4T5	$X < 80, Y \geq 80, X+Y \geq 140$ $X < 90, Y \geq 90$	70	90	$T=2$	OBCE
5	T1F2F3F4F5	$X \geq 80, Y < 80, X+Y < 140$ $X < 90, Y < 90$	80	40	$T=3$	OBDE
6	F1T2T3F4F5	$X < 80, Y \geq 80, X+Y \geq 140$ $X < 90, Y < 90$	40	120	$T=3$	OBDE

3.1.6 路径覆盖

所谓路径覆盖就是设计足够多的测试用例使每个路径都有可能被执行。程序 1 有 3 条可执行路径，设计测试用例如表 3-7 所示。

表 3-7 路径覆盖的测试用例

序号	状态	条件	X	Y	预期结果	路径
1	TD1T1T2	$X \geq 80, Y \geq 80$	90	90	$T=1$	OAE
2	FD1F1T2 TD2T3F4T5	$X < 80, Y \geq 80, X+Y \geq 140$ $X < 90, Y \geq 90$	35	100	$T=2$	OBCE
3	FD1F1T2 FD2T3F4F5	$X < 80, Y \geq 80, X+Y \geq 140$ $X < 90, Y < 90$	75	75	$T=3$	OBDE

3.2 基本路径测试

在测试实践中，一个不太复杂的程序，其可能的执行路径数都可能是一个庞大的数字，因此要在测试中实现路径覆盖是不现实的。为了解决这一难题，只有把覆盖的路径数压缩到一定数量范围内，例如，程序中的循环体只执行一次或较少次数。下面介绍的基本路径测试就是这样一种测试方法，它在程序控制流图的基础上，通过分析控制构造的环路复杂性，导出基本可执行路径集合，从而设计出测试用例的方法。设计出的测试用例要保证在测试中程序的每一个可执行语句至少被执行一次。

为了清晰描述基本路径测试方法，需要首先对其中几个基本概念进行说明，包括程序控制流图的符号、计算环形复杂度的方法、独立路径的确定等。

3.2.1 控制流图

在设计程序时，为了更加突出控制流的结构，可对程序流程图进行简化，简化后的流程图称为控制流图。

(1) 控制流图的构成。

简化后所涉及的图形符号只有两种,即结点和控制流线。如图 3-3 所示的程序流程图可转化为如图 3-4 所示的程序控制流图。

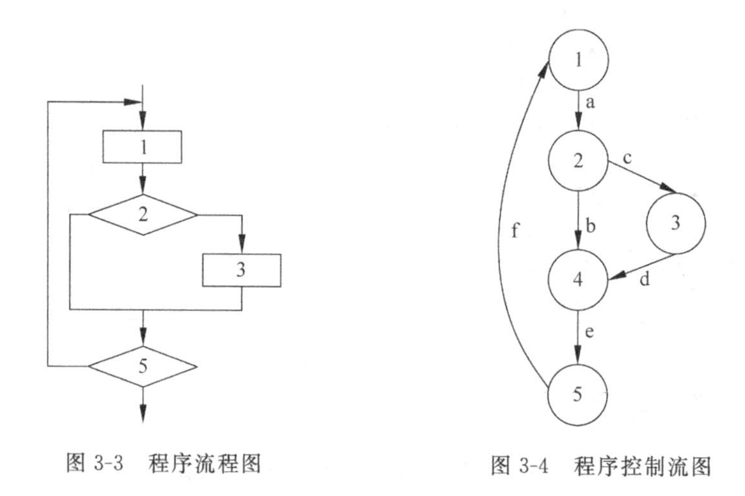

图 3-3 程序流程图　　　图 3-4 程序控制流图

结点是标有编号的圆圈,在转换控制流图时,下列情况必须用结点表示。

- 程序流程图中矩形框所表示的处理
- 菱形框表示的两个甚至多个出口判断
- 多条流线相交的汇合点

边是由带箭头的弧或线表示,与程序流程图中的流线一致,表明了控制的顺序,它代表程序中的控制流,通常标有名字。

(2) 常见控制结构的控制流图,如图 3-5 所示。

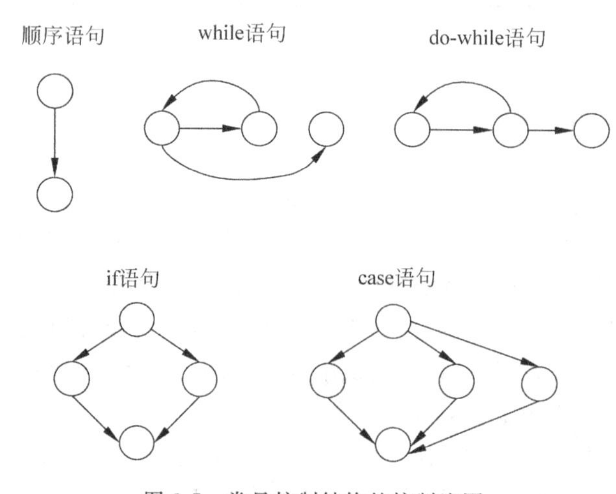

图 3-5 常见控制结构的控制流图

请读者仔细区分 while 语句和 do-while 语句的控制流图。

(3) 将程序流程图转成控制流图,转换时需要遵照如下规则。

包含条件的节点被称为判断结点(也叫谓词结点)，由判断结点发出的边必须终止于某一个节点，由边和结点所限定的范围被称为区域。

这里我们假定在流程图中用菱形框表示的判定条件内没有复合条件(即单一条件判定)，而一组顺序处理框可以映射为一个单一的结点。

控制流图中的箭头(边)表示了控制流的方向，类似于流程图中的流线，一条边必须终止于一个结点。

在选择或者是多分支结构中分支的汇聚处，即使汇聚处没有执行语句也应该添加一个汇聚结点。

图 3-6 对应的控制流图如图 3-7 所示。

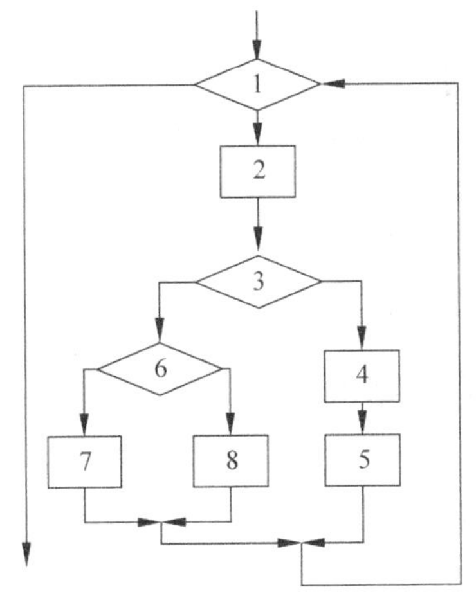

图 3-6　程序流程图

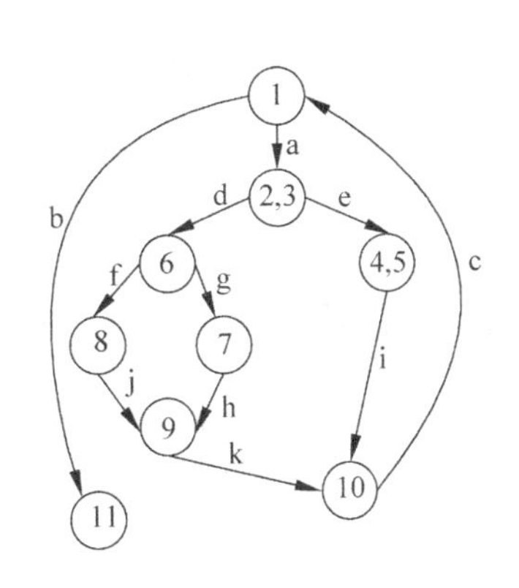

图 3-7　程序控制流图

图 3-8 对应的控制流图如图 3-9 所示。

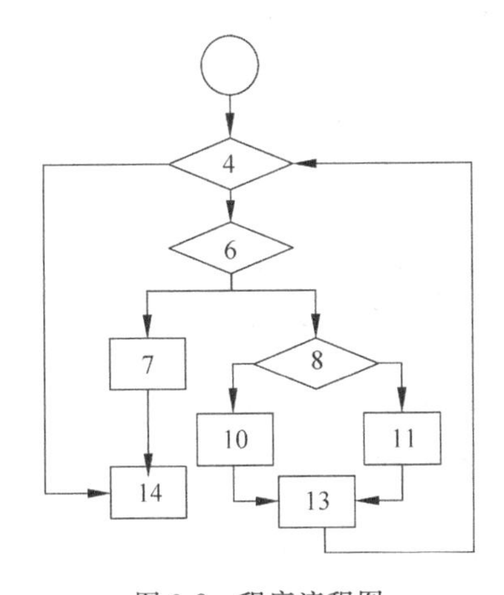

图 3-8　程序流程图

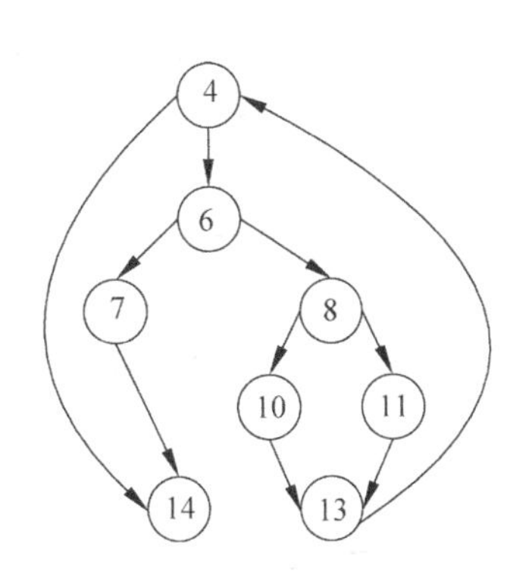

图 3-9　程序控制流图

(4) 复合条件的控制流图。

如果判定中的条件表达式是复合条件，即条件表达式是由一个或多个逻辑运算符连接的逻辑表达式，则需要将复合条件的判断改变为一系列只有单个条件的嵌套的判断。变换过程如图 3-10 所示。

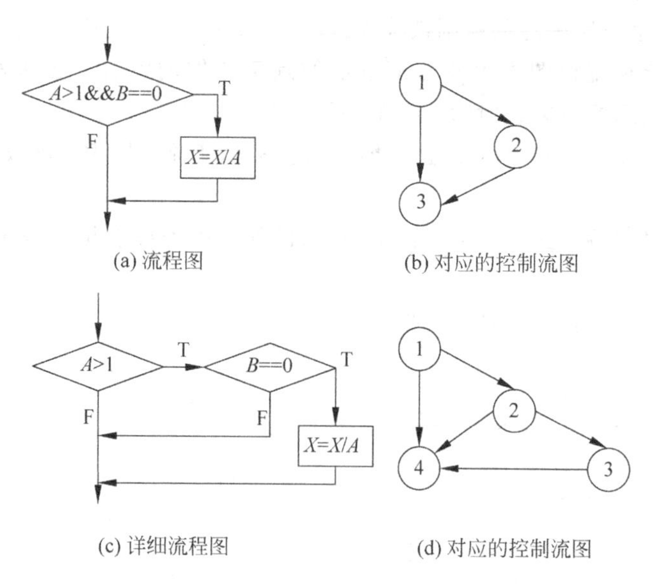

图 3-10 复合条件判定的控制流图

如果判定条件是 $A>1||B==0$,则转化过程如图 3-11 所示。

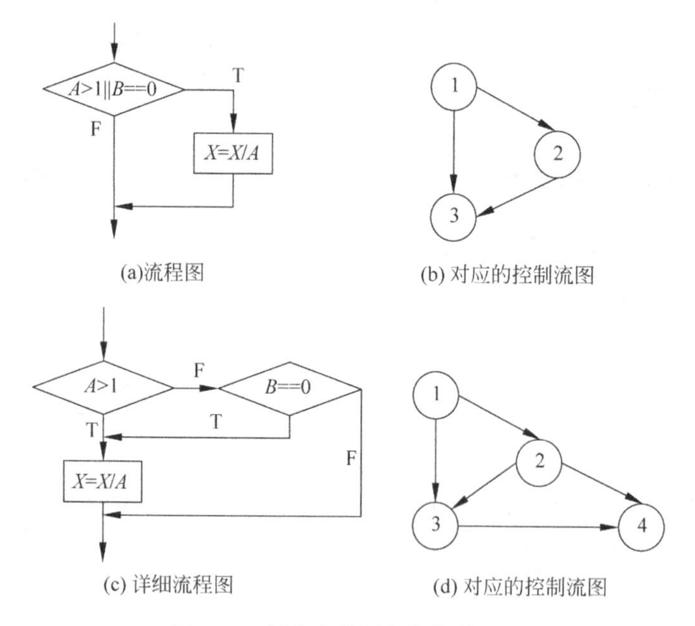

图 3-11 复合条件判定的控制流图

3.2.2 环形复杂度

环形复杂度(也称为圈复杂度)是一种为程序逻辑复杂度提供定量尺度的软件度量。也可将该度量用于基本路径测试方法,它可以提供程序基本集的独立路径数量和确保所有语句至少被执行一次的测试数量上界。计算环形复杂度的方法有 3 种。

(1) 流图中区域的数量对应于环形复杂度。

(2) 给定流图 G 的环形复杂度为 $V(G)$，定义为 $V(G)=E-N+2$，E 是流图中边的数量，N 是流图中节点的数量。

(3) 给定流图 G 的环形复杂度 $V(G)$，定义为 $V(G)=P+1$，P 是流图 G 中判定结点的数量。

对应图 3.10 的环形复杂度的计算方法如下所示。

- 流图中有 4 个区域。
- $V(G)=10$(条边)-8(结点)$+2=4$。
- $V(G)=3$(个判定结点)$+1=4$。

3.2.3 独立路径

独立路径是指程序中至少引入一个新的处理语句集合或一个新条件的程序通路，它必须至少包含一条在本次定义路径之前不曾用过的边。程序的环形复杂度是程序基本路径集合中的独立路径条数，这是确定程序中每个可执行语句至少被执行一次所必需的测试用例数目的上界。

图 3.10 的环形复杂度是 4，可能写出如下的独立路径：

(1) 4—14。

(2) 4—6—7—14。

(3) 4—6—8—10—13—4—14。

(4) 4—6—8—11—13—4—14。

3.2.4 基本路径法的应用

以图 3-12 所示的程序为例，应用基本路径法设计测试用例。

第一步：画出控制流图，如图 3-13 所示。

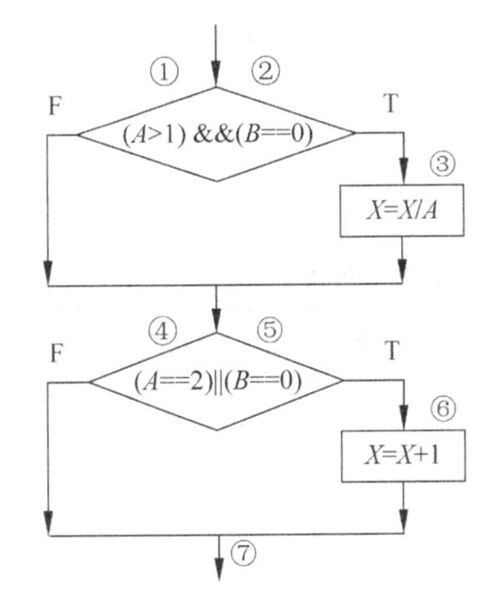

图 3-12 程序流程图

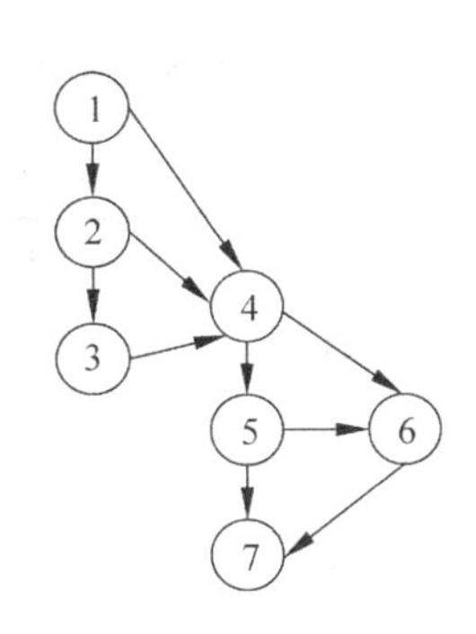

图 3-13 程序控制流图

第二步：计算圈图复杂度。

$$V(G) = E - N + 2 = 11 - 8 + 2 = 5$$

或者

$$V(G) = P + 1 = 4 + 1 = 5$$

第三步：导出独立路径。

- 路径 1：1—2—3—4—5—6—7
- 路径 2：1—2—3—4—5—7
- 路径 3：1—4—5—6—7
- 路径 4：1—2—4—5—7

补充说明：可能存在的路径如下所示。

(1) 1,4,5,7。

(2) 1,2,3,4,5,6,7。

(3) 1,2,4,6,7。

(4) 1,4,5,6,7。

(5) 1,2,3,4,5,6,7。

(6) 1,2,4,5,6,7。

(7) ……

这里不再一一列举，仅就怎样确认一条路径为独立路径加以说明。

至第 1 条路径包括的边有{(1,4)、(4,5)、(5,7)}

至第 2 条路径包括的边有{(1,4)、(4,5)、(5,7)、(1,2)、(2,3)、(3,4)、(5,6)、(6,7)}

注：其中的(4,5)已经在前面路径中出现过，在此不认做新的边。

至第 3 条路径包括的边有{(1,4)、(4,5)、(5,7)、(1,2)、(2,3)、(3,4)、(5,6)、(6,7)、(2,4)、(4,6)}

注：其中的(1,2)和(6,7)已经在前面路径中出现过，在此不认做新的边。

至第 4 条路径包括的边有{(1,4)、(4,5)、(5,7)、(1,2)、(2,3)、(3,4)、(5,6)、(6,7)、(2,4)、(4,6)}

注：所有的边都已经在前面路径中出现过，此路径不是新的独立路径。

第四步：设计测试用例，如表 3-8 所示。

表 3-8 基本路径法设计的测试用例

编号	输入数据			输出数据		覆盖路径
	A	B	X	$X=X/A$	$X=X+1$	
1	2	0	2	1	?	1-2-3-4-5-6-7
2	3	0	2	2/3	5/3	1-2-3-4-5-7
4	−1	0	1	?	?	1-4-5-6-7
5	3	2	6	?	7	1-2-4-5-7

注：“?”表示不会执行的判定条件。

3.3　循环测试

循环是代码中很重要的部分，通常程序中有 4 种循环结构：简单循环、嵌套循环、串接循环和不规则循环，如图 3-14 所示。下面介绍如何设计循环的测试。

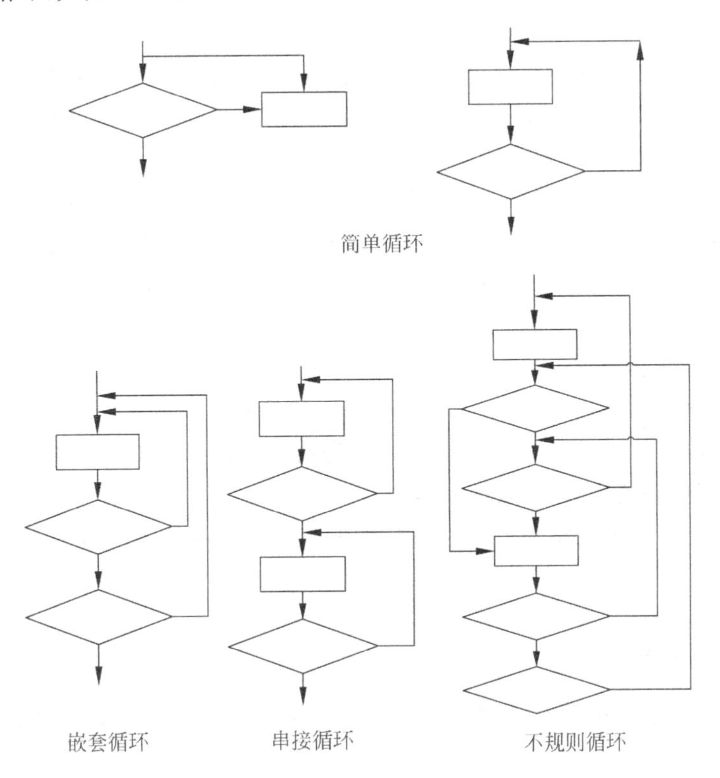

图 3-14　循环结构类型

(1) 简单循环的测试(假设有 n 次循环)。

① 跳过整个循环→ 0 次。

② 只有一次通过循环→1 次。

③ 某个 m 次通过循环，$m<n$→多次。

④ $n-1,n,n+1$ 次通过循环→上限边界。

(2) 嵌套循环的测试集。

① 把外循环设置为最小值并运行内循环所有可能的情况。

② 把外循环设置为最大值并运行内循环所有可能的情况。

③ 把内循环设置为最小值并运行内循环所有可能的情况。

④ 把内循环设置为最大值并运行内循环所有可能的情况。

⑤ 把所有循环变量都设置为最小值运行。

⑥ 把所有循环变量都设置为最大值运行。

(3) 串接循环的测试集。

① 如果两个循环相互独立，分别采用简单循环方式进行测试。

② 如果互相不独立,比如上一个循环的计数是下一个循环计数的初始值,推荐使用嵌套循环方式进行测试。

若是不规则循环,则尽量把这些循环重新设计为结构化的程序设计再进行测试。

3.4 代码检查

在实际使用中,静态代码检查比动态测试更有效率,更能快速找到缺陷。按经验估算,一般能发现30%~70%的逻辑设计和编码错误的缺陷。但是静态代码检查非常耗费时间,而且代码检查需要丰富的知识和经验积累。

静态测试包括代码检查和静态分析两种途径。它可以由人工进行,充分发挥人的逻辑思维优势,也可以借助软件工具自动进行。代码检查包括桌面检查、代码审查、代码走查、技术评审等。主要检查代码的设计是否一致、代码是否遵循标准性和可读性、代码的逻辑表达的正确性、以及代码结构的合理性等。

代码评审也称代码复查,是指通过阅读代码来检查源代码与编码标准的符合性以及代码质量的活动。代码评审有两个目的:第一个目的是确保要发布质量可靠的代码,能非常有效地发现所有类型的错误;第二个目的是作为教学工具帮助开发人员学会何时并且如何应用技术来提高代码的质量、一致性和维护性。

实践证明,代码评审是发现缺陷的有效方法。代码评审包括代码审查、代码走查、桌面检查等。

3.4.1 代码审查

代码审查作为质量保证的一部分,是静态测试的主要手段之一。代码审查包括以下内容。

(1) 编码规范问题:命名不规范、注释的质量等。

(2) 代码结构问题:重复代码、分层不当、紧耦合。

(3) 工具、框架使用不当:Spring、Hibernate、AJAX。

(4) 实现问题:错误验证、异常处理、线程、性能、安全问题。

(5) 测试问题:测试覆盖度、可测试性。

下面对代码审查的具体操作技术做简要说明。

(1) 审查的内容。评审代码选择的一般循序:最近一次迭代开发的代码;系统关键模块;业务较复杂的模块;缺陷率较高的模块;对于能力不足的成员所完成的代码,也要重点进行评审。

(2) 审查的流程,如表3-9所示。

(3) 评审的参与者:参与的人数可按项目来分,同一个项目中包含开发人员、设计人员、测试人员以及经验丰富的程序员,这样就能从不同角度进行评审代码。一般由经验丰富的程序员作为主评审员。

(4) 评审的时间和程序量:一般为1小时~2小时,基本上不会超过2小时,代码量在200行~400行。

表 3-9　审查的流程

代码审查	工作内容
会前准备	• 组织者应通知各参与者本次评审的范围，需要给出问题详细描述以及相关代码在SVN上的URL地址等 • 参与者应在会议前阅读源代码，列出发现的问题和亮点，并汇总给组织者 • 要指定评审的记录人
会议议程	• 如果是第一次会议，应先由该项目开发组长做整体介绍，参加者依次发言，应结合代码讲解发现的问题；每讲完一个问题，针对其展开讨论，将每个问题的讨论时间控制在10分钟以内 • 记录人应准确记录会上提出的所有问题、亮点及最终结论，供团队借鉴和跟踪 • 评审会议以确认问题为主，而不是讨论解决方案 • 每个角色也应明白各自的评审重点，如将QA重点放在编程规范、测试人员侧重于可测性、系统专家侧重于整体(如对其他功能的影响、性能等)
问题确认与追踪	那些大家达成一致认可的问题可由代码完成人提出解决方案，方案要得到问题发现者的同意，然后编程人员编码实现该方案，并进行测试和验证，并将验证结果提交给问题发现人，问题发现人确认无误后，该问题就可关闭

(5) 几点建议：

① 作为项目成员，在代码编写完成后，首先要自检，不计算这时发现的缺陷；然后是项目组内的评审，应计算这时发现的缺陷；最后才是外部评审。

② 对大型软件的检查应安排多个代码检查会议同时进行，每个代码检查会议处理一个或几个模块或子程序。

③ 提出的建议应针对程序本身，而不应针对程序员；程序员必须怀着非自我本位的态度来对待错误检查，对整个过程采取积极和建设性的态度。

④ 项目经理要能够争取到足够的、合适的领域专家来参与评审，要提前协调。

3.4.2　代码走查

代码走查是以小组为单元进行代码阅读的，同样也是一系列规程和错误检查技术的集合。且代码走查也采用了持续1小时～2小时的不间断会议的形式。

成员组成：一般是由3人～5人组成，其中一人扮演“协调人”；一人担任秘书角色，负责记录所有查出的错误；还有一人担任测试人员。建议最佳的组合应该是：一位极富经验的程序员；一位程序设计语言专家；一位程序员新手(可以给出新颖、不带偏见的观点)；最终将维护程序的人员；一位来自其他不同项目的人员；一位来自该软件编程小组的程序员。

代码走查的流程与代码检查很类似，这里仅列出不同之处。即代码走查的任务：就是参与者“使用了计算机”。被指定为测试人员的那个人会带着一些书面的测试用例(程序或模块具有代表性的输入集及预期的输出集)来参加会议。且在会议期间，每个测试用例都在人们的头脑中进行推演。即把测试数据沿程序的逻辑结构走一遍，并把程序的状态(如变量的值)记录在纸张或白板上以供监视。

这些书面的测试用例必须结构简单、数量较少，因为人脑执行程序的速度比计算机执行程序的速度慢上若干个量级。之所以提供这些测试用例,目的不在于其本身对测试起了多关键的作用,而是其提供了启动代码走查和质疑程序员逻辑思路及其设想的手段。因为,在大多数的代码走查中,很多问题是在向程序员提问的过程中发现的,而不是由测试用例本身直接发现的。

3.4.3 桌面检查

桌面检查可被视为由单人进行的代码检查或代码走查;由一个人阅读程序,对照错误列表检查程序(详见本书附录部分),对程序推演测试数据。但是,桌面检查的效果不是很理想,原因是:单人检查完全没有约束;开发人员测试或检查自己程序的效果很不理想;检查者没有展示自己能力的机会,缺乏良好的效应。其结论是桌面检查胜于没有检查,但其效果远远逊于代码审查和代码走查。

3.5 Rational Purify 应用

自动化测试工具 Rational Purify 是 Rational PurifyPlus 工具中的一种。Rational Purify 适合查找典型的 Visual C/C++程序中的传统内存访问错误,以及 Java 代码中与垃圾内存收集相关的错误。将 Rational Robot 的回归测试与 Rational Purify 结合使用可完成可靠性测试。

Purify 提供了一套功能强大的内存使用状况分析工具,可以找出消耗了过量内存或者保留了不必要对象指针的函数调用。Rational Purify 可以运行 Java applet、类文件或 JAR 文件,支持 JVM 阅读器或 Microsoft Internet Explorer 等容器程序。

本节简要介绍 Rational Purify 的应用。

3.5.1 Purify 概述

Purify 是主要针对开发阶段的白盒测试,是综合性检测运行时错误的工具,并可以和其他复合应用程序(包括多线程和多进程程序)一起工作。Purify 将检查每一个内存操作,定位错误发生的地点并提供尽可能详细的信息帮助程序员分析错误发生的原因。

它可以发现的主要错误有:

(1) Reading or writing beyond the bounds of an array (数组读写越界)

(2) Using uninitialized memory (使用未初始化的内存)

(3) Reading or writing freed memory (读写未分配的内存)

(4) Reading or writing beyond the stack pointer (栈指针读写越界)

(5) Reading or writing through null pointers (读写空指针)

(6) Leaking memory and file descriptors (内存和文件描述符泄漏)

Purify 还可检查一些其他错误,如调用函数参数错误等。

由于 Purify 对内存的分析和记录是在程序运行完成以后才显示,如果需要在程序运行时观测就很不方便,所以 Purify 也提供外接 API 函数帮助在运行时显示内存状况以调试程序。

在项目开发测试中适用 Purify 的领域有以下两个。

(1) 使用 Purify 提供的 API 函数,在程序运行的必要环节,在观察器中显示需要获得的内存状况或打印消息。

(2) 对于运行环境要求简单的程序,如可以在自己虚拟机上运行的单机程序,可以使用 Purify 进行白盒测试,查找内存泄漏等运行时错误。

而对硬件有要求的程序,则不大可能使用 Purify。

3.5.2　Purify 实际运用

用 Visual C++ 6.0 新建一个空的 Win32 Console Application 工程,工程名为 HelloWorld,然后新建 C++源文件,并将其命名为 HelloWorld.cpp,编辑源文件,输入如下代码。

```
int main(){
    char * str1 = "hello";
    char * str2 = new char[5];

    char * str3 = str2;
    cout << str2 << endl;

    strcpy(str2,str1);
    cout << str2 << endl;

    delete str2;
    str2[0] + = 2;

    delete str3;
    return 0;
}
```

编写完成后,编译连接,生成 hello.exe 文件,在 Debug 目录下可以找到该文件。该程序虽然能够编译通过,但很明显有很多内存错误,使用 Purify 可以检测到这些内存错误。

接下来,启动 Purify,在 Purify 窗口中选择 File|Run 命令,或者按下 F5 键,可以打开如图 3-15 所示的窗口。

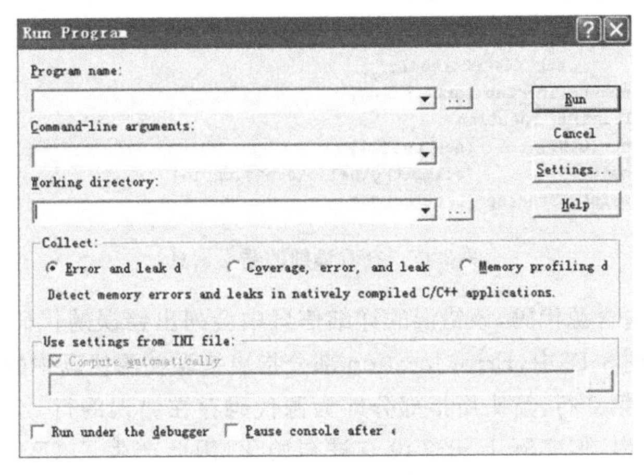

图 3-15　运行程序窗口

在 Program name 对应的文本框中，单击 ... 按钮找到 Hello. exe 所在路径，并选择该文件。Working directory 被自动设置为 Hello. exe 所在的目录。

如果要分析代码覆盖率等，可以选择 Coverage，error，and leak 选项。

单击 Run 按钮，程序开始运行。运行结束后，Purify 窗口中出现检测结果。

(1) 在窗口右侧选择 Error View 选项卡，如图 3-16 所示。

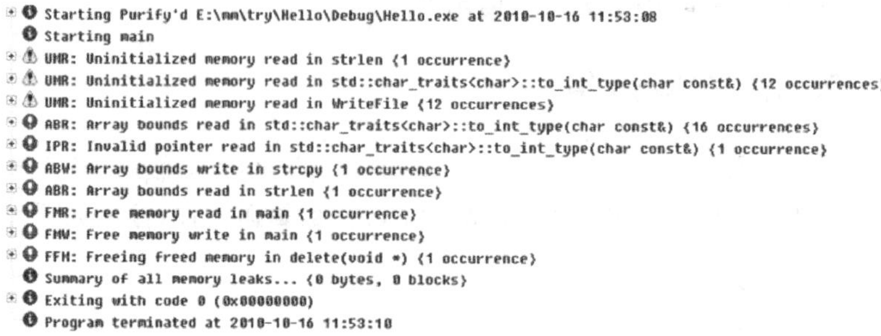

```
Starting Purify'd E:\mm\try\Hello\Debug\Hello.exe at 2010-10-16 11:53:08
Starting main
UMR: Uninitialized memory read in strlen {1 occurrence}
UMR: Uninitialized memory read in std::char_traits<char>::to_int_type(char const&) {12 occurrences}
UMR: Uninitialized memory read in WriteFile {12 occurrences}
ABR: Array bounds read in std::char_traits<char>::to_int_type(char const&) {16 occurrences}
IPR: Invalid pointer read in std::char_traits<char>::to_int_type(char const&) {1 occurrence}
ABW: Array bounds write in strcpy {1 occurrence}
ABR: Array bounds read in strlen {1 occurrence}
FMR: Free memory read in main {1 occurrence}
FMW: Free memory write in main {1 occurrence}
FFM: Freeing freed memory in delete(void *) {1 occurrence}
Summary of all memory leaks... {0 bytes, 0 blocks}
Exiting with code 0 (0x00000000)
Program terminated at 2010-10-16 11:53:10
```

图 3-16 检测结果

在图 3-16 中黄色叹号标注的错误为 UMR，即未初始化内存读(Uninitialized Memory Read)；红色叹号标注的错误有 ABR(数组越界读)、IPR(非法指针读)、ABW(数组越界写)、FMR(对已释放内存读)、FMW(对已释放内存写)、FFM(释放已经被释放的内存)。

单击第一个 UMR 前的加号，可以查看该错误的详细信息，如图 3-17 所示。

```
UMR: Uninitialized memory read in strlen {1 occurrence}
    Reading 1 byte from 0x003c47e8 (1 byte at 0x003c47e8 uninitialized)
    Address 0x003c47e8 is argument #1 of strlen
    Address 0x003c47e8 is at the beginning of a 5 byte block
    Address 0x003c47e8 points to a C++ new block in heap 0x003c0000
    Thread ID: 0x172c
    Error location
        strlen          [.\intel\strlen.asm:54]
        std::char_traits<char>::length(char const*) [c:\program files\micros
        std::<<(basic_ostream<char,char_traits<char>::std>::std&,char const*
        main            [e:\mm\try\hello\exp11.cpp:9]
                char *str2 = new char[5];

                char *str3 = str2;
             => cout<<str2<<endl;

                strcpy(str2,str1);
                cout<<str2<<endl;
        mainCRTStartup [crt0.c:206]
    Allocation location
        new(UINT)       [new.cpp:23]
        main            [e:\mm\try\hello\exp11.cpp:6]
        mainCRTStartup [crt0.c:206]
```

图 3-17 查看详细的错误信息

如果被测程序包含源代码，该错误的详细信息中会列出错误的代码行并解释造成该内存错误的原因。在图 3-17 中，Error location 部分指出错误在源代码中的位置，在 main 部分告诉测试者，错误在第 9 行，箭头所指部分即为源代码存在错误的行。很明显，该行试图输出 str2 指向的字符串，但实际上 str2 没有被初始化，因此产生了 UMR 错误。Allocation

location 指出错误的内存分配位置，main 部分表明是在第 6 行，展开可以查看具体的代码位置，如图 3-18 所示。

```
Allocation location
  new(UINT)     [new.cpp:23]
  main          [e:\mm\try\hello\exp11.cpp:6]

    int main(){
         char *str1 = "hello";
    ⇒   char *str2 = new char[5];

         char *str3 = str2;
         cout<<str2<<endl;
```

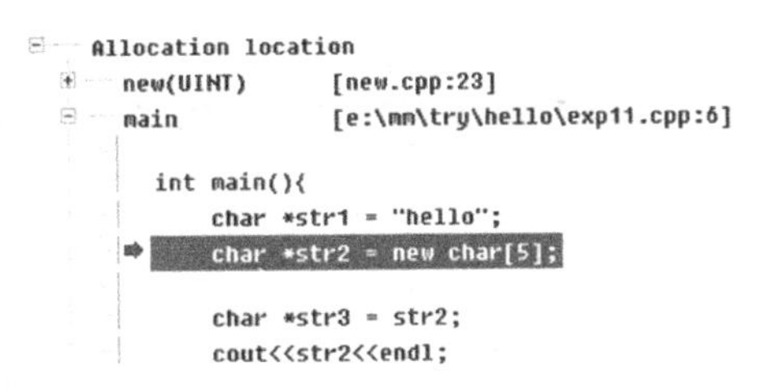

图 3-18 错误的内存分配在代码中的位置

根据检测结果，判断出错位置之后，可以有针对性地对代码进行修改，并修正该错误。

保存该检测结果信息，在工作目录中生成一个 Hello. pfy 文件。在工作目录中会生成一个日志文件，默认为 Hello_pure. log 文件。

以上就检测结果中的其中一个错误进行了分析，读者可以参照分析其他错误，找到错误原因及位置。

(2) 选择 Module View 选项卡，如图 3-19 所示。

Error View | Module View | File View | Function List View |

Coverage Item	Calls	Functions Missed	Functions Hit	% Functions Hit	Lines Missed	Lines Hit	% Lines Hit
Run @ 2010-10-16 12:38:25 <no arguments>	396	4	29	87.88	21	74	77.89
E:\mm\try\Hello\Debug\Hello.exe	396	4	29	87.88	21	74	77.89
c:\program files\microsoft visual studio\vc98\.	395	4	28	87.50	21	62	74.70
e:\mm\try\hello	1	0	1	100.00	0	12	100.00
exp11.cpp	1	0	1	100.00	0	12	100.00
main	1		hit		0	12	100.00

图 3-19 Module View 选项卡

双击 main，可以查看 main 函数的代码覆盖情况，如图 3-20 所示。

Functions: main　　Color:

Line Coverage	Line Number	Source
	1	#include <iostream>
	2	using namespace std;
	3	
1	4	int main(){
1	5	char *str1 = "hello";
1	6	char *str2 = new char[5];
	7	
1	8	char *str3 = str2;
1	9	cout<<str2<<endl;
	10	
1	11	strcpy(str2,str1);
1	12	cout<<str2<<endl;
	13	
1	14	delete str2;
1	15	str2[0] +=2;
	16	
1	17	delete str3;
1	18	return 0;
1	19	}

语句覆盖次数

图 3-20 main 函数的代码覆盖情况

在File View选项卡中可以查看此处运行过程中覆盖到的源文件,包括一些库函数所在的源文件,如图3-21所示。

Coverage Item	Calls	Functions Missed	Functions Hit	% Functions Hit	Lines Missed	Lines Hit	% Lines Hit
Run @ 2010-10-16 12:38:25 <no arguments>	396	4	29	87.88	21	74	77.89
c:\program files\microsoft visual studio\vc98\include	395	4	28	87.50	21	62	74.70
ios	22	2	3	60.00	3	4	57.14
iosfwd	204	0	4	100.00	0	4	100.00
ostream	33	0	10	100.00	15	40	72.73
streambuf	89	2	4	66.67	3	5	62.50
xiosbase	42	0	6	100.00	0	8	100.00
xlocale	5	0	1	100.00	0	1	100.00
e:\mm\try\hello	1	0	1	100.00	0	12	100.00
exp11.cpp	1	0	1	100.00	0	12	100.00

图3-21 File View选项卡

在Function List View选项卡中可以查看本次运行过程中覆盖到的函数,包括库函数。

本章小结

本章主要讲解了白盒测试方法中的代码检查法、逻辑覆盖法和基本路径测试。其中代码检查的方法有代码审查、代码走查和桌面检查3种。

逻辑覆盖包含6种,简单总结如下所示。

1. 语句覆盖

主要特点:语句覆盖是最起码的结构覆盖要求,语句覆盖要求设计足够多的测试用例,使得程序中每条语句至少被执行一次。

优点:可以很直观地从源代码得到测试用例,无须细分每条判定表达式。

缺点:由于这种测试方法仅仅针对程序逻辑中显式存在的语句,但对于隐藏的条件和可能到达的隐式逻辑分支,是无法测试的。在if结构中若源代码没有给出else后面的执行分支,那么语句覆盖测试就不会考虑这种情况。但是我们不能排除这种分支以外的分支不会被执行,而往往这种错误会经常出现。再如,在do-while结构中,语句覆盖执行其中某一个条件分支。那么显然,语句覆盖对于多分支的逻辑运算是无法全面反映的,它只在乎运行一次,而不考虑其他情况。

2. 判定覆盖

主要特点:判定覆盖又称为分支覆盖,它要求设计足够多的测试用例,使得程序中每个判定至少有一次为真值,有一次为假值,即:程序中的每个分支至少被执行一次。每个判断的取真、取假至少被执行一次。

优点:判定覆盖比语句覆盖要多几乎一倍的测试路径,当然也就具有比语句覆盖更强的测试能力。同样判定覆盖也具有和语句覆盖一样的简单性,无须细分每个判定就可以得到测试用例。

缺点:往往大部分的判定语句是由多个逻辑条件组合而成(如,判定语句中包含AND、OR、CASE),若仅仅判断其整个最终结果,而忽略每个条件的取值情况,必然会遗漏部分测试路径。

3. 条件覆盖

主要特点:条件覆盖要求设计足够多的测试用例,使得判定中的每个条件获得各种可能的结果，即每个条件至少有一次为真值，有一次为假值。

优点：显然条件覆盖比判定覆盖，增加了对符合判定情况的测试，增加了测试路径。

缺点：要达到条件覆盖，需要足够多的测试用例，但条件覆盖并不能保证判定覆盖。条件覆盖只能保证每个条件至少有一次为真，而不考虑所有的判定结果。

4. 判定/条件覆盖

主要特点：设计足够多的测试用例，使得判定中每个条件的所有可能结果至少出现一次，每个判定本身所有可能结果也至少出现一次。

优点：判定/条件覆盖满足判定覆盖准则和条件覆盖准则，弥补了两者的不足。

缺点：判定/条件覆盖准则的缺点是未考虑条件的组合情况。

5. 组合覆盖

主要特点：要求设计足够多的测试用例，使得每个判定中条件结果的所有可能组合至少出现一次。

优点：多重条件覆盖准则满足判定覆盖、条件覆盖和判定/条件覆盖准则。更改的判定/条件覆盖要求设计足够多的测试用例，使得判定中每个条件的所有可能结果至少出现一次，每个判定本身的所有可能结果也至少出现一次。并且每个条件都显示能单独影响判定结果。

缺点：线性地增加了测试用例的数量。

6. 路径覆盖

主要特点：设计足够多的测试用例，覆盖程序中所有可能的路径。

优点：这种测试方法可以对程序进行彻底测试，比前面5种的覆盖面都广。

缺点：由于路径覆盖需要对所有可能的路径进行测试(包括循环、条件组合、分支选择等)，那么需要设计大量、复杂的测试用例，使得工作量呈指数级增长。而在有些情况下，一些执行路径是不可能被执行的，如：

```
if(!A)B++;
if(!A)D--;
```

这两个语句实际只包括了两条执行路径，即A为真或假的时候对B和D的处理，真或假不可能都存在，而路径覆盖测试则认为是包含了真与假的4条执行路径。这样不仅降低了测试效率，而且大量的测试结果的累积，也为排错带来麻烦。

基本路径法需要首先画出程序控制流图，计算圈复杂度，进而写出独立路径，最后为每条独立路径设计一个测试用例。

循环测试需要根据循环的具体类型选择不同的测试策略。

第4章 单元测试

学习目标

- 单元测试概述
- 单元测试的流程
- JUnit
- HtmlUnit
- HttpUnit

4.1 单元测试概述

4.1.1 单元测试的定义

在一个软件系统中，一个单元是指具备以下特征的代码块：

(1) 具有明确的功能。

(2) 具有明确的规格定义。

(3) 具有与其他部分明确的接口定义。

(4) 能够与程序的其他部分清晰地进行区分。

其实程序员每天都在做单元测试。编写了一个函数，总是要执行，看看其功能是否正常。有时还要输出数据，比如弹出信息窗口，这也是单元测试，可以把这种单元测试称为临时单元测试。只进行了临时单元测试的软件，针对代码的测试很不完整，代码覆盖率较低，未覆盖的代码可能遗留大量的细小的错误，这些错误还会互相影响，当缺陷暴露出来的时候难于调试，这将大幅度提高后期测试和维护成本，同时降低了开发商的竞争力。因此，进行充分的单元测试是提高软件质量、降低开发成本的必由之路。

要进行充分的单元测试，程序员应专门编写测试代码，并与产品代码隔离。具体的办法是为产品工程建立对应的测试工程，为每个类建立对应的测试类，为每个函数建立测试函数。

单元测试的几个关键问题如下所示。

(1) 单元测试的定义：单元测试又称模块测试，是最小单位的测试，其依据是详细设计规格说明书，对模块内所有重要的控制路径设计测试用例，以便发现模块内部的错误。单元测试多采用白盒测试技术，系统内多个模块可以并行地进行单元测试。

(2) 单元测试的对象：一般认为，在结构化程序时代，单元测试所说的单元是指函数，在面向对象编程中，单元测试的单元一般是指类。但从实践来看，以类作为测试单位，复杂度高、可操作性较差，所以仍然主张以类中的方法作为单元测试的测试单位，但可以用一个测试类来组织某个类的所有测试函数。单元测试不应过分强调面向对象，因为局部代码依然是结构化的。单元测试的工作量较大，简单、实用、高效才是硬道理。

(3) 单元测试的时间：单元测试当然是越早越好，通常在编码阶段进行。在源程序代码编制完成、经过评审和验证、确认没有语法错误之后，就可以开始进行单元测试的测试用例设计。XP(极限编程)开发理论要求测试驱动开发 TDD(Test-Driven Development)，先编写测试代码，再进行开发。在实际的工作中，不必过分强调开发和测试的顺序，重要的是效果。一般是先编写产品函数的框架，然后编写测试函数，针对产品函数的功能编写测试用例，然后编写产品函数的代码，每写一个功能点都要运行测试，随时补充测试用例。所谓先编写产品函数的框架，是指先编写函数空的实现，有返回值的随便返回一个值，编译通过后再编写测试代码，这时，函数名、参数表、返回类型都应该确定下来了，所编写的测试代码以后需要修改的可能性比较小。

(4) 单元测试的人员：在绝大部分情况下，由开发人员承担单元测试的设计和执行的工作。如果单元测试的需求非常清晰，开发人员之外的人都可以轻易掌握，那么单元测试可以由独立的测试人员完成。但是在大部分情况下，很难做到这一点，因此就要求开发人员在编写测试用例的时候绝不能假定任何函数的实现，而应该完全按照它应该有的需求来做。

4.1.2 单元测试的内容

单元测试的对象是软件设计的最小单位——模块或函数，单元测试的依据是详细设计描述。测试者要根据详细设计说明书和源程序清单，了解模块的 I/O 条件和模块的逻辑结构。主要采用白盒测试方法设计的测试用例，辅之以黑盒测试方法设计的测试用例，使之对任何合理和不合理的输入都能鉴别和响应。要求对所有的局部和全局的数据结构、外部接口和程序代码的关键部分进行桌面检查和代码审查。在单元测试中，需要对下面 5 个方面的内容进行测试，如图 4-1 所示，它们也是测试用例的基础。

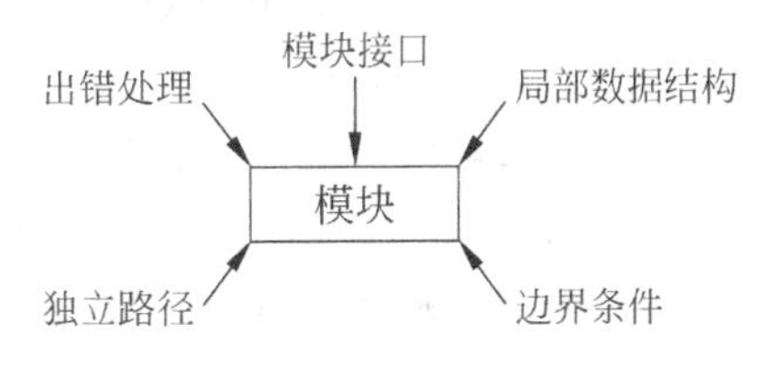

图 4-1 接口测试流程

(1) 模块接口测试。

(2) 模块局部数据结构测试。

(3) 模块边界条件测试。

(4) 模块中所有独立执行通路测试。

(5) 模块的各条错误处理通路测试。

模块接口测试是单元测试的基础。只有在数据能正确流入、流出模块的前提下，其他测试才有意义。测试接口正确与否应该考虑下列因素。

(1) 输入的实际参数与形式参数的个数是否相同。

(2) 输入的实际参数与形式参数的属性是否匹配。

(3) 输入的实际参数与形式参数的量纲是否一致。

(4) 调用其他模块时所传递实际参数的个数是否与被调模块的形参个数相同。

(5) 调用其他模块时所传递实际参数的属性是否与被调模块的形参属性匹配。

(6) 调用其他模块时所传递实际参数的量纲是否与被调模块的形参量纲一致。

(7) 调用预定义函数时所用参数的个数、属性和次序是否正确。

(8) 是否存在与当前入口点无关的参数引用。

(9) 是否修改了只读型参数。

(10) 对全局变量的定义,各模块是否一致。

(11) 是否把某些约束作为参数传递。

如果模块内包括外部输入输出,还应该考虑下列因素:

(1) 文件属性是否正确。

(2) OPEN/CLOSE 语句是否正确。

(3) 格式说明与输入输出语句是否匹配。

(4) 缓冲区大小与记录长度是否匹配。

(5) 文件使用前是否已经被打开。

(6) 是否处理了文件尾。

(7) 是否处理了输入/输出错误。

(8) 输出信息中是否有文字性错误。

局部数据结构测试目的是保证临时存储在模块内的数据在程序执行过程中完整、正确。局部数据结构往往是错误的根源,应仔细设计测试用例,力求发现下面几类错误:

(1) 不合适或不相容的类型说明。

(2) 变量无初始值。

(3) 变量初始化或默认值有错。

(4) 变量名拼写错误或书写错误。

(5) 出现上溢、下溢和地址异常。

(6) 使用尚未赋值或尚未初始化的变量。

除了局部数据结构外,如果可能的话,在进行单元测试时还应该查清全局数据(例如 FORTRAN 的公用区)对模块的影响。

路径测试应对每一条独立执行路径进行测试,单元测试的基本任务是保证模块中每条语句至少被执行一次。基本路径测试和循环测试是最常用且最有效的测试技术,设计测试用例用于查找由于错误的计算、不正确的比较或不正常的控制流而导致的错误。计算中常见的错误有以下几种。

常见的不正确的计算有:运算的优先次序不正确或误解了运算的优先次序;运算的方式错误(运算的对象彼此在类型上不相容);算法错误;初始化不正确;运算精度不够;表达式的符号表示不正确等。

常见的比较和控制流错误有:不同数据类型的比较;不正确的逻辑运算符或优先次序;浮点数的比较不相等;关系表达式中不正确的变量和比较符;多循环或少循环一次;错误的或不可能的循环终止条件;当遇到发散的迭代时不能终止循环;不适当地修改了循环变量等。

错误处理测试：比较完善的模块设计要求能预见出错的条件，并设置适当的出错处理对策，以便在程序出错时，能对出错程序重新做安排，保证其逻辑上的正确性。这种出错处理也是模块功能的一部分。测试应着重检查下列问题：

(1) 输出的出错信息难以理解。

(2) 记录的错误与实际遇到的错误不相符。

(3) 在程序自定义的出错处理运行之前，系统已介入。

(4) 异常处理不当。

(5) 错误陈述中未能提供足够的用于定位出错的信息。

(6) 如果出错情况不予考虑，那么检查恢复正常后的模块是否可以正常工作。

边界测试是单元测试中最后的一项任务，也是最重要的一项任务。众所周知，软件经常在边界上失效，采用边界值分析技术，针对边界值设计测试用例，很有可能发现新的错误。应设计测试用例检查：

(1) 在 n 次循环的第 0 次、第 1 次、第 2 次、第 $n-1$ 次、第 n 次、第 $n+1$ 次是否有错误。

(2) 取最大值和最小值时是否有错误。

(3) 取空值、空串、空引用。

(4) 达到或超出最大长度、最大值。

(5) 刚好等于、大于、小于确定的比较值时是否会出现错误。

4.2 单元测试的过程

单元测试可分为计划、设计、执行和评估 4 个步骤。各步骤的定义如下所示。

(1) 计划单元测试：确定测试需求，制订测试策略，确定测试所用资源，创建测试任务的时间表。

(2) 设计单元测试：根据单元测试计划设计单元测试模型，制订测试方案，确认测试过程，设计具体的测试用例，创建可重用的测试脚本。

(3) 执行单元测试：根据单元测试的方案、用例对软件单元进行测试，验证测试结果并记录测试过程中出现的缺陷。

(4) 评估单元测试：对单元测试的结果进行评估，主要从需求覆盖和代码覆盖的角度进行测试完备性的评估。

4.2.1 计划单元测试

1. 确定测试需求

单元测试其实难在测试策略上，对于一个上百行代码量的软件系统，要完成所有单元模块的测试对于很多软件企业来说几乎是不可能的。所以，在测试过程中由于时间或资源的原因可能会使测试处于紧张的局面，制定一个好的、有效的测试策略是至关重要的，也是能够有效地进行单元测试活动的途径。策略来源于为各模块制定测试优先级，其优先级的划分依据如下：

- 哪些是重点模块？

- 哪些程序是最复杂、最容易出错的?
- 哪些程序是相对独立、应当被提前测试的?
- 哪些程序最容易扩散错误?
- 哪些程序是开发者最没有信心的?
- 八二原则:80%的缺陷聚集在20%的模块中,经常出错的模块经改错后还会经常出错?
- 哪些是底层模块?
- 哪些是使用频率最高的模块?

2. 确定单元测试的策略

一旦明确单元测试的重点,接下来就需要进一步确认应用什么样的测试方法。具体的方法在前面已经介绍了,这里给出一个综合的策略。

首先,根据《需求规格说明书》、《概要设计说明书》和《详细设计说明书》,应用场景法、等价类划分法、规格导出法、状态转移法等检查程序是否正确地实现了功能。

其次,采用静态测试方法,如代码审查、走查、桌面检查,重点在于判断是否符合编码规范、模块接口是否正确。

再次,应用条件测试法、分支测试法、循环测试法等测试程序路径,实现语句覆盖、判定覆盖、条件覆盖。

最后,应用边界值分析、错误猜测、健壮性分析等方法重点考察边界、异常、错误处理是否符合要求。

3. 单元测试的输入

软件需求规格说明书、软件详细设计说明书、软件编码与单元测试工作任务书、软件集成测试计划、软件集成测试方案、用户文档。

4. 单元测试的输出

单元测试计划、单元测试方案、需求跟踪说明书或需求跟踪记录、代码静态检查记录、正规检视报告、问题记录、问题跟踪和解决记录、软件代码开发版本。

4.2.2 设计单元测试

1. 单元测试的模型

在进行单元测试时,如果模块不是独立的程序,需要辅助测试模块,有两种辅助模块,如图4-2所示。

(1) 驱动模块(Driver):所测模块的主程序。它接收测试数据,把这些数据传递给所测试模块,最后再输出测试结果。当被测试模块能完成一定功能时,也可以不要驱动模块。

(2) 桩模块(Stub):用来代替所测模块调用的子模块。被测试模块、驱动模块和桩模块共同构成了一个测试模型。

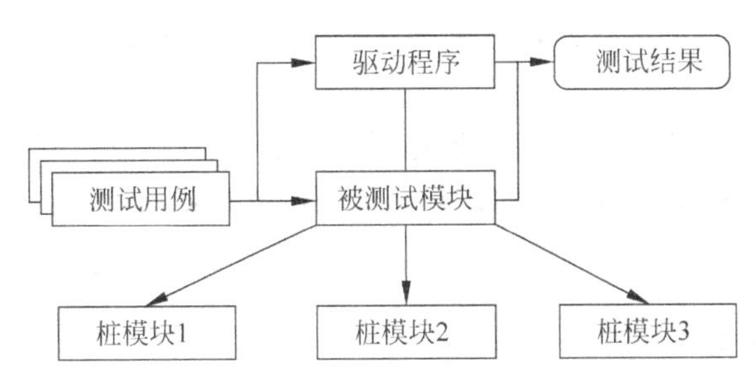

图 4-2　单元测试的模型

2. 单元测试的方案

在制定测试计划的阶段已经明确了此次单元测试的主体策略，本阶段需要具体到每个模块的测试角度以及测试方法的选择，通常包括常规的测试和特定的测试两种情况。常规的测试用例设计方法包括：规格导出法、等价类划分法、边界值分析法、状态转移测试法、分支测试法、条件测试法、数据定义-使用测试法、内部边界值测试法、错误猜测法和循环测试法。

特定的测试用例设计方法有以下 8 个。

(1) 声明测试：检查模块中的所有变量是否被声明。经验表明，大量重要的错误都是由于变量没有被声明或没有被正确地声明而引起的。

(2) 路径测试：要求模块中所有可能的路径都被执行一遍，属于逻辑覆盖测试。

(3) 基本路径测试：由于在实际中，一个模块中的路径可能非常多，由于时间和资源有限，不可能一一被测试到。这就需要把测试所有可能路径的目标减少到测试足够多的路径，以获得对模块的信心。要测试的最小路径集就是基本测试路径集。基本测试路径集要保证：每个确定语句的每一个方向要被测试到；每条语句最少被执行一次。

(4) 循环测试：重点检查循环的条件——判断部分以及边界条件。测试循环是一种特殊的路径测试，循环中错误的发生机会比其他代码构成部分多，在前面讲述的单元测试的方法中已进行了具体介绍。

(5) 边界值测试：确定代码在任何边界情况下都不会出差错。重点检查小于、等于和大于边界条件的情况。边界值测试是指专门设计用来测试当条件语句中引用的值处在边界或边界附近时系统反应的测试。

(6) 接口测试：检查模块的数据流(输入、输出)是否正确。检查输入的参数和声明的自变量的个数，数据类型和输入顺序是否一致。检查全局变量是否被正确地定义和使用等。

(7) 确认测试：是否接受有效输入数据(操作)，拒绝无效数据(操作)。

(8) 事务测试：输入和输出，错误处理。

3. 测试用例的设计

测试用例的设计原则：一个好的测试用例在于能够发现至今没有被发现的错误；测试用例应由测试输入数据和与之对应的预期输出结果这两部分组成；在设计测试用例时，应当包含合理的输入条件和不合理的输入条件；为系统运行起来而设计测试用例；为正向测试而设计测试用例；为逆向测试而设计测试用例；为满足特殊需求而设计测试用例；为代码覆盖而设计测试用例。

测试用例的规范。通常测试用例应该包括如下信息：用例运行前置条件、被测模块/单元所需环境（全局变量赋值或初始化实体）、启动测试驱动、设置桩、调用被测模块、设置预期输出条件判断和恢复环境（包括清除桩）。

4.2.3 执行单元测试

执行单元测试应遵循以下步骤。

(1) 设置测试环境，以确保所有必需的元素（硬件、软件、工具、数据等）已得到实施，并且都处于测试环境中。

(2) 将测试环境初始化，以确保所有构件都处于正确的初始状态。

(3) 执行测试过程。需要注意的是，测试过程的执行将随着具体情况而变化：测试方式是自动还是人工，以及必需的测试构件是作为驱动程序还是桩模块。自动测试的测试脚本在执行实施测试步骤的过程中创建。而人工测试则是在“构建测试过程”活动中制定的结构化测试过程。

单元测试何时要终止呢？测试执行在出现以下两个条件之一时结束或终止。

(1) 正常：所有测试过程（或脚本）按预期方式执行。如果测试正常终止，则继续执行“核实测试结果”活动，目的在于确定测试结果是否可靠。

(2) 异常或提前结束：测试过程（或脚本）没有按预期方式执行或没有完全执行。当测试异常终止时，测试结果可能不可靠。需要确定和纠正测试终止的原因，并在执行其他测试活动之前重新执行此测试。如果测试异常终止，则继续执行“恢复暂停的测试活动”，其目的在于确定测试是否成功完成，是否符合预期目标。

针对测试结果表明的测试工作或测试工作中存在的缺陷，确定合适的纠正措施，及时地补充测试用例以及更新测试用例文档。测试完成后，应当复审测试结果以确保测试结果可靠，确保所报告的故障、警告或意外结果不是外部影响（例如，不正确的设置或数据等）造成的。如果所报告的故障是由在测试工件中确定的错误导致的，或者是由测试环境的问题造成的，则应当采取适当的纠正措施进行纠正，然后重新执行测试。

如果测试结果表明故障确实是由测试目标引起的，则完成“执行测试活动”后，下一步的活动是评估测试。

4.2.4 评估单元测试

单元测试完成以后，需要对单元测试的执行效果进行评估，主要从以下几方面进行。

(1) 测试完备性评估。主要检查测试过程中是否已经执行了所有的测试用例，对新增的测试用例是否已及时更新测试方案等。

(2) 代码覆盖率评估。主要是根据代码覆盖率工具提供的语句覆盖情况报告，检查是否达到方案中的要求，大多数情况下，要求语句覆盖达到 100%。但很多情况下，第一轮测试用例执行完后是很难达到上述标准的。这时在评估过程中要对覆盖率进行分析，主要从以下方面来考虑：不可能的路径或条件、不可达的或冗余的代码和不充分的测试用例。

(3) 从覆盖的角度看。测试应该做到以下覆盖：功能覆盖、输入域覆盖、输出域覆盖、函数交互覆盖和代码执行覆盖。

大多数有效的测试用例都来自于分析，而不是仅仅为了达到测试覆盖率目标而草率设计测试用例。测试覆盖并不是最终目的，它只是评价测试的一种方式，为测试提供了指导和依据。

4.3 JUnit

JUnit 是由 Erich Gamma 和 Kent Beck 编写的，是一个开放源代码的 Java 测试框架，用于编写和运行可重复的测试。它是接口测试技术中最基本的利器。它包括以下特性：

(1) 用于测试期望结果的断言(Assertion)。

(2) 用于共享共同测试数据的测试工具。

(3) 用于方便地组织和运行测试的测试套件。

(4) 图形和文本的测试运行器。

目前 JUnit 的最新版本是 4.8.2，下载地址是 http://www.junit.org。下载软件包 junit4.8.2.zip，然后解压缩。

4.3.1 JUnit 框架的组成

1. JUnit 的软件结构

JUnit 由 4 个包组成，分别是 Framework、Extensions、Runner 和 Textui，核心的包就是 Framework 和 Runner。Framework 包负责整个测试对象的构建，Runner 负责测试驱动，如图 4-3 所示。

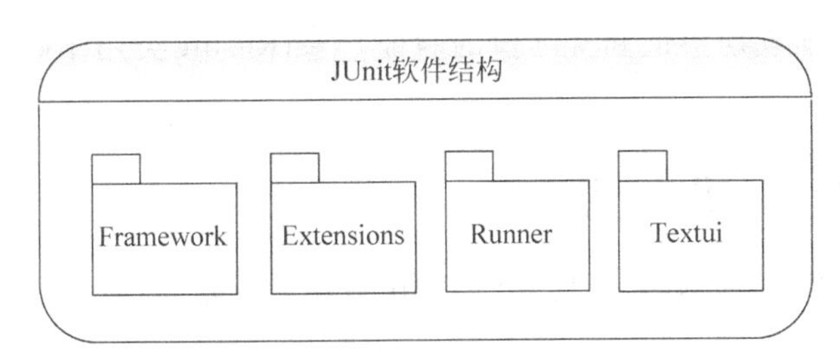

图 4-3 JUnit 的软件包

2. JUnit 的类结构

JUnit.framework 包中包括了 JUnit 测试类中所需要的所有基类，这个包也是整个 JUnit 的基础框架。

JUnit 有 4 个重要的类：TestCase、TestSuite、TestResult 和 TestRunner。前三个类属于 Framework 包，最后一个类属于 Textui 包。各个类的职责如下所示。

1) TestCase(测试用例)

TestCase是客户测试类所要继承的类,负责测试时对客户类进行初始化,以及测试方法调用。它以testXXX方法的形式包含一个或多个测试。一个TestCase将把具有公共行为的测试归入一组。

2) TestSuite(测试集合)

TestSuite是一组测试。一个TestSuite是把多个相关测试归入一组的便捷方式,负责包装和运行所有的TestCase。

3) TestRunner(测试运行器)

TestRunner是客户对象调用的起点,负责对整个测试流程的跟踪。能够显示返回的测试结果,并且报告测试的进度。

4) TestResult

TestResult负责收集TestCase所执行的结果,它将结果分为两类:客户可预测的Failure和没有预测的Error。同时负责将测试结果转发到TestListener(该接口由TestRunner继承)处理。

另外还有两个重要的接口:Test和TestListener。

1) Test

Test是框架的主接口,有两个方法。int countTestCases();返回所有测试用例的个数。void run(TestResult result);运行一个测试,并且收集运行结果到TestResult。它建立了TestCase和TestSuite之间的关联。

2) TestListener

TestListener包含4个方法:addError()、addFailure()、startTest()和endTest()。它是对测试结果的处理,以及对测试驱动过程的动作特征的提取。

总的来说,TestCase是junit.framework的核心,测试人员对TestCase类进行继承,开发自己的类测试程序,其他的类用来协助TestCase类。如TestSuite类用来集合多个测试用例,Assert类用来实现期望值和实际值的验证,TestResult类用于收集所有测试用例执行的结果。

4.3.2 JUnit应用示例

下面结合一个简单的实例学习JUnit的使用方法。首先,创建一个简单的计算器类,如下所示。

```
// Calculator.java
public class Calculator
{
    public double add (double num1,double num2)
    {
        return num1 + num2;
    }
}
```

该类中只有一个实现加法运算的方法,对两个双精度浮点型数据求和,并返回结果。现在，我们的目标就是使用JUnit来测试该类中的add方法。代码如下：

```
// TestCalculator.java
import junit.framework.*;
public class TestCalculator extends TestCase
{
    public void testAdd(){                          //测试方法
     Calculator calculator = new Calculator();
     double result = calculator.add(10,50);
        assertEquals(60,result,0);
    }
}
```

其中assertEequals是Assert类中的一个断言方法，函数原型为：

static public void assertEquals (double expected,double actual,double delta)

在大多数情况下，delta参数可以为0，可以安全忽略。但当执行不一定拥有精确的计算时(包括很多浮点运算)，delta将提供一个误差范围。只要actual在范围(expected-delta)和(expected+delta)之内，测试都算通过。

除了本例用到的断言方法外，Assert类中还提供了其他断言方法，如表4-1所示。

表 4-1 assert 断言方法

断言方法	描述
assertEquals(*a*,*b*)	测试 *a* 是否等于 *b*
assertFalse(*a*)	测试 *a* 是否为 false，*a* 是一个 Boolean 值
assertNotNull(*a*)	测试 *a* 是否非空，*a* 是一个对象或者 null
assertNotSame(*a*,*b*)	测试 *a* 和 *b* 是否没有引用同一个对象
assertNull(*a*)	测试 *a* 是否为 null，*a* 是一个对象或者 null
assertSame(*a*,*b*)	测试 *a* 和 *b* 是否都引用同一个对象
assertTrue(*a*)	测试 *a* 是否为 true，*a* 是一个 Boolean 值

代码编写完毕后，在命令行模式下，进入以上两个Java文件所在的目录，并输入以下命令：

```
javac TestCalculator.java
java junit.textui.TestRunner TestCalculator
```

结果如图4-4所示。

```
C:\>javac TestCalculator.java

C:\>java junit.textui.TestRunner TestCalculator
.
Time: 0

OK (1 test)


C:\>_
```

图 4-4 TestCalculator 的测试结果

Time上方的小点表示测试个数,如果测试通过则显示OK。否则小点的后边会被标上F,表示该测试失败。每次的测试结果都应该是OK,这样才能说明测试是成功的,如果不成功就要马上根据提示信息进行修正。

根据以上讲解,使用同样的方法,可以测试如下所示的计算器类中的方法。

```
// Computer.java
public class Computer
{
  private int a;
  private int b;

public Computer(int x,int y)
  {                            //构造函数
    a = x;
    b = y;
  }

public int add()               //加法
  {
    return a + b;
  }

public int minus()             //减法
  {
    return a - b;
  }

public int multiply()          //乘法
  {
    return a * b;
  }

public int divide()            //除法
  {
    if(b!= 0)
      return a/b;
    else
    return 0;
  }

}
```

4.3.3 SetUp和TearDown方法

SetUp和TearDown方法是TestCase基类中提供的两个方法。可以将测试代码中的一些初始化定义语句放在SetUp方法中,将一些释放资源的语句放在TearDown方法中。这样做也可以避免代码的重复。它们的原型如下:

```
protected void setup();
```

```
protected void teardown();
```

JUnit 执行这些方法的顺序是：SetUp→testXXX→TearDown。

前面 Computer 类的测试类 TestComputer 的代码如下所示。

```
// TestComputer.java
import junit.framework.*;

public class TestComputer extends TestCase
{
  private Computer a;
  private Computer b;
  private Computer c;
  private Computer d;

  public TestComputer(String name)      //构造函数
  {
    super(name);
  }

protected void setUp()
  {
    a = new Computer(1,2);
    b = new Computer(2147483647,1);
    c = new Computer(2,2);
    d = new Computer(2,0);
  }

  public void testadd()
  {
    assertEquals(3,a.add());
    assertEquals(-2147483648,b.add());
  }
  public void testminus()
  {
    assertEquals(-1,a.minus());
  }
  public void testmultiply()
  {
    assertEquals(4,c.multiply());
  }
  public void testdivide()
  {
    assertEquals(0,d.divide());
  }

  public static void main(String [] args)
  {
    TestCase test1 = new TestComputer("testadd");
    TestCase test2 = new TestComputer("testminus");
    TestCase test3 = new TestComputer("testmultiply");
    TestCase test4 = new TestComputer("testdivide");
    junit.textui.TestRunner.run(test1);
    junit.textui.TestRunner.run(test2);
```

```
        junit.textui.TestRunner.run(test3);
        junit.textui.TestRunner.run(test4);
    }
}
```

读者可以自行编译运行该程序,结果如图 4-5 所示。

```
C:\>javac TestComputer.java

C:\>java junit.textui.TestRunner TestComputer
....
Time: 0

OK (4 tests)


C:\>
```

图 4-5 TestComputer 测试结果

4.4 HtmlUnit

HtmlUnit 是 Junit 的扩展测试框架之一,该框架能够模拟浏览器的行为,开发者可以使用其提供的应用程序接口对页面的元素进行操作,套用官方网站的话说:HtmlUnit 是 Java 程序的浏览器。HtmlUnit 支持 HTTP、HTTPS、cookie、表单的 POST 和 GET 方法,能够对 HTML 文档进行包装,页面的各种元素都可以被当作对象进行调用,另外对 JavaScript 的支持也比较好。目前 HtmlUnit 的最新版本是 2.8,http://htmlunit.sourceforge.net/网站提供下载。下载后解压缩该文件包,可以看到两个文件夹——apidocs 和 lib。

下面我们结合使用 HtmlUnit 和 JUnit 来模拟客户端在百度网站上进行搜索操作。

在 MyEclipse 环境中,首先新建一个 Java 项目,将其命名为 WebClient。在 Package Explorer 中右键单击项目名称,在弹出的快捷菜单中选择 Build Path|Configure Build Path 命令,以打开配置编译路径对话框,然后在该窗口中单击 Add External JARs 按钮,将…/htmlunit-2.8/lib 目录下的所有 jar 包加入,然后将 JUnit 的 jar 包 junit-4.8.2.jar 加入,点击 OK 按钮确认。

在 WebClient 工程下的 src 中创建一个新的 Package,将其命名为 com.neusoft.test,然后在该 Package 中新建一个 JUnit Test Case 单元测试类 testHomePage,在该测试类中编写一个测试方法 testHomepage,加入以下代码。

```
//testHomePage.java
package com.neusoft.test;

import java.net.URL;

import com.gargoylesoftware.htmlunit.WebClient;
import com.gargoylesoftware.htmlunit.WebConnection;
import com.gargoylesoftware.htmlunit.WebRequest;
import com.gargoylesoftware.htmlunit.WebResponse;
```

```
import com.gargoylesoftware.htmlunit.html.HtmlElement;
import com.gargoylesoftware.htmlunit.html.HtmlForm;
import com.gargoylesoftware.htmlunit.html.HtmlPage;
import com.gargoylesoftware.htmlunit.html.HtmlSubmitInput;
import com.gargoylesoftware.htmlunit.html.HtmlTextInput;

import junit.framework.TestCase;

public class testHomePage extends TestCase{
    public void testHomepage() throws Exception{
            //新建一个 Web 客户端
            final WebClient webClient = new WebClient();
            //创建 URL 地址(百度的 URL 地址)
            final URL url = new URL("http://www.baidu.com");
            //客户端根据 URL 地址获得对应的网页 page1
            final HtmlPage page1 = (HtmlPage)webClient.getPage(url);

            //从获得的网页 page1 中获得指定名称的 form 表单
            final HtmlForm form = page1.getFormByName("f");
            //从获得的 from 表单中获得值为"百度一下"的按钮
            final HtmlSubmitInput button
            = (HtmlSubmitInput)form.getInputByValue("百度一下");
            //从 form 表单中获得输入搜索内容的文本框,名字为 wd
            final HtmlTextInput textField
            = (HtmlTextInput)form.getInputByName("wd");
            //模拟客户端为文本框输入搜索内容 QTP
            textField.setValueAttribute("QTP");

            //点击搜索按钮进入搜索结果页面 page2
            final HtmlPage page2 = (HtmlPage)button.click();
            //从搜索结果页面中获得 Id 为 kw 的页面元素
            final HtmlElement he = page2.getElementById("kw");
            //获得页面元素的 value 属性,即为搜索内容 QTP
            String value = he.getAttribute("value");
            //使用 assertEquals 断言方法比较,判断是否成功进入搜索结果页面
            assertEquals(value,"QTP");
    }
}
```

编写完毕后,保存项目。在 Package Explorer 中右击 testHomepage 方法,在弹出的快捷菜单中选择 Run as|JUnit Test 命令,测试结果显示测试成功,如图 4-6 所示。

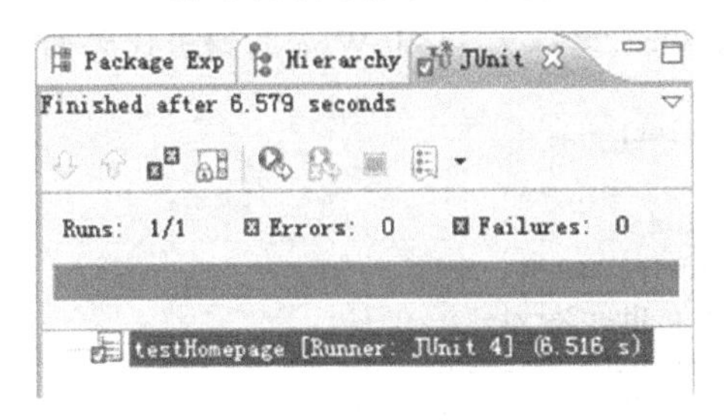

图 4-6 testHomepage 测试执行结果

4.5 HttpUnit

HttpUnit 是基于 JUnit 构建的一个开源测试框架，专门针对 Web 应用的测试，用于解决使用 JUnit 框架无法对远程 Web 内容进行测试的问题。最新版本的 HttpUnit 是 httpunit-1.7，在其官方网站 http://httpunit.sourceforge.net/上可以下载。下载文件包的名字为 httpunit-1.7.zip，下载后可将其解压缩到一个目录下。

4.5.1 工作原理

HttpUnit 通过模拟浏览器的行为，包括提交表单(form)、处理页面框架(frames)、基本的 http 验证、cookies 及页面跳转(redirects)处理等，进行 Web 应用程序的测试。通过 HttpUnit 提供的功能，用户可以方便地与服务器端进行信息的交互，将返回的网页内容作为普通文本、XML Dom 对象或者是作为链接、页面框架、图像、表单、表格等的集合进行处理，然后使用 JUnit 框架进行测试，还可以导向一个新的页面，然后进行新页面的处理，这个功能使测试人员可以处理一组在一个操作链中的页面。

4.5.2 特征

对于一般 Web 测试工具使用记录、回放的功能来说，这些测试工具的缺陷就是当页面设计被修改以后，这些被记录的行为就不能再重用了，每当页面改变一次，就需要重新录制一次才能正常重放。例如，如果页面上有个元素在开始的设计中采用的是单选框，此时这些工具记录的就是你的单项选择动作。一旦设计发生了变化，比如说改成了下拉菜单，这时候，以前录制的测试过程就无效了，必须要重新录制。

而因为 HttpUnit 关注的是这些控件的内容，而不管页面的表现形式，所以不管表现形式如何变化，都不影响已确定的测试的可重用性。

4.5.3 HttpUnit 实践

下面结合使用 HttpUnit 和 JUnit 进行 Web 项目中的 Servlet 测试。

首先新建一个 Web 项目 HttpUnitTest，创建完成后，配置其编译路径将 httpunit-1.7 主目录下的 lib 文件夹下的 httpunit.jar 和 jars 文件夹下的所有 jar 包加入到编译路径中。

在 Package Explorer 的 src 下新建一个 Package，名称为 com.testTry.servlet，然后在该 Package 下新建一个 servlet，名称为 HelloWorld，编辑代码如下：

```
package com.testTry.servlet;

import java.io.IOException;
import javax.servlet.ServletException;
import javax.servlet.http.HttpServlet;
import javax.servlet.http.HttpServletRequest;
import javax.servlet.http.HttpServletResponse;
```

```
public class HelloWorld extends HttpServlet {

    public void doGet(HttpServletRequest request,HttpServletResponse response)
            throws ServletException,IOException {
        this.doPost(request,response);

    }
    public void saveToSession(HttpServletRequest request) {
            request.getSession().setAttribute("testAttribute",request.getParameter
("testparam"));
    }
    public void doPost(HttpServletRequest request,HttpServletResponse response)
            throws ServletException,IOException {
            String username = request.getParameter("username");
            response.getWriter().write(username + ":Hello World!");
    }
    public boolean authenticate(){
            return true;
    }
}
```

保存代码。

然后在 WebRoot|WEB-INF|lib 下的 web.xml 中配置该 servlet，编辑该文件的内容，在<web-app>标签对之间加入如下内容。

```
<servlet>
    <description>This is the description of my J2EE component    </description>
    <display-name>This is the display name of my J2EE component</display-name>
    <servlet-name>HelloWorld</servlet-name>
    <servlet-class>com.testTry.servlet.HelloWorld</servlet-class>
  </servlet>

  <servlet-mapping>
    <servlet-name>HelloWorld</servlet-name>
    <url-pattern>/HelloWorld</url-pattern>
  </servlet-mapping>
<welcome-file-list>
    <welcome-file>index.jsp</welcome-file>
</welcome-file-list>
```

其他内容不变，保存修改内容。

在 Package Explorer 中找到 WebRoot 下的 index.jsp，编辑该文件的内容，body 标签内的内容如下所示。

```
<body>
  <center>
    <form name="form1" action="HelloWorld" method="post">
    <table border="1">
    <tr>
      <td>姓名:</td>
      <td><input type="text" name="username"/><br/></td>
    </tr>
```

```
    <tr>
      <td></td>
      <td><input type="submit" value="提交"/></td>
    </tr>
    </table>
    </form>
  </center>
</body>
```

其他内容不变,保存项目。

部署 HttpUnitTest 项目,然后启动 Tomcat 服务器,在浏览器中输入 http://localhost:8080/HttpUnitTest,可以打开如图 4-7 所示的页面。

在姓名对应的文本框中输入"张三",单击"提交"按钮,将显示"张三:Hello World"的信息,如图 4-8 所示。

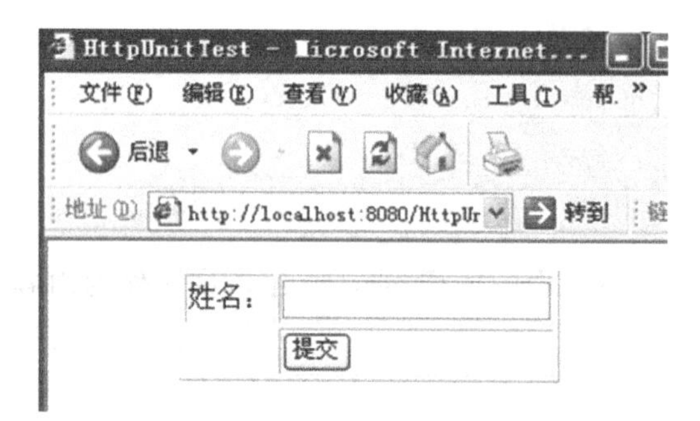

图 4-7 HttpUnitTest 项目运行界面

图 4-8 提交后的处理结果页面

接下来,在 MyEclipse 中 Package Explorer 下的 src 中新建一个 Package,名称为 com.testTry.testServlet,然后在该 Package 中新建一个单元测试类 HttpUnitTest,编辑其代码,如下所示。

```
package com.testTry.testservlet;

import junit.framework.*;
import com.testTry.servlet.*;
import com.meterware.httpunit.GetMethodWebRequest;
import com.meterware.httpunit.WebRequest;
import com.meterware.httpunit.WebResponse;
import com.meterware.servletunit.InvocationContext;
import com.meterware.servletunit.ServletRunner;
import com.meterware.servletunit.ServletUnitClient;

public class HttpUnitTest extends TestCase{
    protected void setUp() throws Exception {
            super.setUp();
        }
        protected void tearDown() throws Exception {
        super.tearDown();
        }
        public void testHelloWorld() {
```

```
            try {
                // 创建Servlet的运行环境 sr
                ServletRunner sr = new ServletRunner();
                // 向环境中注册Servlet
        sr.registerServlet("HelloWorld",HelloWorld.class.getName());
                // 创建访问 Servlet 的客户端 sc
                ServletUnitClient sc = sr.newClient();
                // 发送请求 request
                WebRequest request = new GetMethodWebRequest(
                        "http://localhost:8080/HelloWorld");
                //在 index.jsp 页面的文本框中输入 Test
                request.setParameter("username","Test");
                //通过 Servlet 的运行环境 sc 创建调用 servlet 方法的上下文环境
                InvocationContext ic = sc.newInvocation(request);
                // 获得 Servlet
                HelloWorld is = (HelloWorld) ic.getServlet();
                // 测试Servlet 中的 authenticate 方法
                Assert.assertTrue(is.authenticate());
                // 获得模拟服务器的响应信息
                WebResponse response = sc.getResponse(request);
              // 使用断言比较响应中的信息是否为期望的内容 Test:Hello World!
    Assert.assertTrue(response.getText().equals("Test:Hello World!"));
            } catch (Exception e) {
                e.printStackTrace();
            }
        }
    }
```

编辑完成后，保存文件。在 Package Explorer 中，右键单击 HttpUnitTest 类，在弹出的快捷菜单中选择 Run As|JUnit Test Case 命令，以执行测试。结果显示，测试通过，如图 4-9 所示。

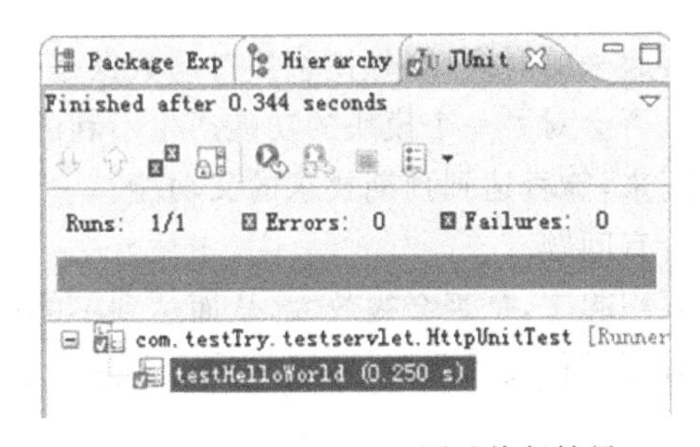

图 4-9　HttpUnitTest 测试执行结果

本章小结

本章详细讲述了单元测试的有关内容，包含单元测试的定义、内容和过程。单元测试的重要性是显而易见的，其测试要点包含 5 方面的内容：模块接口、局部数据结构、边界条件、独立路径和出错处理。单元测试过程需要强调驱动模块与桩模块的作用以及开发。

第5章 集成测试

学习目标

- 集成测试的基本概念
- 集成测试的策略
- 集成测试的步骤

5.1 集成测试概述

5.1.1 集成测试的定义

集成测试又称组装测试，是在单元测试的基础上，将所有模块按照设计要求组装成子系统或系统，而进行的测试活动。

集成测试的目的是确保各单元组合在一起后能够按既定意图协作运行，并确保增量的行为正确。它所测试的内容包括单元间的接口以及集成后的功能，通常使用黑盒测试方法测试集成的功能。并且对以前的集成进行回归测试。具体来说，集成测试阶段主要检查以下几个方面。

(1) 在把各个模块连接起来的时候，穿越模块接口的数据是否会丢失。

(2) 一个模块的功能是否会对另一个模块的功能产生不利的影响。

(3) 各个子功能组合起来，能否达到预期要求的父功能。

(4) 全局数据结构是否有问题。

(5) 单个模块的误差累积起来，是否会被放大，从而达到不能接受的程度。

(6) 在单元测试的同时可进行集成测试，发现并排除在模块连接中可能出现的问题，最终构成要求的软件系统。

5.1.2 集成测试的层次

一个产品的开发过程包括了分层的设计和逐步细化的过程，从最初的产品到最小的单元，由于集成的力度不同，一般可以把集成测试划分为3个级别。

(1) 模块内集成测试。

(2) 子系统内集成测试(模块)：先测试子系统内的功能模块(不能单独运行的程序)，然后将各个功能模块组合起来确认子系统的功能是否达到预期要求。

(3) 子系统间集成测试(可执行程序):测试的单元是子系统之间的接口,这里的子系统是可单独运行的程序或进程。

这里简单介绍一下模块与子系统的区别。一个完整的软件系统通常包括若干个具有不同功能的子系统。例如:配用电监测与管理系统由很多个子系统组成,如通信子系统、数据采集子系统、报警服务子系统、前置机应用子系统等。而每个子系统又由多个功能模块组成,如数据采集子系统由档案参数模块、任务处理模块、规约解析模块等组成。

5.1.3　集成测试的原则

集成测试应针对总体设计尽早开始筹划,为了做好集成测试,需要遵循以下原则。

(1) 要测试所有的公共接口,尤其是那些与系统相关联的外部接口,测试的重点是要检查数据的交换、传递和控制管理过程,还包括处理的次数。

(2) 必须对关键模块进行充分测试。在集成的过程中应该重点关注一个系统的关键模块。在确定测试需求时,测试人员就要确定系统的关键模块,这些关键模块包含在最希望测试的那些模块中。一般我们可以把系统中的模块划分成3个等级:高危模块、一般模块和低危模块。一个关键模块应该具有一个或多个下列特性:

- 和多个软件需求有关,或与关键功能相关
- 处于程序控制结构的顶层
- 本身是复杂的或者是容易出错的
- 含有确定性的性能需求
- 被频繁使用的模块

(3) 集成测试应当按一定的层次进行。系统的模块之间是有层次关系的,就像函数之间的相互调用关系。在对系统进行集成时,要按照一定的层次顺序进行集成,避免集成过程中发生错误无法对错误进行定位。

(4) 集成测试的策略选择应当综合考虑质量、成本和进度之间的关系。风险分析贯穿于整个集成测试过程中,总的原则是花费最小的成本,取得最大的测试效果。

(5) 集成测试应当尽早开始,并以总体设计为基础。

(6) 在模块与接口的划分上,测试人员应当和开发人员进行充分沟通。

(7) 测试执行结果应当被如实记录。

5.2　集成测试的策略

假设某软件模块结构如图5-1所示。

假设已经完成对该软件的单元测试,如何将这些模块组装成一个整体呢?下面来学习集成策略。

集成策略就是在测试对象分析的基础上,描述软件模块集成(组装)的方式和方法。集成的基本策略比较多、分类比较复杂,但不管怎样分,所有分类方法都可以归结为非增量式集成和增量式集成两大类,其余的很多方法都是在此基础上的细分。

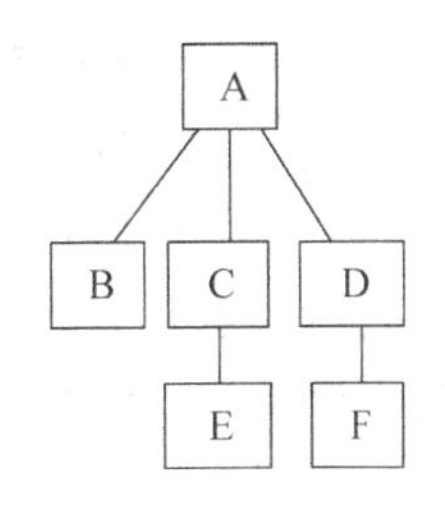

图5-1　软件模块结构

5.2.1 非增量式集成策略

非增量式集成，又称大爆炸式集成(Big Bang Integration)，采用一步到位的方法来进行集成，又称一次组装或整体拼装。使用该方法进行集成时，首先分别测试每个模块，即对每一个模块都进行独立的单元测试。测试通过后，再把所有模块按设计要求组合在一起构成整体，再对这个整体进行测试。

现在要对该程序进行非增量式集成测试。在进行单元测试时，根据各模块之间的相互调用关系，为它们设计桩模块和驱动模块。模块 A 处于最顶层，它调用模块 B、C、D，所以，给 A 设计三个桩模块 S1、S2、S3，模拟调用 B、C、D。同理，为 B 设计一个驱动模块 d1，为 C 模块设计一个驱动模块 d2 和一个桩模块 S4，为 D 模块设计一个驱动模块 d3 和一个桩模块 S5，为 E 模块设计一个驱动模块 d4，为 F 模块设计一个驱动模块 d5，如图 5-2 所示。

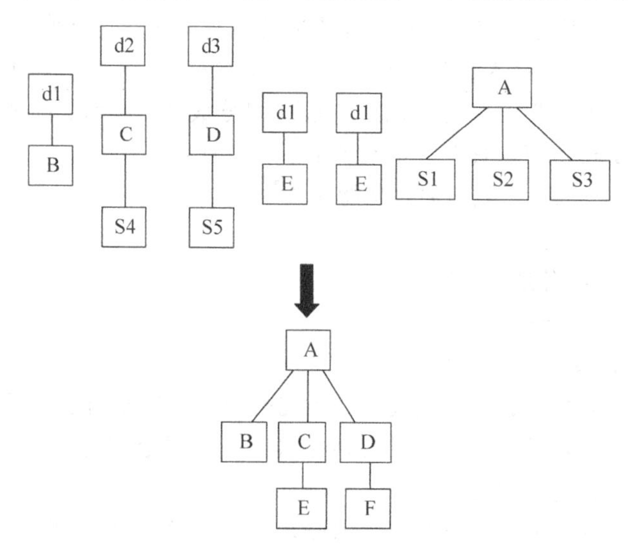

图 5-2 非增量式集成测试示意图

非增量式集成策略优点：方法简单；允许多个测试人员并行工作，对人力、物力资源利用率较高。但是其缺点也非常明显。首先，必须为每个模块准备相应的驱动模块和辅助桩模块，测试成本较高。其次，一旦集成后的系统包含多种错误，难以对错误定位和纠正。

5.2.2 增量式集成策略

增量式集成方式又被称为渐增式组装，它的集成是逐步实现的。首先对一个个模块进行模块测试，然后按照某种策略，将这些模块逐步组装成较大的系统，在组装的过程中边连接边测试，以发现连接过程中产生的问题。通过增值逐步组装成为满足要求的软件系统。

相对于非增量式集成，增量式集成可以较早发现模块间的接口错误，发现问题也易于定位。它的缺点是测试周期比较长，可以同时投入的人力物力受限。增量式集成可以按照不同的次序实施，因此有 3 种不同的方法：自顶向下的增量式集成测试；自底向上的增量式集成测试和混合增量式集成测试。

1. **自顶向下的集成测试(Top Down Testing)**

顾名思义,自顶向下增量式集成就是按照模块结构图自上而下进行集成。首先集成结构图中最顶层的模块(一般是主控模块),然后按照控制层向下移动,逐步将各个模块集成到已经集成的整体中。在向下集成的过程中,可以按照深度优先和广度优先的顺序进行集成。

自顶向下的深度优先集成方法就是先依次组装在结构图中的一条主控路径上的所有模块。主控路径的选择是任意的,可以是最左边的、最右边的,或者是中间的。在组装完一条路径上的所有模块后,再选择一条新的路径开始组装,直到将所有的模块组装完为止。选用这种集成方式,可以首先实现和验证一个完整的软件功能,有助于增强开发者和用户的信心。在这种组装过程中,不需要设计驱动模块。以图 5-1 所示的软件结构为例,说明该集成过程,如图 5-3 所示。

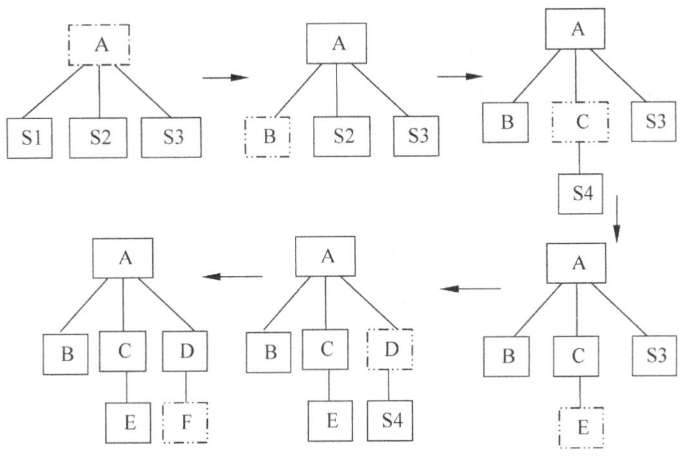

图 5-3 深度优先集成

自顶向下的广度优先集成方法是按照软件结构层次的水平方向组装,把处于同一个控制层次上的所有模块组装起来,直到最底层。过程如图 5-4 所示。首先对最顶层主控模块 A 进行单元测试,为其编写 3 个桩模块——S1、S2、S3。然后,开始第二控制层的模块集成。

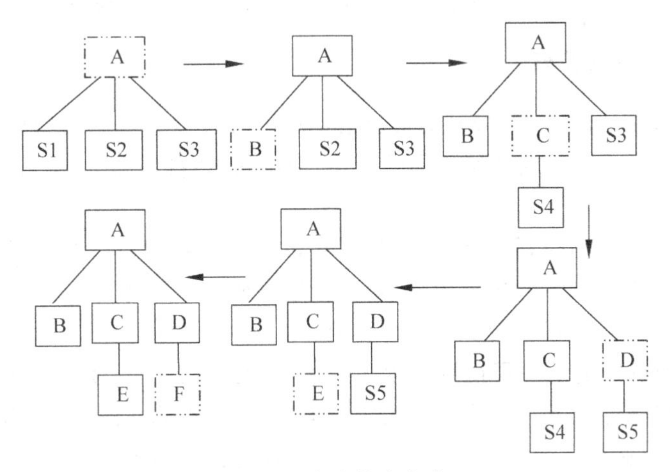

图 5-4 广度优先集成

首先是B模块,然后集成C模块,为其编写桩模块S4,最后是D,配以桩模块S5。直到最底层,依次将E和F集成。

自顶向下的增量式集成过程中较早地验证了主要的控制和判断点,因为在一个功能划分合理的程序模块结构中,判断往往出现在较高的层次中,因而较早就能测试到。如果主要控制有问题,应尽早发现并修正,以减少不必要的工作量。此外,自顶向下的集成最多只需要一个驱动模块,减少了驱动模块的开发费用。如果在集成过程中,加入新的模块后导致测试执行失败,那么可以很容易确定问题所在,要么新集成的模块有问题,要么新模块与其调用接口有问题。

随着底层模块的不断加入,整个系统变得也越来越复杂,导致底层模块的测试不充分,尤其是那些被重用的模块。

2. 自底向上的集成测试(Bottom Up Testing)

自底向上的增量式集成就是按照模块结构图自底向上进行组装,首先从模块结构的最底层开始,依次往高层次集成。在集成的过程中,不需要再编写桩模块,只需要为被组装模块编写驱动模块。仍以图5-1所示模块结构为例,自底向上的增量式集成过程如图5-5所示。

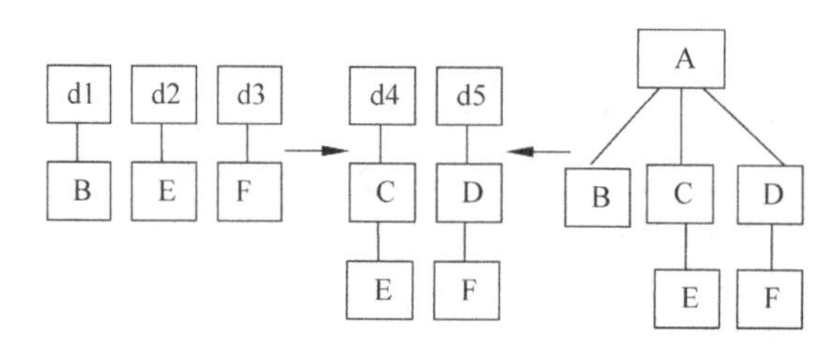

图5-5 自底向上集成

使用这种集成方法允许对底层的模块功能进行早期的验证,不需要桩模块,减少了桩模块的工作量,毕竟在集成测试中,桩模块的工作量远比驱动模块的工作量要大得多。但是,驱动模块的开发工作量也是很庞大的,对于高层模块的验证被推迟到了最后,软件设计上的错误不能被及时发现,尤其对于那些控制结构在整个体系中非常关键的产品。

3. 混合增量式集成策略

混合增量式集成,也称"三明治"集成(Sandwich Integration),对软件结构中较上层,使用的是"自顶向下"集成;对软件结构中较下层,使用的是"自底向上"集成,将两种策略的优点结合在一起。

在使用这种集成策略时,将系统划分为三层,中间一层为目标层。测试的时候,对目标层上面的一层使用自顶向下的集成策略,对目标层下面的一层使用自底向上的集成策略,最后测试在目标层统一。集成过程如图5-6所示。

(1) 首先对目标层的上一层使用自顶向下集成,因此测试A,使用桩代替B、C、D。

(2) 其次对目标层的下一层使用自底向上集成,因此测试E、F,使用驱动代替B、D。

(3) 再次,把目标层下面一层与目标层集成,因此测试(B,E),(D,F),使用驱动代替A。

(4) 最后,把三层集成到一起,因此测试(A,B,C,D,E,F)。

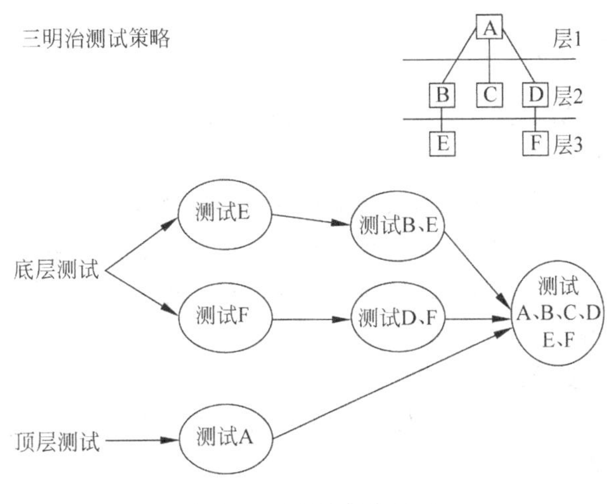

图 5-6　三明治集成过程

5.3　集成测试的步骤

根据 IEEE 标准集成测试划分为 5 个阶段：计划阶段、设计阶段、实施阶段、执行阶段和评估阶段，最后对集成测试进行评估，如图 5-7 所示。各阶段工作内容如图 5-8 所示。

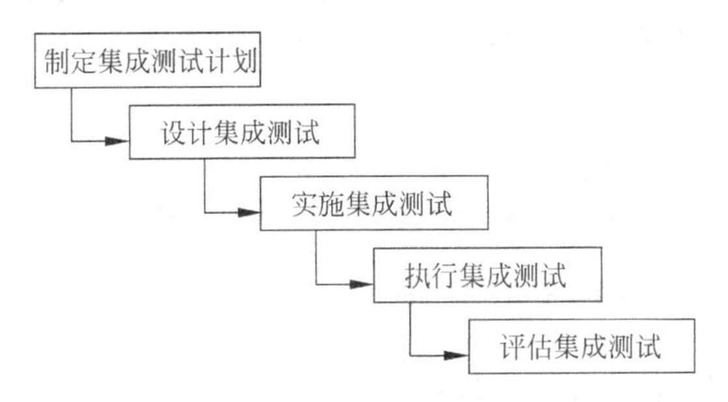

图 5-7　集成测试流程图

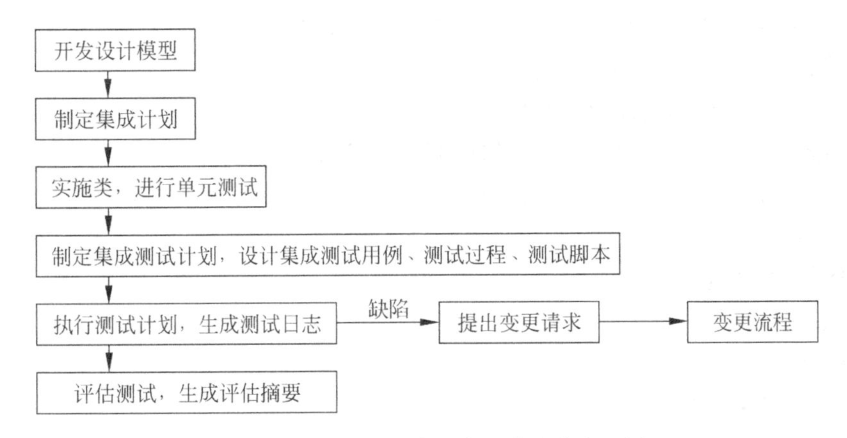

图 5-8　集成测试工作内容及其工作流程图

5.3.1 制定集成测试计划

集成测试计划应在概要设计阶段完成,一般情况下,概要设计结束并完成评审后一个星期,应完成集成测试计划。

集成测试计划的内容有:确定集成测试对象和测试范围;确定集成测试阶段性时间进度;确定测试角色和分工;考虑外部技术支援的力度和深度,以及相关培训安排;初步考虑测试环境和所需资源;集成测试活动风险分析和应对;定义测试完成标准。

在这一阶段,活动的主要安排如下所示。

(1) 时间安排:概要设计完成评审后大约一个星期。

(2) 输入:《需求规格说明书》、《概要设计文档》和《产品开发计划书》。

(3) 入口条件:概要设计文档已经通过评审。

(4) 活动步骤:

- 确定被测试对象和测试范围
- 评估集成测试被测试对象的数量及难度,即工作量
- 确定角色分工和任务
- 标识出测试各阶段的时间、任务、约束等条件
- 考虑一定的风险分析及应急计划
- 考虑和准备集成测试需要的测试工具、测试仪器、环境等资源
- 考虑外部技术支援的力度和深度,以及相关培训安排
- 定义测试完成标准

(5) 输出:《集成测试计划》。

(6) 出口条件:集成测试计划通过概要设计阶段基线评审。

5.3.2 集成测试分析和设计

集成测试分析和设计的主要目的是制定测试大纲(测试方案)。集成测试大纲规定了今后的集成测试内容、测试方法以及可测性接口,以后所有集成测试均在该大纲的框架下进行。所以,要制定一份完善的集成测试大纲是非常重要的。

该阶段的主要活动安排如下所示。

(1) 时间安排:详细设计阶段开始。

(2) 输入:需求规格说明书、概要设计和集成测试计划。

(3) 入口条件:概要设计基线通过评审。

(4) 活动步骤:

- 被测对象结构分析
- 集成测试模块分析
- 集成测试接口分析
- 集成测试策略分析
- 集成测试工具分析
- 集成测试环境分析

- 集成测试工作量估计和安排

(5) 输出：集成测试设计(方案)。

(6) 出口条件：集成测试设计通过详细设计基线评审。

5.3.3 集成测试的实施

在实施阶段，主要活动安排如下所示。

(1) 时间安排：在编码阶段开始后进行。

(2) 输入：需求规格说明书、概要设计、集成测试计划和集成测试设计。

(3) 入口条件：详细设计阶段。

(4) 活动步骤：

- 集成测试用例设计
- 集成测试程序设计
- 集成测试代码设计(如果需要)
- 集成测试脚本(如果需要)
- 集成测试工具(如果需要)

(5) 输出：集成测试用例、集成测试规程、集成测试代码、集成测试脚本和集成测试工具。

(6) 出口条件：测试用例和测试规程通过编码阶段基线评审。

5.3.4 集成测试的执行

在集成测试的执行阶段，主要活动事项安排所示如下。

(1) 时间安排：单元测试已经完成后就可以开始执行集成测试了。

(2) 输入：需求规格说明书、概要设计、集成测试计划、集成测试设计、集成测试用例、集成测试规程、集成测试代码(如果有)、集成测试脚本、集成测试工具、详细设计、代码和单元测试报告。

(3) 入口条件：单元测试阶段已经通过基线化评审。

(4) 活动步骤：

- 执行集成测试用例
- 回归集成测试用例
- 撰写集成测试报告

(5) 输出：集成测试报告。

(6) 出口条件：集成测试报告通过集成测试阶段基线评审。

本章小结

本章主要介绍了集成测试的相关理论。集成测试又被称为组装测试、联合测试、子系统测试或部件测试。集成测试是在单元测试的基础上，将所有模块按照设计要求组装成子系统或系统进行的测试活动。

集成测试的策略主要有非增量式集成和增量式集成两种，非增量式集成采取一步到位的方式进行组装。增量式集成又分为自顶向下和自底向上两种方式，按照策略的不同自顶向下的集成又分为深度优先和广度优先两种策略。

在进行集成测试的时候，整个过程可以分为以下几个阶段：计划阶段、设计阶段、实施阶段、执行阶段，最后对集成测试进行评估。

第6章 功能测试

学习目标

- 系统测试概述
- 功能测试概述
- 功能测试的策略
- 功能测试的内容
- 功能测试的方法
- Quick Test Professional(QTP)应用
- Rational Robot 应用
- Rational Functional Tester(RFT)应用

功能测试是系统测试阶段的重要内容，软件系统开发的首要目标是确保功能正确。功能测试主要是根据软件系统的特征、操作描述和用户方案，测试其特性和可操作行为，以确定它满足设计需求。

6.1 系统测试概述

系统测试是通过与系统的需求规格做比较，发现软件与系统需求规格不相符或与之矛盾的地方。它将通过确认测试的软件，作为整个基于计算机系统的一个元素，与计算机硬件、外设、某些支持软件、数据和人员等其他系统元素结合起来，在实际运行(使用)环境下，对软件进行系统测试。

从软件测试的V模型来看，系统测试是产品被提交给用户之前进行的最后阶段的测试，因此很多公司将其视为产品的最后一道防线。系统测试一般不由软件开发人员执行，而由软件企业中独立的测试部门或第三方测试机构来完成，主要使用黑盒测试方法设计测试用例。系统测试所用的数据必须尽可能地像真实数据一样精确和有代表性，也必须和真实数据的大小和复杂度相当，满足上述测试数据需求的一个方法是使用真实数据。

系统测试的依据为需求规格说明书、概要设计说明书和各种规范。通信产品与一般的软件产品不同，其系统测试往往需要依据大量的既定规范；对于海外产品，系统测试依据还包括各个国家自定的规范。

系统测试包括功能测试、性能测试、压力测试、协议一致性测试、容量测试、安全性测试、恢复性测试、备份测试、UI测试、安装和卸载测试、本地化测试、可用性测试等。从本章开始,本书将着重介绍功能测试、性能测试、本地化测试等内容,其他与系统测试相关的内容可以查阅其他参考书。

6.2 功能测试概述

功能测试又称正确性测试,就是对产品的各项功能进行验证,根据功能测试用例,逐项测试,检查产品是否达到用户要求的功能或者说检查软件的功能是否符合规格说明。由于正确性是软件最重要的质量因素,所以功能测试也非常重要。做功能测试需要首先理解业务和需求。理解了需求和业务,才知道客户想要系统实现什么。然后按照需求来进行测试,不满足需求要求的都可以被认为是缺陷。

如果要成功地做一个测试项目,首先必须了解测试规模、复杂程度与可能存在的风险,这些都需要通过详细的测试需求来了解。测试需求不明确,只会造成获取的信息不正确,无法对所测软件有一个清晰全面的认识,测试计划就毫无根据可言。测试需求越详细准确,表明对所测软件的了解越透彻,对所要进行的测试任务内容就越清晰,就更有把握保证测试的质量与进度。

如果把测试活动与软件开发的生命周期对比,那么测试需求就相当于软件的需求规格,测试策略相当于软件的架构设计,测试用例相当于软件的详细设计,测试执行相当于软件的编码过程。整个测试活动的依据来源于测试需求,功能测试也不例外。

测试需求最直接的表现形式就是测试需求分析说明书,该文档不同于需求规格说明书,需要相关人员根据实际项目的测试要求进行编写。文档中对需要进行测试的模块的功能点一一进行了详细解释。

功能测试的需求可以在获取整个项目的测试需求时进行提取,测试需求主要通过以下途径来收集:

(1) 与被测软件相关的各种文档资料:如软件需求规格、用例、界面设计、项目会议或与客户沟通时有关于需求信息的会议记录、其他技术文档等。

(2) 与用户或系统分析人员的沟通。

(3) 业务背景资料,如被测软件业务领域的知识等。

(4) 项目组织的培训。

(5) 其他方式。

如果以旧版本系统为原型,以全新的架构方式来设计或完善软件,那么旧系统的原有功能和特性就成为了最有效的测试需求收集途径。

在整个信息收集过程中,务必确保软件的功能与特性被正确理解。

6.3 功能测试的策略

功能测试的大致流程为:测试需求分析、制定测试计划、测试设计和测试用例设计、测试环境搭建、测试实施、缺陷报告、回归测试。

1. 测试需求分析

理解软件业务流程，确定测试功能点以及测试的优先级。这一步骤是非常关键的。通常由于时间和经费的原因，不可能将软件所有的功能点全部覆盖到，所以在进行测试需求分析的时候，需要明确要测试哪些功能点，哪些功能点需要被优先测试。

2. 制定测试计划

测试计划是后面测试工作的指南，包含的内容可能有：

(1) 测试团队人员及分工。

(2) 测试开始时间和结束时间。理想情况下，时间不要安排得太紧，赶工肯定会造成项目延期或测试不完整。

(3) 测试环境配置，如硬件条件、网络等。

(4) 要测试的功能点。

(5) 怎么测试。

(6) 测试结束标志。要说明测试达到什么程度可以结束，不能等到把所有缺陷都找出来以后才结束，允许缺陷存留在系统里，需要确定一个具体的标准。

3. 测试设计和测试用例设计

根据功能测试计划编制测试用例，并经过评审。

4. 测试环境搭建

建立测试的硬件环境、软件环境等。

5. 测试实施

测试并记录测试结果。

6. 缺陷报告

提交缺陷报告。这是功能测试过程中使用频率最高的文档，用于在测试过程中记录发现的缺陷，并由开发人员作为修改缺陷的依据，以及修改后测试人员进行回归测试的主要依据。有助于分析开发人员存在的"错误集群"现象，总结易出错的地方，对缺陷多的部分做更深入的测试，并提醒开发人员避免缺陷。

7. 回归测试

在开发人员进行了缺陷的修复之后进行回归测试，回归测试可重复进行(在测试计划中进行明确)。

功能测试一般使用黑盒测试方法来设计测试用例，测试过程中可采用人工测试结合自动化测试工具来进行。由于人工测试的时间比较长，因此，在制定测试计划时需要测试人员提前对需要使用自动化测试工具的功能点进行判断，从而可以有针对性地设计测试用例并开发测试脚本。使用功能自动化测试工具可以有效地节省测试时间、提高测试效率。目前比较常用的功能自动化测试工具主要有 HP QuickTest Professional(QTP)、IBM Rational Functional Tester(RFT)、IBM Rational Robot 等,本章后面几节会有关于功能自动化测试工具使用方法的详解。

假设现在要测试 Windows 操作系统中的计算器,就其中的加法功能来说,可以设计如下几条测试用例,如表 6-1 所示。

表 6-1 加法功能的测试用例

编 号	输 入	预期结果
TC01	1,2	3
TC02	5,8	13
TC03	−1,−8	−9

3 条测试用例中的输入都是两个数字,在测试过程中就可以使用自动化测试工具来进行加法功能的测试。例如 QTP 中的参数化功能可以将两个输入数据设置为参数,从数据表中导入所有的输入数据对,这样可以避免耗费时间的重复人工测试。

6.4 功能测试的内容

功能测试包括对用户界面的测试、对各种操作的测试,对不同的数据输入、逻辑思路、数据输出、存储等的测试。不同的应用系统,功能测试的内容差异很大,但一般都可归为界面、数据、操作、逻辑、接口等几个方面,主要包括:

(1) 程序安装和启动正常,有相应的提示框、适当的错误提示等。

(2) 每项功能符合实际要求。

(3) 系统的界面清晰、美观;菜单、按钮操作正常、灵活,能处理一些异常操作。

(4) 能接受正确的数据输入,对异常数据的输入可以进行提示、容错处理等。

(5) 数据的输出结果准确、格式清晰,可以保存和读取。

(6) 功能逻辑清楚,符合使用者习惯。

(7) 系统的各种状态按照业务流程而变化,并保持稳定。

(8) 支持各种应用的环境,能配合多种硬件周边设备,与外部应用系统的接口有效。

(9) 软件升级后,能继续支持旧版本的数据。

如果要对一个 Web 系统做功能测试,可以考虑以下几个方面。

(1) 页面链接检查:每一个链接是否都有对应的页面,并且页面之间切换正确。

(2) 相关性检查:删除或增加一项会不会对其他项产生影响,如果会产生影响,这些影响是否都正确。

(3) 检查按钮的功能是否正确:如 update、cancel、delete、save 等功能是否正确。

(4) 字符串长度检查:输入超出需求所说明的字符串长度的内容,观察系统是否检查字符串长度,会不会出错。

(5) 字符类型检查:在应该输入指定类型的内容的地方输入其他类型的内容(如在应该输入整型的地方输入其他字符类型),观察系统是否检查字符类型,会不会报错。

(6) 标点符号检查:输入内容包括各种标点符号,特别是空格、各种引号、回车键。观察系统处理是否正确。

(7) 中文字符处理：在可以输入中文的系统输入中文，观察是否会出现乱码或出错。

(8) 检查带出信息的完整性：在查看信息和更新信息时，查看所填写的信息是不是全部带出。带出信息和添加的是否一致。

(9) 信息重复：在需要输入唯一名字的信息框中输入重复的名字或ID，观察系统有没有处理，是否会报错；重复包括是否区分大小写，以及在输入内容的前后输入空格，系统是否做出正确处理。

(10) 检查删除功能：在一些可以一次删除多个信息的地方，不选择任何信息，按下delete键，以观察系统如何处理，是否会出错；然后选择一条和多条信息，进行删除，观察是否会正确处理。

(11) 检查添加和修改是否一致：检查添加和修改信息的要求是否一致，例如在添加时要求必填的项，在修改时也应该必填；在添加时规定为整型的项，在修改时也必须为整型。

(12) 检查修改重名：在修改时把不能重名的项改为已存在的内容，观察是否会报错、处理。同时，也要注意，会不会报重名的错。

(13) 重复提交表单：一条已经成功提交的记录，单击back按钮后再次进行提交，观察系统是否会做出处理。

(14) 检查多次使用back按钮的情况：在有back按钮的地方，单击back按钮回到原来的页面，再次点击back按钮，这样重复多次，观察是否会出错。

(15) search检查：在有搜索功能的地方输入系统包含和不包含的内容，看搜索结果是否正确。如果可以输入多个搜索条件，可以同时添加合理的和不合理的条件，观察系统处理是否正确。

(16) 输入信息位置：注意在光标停留的地方输入信息时，光标和所输入的信息是否会跳到别的地方。

(17) 上传下载文件检查：上传下载文件的功能是否已被实现，上传的文件是否能被打开。对上传文件的格式有何规定，系统是否有解释信息，并检查系统是否能够实现相关功能。

(18) 必填项检查：在没有填写应该填写的项时，系统是否都做了处理，对必填项是否有提示信息，如在必填项前加“*”等。

(19) 回车键检查：在输入结束后直接按回车键，观察系统处理如何，会否报错。

6.5 功能测试的方法

1. 由简到繁

由简到繁是一个从简单的测试描述(测试功能点、测试需求等)逐步细化到能够使用户依照执行的测试用例的过程。如果没有测试用例或者仅有简单的测试功能描述，测试过程难以控制，测试结果将失去可靠性。简单的测试用例的可靠性低、重用性差，可能导致不同人员的理解不同。详细的测试用例可靠性高，而且便于估计执行所需时间，易于控制。

例如,要测试 QTP 的 Flight 系统登录界面,如图 6-1 所示。

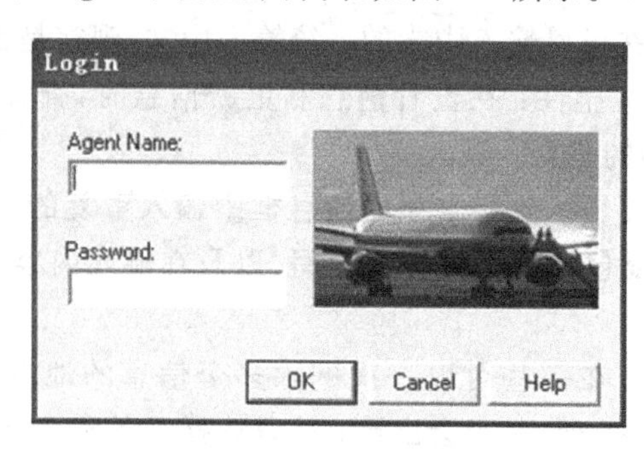

图 6-1 Flight 系统登录界面

需求描述为:

- 用户名长度为 6 位～10 位(含 6 位和 10 位)
- 用户名由字符(a～z、A～Z)和数字(0～9)组成
- 不能为空、空格和特殊字符
- 密码规则同用户名命名规则

简单:能够正确处理用户登录的问题。

一般:输入正确的用户名和密码可以进入系统;输入用户名或密码错误无法进入系统。测试用例如表 6-2 所示。

表 6-2 登录测试用例表

编 号	操 作 步 骤	预 期 结 果
TC001	输入正确的用户名和密码(均为 6 位),单击 OK 按钮	进入 Flight 系统
TC002	输入正确的用户名和密码(均为 10 位),单击 OK 按钮	进入 Flight 系统
TC003	输入正确的用户名和密码(均为 6～8 位)……	进入 Flight 系统
TC004	用户名为空……	提示输入用户名,不能进入系统
TC005	用户名为空格……	提示无效用户名,不能进入系统
TC006	用户名小于 6 位……	提示用户名太短,不能进入系统
……	……	……

2. 用例和数据分离

用例和数据分离是一个将测试数据与测试逻辑(步骤)分开,简化测试用例的过程。方法是将用例中的一些输入、输出等作为参数,数据则被单独列出,在执行时选择相应的数据执行。

通过将用例参数化,可以简化用例、使测试用例逻辑清晰、数据与逻辑的关系明了、易于理解,有利于提高测试用例的重用率。通常,在测试用例中,将需要通过使用不同数据来重复执行测试的部分进行参数化比较合适,例如第 6.2 节中给出的计算器的例子,其中的加数和被加数都可以进行参数化。

Flight 系统登录功能测试的逻辑表以及测试数据表如表 6-3 和表 6-4 所示。

表 6-3 测试逻辑表

步骤：
1. 输入用户名 2. 输入密码 3. 单击 OK 按钮
结果：
预期结果：

表 6-4 测试数据

用户名	密码	预期结果	说明
user10	pass10	进入系统	正确的用户名和密码(6 位)
user789	pass789	进入系统	正确的用户名和密码(7 位～9 位)
user000010	pass000010	进入系统	正确的用户名和密码(10 位)
“u”	pass	提示输入用户名，不能进入系统	用户名为空
“u”	pass	提示无效用户名，不能进入系统	用户名为空格
user	userpass	提示用户名太短，不能进入系统	用户名小于 6 位
user0000011	userpass	提示用户名太长，不能进入系统	用户名大于 10 位
……	……	……	……

3. 功能点全覆盖

测试中做到功能点全覆盖是功能测试的基本要求。

4. 界面功能控件全覆盖

界面控件是用户使用系统的交互媒体，系统界面控件一般都比较多，所以在测试中需要尽可能地将系统中的控件全部测试到。例如 Windows 标准窗口控件和 Window 系统中的系统功能菜单；Web 页面中的单选框与复选框、下拉菜单、文本框、界面控制与提交按钮等。

要做到功能控件的全覆盖，最直接的办法是让测试人员挨个控件测试，但这显然不太现实。在测试过程中需要测试人员分析控件的重用性，对功能控件进行分类，在必要时可借助于自动化测试工具，以提高效率。

6.6 HP QuickTest Professional

目前，业界应用较为广泛的功能自动化测试工具有：HP QuickTest Professional、IBM Rational Functional Tester、IBM Rational Robot 等。本节将介绍以上几种主流功能测试工具的关键技术及使用方法。

QuickTest Professional(QTP)，目前是惠普公司的主打自动化测试工具(之前属于 Mercury 公司，后被惠普公司收购)，它是针对功能测试和回归测试的自动化解决方案，能够自动捕获、验证和重放用户的交互行为，支持多种企业环境的功能测试，包括 Windows、Web、.NET、Java/J2EE、SAP、Siebel、Oracle、PeopleSoft、Visual Basic、ActiveX、Mainframe terminal emulators 和 Web services。

在首次启动 QTP 时，会弹出插件管理器。QTP 为用户提供了 3 种内置的插件：

ActiveX、Visual Basic 和 Web。实际上就是3种存储了测试对象的类库,用户可以针对不同类型的软件系统进行测试。QTP还提供了一些收费的插件,需要购买License才可以使用。

6.6.1 QTP工作流程

1. 录制测试脚本前的准备

在测试前需要确认应用程序及QTP是否符合测试需求,确认制定了合理的测试计划。同时检查一下QTP的设定,如Test Settings以及Options对话窗口,以确保QTP会正确地录制并储存信息。确认QTP以何种模式储存信息。

2. 录制测试脚本

在对应用程序或者网站进行操作时,QTP会在Keyword View(关键字视图)中以表格的方式显示录制的操作步骤。每一个操作步骤都是使用者在录制时的操作,如在网站上点击了链接,或则在文本框中输入的信息等。

3. 增强测试脚本

在测试脚本中加入检查点,可以检查网页的链接、对象属性、字符串,以验证应用程序的功能是否正确。将录制的固定值以参数取代,使用多组的数据测试程序。使用逻辑或者条件判断式,可以进行更复杂的测试。

4. 对测试脚本进行调试

修改过测试脚本后,需要对测试脚本做调试,以确保测试脚本能正常并且流畅地执行。

5. 在新版本应用程序或者网站上执行测试脚本

通过执行测试脚本,QTP会在新版的网站或者应用程序上执行测试,检查应用程序的功能是否正确。

6. 分析测试结果

分析测试结果,找出问题所在。

7. 测试报告

如果安装了Quality Center,就可以将发现的问题汇报到Quality Center数据库中。Quality Center是测试管理工具。

6.6.2 测试脚本的录制与执行

使用QTP进行自动化功能测试,首先必须要掌握测试脚本的创建方法。创建测试脚本可以通过录制的方式或者手工编写方式,手工编写脚本一般适用于高级测试脚本开发人员,这类测试者可以通过QTP的Expert View(专家视图)来创建测试脚本。但通常采用录制的方式更能节省时间,只要掌握了脚本增强的关键技术,一样可以进行有效的功能测试。

录制测试脚本之前，需要确定是针对什么类型的应用程序进行录制，然后在 QTP 中进行相应的设置。在 QTP 窗口中选择 Automation|Record and Run Settings…命令，会出现 Record and Run Settings 对话窗口，如图 6-2 所示。

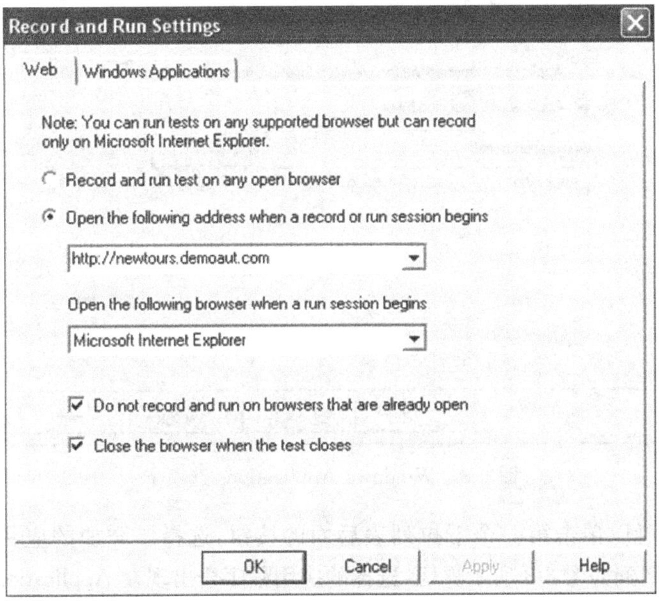

图 6-2 录制和运行时设置

在 Web 选项卡中设置录制 Web 程序时的参数，这里在该选项卡界面上有一个提示(Note：You can run tests on any supported browser but can record only on Microsoft Internet Explorer.)，这是提醒用户在录制测试脚本时必须使用 IE 浏览器，执行测试脚本时可以使用任意的浏览器，所以安装 QTP 的机器上最好不要安装其他类型的浏览器。

两个单选按钮对应着两种不同的录制方法，第一个选项是 Record and run test on any open browser，即在任意打开的浏览器上录制和运行测试。如果选择了该选项，那么在开始录制之后，对任意打开的浏览器所进行的操作，都将被记录下来形成脚本。第二个选项是 Open the following address when a record or run session begins，即指定录制开始时打开的地址，例如 http://www.baidu.com，在指定的文本框中输入，这样当在 QTP 中启动录制脚本时，浏览器会自动开启并打开指定的地址。前一种方式一般是在修改脚本的时候使用，后一种方式一般在第一次创建关于 Web 程序的脚本时使用。

如果被测试应用程序是 Windows 应用程序，那么在 Record and Run Settings 窗口中选择 Windows Applications 选项卡，如图 6-3 所示。这里也有两个选项，第一个选项是 Record and run test on any open Window-based application，即在任意打开的 Windows 应用程序上录制和运行测试脚本。如果选择该选项，那么在录制启动后，对任何打开的 Windows 应用程序的操作都将被记录下来。第二个选项是在指定的应用程序上录制和运行测试脚本。选择该选项后，会出现 3 个复选选项，分别为：由 QTP 打开的应用程序、通过桌面打开的应用程序、通过下面指定的应用程序。一般情况下，用户会选择第三个选项，即指定应用程序。选择该选项后，单击“加号”图标，可以添加自己要测试的应用程序，如图 6-4 所示。

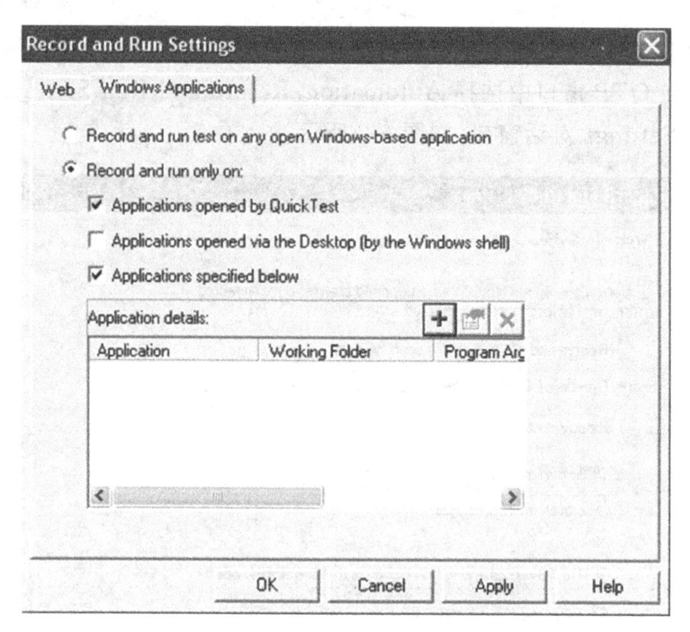

图 6-3 Windows Applications 选项卡

在图 6-4 中,可以单击第一个下拉列表后面的按钮,选择要添加的应用程序。添加完成后,单击 OK 按钮回到如图 6-3 所示界面,选择的应用程序会出现在 Application details 列表中。

在录制脚本之前,用户通过以上设置方法来做好录制和运行时设置,设置完成后就可以在 QTP 中单击录制按钮 Record ,或者按下快捷键 F3,或者选择 Automation|Record 命令,启动录制过程。录制完成后单击停止按钮 Stop ,或者按下快捷键 F4,或者选择 Automation|Stop 命令,停止录制。

在执行测试脚本时,单击工具栏上的 Run 按钮,或者按下快捷键 F5,或者选择 Automation|Run 命令。执行完成后,QTP 会默认弹出执行结果。

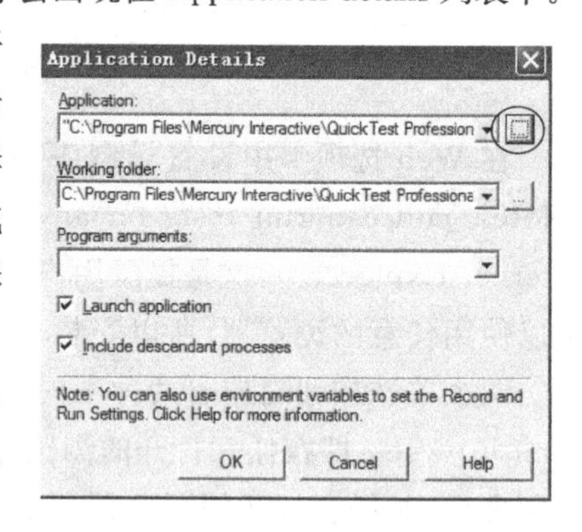

图 6-4 添加要测试的应用程序

6.6.3 测试脚本的分析

创建测试脚本后,初学者应该通过 Keyword View 认真分析脚本的每一个步骤,理解其中每一个符号、字段、图标的含义,这样在增强脚本时能够得心应手。

现在创建了一个关于百度网站的测试脚本,关键字视图如图 6-5 所示。

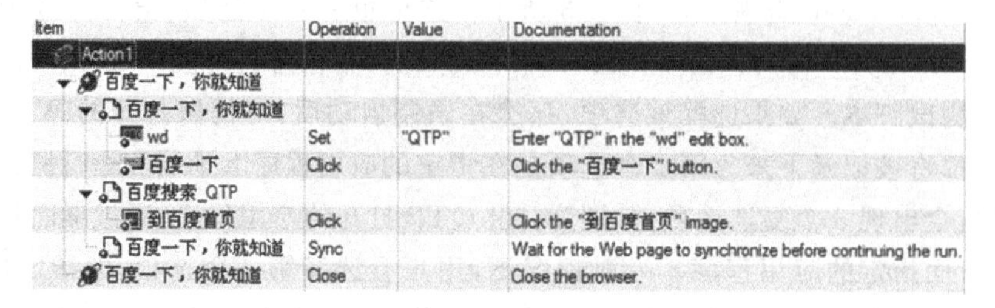

Item	Operation	Value	Documentation
Action1			
百度一下,你就知道			
百度一下,你就知道			
wd	Set	"QTP"	Enter "QTP" in the "wd" edit box.
百度一下	Click		Click the "百度一下" button.
百度搜索_QTP			
到百度首页	Click		Click the "到百度首页" image.
百度一下,你就知道	Sync		Wait for the Web page to synchronize before continuing the run.
百度一下,你就知道	Close		Close the browser.

图 6-5 关键字视图

该视图中各符号的含义如表6-5所示，每一行代表一个步骤(Step)。网页的名称、EditBox的名称、按钮的值、图片的属性等可以通过查看网页的源代码得到。例如表中的EditBox的名称是wd，在网页源文件中对应着这样一行代码：

```
< input type = "text" name = "wd" id = "kw" maxlength = "100">
```

表6-5　常见的操作步骤的详细说明

步　　骤	说　　明
Action1	Action1是一个动作的名称
百度一下，你就知道	"百度一下，你就知道"是被浏览器打开的网站名称
百度一下，你就知道	"百度一下，你就知道"是网页的名称
wd　Set　"QTP"	wd是EditBox的名称 Set是在这个EditBox上执行的动作 QTP是被输入的值
百度一下　Click	"百度一下"是button的值 Click是指对这个button对象的操作
到百度首页　Click	"到百度首页"是图像对象的替代文字，有时也代表图片的名称 click是在这个图像上执行的动作

在关键字视图中共有4个字段，分别是Item、Operation、Value和Documentation。Item是该步骤的操作对象，Operation是对该对象采取的操作，Value是操作对应的值，Documentation是对该操作的说明。

6.6.4　测试结果的分析

测试脚本运行完毕后，QTP会弹出测试结果窗口，如果没有弹出结果窗口，可以单击工具栏上的按钮，或者选择Automation|Results命令，启动测试结果窗口。

测试结果窗口左侧部分是测试结果概要，显示了测试名称、测试结果名称、时间等信息。Iteration#字段是测试中的迭代数，本次脚本运行共进行一次迭代，Results即为结果，本次迭代结果为Done，即通过。参数化之后的测试脚本，迭代次数可能会多于一次。Status字段表示检查点运行结果的状态(通过、失败、警告)，Times为对应的次数。

在测试结果窗口的菜单栏中选择View|Expand All命令可以看到窗口左侧会出现树形列表，其中列出了在关键字视图中的各个步骤，单击每一个步骤，可以在右侧窗口中看到对应的结果，也可以看到该步骤的截图。

如果看不到该步骤的截图，可以在QTP窗口进行设置，选择Tools|Options命令弹出Options窗口，然后选择Run|Screen Capture命令，选择Save Still Image Captures to results:，并在后面的列表中选择Always选项。该选项的默认值为For Errors，即只为运行错误的步骤截图。用户也可以通过选择Save movie to results:选项，来保存运行过程中的录像，然后运行测试后，可以在测试结果窗口右侧选择Screen Recorder选项卡来观看执行过程的录像。但这样做会占用硬盘存储空间，一般不建议用户使用该功能。

6.6.5 检查点技术

检查点(checkpoint)是将指定属性的当前的实际值与该属性的期望值进行比较的验证点。这能够确定网站或应用程序是否正常运行,例如,某网站登录成功后会出现"欢迎进入本站"的文字,在测试时可以通过这些文字来判断网站的登录功能是否正常。当添加检查点时,QTP 会将检查点添加到关键字视图中的当前行并在专家视图中添加一条"检查检查点"语句。运行测试或组件时,QTP 会将检查点的期望结果与当前结果进行比较。如果结果不匹配,检查点就会失败。就像前面所说的登录功能,如果输入用户名和密码并单击登录按钮后,没有出现期望的文字,那么可以判断该功能出现异常。可以在"测试结果"窗口中查看检查点的执行结果。

QTP 为用户提供了多种检查点,如表 6-6 所示。

表 6-6 检查点列表

检查点类型	说 明	举 例
标准检查点 Standard checkpoint	检查被测软件中某个对象的属性	检查某个文本框中是否输入了期望的文字
图片检查点 Image checkpoint	检查图片的属性	检查图片的来源文件是否正确
表格检查点 Table checkpoint	检查表格的内容	检查表格的某一个字段的值是否正确
网页检查点 Page checkpoint	检查网页的属性	检查网页的加载时间或检查网页中图片的数量
文本检查点 Text checkpoint	检查网页上或应用程序窗口指定的位置是否出现期望的文字	检查登录网站后是否出现欢迎等文字
文字区域检查点 Text Area checkpoint	检查 Windows 应用程序指定的区域上是否出现期望的文字	检查对话框上指定区域是否包含在程序另外的地方输入的文本
位图检查点 Bitmap checkpoint	抓取网页或者应用程序窗口的画面是否正确	检查网页或者网页的某一部分是否和期望显示的一致
数据库检查点 Database checkpoint	检查数据库的内容是否正确	检查数据库查询的值是否正确
XML 检查点	检查 XML 文件的内容	XML 检查点有两种:XML 文件检查点和 XML 应用程序检查点;前者用于检查一个 XML 文件,后者用于检查一个 Web 页面的 XML 文档

1. 标准检查点

标准检查点用于检查对象的属性。例如,在对百度网站做界面测试时,如果想测试百度首页上的输入的搜索内容是否和期望的一致,就可以使用标准检查点。

首先创建一个测试脚本,对百度网站进行如下操作。进入主页后在文本框中输入搜索内容:QTP。然后单击"百度一下"按钮,出现搜索结果页面后,单击页面上的百度 Logo 返回到百度首页,然后关闭网页,停止录制,保存测试脚本为 Test1。

创建完成后,在 QTP 的关键字视图中单击输入搜索内容的那个步骤,然后在 QTP 的

Active Screen 中可以看到该步骤的截屏。在 Active Screen 中，用户可以看到输入搜索内容的文本框被突出显示出来，如图 6-6 所示。

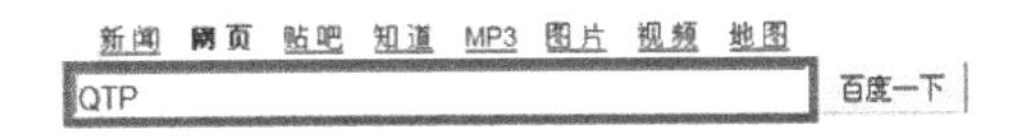

图 6-6　Active Screen 中的文本框被突出显示

在图 6-6 所示的文本框上单击鼠标右键，在弹出的快捷菜单中选择 Insert Standard Checkpoint 命令，然后在弹出的 Object Selection-Checkpoint Properties 对话框中选择我们要测试的对象 WebEdit：wd，单击 OK 按钮，就会出现检查点属性对话框，如图 6-7 所示。

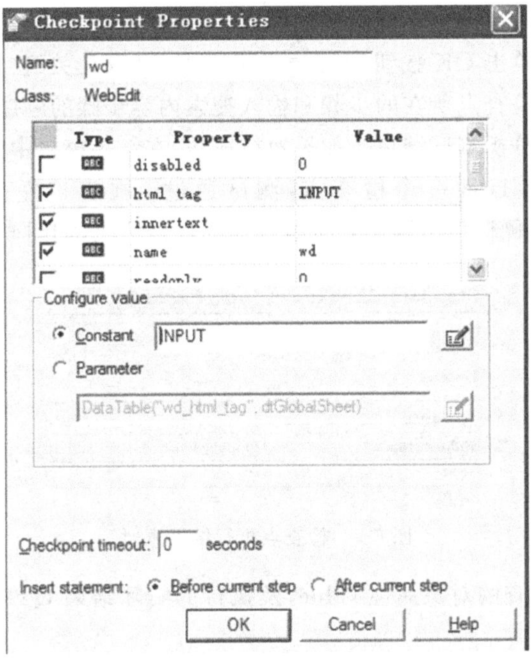

图 6-7　检查点属性对话框

Name 表示检查点的名字，class 表示类型，这里测试的是 WebEdit 类型的对象。列表框中的 Type 字段表示对应的 Property 的 Value 的类型，ABC 表示常量，如图 6-7 所示。被选择的 html tag 属性的 Value 为 INPUT，该值是一个常量，在下方的 Configure Value 部分可以看到，INPUT 值为 Constant 类型。Value 字段的值是对应属性在检查点中的期望值，实际上对应测试用例的期望值，在这里是可以修改的，选择要修改期望值的属性，然后在下方的 Configure Value 中修改 Constant 内的值即可。

现在我们是要检查在 WebEdit 中输入的搜索内容是否和期望的一致，假设我们在设计测试用例时，期望输入的是 QTP。在图 6-7 中，将不需要检查的属性前的对钩去掉，只保留要检查的一个 Value 属性(拖拽滚动条可见 Value 属性)，该属性的期望值为 QTP，如图 6-8 所示。

在图 6-7 中，最下方还有两个检查点属性。第一个是 Checkpoint timeout，即检查点时间延迟。第二个是 Insert statement，即插入检查点这一操作产生的步骤的位置：在当前步

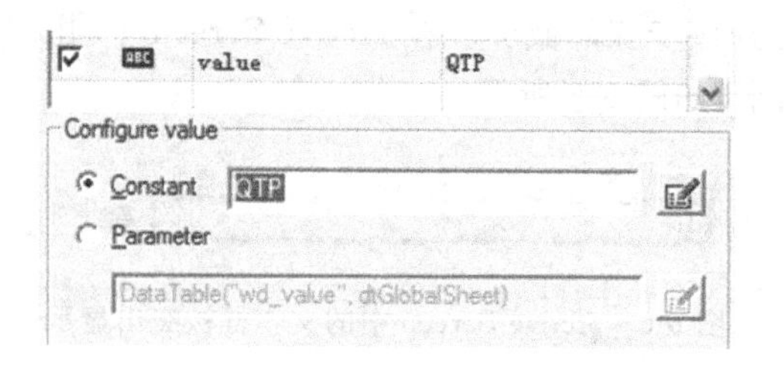

图 6-8 完成标准检查点属性设置

骤之前或在当前步骤之后,当前步骤指的是我们前面在关键字视图中选择的输入搜索内容的步骤。对于现在创建的检查点来说,这一个选项会影响检查点的执行结果。读者可以尝试两种不同的选择,并考虑产生不同结果的原因。

属性设置完毕后,单击 OK 按钮即可插入检查点,可以在关键字视图中找到插入的步骤,读者可以注意一下检查点所在的步骤和输入搜索内容步骤的顺序。保存测试脚本,然后可以运行测试脚本,并分析测试结果。如果执行成功,在结果窗口中的测试概要部分可以看到 Passed 的 Times 为 1,即一个检查点,测试通过。在窗口左侧测试结果树中选择 Checkpoint "wd",在右侧窗口可以看到该检查点的执行情况,如图 6-9 所示。

Standard Checkpoint "wd": Passed

Date and Time: 2010-7-28 - 9:53:00

Details

wd Results	
Property Name	Property Value
value	QTP

图 6-9 检查点执行结果概要

图 6-9 中显示了检查的对象属性 value,及执行的实际结果 QTP,期望结果也是 QTP,所以检查点通过。

2. 网页检查点

网页检查点用来检查网页的属性,例如网页中图片的数量、链接数等。以测试脚本 Test1 为例,插入一个网页检查点来检查搜索结果页面中的图片数量、链接数量是否和预期的一致。在关键字视图中选择产生搜索结果的步骤,在 Active Screen 中网页中的任意处单击鼠标右键,在弹出的快捷菜单中选择 Insert Standard Checkpoint 命令,然后在弹出的对话窗口中选择“Page:百度搜索_QTP”选项,单击 OK 按钮,弹出 Page Checkpoint Properties 窗口,如图 6-10 所示。

网页检查点属性窗口提供了网页的 3 个属性。第一个属性是 load time,即网页的加载时间。这里只检查图片数量和链接数量两个属性,期望值分别是 2 和 66,这些期望值可以通过修改 Constant 字段的值进行修改。All objects in page 部分有 3 个复选框,用户可以通过 Filter Link Check 和 Filter Image Check 来调整需要检查的链接和图片,取消不需要检查的部分。其他设置与前面提到的检查点是一样的。设置完毕后单击 OK 按钮,可以在关键字视图中找到插入的检查点。

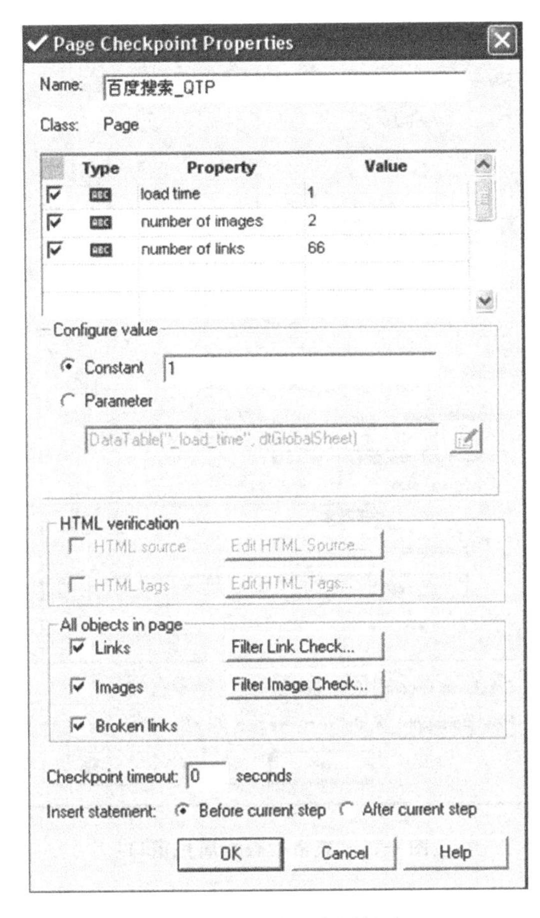

图 6-10　网页检查点属性窗口

保存测试脚本，执行测试，分析测试结果。如果执行成功，说明检查点的期望值和实际值相等，如果失败，则证明不相等，可以在测试结果窗口中找到不一致的链接或者图片名称。

3. 表格检查点

表格检查点用来检查网页中表格的内容。以脚本 Test1 为例，在关键字视图中找到搜索结果的步骤，然后在 Active Screen 中页面截屏的最下方“相关搜索”处单击鼠标右键，在弹出的快捷菜单中选择 Insert Standard Checkpoint 命令，然后在弹出的窗口中选择“WebTable：相关搜索”，确认后出现表格检查点属性窗口，如图 6-11 所示。该表格共两行两列，4 个字段，字段前的√符号表示要检查该字段，如果想取消检查，只要双击该字段即可。4 个字段的期望值可以通过修改 Expected Data 选项卡中 Constant 的内容进行调整。在 Settings 选项卡里，可以设置检查时是否区分大小写等属性，Cell Identification 选项卡内可以设置列和行的识别方式。其他属性与前述检查点一样。

设置完毕后确认，在关键字视图中可以找到插入的表格点，保存脚本后执行脚本，分析测试结果，考察检查点的期望值和实际值是否一致。

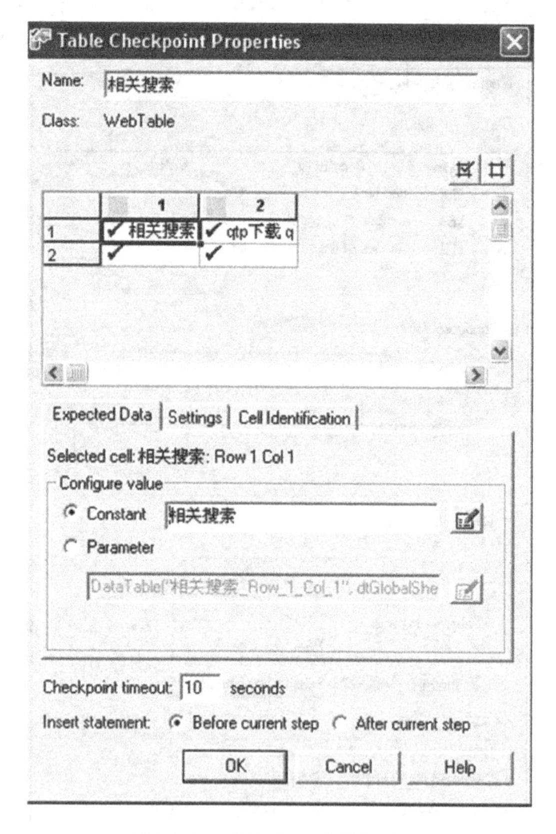

图 6-11 表格检查点属性窗口

4. 文本检查点

文本检查点用于检查网页或者窗口中是否出现了指定的文字。例如,我们在百度中输入 QTP 关键字搜索,为了确认是否搜索到结果,可以在搜索结果页面中检查是否出现 QTP 关键字。在 Test1 测试脚本中找到搜索结果页面,然后用鼠标选择第一个结果的文字 QTP,右键单击文字然后从弹出的快捷菜单中选择 Insert Text Checkpoint 命令,出现文本检查点属性窗口,如图 6-12 所示。

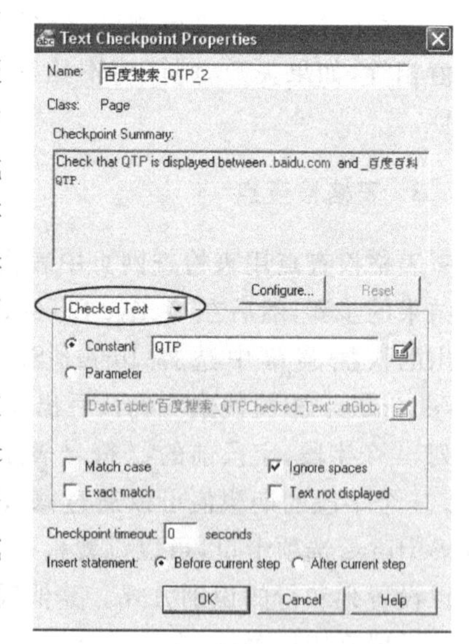

图 6-12 文本检查点属性窗口

可以通过图中标注的下拉列表来设置要检查的文字 Checked Text,以及被检查文字前后的文本(Text Before 和 Text After),并设置大小写匹配、忽略空格等内容。设置完成后单击 OK 按钮以确认。保存测试脚本并运行测试,分析测试结果。在测试结果窗口中找到文本检查点的测试概要。

5. 数据库检查点

数据库检查点主要用于测试对数据库的操作，例如测试某在线书店时，检查某用户下的订单是否已被写入数据库中。我们以 QTP 自带的 Flight 订票系统的测试为例来讲解数据库检查点的使用方法。

创建测试脚本 Test2，针对 Window 应用程序 Flight4a，操作如下所示。登录系统，新建一张订单，并插入订单，订单的用户名 Name 为 wfs，其他信息任意填写。插入完毕后，关闭系统。停止录制，保存脚本。

订单插入后，数据被写入数据库，该数据文件在 QTP 的安装目录的 samples/flight/app 路径下。用户可以查看其中的 flight32.mdb 文件，需要事先安装 Access。打开数据库后，找到 Orders 表，可以在该表中找到新插入的订单，如图 6-13 所示，图中被突出显示的一行就是新插入的订单信息。

Order_Number	Customer_Name	Departure_Date	Flight_Number	Tickets_Ordered	Class
1	John Doe	2010-7-31 21:39:33	6232	1	1
2	Fred Smith	2010-7-31 21:39:33	4295	3	2
3	Mary Parker	2010-7-31 21:39:33	4194	5	3
4	Jon Baker	2010-7-31 21:39:33	4219	4	2
5	Kim Smith	2010-8-2 21:39:33	6195	6	1
6	Joe Shmoe	2010-8-2 21:39:33	4210	1	2
7	Jane Doe	2010-8-2 21:39:33	3291	9	1
8	Bob Johnson	2010-8-2 21:39:33	6218	2	2
9	Jack Barnes	2010-8-2 21:39:33	6232	1	1
10	Jane Hansen	2010-8-2 21:39:33	4214	2	3
11	wfs	2010-10-10	1662	1	1

图 6-13 新插入的订单

现在我们目标是测试插入的订单信息是否能够被写入到数据库中，数据库检查点的插入位置很显然应该是在单击 Insert Order 步骤之后，因为订单数据只有在单击 Insert Order 按钮之后才能被写入数据库。在关键字视图中找到单击 Insert Order 的下一个步骤，然后在 QTP 菜单栏中选择 Insert|Checkpoint|Database Checkpoint 命令，将弹出数据库查询向导窗口，如图 6-14 所示。

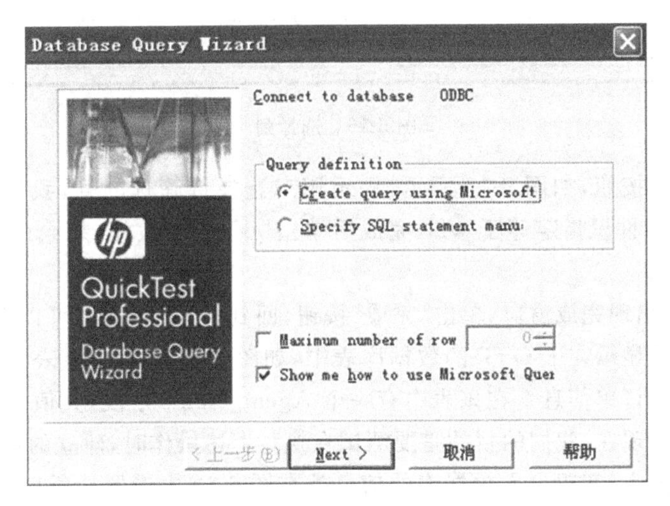

图 6-14 数据查询向导

Query definition 部分提供了两个选项：使用 Microsoft 创建查询；手动指定 SQL 语句。这里使用默认值，选择 Show me how to user Microsoft Query 选项，单击 Next 按钮，会出现一个步骤说明，可以帮助初学者完成数据库检查点的创建。单击 OK 按钮以确认，Microsoft Query 便会启动，并提示用户选择数据源，如图 6-15 所示。

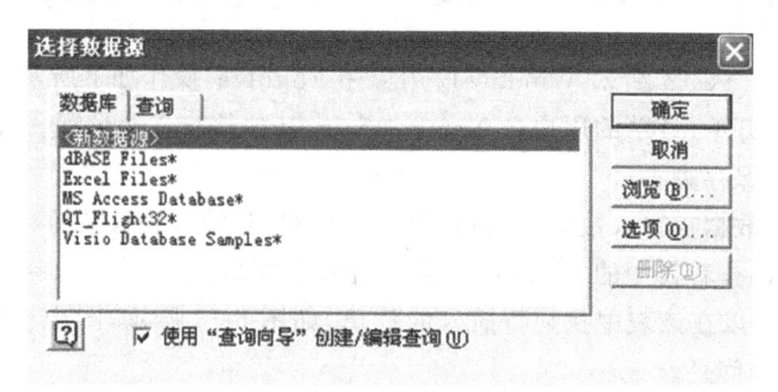

图 6-15　选择数据源

这里提醒读者，在 QTP 安装完成后，将自动创建一个 ODBC 数据源，名称为 QT_Flight32，可以在系统管理工具的数据源(ODBC)里找到。因此，这里用户就可以直接选择该数据源，选择之后单击"确定"按钮，如图 6-16 所示，提示用户选择查询结果所须包含的数据列，这里选择 Orders 表，将其添加到右侧列表中，该表的所有列都会出现在列表中。

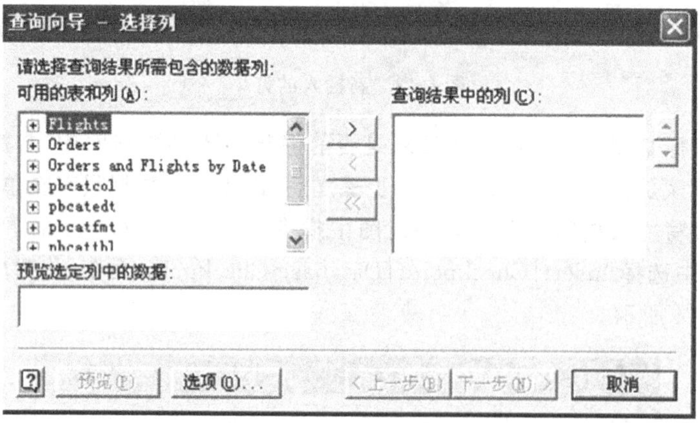

图 6-16　选择列

单击"下一步"按钮，如图 6-17 所示，提示用户选择待筛选的列，我们选择 Customer_Name 字段，并在条件里指定等于 wfs，完成后单击"下一步"按钮，剩余的步骤使用默认值即可。

设置完成后，出现完成窗口，单击"完成"按钮，回到 QTP 界面。可以看到，刚才我们通过向导查询的结果显示在了 QTP 的数据库表中，如图 6-18 所示。该表中的信息就是前面录制脚本时插入的订单信息。在该表中有一个 Agent_Name 字段，其值是登录 Flight 系统时输入的用户名。现在，我们的目的是要测试在执行上述操作时，建立的订单信息能否像预期的一样写入数据库，期望写入数据库的信息就在图 6-18 中设置。所以在执行脚本之前，我们需要把之前插入的那张订单删除，因为脚本执行的时候重复了用户的操作，还会将同样

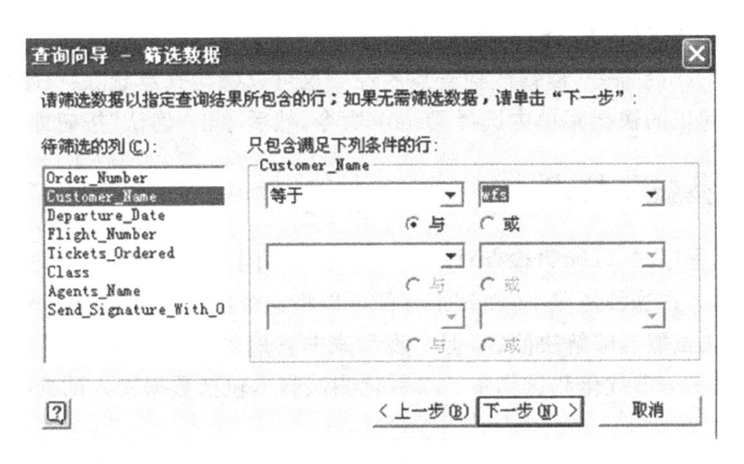

图 6-17　筛选数据

的订单信息写入一次，不利于测试。删除的方法可以在数据库文件中的 Order 表中删除（见图 6-13），也可以在软件系统中打开该订单，然后将其删除。

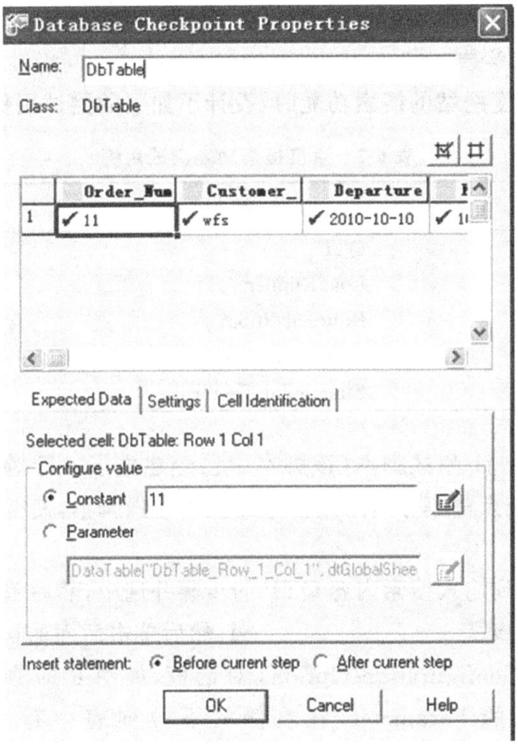

Database Checkpoint Properties
Name: DbTable
Class: DbTable

	Order_Num	Customer_	Departure	F
1	✓ 11	✓ wfs	✓ 2010-10-10	✓ 1

Expected Data | Settings | Cell Identification
Selected cell: DbTable: Row 1 Col 1
Configure value
Constant 11
Parameter
DataTable("DbTable_Row_1_Col_1", dtGlobalShee
Insert statement: Before current step　After current step
OK　Cancel　Help

图 6-18　数据库检查点属性窗口

设置完毕后单击 OK 按钮以确认，数据库检查点建立完毕，可以在关键字视图中找到该检查点。保存测试脚本，然后执行脚本，分析测试结果。在测试结果树中找到数据库检查点，单击查看其测试结果概要，如果测试通过，表明订单信息已经写入数据库表中，如果失败则表明期望的数据没有被写入数据库。

以上介绍了几种检查点的使用方法，检查点在创建完之后，其属性是可以修改的，可以在关键字视图中找到该检查点，然后单击鼠标右键，然后在弹出的快捷菜单中选择 Checkpoint properties 命令，以修改检查点属性。也可以将检查点删除：右键单击要删除的检查点，然后在弹出的快捷菜单中选择 Delete 命令，然后单击“确认”按钮即可。

6.6.6 参数化技术

在测试应用程序时，可能想检查对应用程序使用不同输入数据进行同一操作时，程序是否能正常的工作。在这种情况下，测试工程师可以将这个操作重复录制多次，每次填入不同的数据，这种方法虽然能够解决问题，但实现起来非常麻烦。QTP 提供了一个更好的方法来解决这个问题——参数化测试脚本。参数化测试脚本包括数据输入的参数化和检查点的参数化。

使用 QTP 可以通过将固定值替换为参数，扩展基本测试或组件的范围。该过程称为参数化，它大大提高了测试或组件的功能和灵活性。这里的参数是一种从外部数据源或生成器赋值的变量。

QTP 可以参数化测试或组件中的步骤和检查点中的值。还可以参数化操作参数的值。如果希望参数化测试或组件中多个步骤中的同一个值，可能需要考虑使用数据驱动器 Data Driver，而不是手动添加参数。

假设我们在测试百度网站的搜索功能时，设计了如下的测试用例(见表 6-7)。

表 6-7 百度搜索功能测试用例

测试用例编号	输入数据	期望结果
TC001	QTP	…
TC002	LoadRunner	…
TC003	Rational Robot	…
TC004	Performance Tester	…
TC005	Functional Tester	…

基于前面创建的 Test1 测试脚本(该脚本中已经建立了 4 个检查点，将该脚本备份一份，然后将脚本内的检查点都删除)，采用参数化技术增强脚本，使得这 5 条测试用例可以在同一测试脚本中运行。

在关键字视图中找到输入搜索内容 QTP 的步骤并选中，然后单击该步骤的 Value 字段的值 QTP，该字段变成 "QTP" ，然后单击后面的 图标，或者按下组合键 Ctrl+F11 打开 Value Configuration Options 对话框，如图 6-19 所示。现在的值是 QTP(一个常量)，选择下面的 Parameter，在右侧的下拉列表中有 3 个选项 Data Table、Environment、Random number，这里选择 DataTable，即将参数化使用的数据存放在 QTP 的数据表中。然后在 Name 字段中为存放的参数取名，比如 Search_Content。Location in DataTable 使用默认的 Global sheet 选项。设置完毕单击 OK 按钮以确认。这样，搜索内容就变成了一个参数，参数的取值在数据表中，我们就可以将表 6-3 中的输入数据放在 Global sheet 中的 Search_Content 字段中。

在 QTP 的 DataTable 视图中，找到新建的字段，输入表 6-3 中的输入数据，输入完成后保存脚本，如图 6-20 所示。

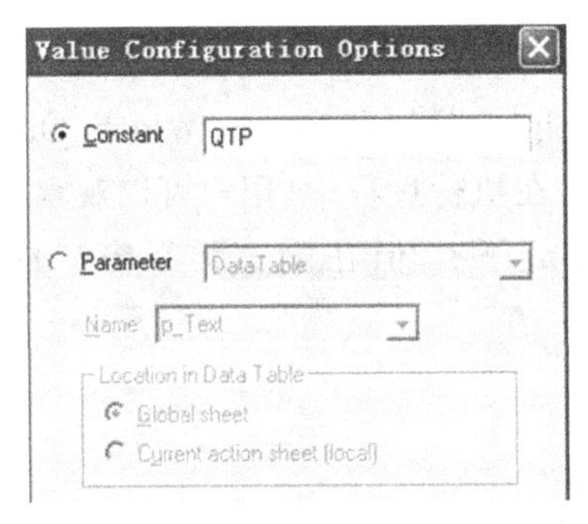

图 6-19　参数化对话框

	Search_Content
1	QTP
2	LoadRunner
3	Rational Robot
4	Performance Tester
5	Functional Tester

图 6-20　输入数据之后的 DataTable

执行测试脚本。脚本在执行时，会自动从该数据表中读取输入作为搜索内容。执行完成后，在测试结果窗口中可以看到，测试共运行了 5 次迭代，分别搜索了数据表中的内容。

使用参数化技术可以大大节省创建测试脚本的时间，提高测试效率。前面所述是对步骤中的常数进行参数化，QTP 还可以对检查点的期望值进行参数化，在创建检查点时，将检查点的期望值设置为参数即可，参数的取值也可以从数据表中来读取。

6.6.7　输出值

输出值就是一个步骤，创建输出值步骤时，可以确定运行测试期间，值存储在哪里，以及如何使用这些值。运行测试期间，QTP 检索指定点的每个值并将其存储在指定位置。以后当运行测试中需要值时，QTP 将从该位置检索值并根据需要来使用。

例如，以 Test2 测试脚本为基础(备份一份该脚本，然后将其中的数据库检查点删除)，现在要输出 Flight4a 登录界面上飞机图标的高度和宽度，将其输出到数据表中。在关键字视图中找到 Login 步骤，在 Active Screen 中可以看到登录界面，然后在飞机图标上单击鼠标右键，从弹出的快捷菜单中选择 Insert Output Value 命令，出现选择对象对话框，选择 Static：Static 选项，单击 OK 按钮以确认，弹出输出值属性对话窗口，如图 6-21 所示。

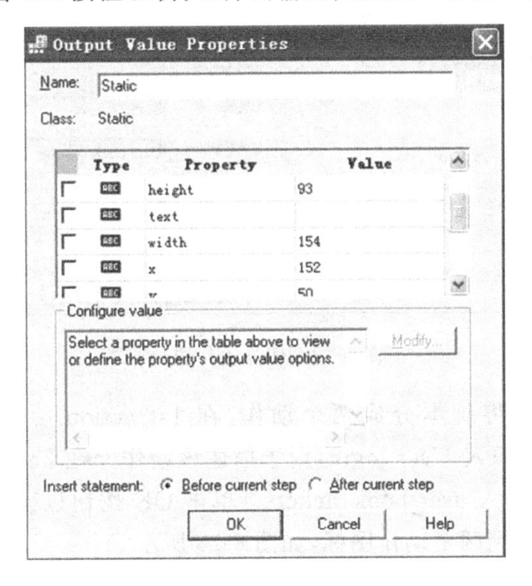

图 6-21　输出值属性对话窗口

在该对话框中,选择高度和宽度两项,单击 OK 按钮。这时从关键字视图中就可以看到建立了输出值。在 DataTable 中出现了 Static_Height_Out 和 Static_Width_Out 两列。保存测试脚本。然后执行测试脚本,分析测试结果。在执行过程中,用户可以观察到数据表中两个字段值,但执行完毕后,这两个字段值又变成了 0,但在测试结果窗口的 Run-time DataTable 中可以看到输出值 154 和 93。

6.6.8 动作切分

在 QTP 中动作(Action)是一个可以被重复使用的最小单位,当新建一个测试脚本时,测试脚本中只有一个 Action,名为 Action1,用户可以将整个测试脚本切割成多个 Actions,让测试脚本更为模块化且更容易被重复使用。

在测试脚本 Test1 中,只有一个动作 Action1。在 QTP 10.0 中,新建的测试脚本的动作 Action1 默认为可重用的,可以右键单击动作名,然后在弹出的快捷菜单中选择 Action Properties 命令,取消选择话框中的 Reusable Action 选项,即可将动作设置为不可重用的。

在 Test1 中用户登录 Flight 系统,然后订票,最后退出系统。我们可以将这个过程分为 3 个部分:登录、订票和退出。我们可以将其分割成 3 个动作。首先将 Action1 设置成不可重用的动作。

在关键字视图中选择单击登录按钮的步骤,然后单击鼠标右键,选择 Action|Split 命令,出现动作切分对话框,如图 6-22 所示。

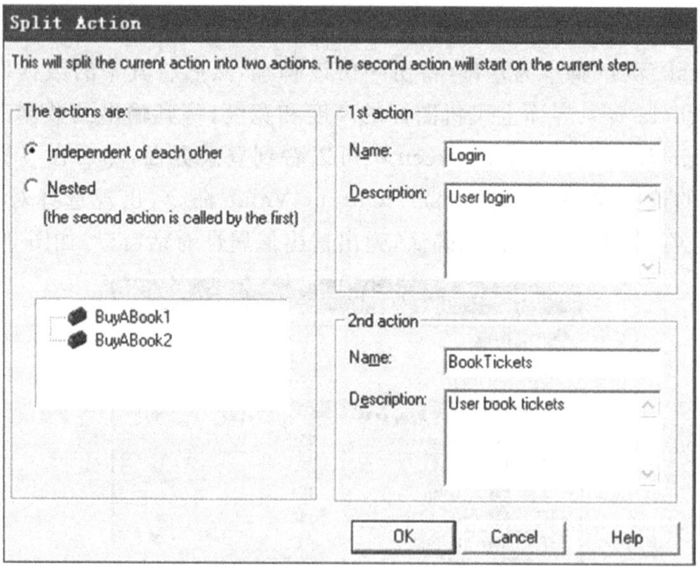

图 6-22 切分动作窗口

第一次切分动作是将脚本分成两个动作,在 1st action 中的名称 Name 字段输入 Login,在 Description 中输入 User login,用于描述该动作。在 2nd action 的名称字段输入 BookTickets,在描述中输入 user book tickets。单击 OK 按钮以确认即可完成分割。在关键字视图中,用户可以看到两个动作图标,如图 6-23 所示。

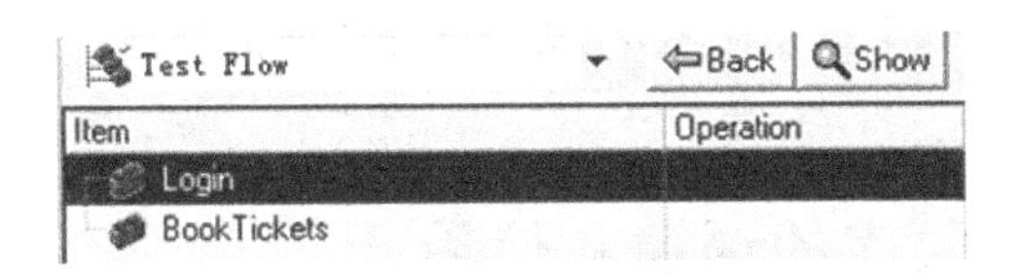

图 6-23　分割后的两个动作——关键字视图

双击任意一个动作可以看到该动作的步骤。也可以在图 6-23 中的 Test Flow 列表中选择动作查看。现在双击第二个动作，在关键字视图中显示其步骤，然后找到关闭 Flight 软件的步骤，使用上面同样的方法将该动作切分为两个动作，分别命名为 BookTickets 和 Exit。这样，Test1 脚本就被切分为 3 个动作。保存测试脚本为 Test5，然后运行，在测试结果窗口中的树形列表中，可以看到 3 个动作的执行结果。

对于某一个用户来说，登录一次可以订很多张票，订票完成后也只需要退出一次即可。因此，将该测试脚本切分成 3 个动作之后，可以将登录和退出两个动作设置为可重用动作，在创建测试脚本时，可以直接调用这两个动作。

新建一个测试脚本，存储为 Test6。Test6 中只有一个动作 Action1，现在我们在这个新建的测试脚本中调用 Test5 中的两个动作 Login 和 Exit。选择 Insert | Call to existing action 命令，弹出选择动作对话窗口，如图 6-24 所示。在 From test 列表中选择 Test5（前面分割动作的脚本），然后在 Action 列表中选择 Login 选项。Location 即插入位置，可以使用默认选项，插入后再调整动作的顺序。单击 OK 按钮以确认，Login 动作就被插入到了当前的测试脚本中。

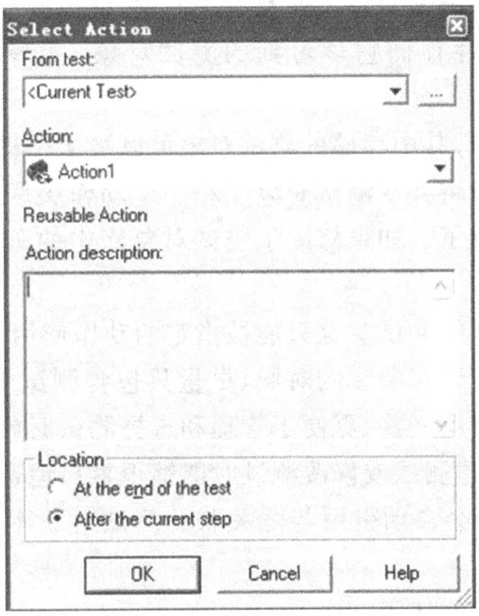

图 6-24　插入已存在动作

登录动作应该优先于其他任何动作，如果插入后 Login 动作不是排在第一，可以按住鼠标左键，将 Login 前面的动作拖动到它的后面。用同样的过程插入 Exit 动作，并将 Exit 动作放在最后的位置。这样 Test6 脚本中就有 3 个动作了，分别是 Login、Action1 和 Exit。Action1 是一个空的动作，我们可以根据测试需要，通过录制的方式在该动作中加入一些步骤。当然,用户可以将 Action1 重新命名,在动作属性对话框中输入一个新的名字 UserAction,然后确认即可。

6.6.9 测试对象库的创建和使用

可能读者一直在思考一个问题,我们通过录制创建了测试,在执行的时候,QTP 怎么能知道我们操作了哪个按钮、选择了哪个选项呢？实际上,在我们通过录制的方式创建测试脚本时,QTP 偷偷地将我们操作过的对象(即测试对象)存储起来,放在了一个被称为测试对象库(Object Repositories)的地方。

测试对象就是关于应用程序中实际对象(或者控件)的一种存储表现形式。QTP 通过学习应用程序中对象的一些属性和值来创建测试对象,然后 QTP 会使用它学习到的这些对象信息来唯一地识别应用程序中的运行时对象。

每一个测试对象都是一个测试对象层的一部分。例如,一个链接对象(Link Object)可能就是一个测试对象层 Browser/Page/Link 的一部分。顶层对象,例如浏览器对象 Browser Objects,被称为容器对象(Container Objects),因为它们可以包含底层的对象,如框架(Frame)或页面对象(Page Object)。

运行时对象(Run-time Object),是在 QTP 运行测试期间被对象创建器(如微软的 IE 对象,Netscape 的 Netscape 浏览器对象)所创建的。在一次运行期间,QTP 在运行时对象上执行指定的测试对象方法,如 click、select 等。运行时对象并不保存在测试对象库中,这是因为它们只是在运行测试的时候才能够产生并使用。

测试对象库是用来存储测试对象属性及方法的库,就像标准函数库一样。QTP 能够以两种类型的测试对象库文件存储它学习到的测试对象:共享类型(Shared)和局部类型(Local)。

共享类型的测试对象库,其中存储的测试对象可以被多个动作使用,一般都是使用它来存储和管理测试对象。通过将共享测试对象库和一个动作关联起来,我们就可以在动作中使用该对象库中的测试对象了。如果修改了测试对象库中的测试对象,那么与该对象有关的所有步骤都会受到影响。

局部测试对象库中保存的测试对象只能被指定的动作使用,而不能被其他动作使用。

当我们想要创建一个测试对象库的时候,尽量只包含测试中需要的那些对象即可。这样可以使得测试对象库相对小一些,更便于管理和选择测试对象。同样,要确保提供对象的逻辑名称,使得其他人在创建测试或修改测试时能够很容易地选择正确的对象。

在运行测试期间,QTP 会自动引用与之关联的测试对象库中的对象,来对相应应用程序中的对象实施操作。

下面来学习测试对象库的使用方法。

打开 Test5 测试脚本,这是之前通过录制方式创建的测试脚本,然后选择 Resources|Object Repository 命令,出现测试对象库对话窗口,该窗口列出了在录制脚本过程中 QTP 自动保存的测试对象,任意单击其中一个,在窗口右侧可以看到该测试对象的属性及其方法。这是一个为当前测试脚本创建的局部测试对象库,可以将该对象库导出,存储为共享的测试对象库文件,方法是选择 File|Export local objects 命令。测试对象库文件的扩展名为 tsr。

打开 Test6 测试脚本，我们为该脚本创建一个新的共享测试对象库。选择 Resources | Object repository manager 命令，出现测试对象库管理器。在该窗口中，选择 Object | Navigate and Learn 命令，或者按下快捷键 F6，这时 QTP 窗口和测试管理器窗口会被隐藏，在屏幕上方出现了工具条（见图 6-25）。在该工具条中选择漏斗状图标，打开 Define Object Filter 对话框，如图 6-26 所示。

图 6-25　导航与学习工具条

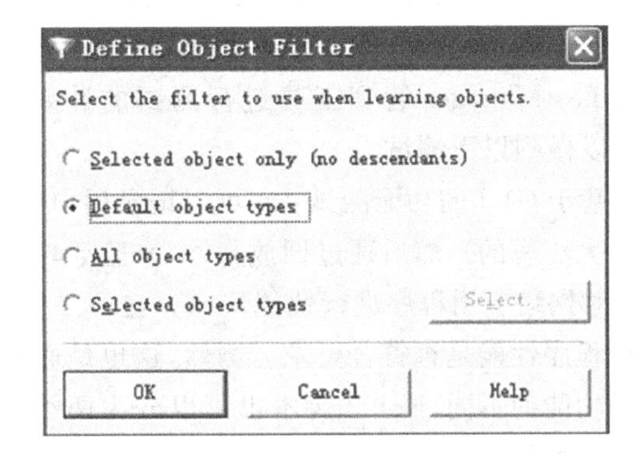

图 6-26　定义对象过滤器

在该窗口中，用户可以根据需要来选择让 QTP 学习的对象。在实际应用中，如果每一次测试都选择学习应用程序中的所有对象，则不利于对测试对象库的管理。这里，为了让读者更直观地了解测试对象库，我们选择 All object types 选项，单击 OK 按钮。打开 Flight 系统，然后登录系统，进入订票界面。然后单击图 6-25 中的 Learn 图标开始学习，学习过程根据应用程序中对象的多少、时间的长短会有不同。学习过程中应用程序窗口一直闪烁，学习完成后即停止闪烁，关闭图 6-25 的工具条，QTP 和测试对象管理器窗口会重新出现。在测试对象管理窗口中可以看到 QTP 学习到的所有对象。将测试对象库保存，命名为 test6. tsr。这样共享的测试对象库就创建完成了。

使用测试对象库时，需要将测试对象库与测试脚本中的动作关联起来。在 Test6 脚本中，我们将空的动作与测试对象库关联起来。右键单击该动作，然后在弹出的快捷菜单中选择 Action Properties 命令，在动作属性对话框中选择 Associated Repositories 选项卡，如图 6-27 所示。单击 + 按钮，然后找到测试对象库 test6. tsr 的路径，选中将其添加进来，单击“确认”按钮。这样就完成了关联。

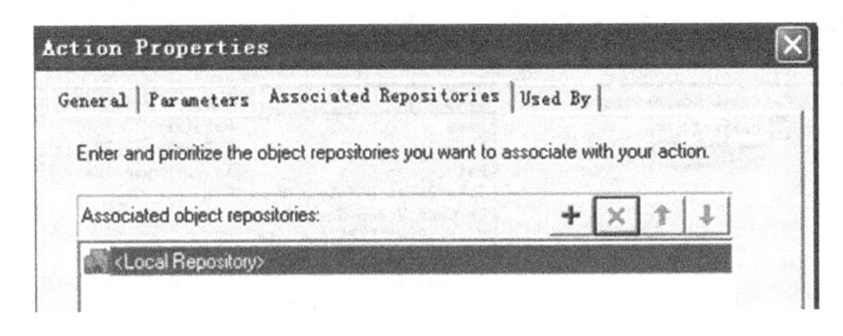

图 6-27　关联测试对象库

关联之后，用户可以基于该测试对象库来手动创建这个动作的步骤。创建步骤时只能使用与该动作关联的测试对象库中的对象。一个动作可以关联多个测试对象库，以满足测试需要。

6.7 IBM Rational Robot

Rational Robot 是主流功能测试工具之一，它是一种可扩展、灵活的功能测试工具，集成在 IBM Rational TestManager 之上，测试人员在实际的测试工作中可以使用 IBM Rational TestManager 管理工具进行测试的计划、组织、执行、管理、报告等。具体来说，Robot 可以做到以下测试。

(1) 基于 GUI 的功能测试：它可以记录用户软件的操作，将这些动作转换为脚本(脚本是不区分大小写的)，然后通过回放脚本，来验证软件的功能是否正确。

(2) 对网络应用程序进行性能测试：它可以模拟很多虚拟用户来使用网络应用程序，从而判断程序性能是否符合要求。当然，这也是通过录制和回放脚本来做到的。

根据功能的不同，Robot 脚本也可以分为两类：SQA Basic 脚本与 Virtual User(VU)脚本。这两种脚本分别对应以上的、基于 GUI 功能测试与网络应用程序的性能测试。它们不能互相换用，而且，不仅它们的用途不同，语法也区别较大。SQA Basic 用的是 Basic 语法，而 VU 脚本用的是 C 语言的语法。本节主要学习使用 Robot 进行功能测试。

在使用 Robot 之前，需要先通过 Rational Administrator 新建一个工程。启动 Rational Administrator，选择 File|New Project 命令，出现新建工程对话框，指定工程名 RobotPro，指定工程的存储位置，如：I:\workspace\RobotPro，单击"下一步"按钮，接下来要求输入工程的密码，可以为空，在启动 Robot 打开工程时，需要输入在此设定的密码。输入完毕后单击"下一步"按钮，在出现的对话窗口中，选择 Configure Project Now 选项，然后单击"完成"按钮。出现配置工程对话窗口，开始配置。这里只需要值与测试资产(Test Assets)相关的测试数据仓库 Test Datastore 即可。单击 Test Assets 后的 Create 按钮，在弹出的向导窗口中选择 Microsoft Access 选项，单击"下一步"按钮，路径使用默认值即可，继续下一步，直到单击"完成"按钮。配置完成后会弹出 The DataStore has been successfully created 提示信息，单击"确定"按钮即可。在 Rational Administrator 窗口中可以看到新建的工程，如图 6-28 所示。

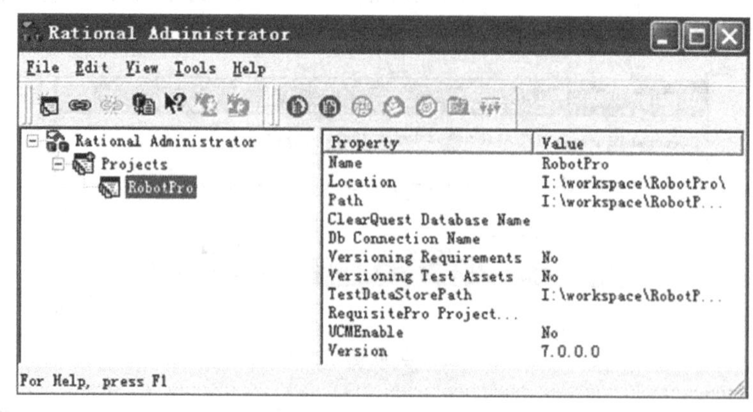

图 6-28 创建的 RobotPro 工程

工程创建完成后，就可以启动 Robot 了，Robot 启动后的登录界面如图 6-29 所示。在 Project 列表中找到 RobotPro 工程，或者单击 Browse 按钮找到该工程所在的路径，单击 OK 按钮以确认，进入 Robot 主窗口。

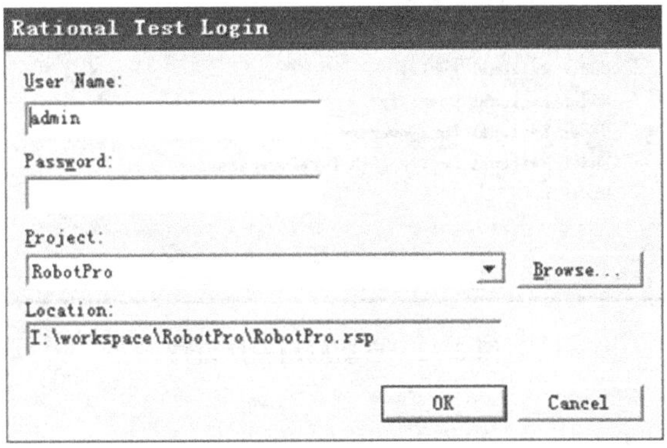

Rational Test Login

User Name:
admin
Password:

Project:
RobotPro
Browse...
Location:
I:\workspace\RobotPro\RobotPro.rsp
OK
Cancel

图 6-29 Robot 登录窗口界面

在对项目进行功能测试时，与 QTP 类似，Robot 也是通过在脚本中记录对应用程序的操作，然后对脚本进行增强，然后执行脚本。

6.7.1 使用 Robot 录制 GUI 脚本

现在，我们使用 Robot 录制对 Flight 系统的操作。单击工具栏上的 按钮以启动录制过程，或者按下组合键 Ctrl+R，选择 File|Record GUI 命令。在弹出的窗口中输入脚本名称 Flight，单击 OK 按钮以确认。

在屏幕上方会出现 GUI Record 工具条，如图 6-30 所示。

图 6-30 GUI 录制工具条

单击工具条中最右侧的 Display GUI Insert 图标，可以显示 GUI Insert 工具条，如图 6-31 所示。

图 6-31 GUI Insert 工具条

其中 图标用于启动应用程序， 图标用于启动 Java 应用程序， 图标用于启动 Web 应用程序。测试 Flight 程序，单击应用程序图标，弹出如图 6-32 所示的启动应用程序窗口。

单击 Browse 按钮找到 Flight4a 程序，单击 OK 按钮以确认。开始录制过程，录制的操作与 Test2 测试脚本中的操作相同。操作完成后，单击录制工具条上的停止按钮。在 Robot 窗口中可以看到产生的脚本。

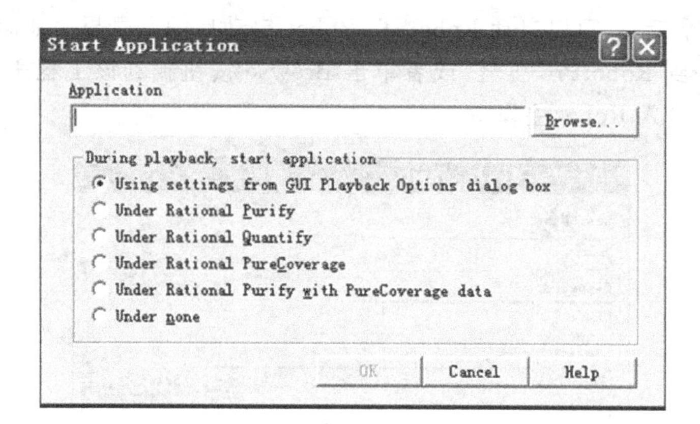

图 6-32 启动应用程序窗口

6.7.2 回放脚本

执行测试脚本的方法如下所示。单击工具栏上的 ▸ 按钮,或者选择 Flies|Playback 命令。然后弹出回放脚本对话框,在脚本列表中选择 Flight 测试脚本,单击 OK 按钮以确认。接下来将弹出指定日志信息窗口,信息使用默认值即可,单击 OK 按钮以确认,回放开始。回放完毕后,系统会启动 Rational TestManager 窗口,并显示脚本回放的结果,如图 6-33 所示。日志中显示的信息全部为 Pass,代表测试通过。

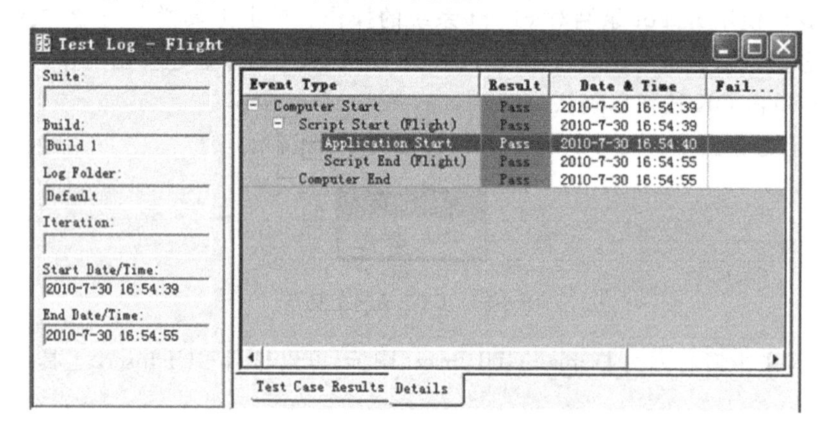

图 6-33 测试脚本的回放日志

6.7.3 验证点的使用

Robot 中的验证点(Verification Point)和 QTP 的检查点类似,它的思想是通过比较控件的基准值与回放脚本时的值来判断程序是否按照预期的设想被执行。基准值是指录制脚本时所选控件的某些属性的值,具体取哪些属性依赖于添加的验证点类型。通常录制好验证点后,都会生成一个基线数据文件,此文件的值是录制脚本时控件的某些属性的值或者是控件的数据,可以手工修改。

Robot 提供了多种验证点类型,用户可以针对不同的测试需求使用这些验证点。

1. Alphanumeric

使用 Alphanumeric 验证点从单行或多行编辑框及其他 Robot 可以识别的对象中捕获并比较字母或数字的值。包括 CheckBox、Generic、GroupBox、Label、PushButton、RadioButton、ToolBar、Window（只能处理 Caption）。

使用此类验证点可以验证文本的改变、拼写错误，以及确保数值的准确。

重新录制一个测试脚本，存储为 Flight2。录制的操作过程：登录 Flight 系统、打开3 号订单，将订单传真给 1234567890，附带签名，传真订单完成后退出 Flight 系统。录制过程中，在打开传真订单窗口之后，单击 GUI Insert 工具条上的 a1 图标，如图 6-34 所示。之后弹出如图 6-35 所示的验证点名称窗口，输入 FaxNo，单击 OK 按钮。

图 6-34　插入 Alphanumeric 验证点

确认名称后会弹出图 6-36 所示的窗口，提示用户选择验证方法，这里共提供了 8 种，分别介绍如下。

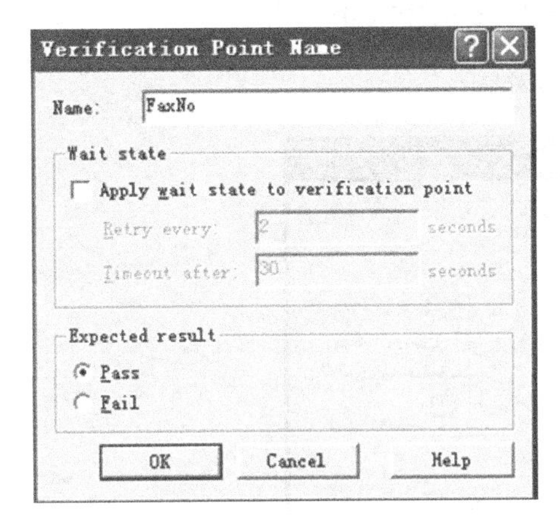

图 6-35　验证点名称窗口

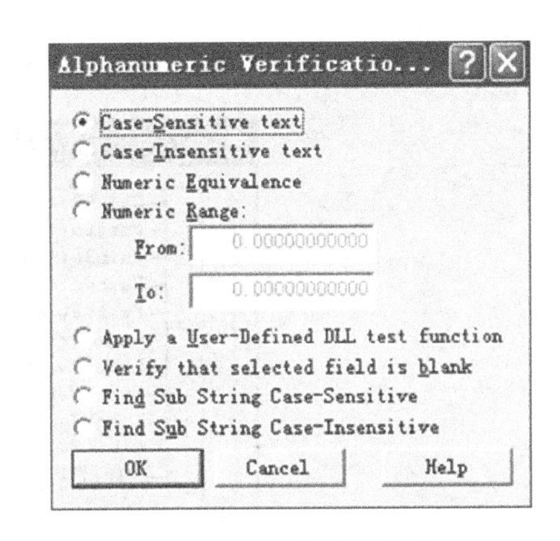

图 6-36　选择验证方式

（1）Case-Sensitive text：验证录制时获取的文本与回放时获取的文本是否相同（区分大小写）。

（2）Case-Insensitive text：验证录制时获取的文本与回放时获取的文本是否相同（不区分大小写）。

（3）Find Sub String Case-Sensitive：验证录制时捕获的文本是否是回放时捕获文本的子串（区分大小写）。

（4）Find Sub String Case-Insensitive：验证录制时捕获的文本是否是回放时捕获文本的子串（不区分大小写）。

（5）Numeric Equivalence：验证录制时的数据与回放时的数据是否相等。

（6）Numeric Range：验证数值的范围是否在指定的区间内。

(7) Apply a User-Defined DLL test function：将文本传给动态链接库中的函数以便运行指定的测试。

(8) Verify that selected field is blank：验证选择的字段是否为空。

我们选择默认的 Case-Sensitve text 方式，单击 OK 按钮以确认，弹出图 6-37 所示的选择对象对话框。

单击图 6-37 中的 图标，按住鼠标左键不放，将鼠标移动到传真订单窗口的 Name 字段的文本框上，松开鼠标，这时将在图 6-37 中 Selected 后面出现 EditBox。也可以通过单击 Browse 按钮，弹出如图 6-38 所示的 Object List，找到输入 Name 的 EditBox。两种方式选择一种即可。单击 OK 按钮以确认，出现提示信息，提示捕捉到的文本，单击“是”按钮以确认。

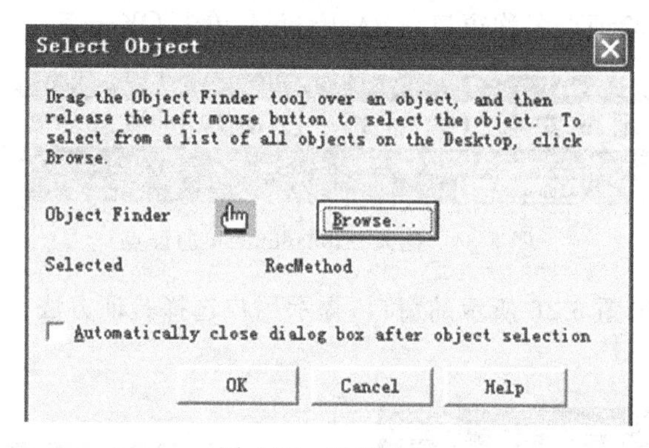

图 6-37 选择对象

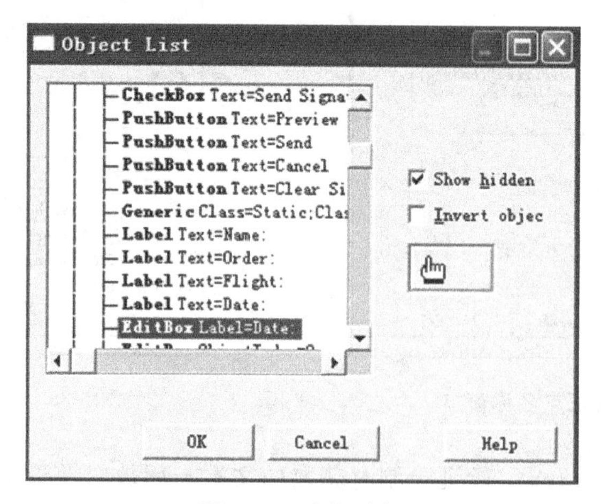

图 6-38 对象列表

这样，验证点就设置成功了，在 Robot 窗口的左侧列出了新建的验证点 FaxNo，如图 6-39 所示。双击该验证点，可以编辑验证点的基准值，如图 6-40 所示。

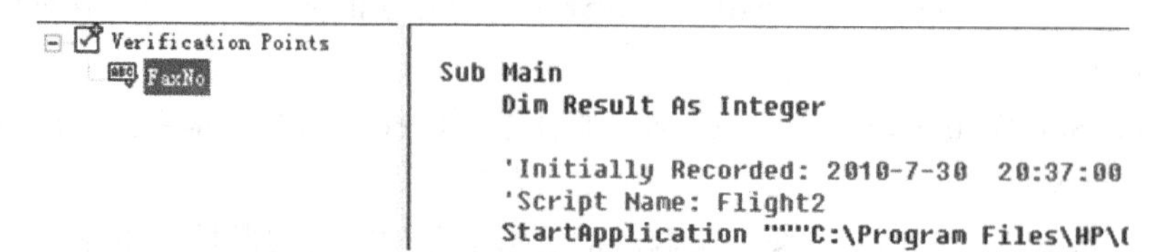

图 6-39 Robot 窗口中的 FaxNo 验证点

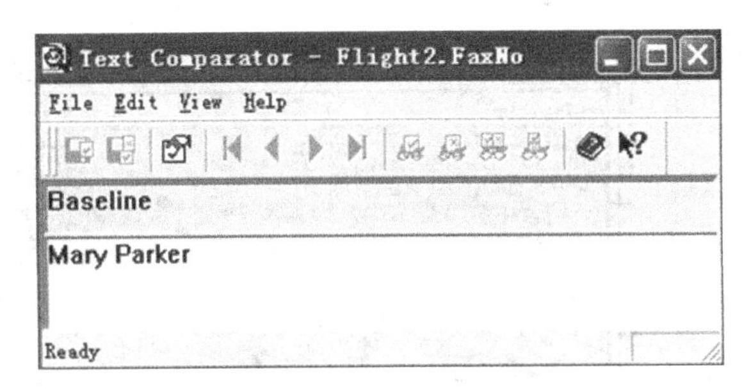

图 6-40 文本比较器窗口

以上过程产生的测试脚本如下所示。

```
Sub Main
    Dim Result As Integer
    'Initially Recorded: 2010 - 7 - 30 20:37:00
    'Script Name: Flight2
    StartApplication """C:\Program Files\HP\QuickTest Professional \samples \flight \app\
flight4a.exe"""
    Window SetContext,"Caption = Login",""
    EditBox Click,"ObjectIndex = 1","Coords = 92,13"
    InputKeys "ground"
    Window Click,"","Coords = 77,116"
    EditBox Click,"ObjectIndex = 2","Coords = 60,9"
    InputEncKeys "CAAAAM4AAAAICaEYwet4JA == "
    PushButton Click,"Text = OK"
    Window SetContext,"Caption = Flight Reservation",""
    MenuSelect "File -> Open Order..."
    Window SetContext,"Caption = Open Order",""
    CheckBox Click,"Text = Order No. "
    EditBox Click,"ObjectIndex = 2","Coords = 26,5"
    InputKeys "3"
    PushButton Click,"Text = OK"
    Window SetContext,"Caption = Flight Reservation",""
    MenuSelect "File -> Fax Order..."
    Window SetContext,"Caption = Fax Order No. 3",""
    InputKeys "1234567890"
    Result = EditBoxVP (CompareText," Label = Date:; State = Disabled"," VP = FaxNo; Type =
CaseSensitive")
    GenericObject Left_Drag,"Type = PushButton;Text = Send","Coords = 50,9,81, - 40"
    CheckBox Click,"Text = Send Signature with order"
    GenericObject Left_Drag,"Class = Static;ClassIndex = 1","Coords = 20,21,20,54"
    GenericObject Left_Drag,"Class = Static;ClassIndex = 1","Coords = 50,24,109,40"
    GenericObject Left_Drag,"Class = Static;ClassIndex = 1","Coords = 125,20,115,67"
    PushButton Click,"Text = Send"
    Window SetContext,"Caption = Flight Reservation",""
    Window CloseWin,"",""
End Sub
```

回放测试脚本，分析测试结果。如图 6-41 所示，验证点通过。

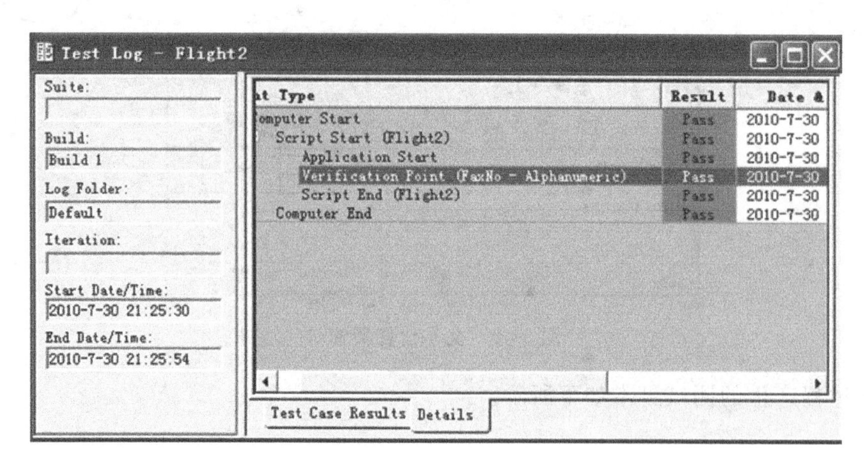

图 6-41 验证点测试通过

现在,我们对 Flight2 测试脚本做一下修改,将脚本中 InputKeys "3"一行中的 3 改为 2,即打开的是 2 号订单。同时还要将 Window SetContext,"Caption=Fax Order No. 3",""一行的 3 也要改为 2,保存脚本,重新回放。结果显示验证点失败,原因很明显,验证点的基准值是 Mary Parker,即 3 号订单的主人,而运行过程中得到的是 Fred Smith,与基准值不一样,因此测试失败。

2. Clipboard

对于用其他类型的验证点不能捕获的对象文本,则应使用 Clipboard 类型。被测应用程序必须支持复制或剪切功能,这样才能将对象数据复制到 Clipboard 中进行比较。这种验证点对于从电子表格和文字处理的应用程序捕获数据,是十分有效的。但它不能用于测试位图。

现在,我们使用对 Excel 的测试来学习 Clipboard 验证点的使用方法。重新录制一段 GUI 测试脚本 Flight3,录制时启动应用程序 Excel,进行的操作如下:在 Book1 的前两行三列分别输入:robot、IBM、QTP、Purify、LoadRunner、Functional,切换单元格的时候可使用方向键。输入完毕后在 LoadRunner 所在单元格上单击鼠标右键,在弹出的快捷菜单中选择"复制"命令,然后在 GUI Insert 工具条上单击图标,弹出插入 Clipboard 验证点对话框,输入验证点的名称,也可使用默认的名称,单击 OK 按钮以确认。Robot 会检测到剪切板的内容,并将它读取出来,如图 6-42 所示。在验证方法中选择 Case Sensitive 方式,Identification method 中列默认的是 By Location,行选择默认的 By Location。单击 OK 按钮以确认。等待一会即可完成验证点的创建,然后停止录制。

录制完成后,回放脚本,分析测试结果,显示验证点通过。将脚本中 InputKeys "oadRunner {RIGHT}"的 oadRunner 修改为 oadRun,保存脚本,再次回放脚本,分析结果。结果显示,验证点失败,在结果窗口中双击验证点打开 Grid Comparator,如图 6-43 所示,基准值与实际值不一致。

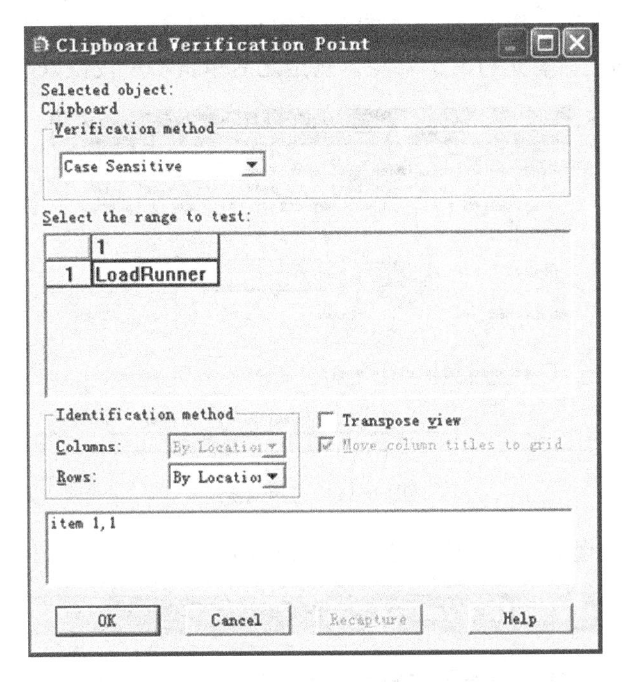

图 6-42 Clipboard 验证点窗口

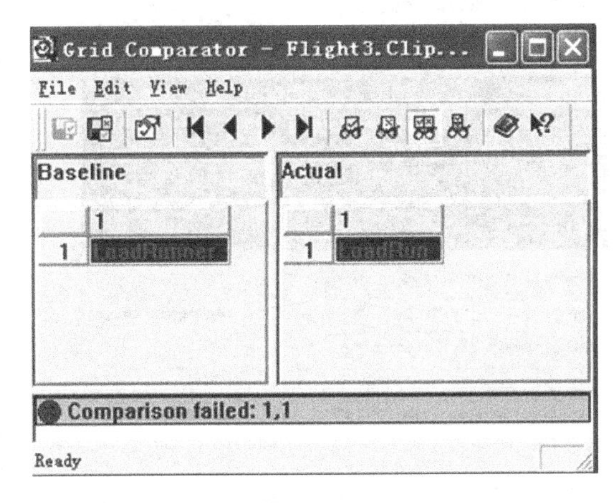

图 6-43 Grid 比较器显示验证点失败

3. Menu

使用 Menu 验证点可以捕获所选菜单的标题、菜单项、快捷键和状态(enable、disabled、grayed 或 checked)。Robot 可以记录五级子菜单的信息。该验证点主要用于检查程序运行过程中指定菜单项的状态等信息是否和预期的一致。假设现在我们要测试 Flight 系统中订票窗口的菜单的状态。我们重新创建一个 GUI 测试脚本 Flight4,录制过程为:登录系统,进入 Flight Reservation 窗口,然后单击 GUI Insert 工具条上的 按钮,在弹出的 Menu 验证点名称窗口中输入验证点的名称,这里可以使用默认值,单击 OK 按钮以确认,弹出选择对象窗口,如图 6-44 所示。选择图中 图标,指向 Flight Reservation 窗口的菜单栏,如果想捕捉 menu 则指向这个 menu 但此时显示的却是 windows,因为这个 menu 隶属于 Windows。或者单击 Browse 从对象列表中选择包含 menu 的窗体，对象列表将显示当前 Windows 桌面上所有运行着的对象。选定之后单击 OK 按钮以确认。

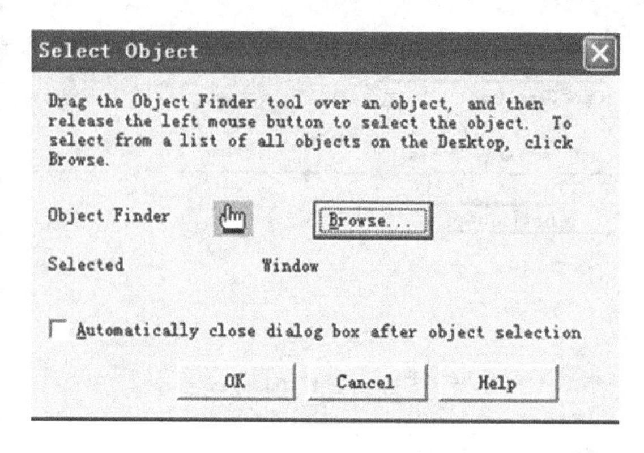

图 6-44 选择对象

确认之后将会出现 Menu 验证点窗口，如图 6-45 所示。

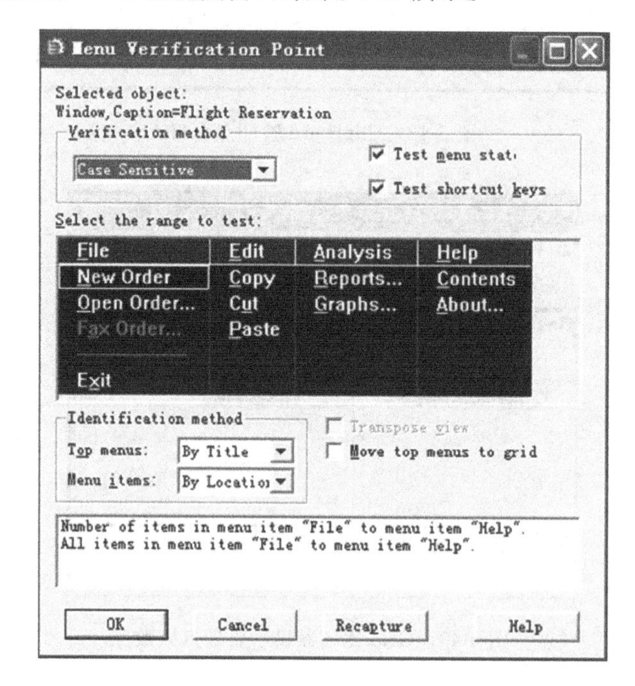

图 6-45 Menu 验证点窗口

Robot 捕获了刚才选择的 FlightReservation 窗口中的菜单。单击任意一个，可以在下方的文本框中看到该菜单的说明。双击其中一个菜单项，可以编辑该菜单项属性的基准值，如图 6-46 所示。

图 6-45 窗口中各选择项的说明如下所示。

(1) Test menu states：测试菜单状态(可用、不可用、置灰或者是选中)。

(2) Test shortcut keys：测试快捷键。

(3) Transpose view：Transpose view 在 menu 验证中是不可用的，因为 robot 对待每一个 menu 都是一个独立的实体，menu 的行是不被识别的。

(4) Move top menus to grid：选择这个选项以后，menu 的列标题就可以进入到 data grid 中，并且可以编辑。可以编辑 data grid 中的数据，可以改变列宽。

(5) 设置验证点的时候，若选择某一个列或是某一个单元格，则回放的时候就会验证这个列或单元格。默认是验证全部列。

(6) Select a verification method：选择一个验证方式，在以上几个验证点中已经讲解过。

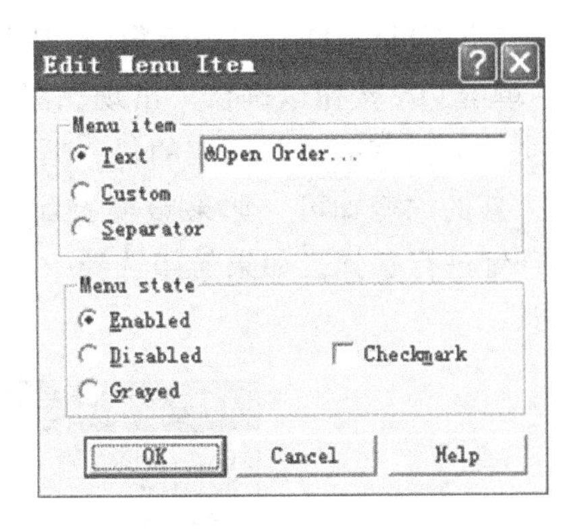

图 6-46 编辑菜单项属性的基准值

(7) Select an identification method：

① Top Menus By Location：用于定位和录制 top menus 的位置没有改变的情况。

② Top Menus By Title：用于定位和录制 menu titles 的值没有改变的情况，即使位置改变了。

③ Menu Items By Location：用于定位和录制 menu items 的位置没有改变的情况。

④ Menu Items By Content：用于定位和录制 menu items 的值没有改变的情况。

以上选项可以统一使用默认值，单击 OK 按钮即可确认。等待片刻后，验证点建立完成，关闭 Flight Reservation，停止录制。回放测试脚本，分析测试结果。

在 Robot 窗口中双击 Menu 验证点，出现 Grid Comparator 窗口后，双击 Open Order 项，在编辑菜单项窗口中将 Menu State 选择为 Disabled，然后单击"确认"按钮。保存脚本，然后重新回放脚本。可以看到，验证点失败，这是由于 Open Order 菜单项属性的基准值和实际值不一致，在 Grid Comparator 中可以看到基准值和实际值的对比。

4. Object Data

使用 Object Data 验证点来捕获对象中的数据，这些对象包括：

(1) Standard Window controls。

(2) ActiveX controls。

(3) Visual Basic Data controls。

(4) HTML and Java objects。

(5) Oracle Forms base-table blocks and items。

(6) PowerBuilder DataWindows and DataStore controls。

(7) Menus。

对不同的捕获对象会有不同的对象数据窗口。例如，如果要测试一个下拉列表中的每一个项的内容，就可以捕捉该下拉列表的各项内容。重新创建一个关于 Mercury Tours Web Site 的 GUI 测试脚本 Flight5，该网站的地址是 http://newtours.demoaut.com，需要提前注册账号，用户名和密码都用 11。录制开始后要选择启动 Web 应用程序。录制过程如下：登录 Mercury Tours Web Site 系统，进入输入订票信息页面，然后单击 GUI Insert 工具条上的 0101 DATA 图标，在弹出的命名窗口中输入验证点名称 ListCheck，单击 OK 按钮以确认，弹出选择对象窗口，使用 图标选择页面中的 Departing From 列表，单击 OK 按钮以确认,弹出 Object Data Tests 窗口,选择测试的数据,在 Data Test 列表中选择 ItemData 选项,单击 OK 按钮以确认。出现如图 6-47 所示的 Object Data 验证点窗口,在列表中列出了在页面上捕获的下拉列表的每一项的内容。如果要修改某一项的内容,可以双击该项,然后输入新的内容即可。如果想检查哪个一项,只须单击选择即可,若希望选择多项,可按住 Ctrl 键进行选择。如果希望选择一列,直接单击列号即可。这里选择全部,单击 OK 按钮以确认。

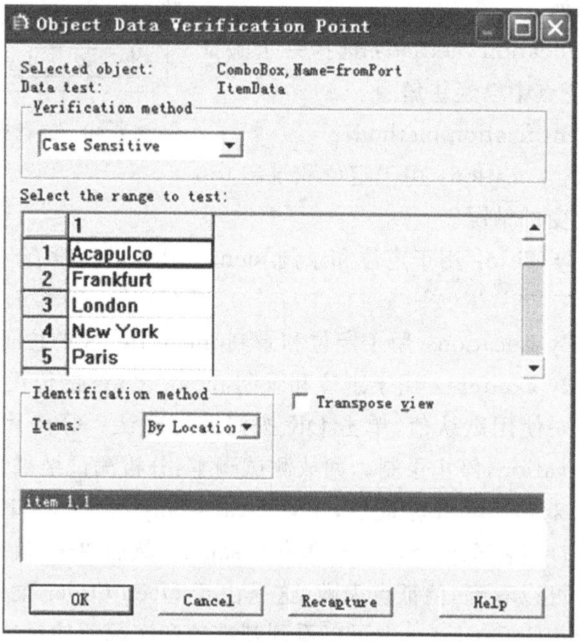

图 6-47 Object Data 验证点窗口

产生的脚本如下所示。

```
Sub Main
    Dim Result As Integer

    'Initially Recorded: 2010 - 7 - 31 10:56:09
    'Script Name: Flight5
    StartBrowser "http://newtours.demoaut.com","WindowTag = WEBBrowser"

    Window SetContext,"WindowTag = WEBBrowser",""
    Browser NewPage,"HTMLTitle = Welcome: Mercury Tours;Index = 0",""
    EditBox Click,"Name = userName","Coords = 19,11"
    InputKeys "11"
    EditBox Click,"Name = password","Coords = 29,9"
    InputEncKeys "AwAAANoAAABUXdM = "
    HTMLImage Click,"Name = login","Coords = 25,3"

    Browser NewPage,"HTMLTitle = Find a Flight: Mercury Tours:;Index = 0",""
    Result = ComboBoxVP (CompareData,"Name = fromPort","VP = ListCheck")
```

```
    Window CloseWin,"",""

End Sub
```

回放测试脚本，分析测试结果，显示验证点通过。列表中各项的实际值与基准值一致。打开 Grid Comparator，修改其中某一个项的基准值，保存，然后再次回放测试脚本，被修改项的测试失败。

5. Object Properties

使用 Object Properties 验证点来捕获和验证标准 Windows 对象的属性。当创建了一个该类验证点时，Robot 将显示出被捕获的对象及其相应属性的列表。可以从对象的列表中选择想要测试的对象和属性，与 QTP 中的标准检查点类似。

6. Region Image

使用 Region Image 验证点来选择屏幕的一个区域，Robot 将其捕获并存成位图。该区域可以交迭多个窗体。

要使该类验证点通过验证，选择区域的位置和屏幕的分辨率在回放时应该与录制时保持一致。

7. Window Existence

使用 Windows Existence 验证点来判断窗口是否存在以及验证它的状态。这些状态包括：正常、最小化、最大化或者是隐藏。因为该类验证点不生成基线或是实际的数据文件，所以如果在它验证失败时，用户就不能用实际的数据来替换基线，而必须重新录制该验证点。

8. Window Image

使用 Window Image 验证点来选择和捕获客户端窗体的一个区域。其菜单、标题栏和边框不在捕获的图像范围之内。

Robot 能够捕获整个窗体或是它的一部分，窗体可以与其他窗体或是部分屏幕重叠。在这种情况下，Robot 捕获该窗体并将那些不可见的部分保存为黑色。被捕获的区域是一个像素图像，它包括颜色、高度和宽度。

要使该类验证点通过验证，窗体的大小和屏幕的分辨率应该在回放时与录制时保持一致。

9. File Comparison

使用 File Comparison 验证点在回放时来比较两个指定的文件。这种比较基于文件的内容和大小，而不是文件的名称和日期。

在创建此类验证点的时候，需要指定驱动器、目录和文件名。在回放时，Robot 将按字节来比较该文件。

10. File Existence

使用 File Existence 验证点在回放时来查找一个文件。在创建此类验证点的时候，需要指定该文件的驱动器、目录和文件名。在回放时，Robot 将在指定的位置检查文件是否存在。

11. Module Existence

用于验证指定的模块是否被装载到了指定的环境或过程中，或者是否被装入了内存。在 Windows 环境下，模块被定义为可执行程序(.exe)、动态连接库(.dll 或其他扩展名)、设备驱动程序(.sys 或.drv)或者是显示字体(.fon)。

每一个过程都有属于自己的环境，它包括一系列被装载的模块。当创建此类验证点的时候，要选择模块的名称。还可以选择环境(过程)的名称，在该环境下，验证点验证模块是否被装载进了该过程。如果没有指定环境，验证点将验证该模块是否被装载进了内存(不论何处)。

12. Web Site Scan

当回放一个 Web Site Scan 验证点时，SiteCheck 启动运行并且根据录制该验证点时所选择的选项来浏览该站点。如果发现了任何缺陷，该验证点就将失败。

在回放一个 Web Site Scan 验证点之后，可以在 TestManager 的日志中查看回放的结果。

13. Web Site Compare

当回放一个 Web Site Compare 验证点时，SiteCheck 启动运行并将用户所选择的基线与录制该验证点时所选择的站点进行比较。如果发现了任何的缺陷，该验证点就将失败。

在回放一个 Web Site Compare 验证点之后，可以在 TestManager 的日志中查看回放的结果。

6.7.4 数据池的使用

数据池(Datapools)是一个测试数据集。它可在脚本回放期间，向脚本变量提供数据值。类似于 QTP 中的参数化功能。下面结合前面录制的 Flight 脚本学习如何使用数据池。

打开 TestManager，选择 Tools 命令 Manage 命令 Datapools 命令，出现管理 Datapool 窗口，列出已经存在的数据池文件。在窗口中单击 New 按钮，弹出新建数据池窗口，输入数据池的名字 customer，单击“确定”按钮，TestManager 会弹出提示信息，提示用户是否接着定义数据池中的数据域，单击“是”按钮。弹出如图 6-48 所示的窗口。单击 Insert after 按钮定义一个新的域，在 Name 字段中输入 name，我们使用它来存放乘客的姓名，在 Type 字段中选择 String Constant，其他的参数使用默认值。单击 Save 按钮，然后关闭该窗口。TestManager 又会弹出提示信息，提示是否在新建的数据池中添加数据。单击“确定”按钮，回到数据池管理窗口，选择新建的 customers，然后单击 edit 按钮，出现如图 6-49 所示的数据池属性窗口。

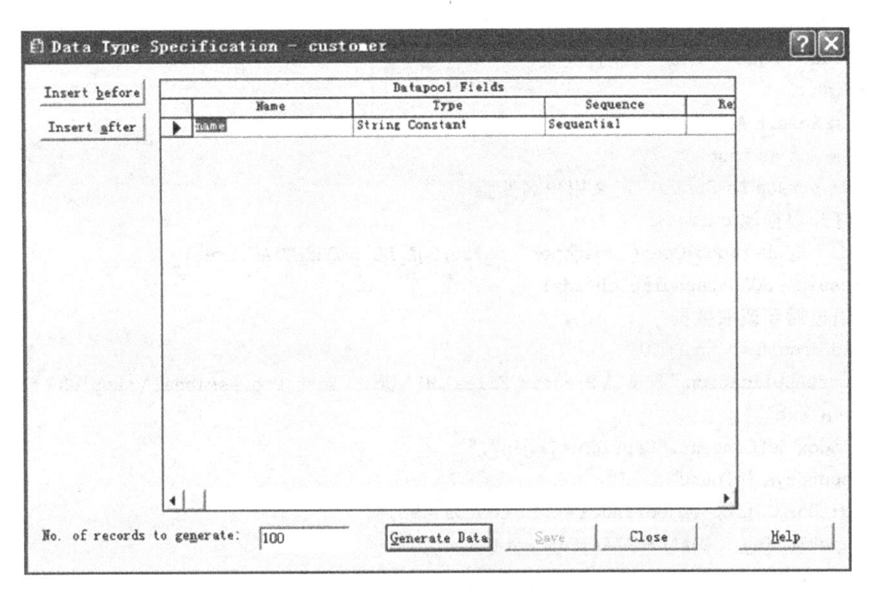

图 6-48　为数据池添加域

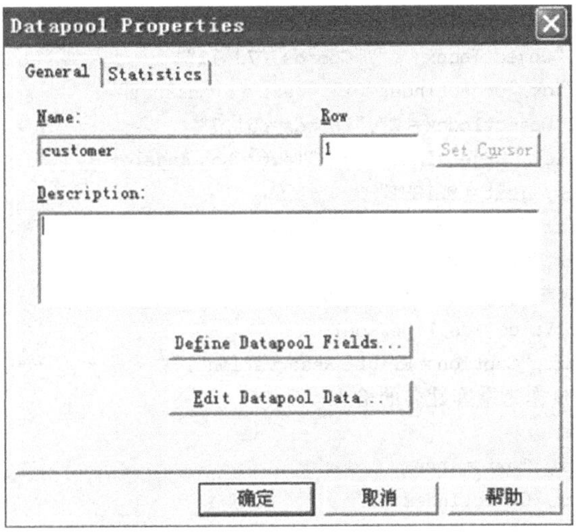

图 6-49　数据池属性

在如图 6-49 所示的窗口中显示了数据池的名字，单击 Edit Datapool Data 按钮，会出现编辑数据池数据窗口，可以往里添加数据，如图 6-50 所示。依次添加 4 个乘客名 wangfs、wenyd、zhangsan、lisi，单击 save 按钮。关闭该窗口，回到上一窗口，单击“确定”按钮。这样就完成了数据池的创建过程，数据池里提供了 4 个乘客的姓名，可以对 Flight 脚本中输入乘客姓名的位置进行参数化操作，在回放脚本的过程中动态地在数据池中读取数据，以完成测试。

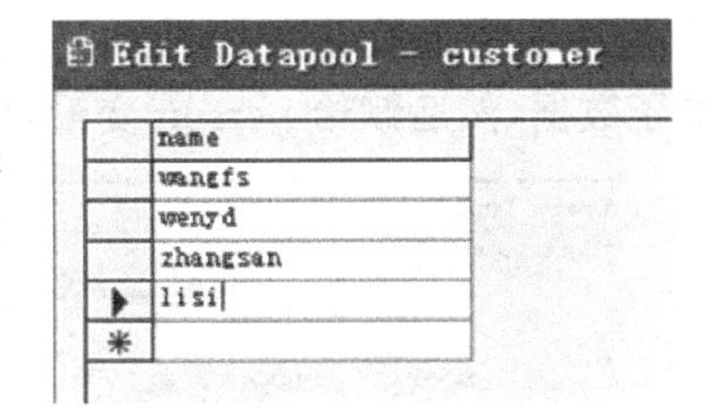

图 6-50　编辑数据池数据

接下来，修改 Flight 中的脚本，如下所示。

```
'Initially Recorded: 2010 - 7 - 31 12:38:41
```

```
'Script Name: Flight_0
'$ Include "sqautil.sbh" '包含头文件
Sub Main
    Dim Result As Integer
    Dim ids As Long
    Dim person As String '定义用户名变量
    '打开数据池 customer
    ids = SQADatapoolOpen("customer",false,SQA_DP_SEQUENTIAL,true)
    Result = SQADatapoolFetch(ids)
    '通过循环读取数据
  while Result <> sqaDpEOF
    StartApplication """C:\Program Files\HP\QuickTest Professional\samples\flight\app\
flight4a.exe"""
    Window SetContext,"Caption = Login",""
    InputKeys "ground"
    EditBox Click,"ObjectIndex = 2","Coords = 98,5"
    InputEncKeys "CAAAAM4AAAAICaEYwet4JA == "
    Window Click,"","Coords = 112,147"
    PushButton Click,"Text = OK"
    Window SetContext,"Caption = Flight Reservation",""
    InputKeys "101010"
    ComboBox Click,"ObjectIndex = 1","Coords = 73,11"
    ComboListBox Click,"ObjectIndex = 1","Text = Frankfurt"
    ComboBox Click,"ObjectIndex = 2","Coords = 51,7"
    ComboListBox Click,"ObjectIndex = 2","Text = Los Angeles"
    PushButton Click,"Text = FLIGHT"
    Window SetContext,"Caption = Flights Table",""
    PushButton Click,"Text = OK"
    '从数据池中读取数据,存放在 person 变量中
    call SQADatapoolValue(ids,1,person)
    Window SetContext,"Caption = Flight Reservation",""
    '使用 person 变量作为乘客姓名的输入
    InputKeys person
    PushButton Click,"Text = Insert Order"
    PushButton Click,"ObjectIndex = 9"
    Window CloseWin,"",""
    Result = SQADatapoolFetch(ids)
  WEND
End Sub
```

修改完成后,保存脚本,回放脚本,分析结果。在 TestManager 中查看测试结果,如图 6-51 所示。结果显示,脚本共执行 4 次,全部通过。在执行过程中,分 4 次从数据池中读取了数据,然后赋给 person 变量,作为编辑框的输入。

Event Type	Result	Date & Time	Fail...	Comp...	Defects
Computer Start	Pass	2010-7-31 13:27:26		WWW-8...	
Script Start (Flight_0)	Pass	2010-7-31 13:27:26		WWW-8...	
Application Start	Pass	2010-7-31 13:27:27		WWW-8...	
Application Start	Pass	2010-7-31 13:27:45		WWW-8...	
Application Start	Pass	2010-7-31 13:28:00		WWW-8...	
Application Start	Pass	2010-7-31 13:28:16		WWW-8...	
Script End (Flight_0)	Pass	2010-7-31 13:28:31		WWW-8...	
Computer End	Pass	2010-7-31 13:28:31		WWW-8...	

图 6-51　修改完毕后的 Flight 脚本的回放结果

要想熟练掌握 Rational Robot 的使用方法，读者必须熟悉 Basic 语言，这样在编写脚本时能够做到得心应手。当然，如果对 Basic 语言确实一点都不了解，那只能做初级的测试工程师了。

6.8 IBM Rational Functional Tester

IBM Rational Functional Tester(RFT)是一款先进的、自动化的功能和回归测试工具，它适用于测试人员和 GUI 开发人员。使用该工具，测试新手可以简化复杂的测试任务，很快上手；测试专家能够通过选择工业标准化的脚本语言，实现各种高级定制功能。通过 IBM 的最新专利技术，例如基于 Wizard 的智能数据驱动的软件测试技术、提高测试脚本重用的 Script Assurance 技术等，大大提高了脚本的易用性和可维护能力。同时，它第一次为 Java 和 Web 测试人员，提供了和开发人员同样的操作平台(Eclipse)，并通过提供与 IBM Rational 整个测试生命周期软件的完美集成，真正实现了一个平台统一整个软件开发团队的能力。

RFT 可以基于 Windows 和 Linux 操作系统平台，用来测试 Java、. NET、Web 应用程序。本节重点介绍在 Java/Eclipse 环境中使用 RFT。在使用 RFT 之前，通过 Rational Administrator 为 RFT 新建一个项目，并将其命名为 rft。

首先启动 RFT，在启动过程中要求用户选择 RFT 项目的工作空间路径，设置好后，即可单击“确定”按钮。弹出如图 6-52 所示的界面，选择刚才新建的 rft 项目登录，单击 OK 按钮，即可进入 RFT 的主界面。

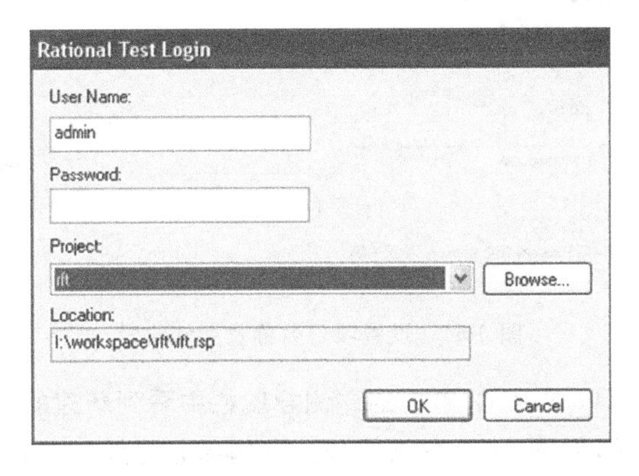

图 6-52 登录 rft 项目

6.8.1 录制脚本

现在录制一个关于 Window 计算器的测试脚本。在 RFT 菜单栏中选择“文件|新建|项目”命令，出现如图 6-53 所示的新建项目向导，然后选择 Functional Test 项目，单击“下一步”按钮。

在图 6-54 的界面中设置项目的名称 rftPrj 以及存储位置，单击“完成”按钮。

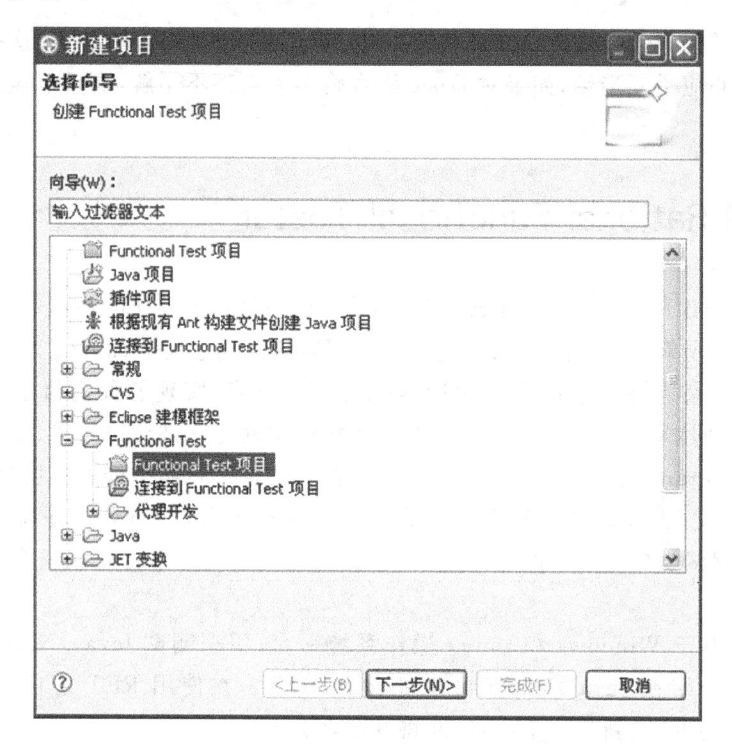

图 6-53 新建项目

图 6-54 设置项目名称及存储位置

项目建立完成后,可以在 RFT 窗口的左侧导航栏中看到新建的项目 rftPrj。如果 RFT 目前正处于 Java 透视图,如图 6-55 左侧部分。右侧部分是处于 Functional Test 调试透视图下的项目。切换透视图可以通过选择工具栏中的"窗口|打开透视图|其他"命令,选择要打开的视图即可。

图 6-55 Java 透视图和 Functional Test 调试透视图下的项目

在 Functional Test 调试透视图中，单击工具栏上的录制按钮 开始录制脚本，打开脚本命名窗口，输入脚本名称 calculator，单击“完成”按钮。

录制开始后，在屏幕上会出现录制脚本工具条，如图 6-56 所示。在工具条上单击启动应用程序按钮 ，出现启动应用程序窗口，如图 6-57 所示。

图 6-56　录制工具条

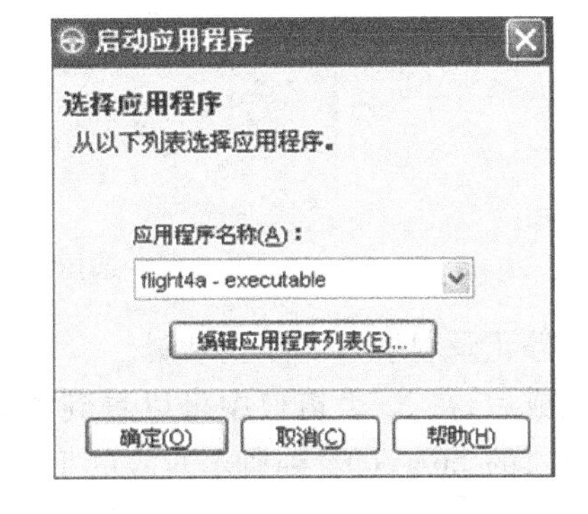

图 6-57　启动应用程序窗口

如果应用程序列表中没有 Window 计算器，可单击“编辑应用程序列表”按钮，进入编辑应用程序信息窗口，如图 6-58 所示。然后在窗口中可单击“添加”按钮，出现如图 6-59 所示的选择应用程序类型窗口。

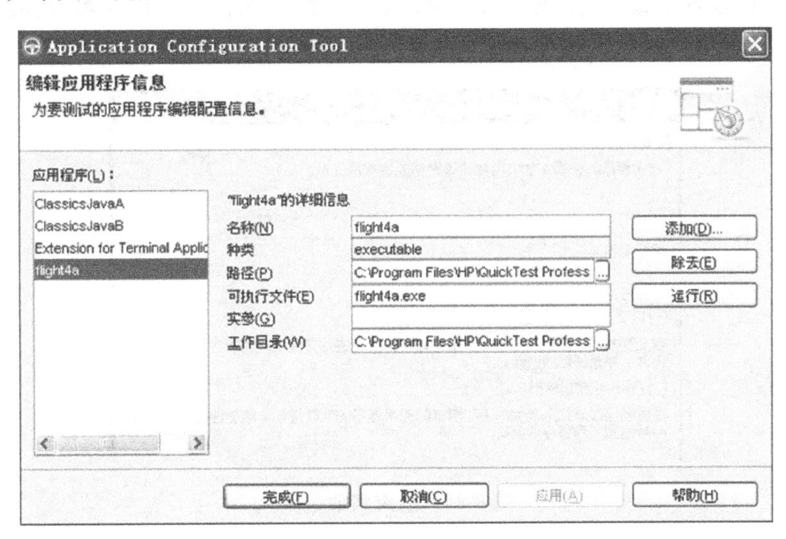

图 6-58　添加应用程序

选择“可执行文件或批处理文件”选项，单击“下一步”按钮。然后在新的对话窗口中单击“浏览”按钮，找到 Windows 计算器所在路径，将程序添加进来，单击“完成”按钮。

回到图 6-58 所示窗口，计算器 calc 被添加到了列表中，单击“应用”按钮，然后单击“完成”按钮，回到如图 6-57 所示的窗口，在列表中出现 calc，选择该程序，单击“确定”按钮，开始录制。

录制的用户操作为：从键盘输入 13，单击“+”按钮，通过键盘输入 5，单击“=”按钮，出现结果后，单击计算器中的结果 18，然后单击清除键 c，关闭计算器。最后单击图 6-56 所示

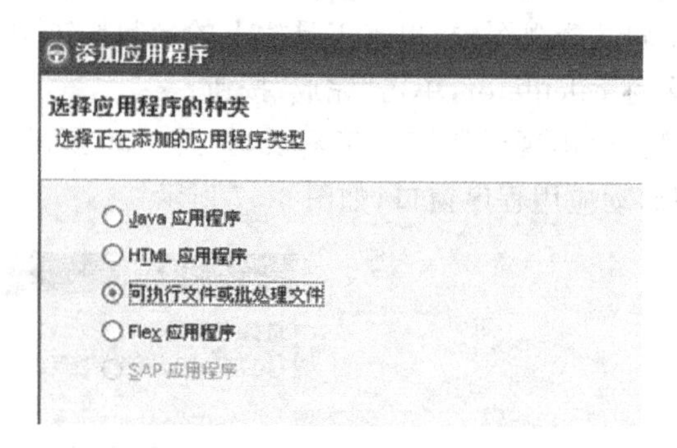

图 6-59 选择添加应用程序的种类

工具条中的停止录制按钮以停止录制。

录制完成后，在 RFT 窗口中可以看到测试脚本类似于 QTP 的关键字视图中的步骤，单击脚本窗口的 Java，可看到脚本对应的 Java 代码。

6.8.2 脚本的回放

要执行测试脚本，可以单击工具栏上的 ▶ 按钮，或选择菜单栏的“脚本|运行”命令。弹出指定日志信息窗口，一般使用默认值即可。单击“完成”按钮。

出现指定回放选项窗口，如图 6-60 所示，单击“完成”按钮。回放开始，同时在屏幕上出现回放窗口，显示用户执行的操作代码，如图 6-61 所示。

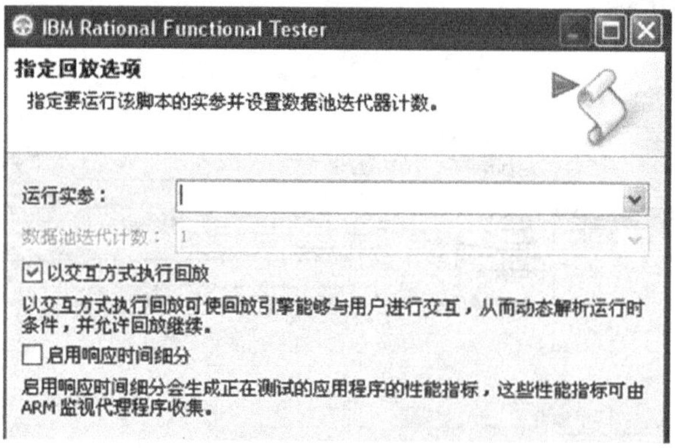

图 6-60 指定回放选项

回放结束后，RFT 会启动 Rational TestManager，显示脚本执行结果。在结果窗口中分析测试结果，如果成功则会显示 pass，如果失败则会显示 fail。

RFT 在回放结束后，默认在 TestManager 窗口中显示回放日志，RFT 还可以用文本或者 Html 等格式显示回放日志。设置的方法是选择菜单栏的“窗口|首选项”命令，然后在弹出的窗口中选择“Functional test|回放|日志记录”命令，进行设置。Html 格式的日志如图 6-62 所示。

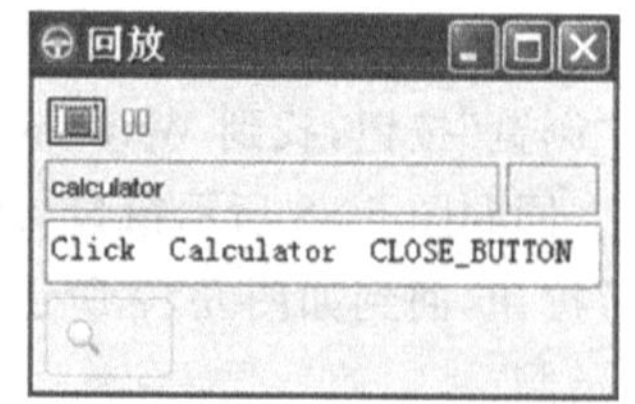

图 6-61 回放信息窗口

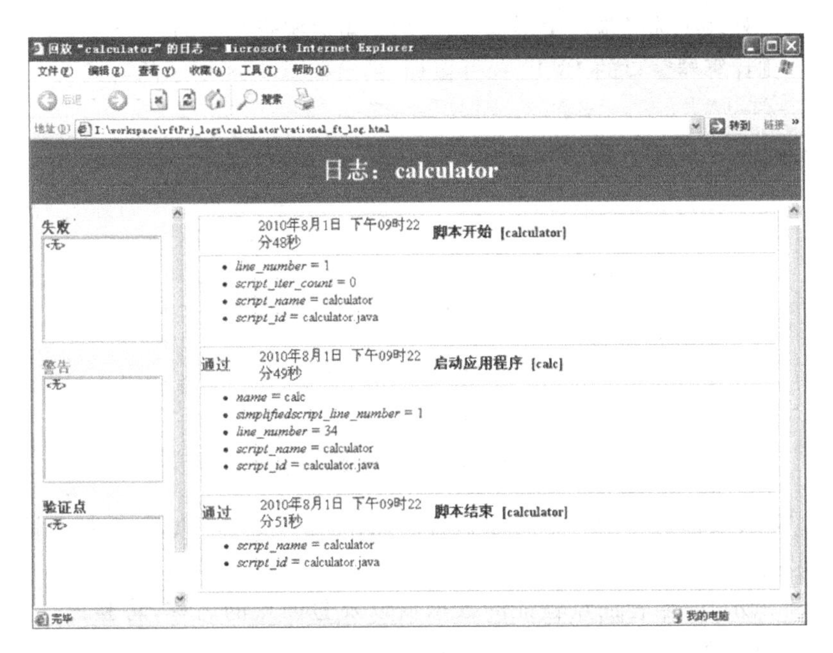

图 6-62　Html 格式的回放日志

6.8.3 验证点

RFT 中的验证点作用和 QTP 中的检查点以及 Robot 中的验证点是类似的，在增强测试脚本时，验证点是不可缺少的。在建立验证点时，应设定验证点的基准值，以 XML 格式存储，文件名后缀为 rftvp。

RFT 中验证点分为静态和手动两种。静态验证点是在录制脚本过程中通过向导插入的。手动验证点由脚本开发人员根据验证的内容在脚本中添加。

打开 calculator 脚本，我们为该脚本插入一个验证点，检验 13 加 5 的结果是否为 18，以测试计算器的加法功能。首先，将计算器打开，并输入 13 加 5 的计算结果，将计算器窗口调整到屏幕适当的位置。在 RFT 窗口脚本视图中选择 click 18。然后选择菜单栏的“脚本|插入验证点”命令，出现如图 6-63 所示的验证点向导。

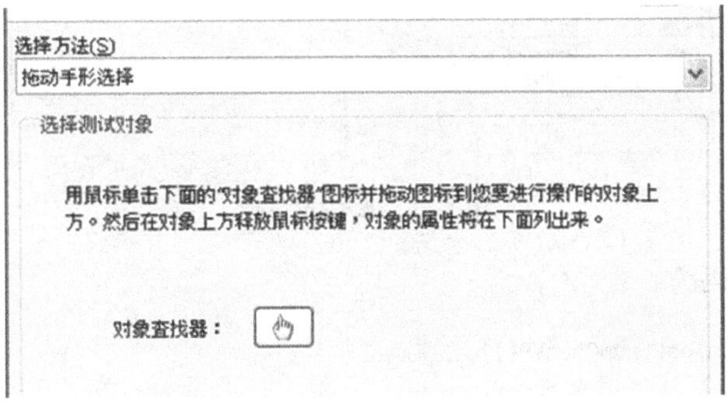

选择方法(S)
拖动手形选择
选择测试对象
用鼠标单击下面的"对象查找器"图标并拖动图标到您要进行操作的对象上方。然后在对象上方释放鼠标按键，对象的属性将在下面列出来。
对象查找器：

图 6-63　验证点向导

在选择方法列表中选择拖动手形选项,然后单击对象查找器的图标,按住鼠标左键,然后将其拖曳到计算器窗口的18上,松开鼠标,弹出如图6-64所示的窗口。

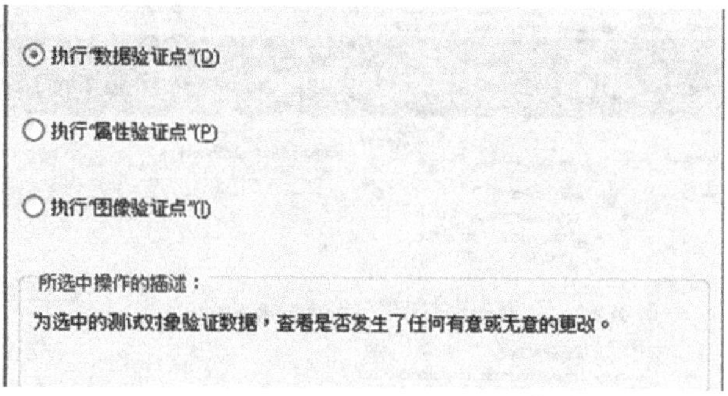

执行"数据验证点"(D)

执行"属性验证点"(P)

执行"图像验证点"(I)

所选中操作的描述:

为选中的测试对象验证数据,查看是否发生了任何有意或无意的更改。

图6-64 选择执行的验证方式

提示用户选择要对选中的测试对象执行的操作,这里选择“执行‘数据验证点’”选项。单击“下一步”按钮。

如图6-65所示,设定验证点验证的数据值以及验证点的名称,将验证点名称设置为sumChec,其他参数使用默认值,单击“下一步”按钮。

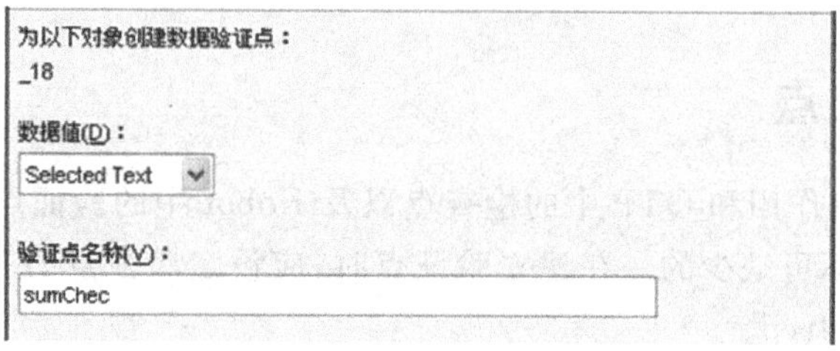

为以下对象创建数据验证点:

_18

数据值(D):

Selected Text

验证点名称(V):

sumChec

图6-65 创建数据验证点

如图6-66所示,显示验证点的属性,单击“完成”按钮以确认。验证点建立完毕,在脚本视图中可以看到插入的验证点,如图6-67所示。

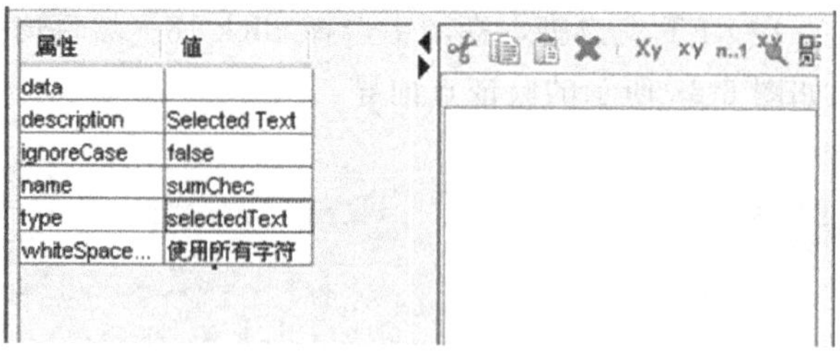

属性	值
data	
description	Selected Text
ignoreCase	false
name	sumChec
type	selectedText
whiteSpace...	使用所有字符

图6-66 验证点属性

对应的Java代码为:

```
_18text().performTest(sumChecVP());
```

在右侧脚本资源管理器窗口也能看到该验证点,如图6-68所示。

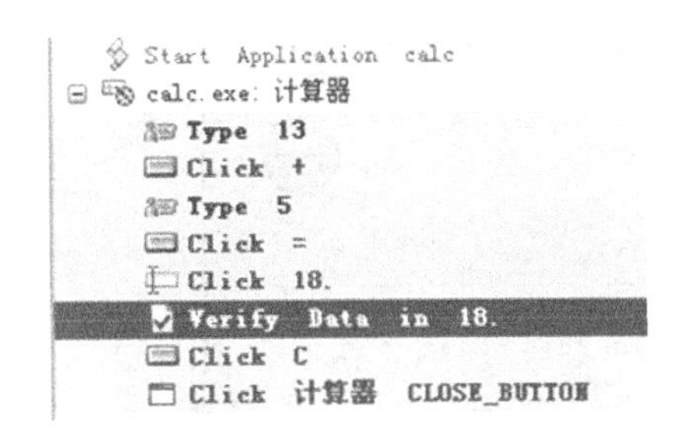

图 6-67 插入验证点之后的脚本

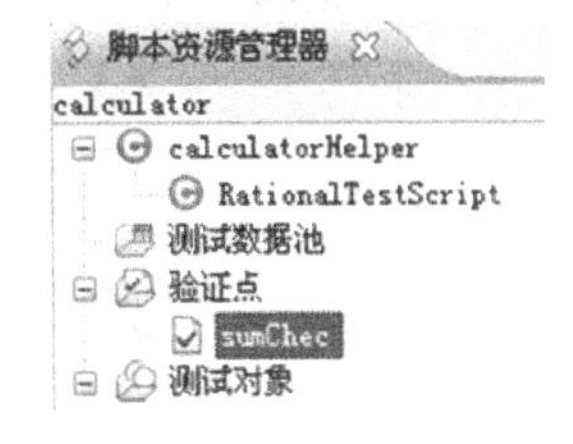

图 6-68 脚本资源管理器中的验证点

执行测试脚本，在 TestManager 中分析测试结果，分析验证点的执行结果。

6.8.4 测试对象映射

RFT 的测试对象映射类似于 QTP 的测试对象库，它是一个静态视图，用于描述 RFT 能够识别的被测应用程序中的测试对象。每一个测试脚本都有一个相关联的测试对象映射文件。测试对象映射有专用和共享之分。专用的测试对象映射(扩展名 rftxmap)仅供一个测试脚本关联使用，共享的测试对象映射(扩展名 rftmap)可以与一个或多个测试脚本关联。用户在录制测试脚本时，RFT 会自动为新建的测试脚本建立一个专用的测试对象映射，或者使用一个已经存在的测试对象映射。

以 calculator 脚本为例，在 Functional Test 调试透视图下，在窗口右侧的脚本资源管理器视图展开测试对象目录，可以看到该脚本中用到的测试对象。双击任意一个测试对象，可以打开该脚本的专用测试对象映射窗口，如图 6-69 所示。

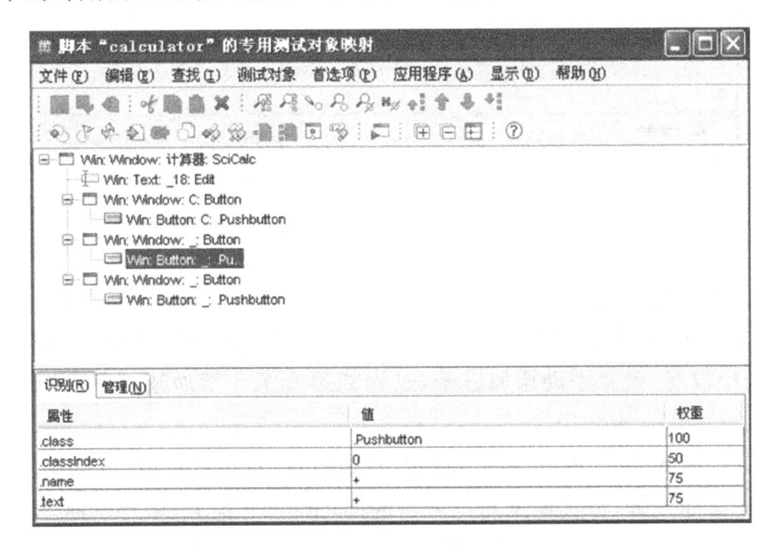

属性	值	权重
.class	Pushbutton	100
.classIndex	0	50
.name	+	75
.text	+	75

图 6-69 calculator 脚本的专用测试对象映射

现在，我们来建立一个新的共享测试对象映射。在 RFT 窗口菜单栏选择“文件|新建|测试对象映射”命令，出现如图 6-70 所示的窗口，输入映射名称 objectMap，单击“完成”按钮。

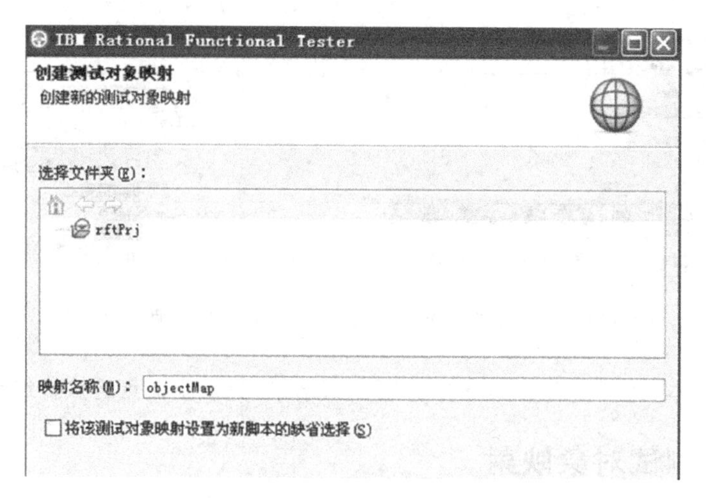

图 6-70 创建新的测试对象映射

建立完成后,弹出测试对象映射管理界面,如图 6-71 所示。可以向其中加入一些新的测试对象。

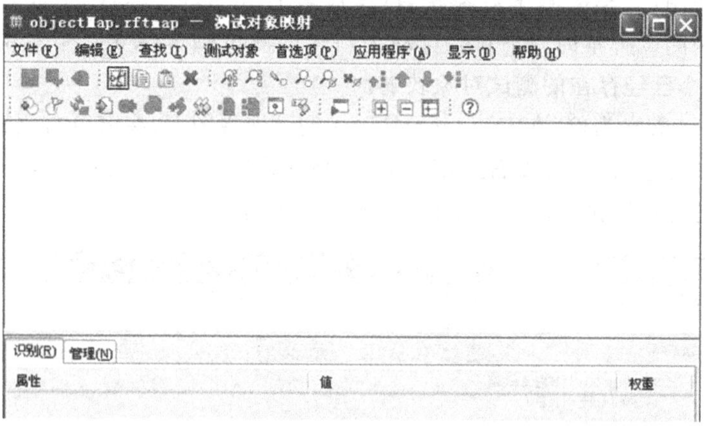

图 6-71 管理测试对象映射

要加入新的测试对象,首先要启动被测试应用程序,假设被测试应用程序是 Windows 计算器。在图 6-71 中选择“应用程序|运行”命令,然后在应用程序列表中选择 Windows 计算器,如果列表中没有,需要手动添加进来,过程如第 6.7.1 节所述。单击“确定”按钮以启动计算器。

启动后,选择“测试对象|插入对象”命令,出现插入 GUI 对象窗口,如图 6-72 所示。单击图标,按住鼠标左键,将其拖曳到计算器的 Backspace 键上,松开鼠标。

出现如图 6-73 所示的选择对象选项窗口,选择第一项,单击“完成”按钮。

Backspace 按钮作为测试对象出现在了测试对象映射 objectMap 中,不要忘记保存测试对象映射文件。如果要加入新的测试对象,可以重复上述过程。在新建测试脚本时,可以将该测试对象映射与新的测试脚本关联,在脚本命名窗口中输入脚本名称后,单击“下一步”按钮,然后在测试对象映射对应处单击“浏览”按钮将 objectMap 加入。

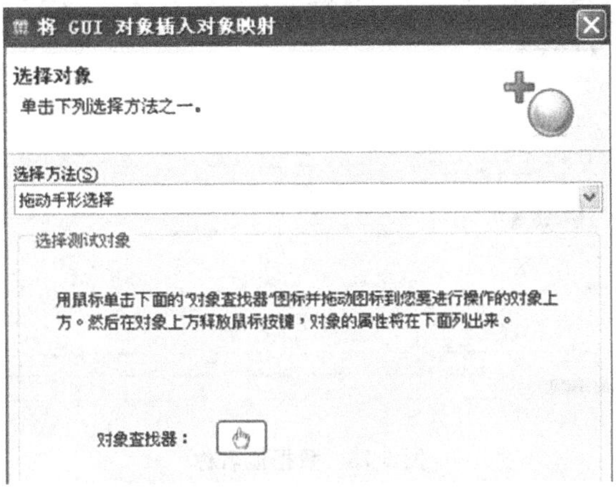

图 6-72 插入 GUI 对象

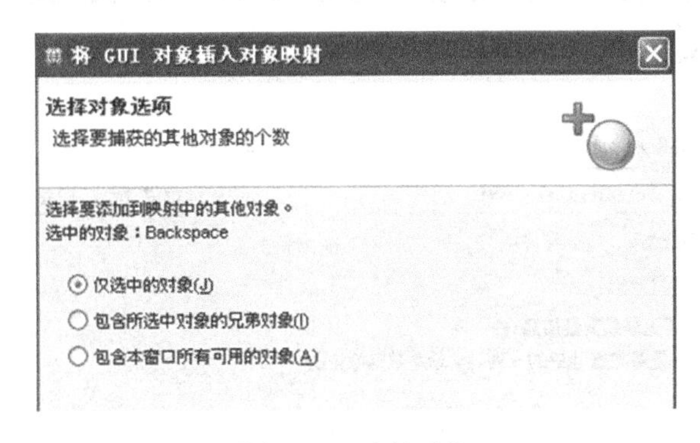

图 6-73 选择对象

6.8.5 RFT 数据池

RFT 中的数据池与 Robot 的数据池功能是一样的，类似于 QTP 中的参数化。使用数据池可以建立数据驱动测试，下面将学习如何使用数据池建立数据驱动的测试，为 Window 计算器的测试使用多批测试数据进行测试。

首先在 Rational TestManager 中新建一个数据池 calculator，方法同 Robot 部分讲解的一样。数据池只有一个域，名称为 add1，String contant 类型。然后添加一批数据 2、3、4，添加完成后如图 6-74 所示。

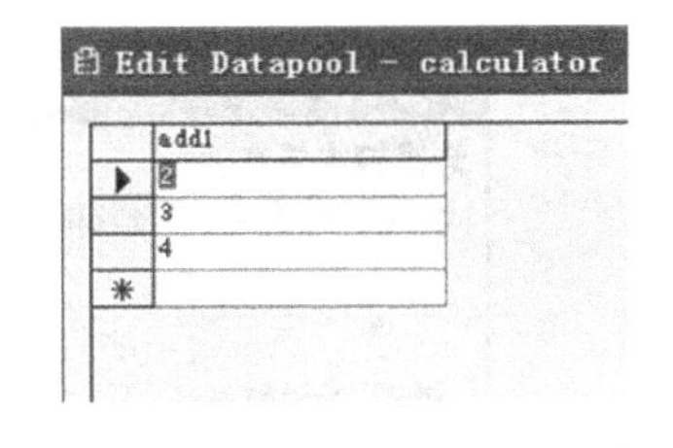

图 6-74 编辑数据池 calculator 中的数据

数据池创建完后，在 Manage Datapools 窗口中单击 Export 按钮，将数据池导出为 calculator. csv 文件，并选择路径进行保存，以备使用。

然后在 RFT 中新建一个 Functional Test 项目，名称为 Project2。在 Functional Test 调试透视图中的导航器中，右键单击项目，从弹出的快捷菜单中选择“新建|测试数据池”命令，弹出新建数据池向导窗口，将数据池的名称命名为 cal，如图 6-75 所示。

单击“下一步”按钮，提示用户导入数据池文件，即在 TestManager 中创建的数据池文件 calculator. csv，如图 6-76 所示。可以单击“浏览”按钮将数据池文件加入进来。

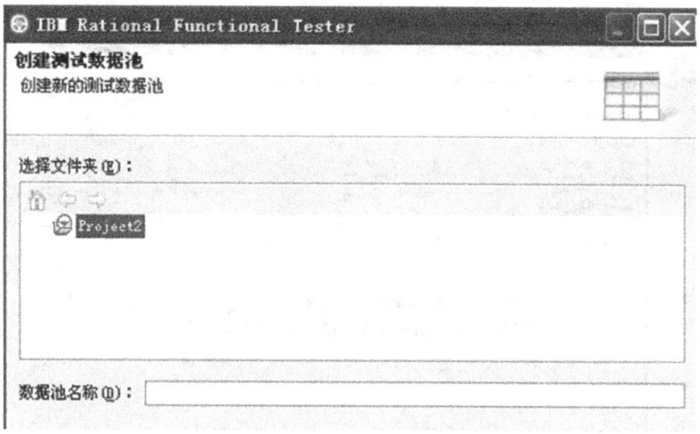

IBM Rational Functional Tester
创建测试数据池
创建新的测试数据池
选择文件夹(E)：
Project2
数据池名称(D)：

图 6-75　数据池名称

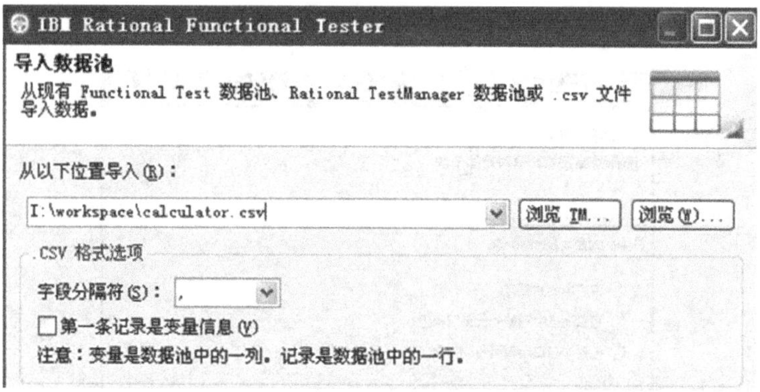

IBM Rational Functional Tester
导入数据池
从现有 Functional Test 数据池、Rational TestManager 数据池或 .csv 文件导入数据。
从以下位置导入(R)：
I:\workspace\calculator.csv
浏览 TM...
浏览(W)...
.CSV 格式选项
字段分隔符(S)：,
第一条记录是变量信息(V)
注意：变量是数据池中的一列。记录是数据池中的一行。

图 6-76　导入数据池文件

单击"完成"按钮，完成添加工作。在 RFT 窗口中就会出现数据池数据编辑器，其中有 2、3、4 三个数，可以对测试池中的数据进行修改。

右键单击 Project2 项目，在弹出的快捷菜单中选择"新建|使用记录器的 Functional Test 脚本"命令。我们使用录制的方式为 Project2 添加一个脚本，弹出脚本命名窗口，输入名称为 calculator，单击"下一步"按钮，弹出选择测试脚本资产窗口，如图 6-77 所示。默认的测试数据池是专用测试数据池，单击"浏览"按钮添加一个测试数据池。

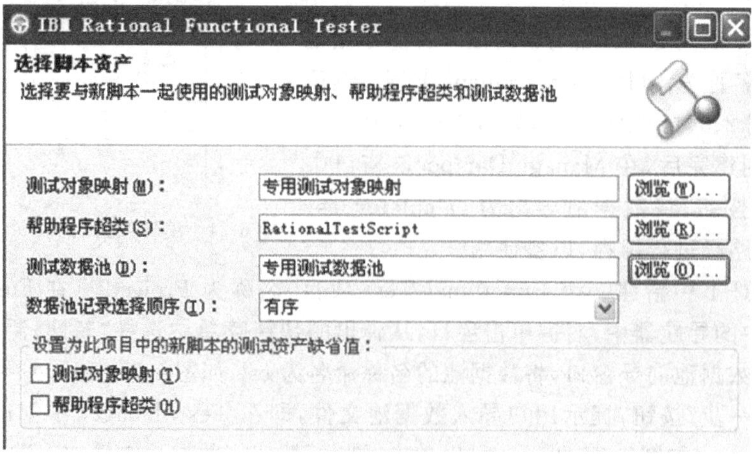

IBM Rational Functional Tester
选择脚本资产
选择要与新脚本一起使用的测试对象映射、帮助程序超类和测试数据池
测试对象映射(M)：专用测试对象映射　浏览(W)...
帮助程序超类(S)：RationalTestScript　浏览(R)...
测试数据池(D)：专用测试数据池　浏览(O)...
数据池记录选择顺序(I)：有序
设置为此项目中的新脚本的测试资产缺省值：
测试对象映射(T)
帮助程序超类(H)

图 6-77　选择测试脚本资产

如图 6-78 所示，在当前项目中的测试数据池列表中选择前面建立的 cal.rftdp，单击“确定”按钮，回到图 6-77 所示界面，单击“完成”按钮，开始录制过程。

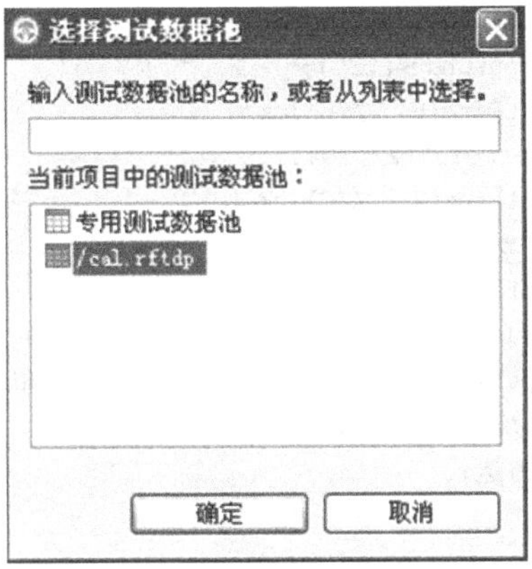

图 6-78 选择测试数据池

录制操作为：从键盘输入 1，单击加号，从键盘输入 3，单击等号，出现结果 4 之后，单击一下结果，然后单击清除按钮 c，关闭计算器，停止录制。

然后修改测试脚本，使用数据池中的数据对被加数进行参数化，也就是依次从测试数据池中读取 2、3、4 与 3 相加，求和。修改后的脚本如下所示。

```
public class calculator extends calculatorHelper
{
    public void testMain(Object[] args)
    {
        //DatapoolScriptSupport 提供访问数据池中行数据的方法
        DatapoolScriptSupport dpss = new DatapoolScriptSupport();
        //声明一个 Idatapool 对象
        IDatapool dp;
        //为数据池文件 cal.rftdp 创建文件对象
        java.io.File dpfile = new java.io.File("I:\\workspace\\Project2\\cal.rftdp");
        //加载数据池文件
        dp = (IDatapool) dpss.dpFactory().load(dpfile,true);
        //打开数据池文件
        IDatapoolIterator dpitr = dpss.dpFactory().open(dp,"");
        //初始化数据池
        dpitr.dpInitialize(dp);
        while(!dpitr.dpDone())
        {
        setSimplifiedScriptLine(1); //Start Application calc
        startApp("calc");

        //获取数据池中当前的记录，并将其存放在 record 对象中
        IDatapoolRecord dprec = (IDatapoolRecord) dpitr.dpCurrent();

        // Group: calc.exe: 计算器
        //从 Excel 表中读取当前记录中的单元数据，这里先读取了第一个 2
        setSimplifiedScriptLine(3); //Type 1
```

```
        计算器window().inputChars(dprec.getCell(0).getStringValue());
        setSimplifiedScriptLine(4); //Click +
        _button().click(atPoint(27,17));
        setSimplifiedScriptLine(5); //Type 3
        计算器window().inputChars("3");
        setSimplifiedScriptLine(6); //Click =
        _button2().click(atPoint(22,10));
        setSimplifiedScriptLine(7); //Click 4.
        _4text().click(atPoint(213,6));
        setSimplifiedScriptLine(8); //Click C
        cbutton().click(atPoint(38,21));
        setSimplifiedScriptLine(9); //Click 计算器 CLOSE_BUTTON
        计算器window(ANY,MAY_EXIT).click(CLOSE_BUTTON);
        //继续下一条记录的迭代
        dpitr.dpNext();
            }
    }
}
```

保存修改之后的测试脚本,回放脚本并分析测试结果。

熟练掌握Java编程技术是成为高级自动化测试工程师的前提,只有这样才能轻松编写测试脚本,而不仅仅依靠录制来创建测试。

本章小结

本章首先介绍了功能测试的基本概念,明确测试需求将有助于测试人员有针对性地制定测试计划,制定有效的测试策略,从而缩短项目开发时间、降低成本。然后介绍了功能测试的策略、内容以及方法。根据测试项目的不同,功能测试的内容会有较大的差别。例如Window应用程序和Web应用程序,但一般都可归为界面、数据、操作、逻辑、接口等几个方面。在功能测试方法上,本章阐明3点,即:由简到繁、用例和数据分离、功能点全覆盖。功能自动化测试工具部分,针对业界主流的功能测试工具QTP、Robot、RFT,做了比较详细地讲解,3种工具中涉及的基本技术及操作方法也被比较详细地呈现给了读者。HP-QTP中的参数化技术与IBM Robot和RFT中的数据池技术类似,读者可以参考学习。同样QTP的测试对象库与RFT中的测试对象映射也是类似的,QTP检查点的基本思想和Robot以及RFT中的验证点的基本思想一致,因此在讲解过程中,并没有过多地介绍验证点。

第7章 性能测试

学习目标

- 性能测试的基本概念
- 性能测试的流程
- LoadRunner 应用
- Performance Tester 应用
- 测试结果分析

性能测试在软件的质量保证中起着重要的作用，它包括的测试内容丰富多样。中国软件评测中心将性能测试概括为3个方面：应用在客户端上的性能的测试、应用在网络上的性能测试和应用在服务器端上的性能测试。通常情况下，将3个方面有效、合理地结合，可以达到对系统性能全面地分析和对瓶颈的预测。

7.1 性能测试基础

性能测试的目的是验证软件系统是否能够达到用户要求的性能指标，同时发现软件系统中存在的性能瓶颈，最后起到优化系统的目的。具体包括以下几个方面。

(1) 评估系统的能力：测试中得到的负荷和响应时间数据可以用于验证软件系统能力是否符合设计要求。

(2) 识别系统中的瓶颈：当系统负荷被增加到极限水平并继续增加时，可以通过性能指标的变化情况检测系统的瓶颈，从而帮助系统设计者修复系统的瓶颈。

(3) 系统调优：重复运行测试，验证调整系统的活动得到了预期的结果，从而改进系统性能。

(4) 验证稳定性与可靠性：在一定的负载压力下执行测试一定时间，是评估系统稳定性和可靠性是否满足要求的有效方法。

虽然性能测试是一项很复杂、专业性强的工作，但是由于企业IT系统的重要性，只有保证其性能的稳定，企业才能对外提供优质服务，因此性能测试越来越得到企业的重视。

目前，典型的企业IT系统的架构如图7-1所示。

这类系统由客户端、网络、防火墙、负载均衡器、Web服务器、应用服务器、数据库等环节组成。根据木桶原理，即木桶所能装的水的量取决于最短的那块木板，整个系统的性能要得到提高，每个环节的性能都需要被优化。在这样的IT系统中，每个环节都是一个很复杂

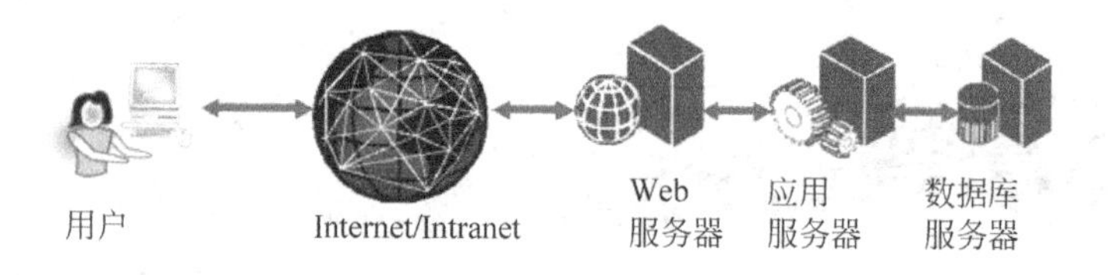

图 7-1　典型的 IT 系统架构

的子系统，对其调优都是一门专业的技能，例如 Oracle 数据库的调优就需要专业的技能和经验。对于整个 IT 系统的调优，其复杂程度更是急剧增加。因此 IT 系统性能测试调优是一个复杂的项目，需要拥有各种专业技能的专家组成小组来完成。

7.1.1　性能测试的分类

性能测试类型包括负载测试、压力测试、强度测试、容量测试等。通常，性能测试通过自动化的测试工具模拟多种正常、峰值以及异常负载条件来对系统的各项性能指标进行测试。负载测试和压力测试都属于性能测试，两者可以结合进行。

负载测试是确定在各种工作负载下系统的性能，目标是测试当负载逐渐增加时，系统各项性能指标的变化情况，例如吞吐量、响应时间、CPU 负载、内存使用等，来确定系统的性能。负载测试是一个分析软件应用程序和支撑架构、模拟真实环境的使用，从而来确定能够接受的性能的过程。

压力测试是通过确定一个系统的瓶颈或者不能接受的性能点，来获得系统能提供的最大服务级别的测试。

疲劳测试是采用系统稳定运行情况下能够支持的最大并发用户数，持续执行一段时间业务，通过综合分析交易执行指标和资源监控指标来确定系统处理最大工作量强度性能的过程。疲劳强度测试可以采用自动化工具进行测试，也可以手工编写程序测试，其中后者占的比例较大。

容量测试用于确定系统可处理同时在线的最大用户数。

大数据量测试可以分为两种类型：针对某些系统存储、传输、统计、查询等业务进行大数据量的独立数据量测试；与压力性能测试、负载性能测试、疲劳性能测试相结合的综合数据量测试方案。大数据量测试的关键是测试数据的准备，可以依靠工具准备测试数据。

速度测试目前主要是针对关键的、有速度要求的业务进行手工测速度，可以在多次测试的基础上求平均值，可以和工具测试得到的响应时间等指标做对比分析。

7.1.2　性能计数器

影响一个系统性能的因素主要有：软件因素，包括系统软件、第三方软件等；硬件因素，如内存、磁盘、CPU、网卡等；网络因素，如网络吞吐量、带宽、网络传输速率等。

性能计数器是描述服务器或操作系统性能的一些数据指标。例如，对 Windows 系统来说，内存数、进程时间等都是常见的计数器。它在性能测试中起“监控和分析”的作用，在分析系统的可扩展性、进行性能瓶颈的定位时，对计数器取值的分析非常关键。一般单一的性能计数器只能体现系统性能的某一个方面，对性能测试结果的分析必须基于多个不同的计数器。

与性能计数器相关的另一个术语是“资源利用率”，它是指系统各种资源的使用状况。本节介绍常用的性能计数器以及部分性能分析方法。常用的 Windows 性能计数器如下所示。

1. 内存(Memory)

内存性能计数器主要检查应用程序是否存在内存泄漏。如果发生了内存泄漏，Private Bytes 计数器和 Work Set 计数器的值往往会升高，同时 Available MBytes 的值会降低。内存泄漏应该通过一个长时间的，用来研究分析当所有内存都耗尽时，应用程序的反应情况的测试来检验。内存性能计数器如表 7-1 所示。

表 7-1 内存(Memory)性能计数器

性能计数器	计数器描述	参考信息
Available Mbytes	可用物理内存数	如果 Available Mbytes 的值很小(4MB 或更小)，则说明计算机上总的内存可能不足，或某程序没有释放内存
page/sec	表明由于硬件页面错误而从磁盘取出的页面数，或由于页面错误而写入磁盘以释放工作集空间的页面数	一般如果 pages/sec 持续高于几百，有可能需要增加内存，以减少换页的需求(可以把这个数字乘以 4K 就得到由此引起的硬盘数据流量)；Pages/sec 的值很大不一定表明内存有问题，而可能是运行使用内存映射文件的程序所致
page read/sec	页的硬故障，page/sec 的子集，为了解析对内存的引用，必须读取页文件的次数	阈值大于 5
Page Faults/sec	处理器中的页面错误的计数	当处理器向内存指定的位置请求一页出现错误时，这就构成了一个 Page Fault，如果该页在内存的其他位置，该错误被称为软错误，用 Transition Faults/sec 计数器衡量；如果该页必须从硬盘上重新读取时，被称为硬错误；许多处理器可以在有严重软错误的情况下继续操作。但是，硬错误可能导致明显的拖延
Cache Bytes	文件系统缓存	默认情况下为 50%的可用物理内存，如 50%的物理内存不够时，它会自己整理物理内存缓存，要关注该计数器的变化趋势
File Cache Hits	文件缓存命中率	File Flushes 是自服务器启动后文件缓存 Cache Hits 的刷新次数，如果刷新太慢，会浪费内存；如果刷新太快，缓存中的对象会太频繁的丢弃和生成，起不到缓存的作用；通过比较 File Cache Hits 和 File Cache Flushes，可以得到一个适当的刷新值
Work Set	处理线程时使用的内存页，反映每一个进程使用的内存页的数量	
Private Bytes	指这个处理不能与其他处理共享的、已分配的当前字节	其值越小越好

2. 处理器(Processor)

监视“处理器”和“系统”对象计数器可以提供关于处理器使用的有价值的信息，帮助测试人员决定是否存在瓶颈。处理器计数器如表 7-2 所示。

表 7-2 处理器性能计数器

性能计数器	计数器描述	参考信息
Processor Time	处理器所用的总时间	如果该值持续超过 95%，表明瓶颈是 CPU；可以考虑增加一个处理器或换一个更快的处理器
User Time	表示耗费 CPU 的数据库操作，如排序、执行聚集函数等	如果该值很高，可考虑增加索引，尽量使用简单的表联接、水平分割大表格等方法来降低该值
Privileged Time	CPU 内核时间，是在特权模式下处理线程执行代码所花时间的百分比	如果该参数值和 Physical Disk 参数值一直很高，表明 I/O 有问题；可考虑更换更快的硬盘系统；另外设置 Tempdb in RAM，减低 max async IO、max lazy writer IO 等措施都会降低该值；此外，跟踪计算机的服务器工作队列当前长度的 Server Work Queues\Queue Length 计数器会显示出处理器瓶颈；队列长度持续大于 4 则表示可能出现处理器拥塞；此计数器是特定时间的值，而不是一段时间的平均值
DPC Time	CPU 消耗网络上的时间	该比值越低越好；在多处理器系统中，如果这个值大于 50%并且 Processor Time 非常高，加入一个网卡可能会提高性能，提供的网络已经不饱和
Context Switches/sec	计算机上的所有处理器全都从一个线程转换到另一个线程的综合速度	当内核将处理器从一个线程切换到另一个线程时，就会出现上下文转换；当一个具有更高优先级的线程已经就绪或者当一个正在运行的线程自动放弃处理器时也可能会出现上下文转换；它是在计算机上的所有处理器上运行的所有线程的 Thread: Context Switches/sec 的总数，并且用转换数量衡量；在系统和线程对象上有上下文转换计数器，该值越长越好
Interrupts/sec	处理器用在处理中断以及推迟处理调用的时间百分比	如果处理器使用率超过 90%，且 Interrupts/sec 大于 15%则处理器可能负载过重，并发生中断

3. 物理磁盘(Physical Disk)

磁盘性能计数器如表 7-3 所示。

表 7-3 物理磁盘性能计数器

性能计数器	计数器描述	参考信息
Disk Time	指所选磁盘驱动器忙于为读或写入请求提供服务所用的时间的百分比	如果 3 个计数器都比较大，那么硬盘不是瓶颈；如果只有 Disk Time 比较大，另外两个都比较适中，硬盘可能会是瓶颈；若数值持续超过 80%，则可能是内存泄漏
Avg. Disk Queue Length	表示排队等待磁盘服务的请求	该值应不超过磁盘数的 1.5 倍～2 倍；要提高性能，可增加磁盘

续表

性能计数器	计数器描述	参考信息
Average Disk Read/Write Queue Length	表示磁盘读取/写入请求(列队)的平均数	该值越小越好
Disk Reads(Writes)/sec	物理磁盘上每秒钟磁盘读、写的次数	两者相加应小于磁盘设备最大容量
Average Disk sec/Read	指以秒计算的、在磁盘上读取数据所需平均时间	该值越小越好
Average Disk sec/Transfer	指以秒计算的在磁盘上写入数据所需平均时间	该值越小越好

判断磁盘瓶颈的方法是通过以下公式来计算：

每磁盘 I/O 数 ＝[读次数＋(4×写次数)]/ 磁盘个数

如果计算出的每磁盘的 I/O 数大于磁盘的处理能力，那么磁盘存在瓶颈。否则，磁盘不存在瓶颈。

常用的数据库计数器如表 7-4 所示。

表 7-4 数据库性能计数器

类别	性能计数器	计数器描述	参考信息
系统	Total Processor Time	数据库进程占用 CPU 的时间	在不同的数据库中以不同的名称表示；例如：在 Oracle 中，该计数器被称为 CPU used by this session
	Users Connections	当前的用户连接数	数据库服务器一般都有用户连接数的限制，当应用不合理时，有可能出现连接数超过限制的情况，导致一些异常的发生
内存	Cache Hits Ratio	缓存命中率	该计数器结合其他一些计数器，如 Connection Memory、SQL Cache Memory、Lock Memory 等，可以很清楚地知道 Memory 的使用情况
	Total Server Memory (仅用于 SQL Server)	SQL Server 数据库进程当前所使用的内存量	
	PGA Memory/UGA Memory(仅用于 Oracle)	The Process Global Area (PGA) The User Global Area (UGA) Oracle 数据库进程的内存情况	
锁	Average Wait Time	锁平均等待时间	
	Lock Requests/Sec	每秒的锁请求数	
	Numbers of Deadlocks/Sec	每秒产生的死锁的数量	当该计数器的值比较大时，需要查找产生死锁的原因
I/O	Outstanding Reads(Writes)	被挂起的物理读(写)	当该计数器的值比较大时，可能是 CPU、磁盘 I/O 产生的瓶颈，可以通过服务器的 CPU 和 I/O 分析了解进一步的原因
	Page Reads/Sec	每秒页面读写的次数	
	Transactions/Sec	每秒产生的事务量	

以上仅就部分计数器进行了说明,还有许多其他类型的计数器,如J2EE计数器、IIS计数器等,本节不再涉及,读者可参考其他文献资料。

7.2 性能测试流程

性能测试主要是通过自动化的测试工具模拟多种正常、峰值以及异常负载条件来对系统的各项性能指标进行测试。性能测试原理的实现主要包含3点:用户行为模拟、性能指标监控、性能调优。其中用户行为模拟借助于自动化测试工具,产生用户行为脚本,并运用负载生成器将用户操作模拟为成千上万的虚拟用户对被测系统进行操作。在系统运行过程中需要监控各项性能指标,并分析指标的变化情况。通过指标的监控发现系统存在的性能问题,利用分析工具进行定位并找到修复方案。

在每种不同的系统架构的实施中,开发人员可能选择不同的实现方式,因此,对测试人员来说,被测试系统多种多样,情况比较复杂。很难说有一种通用的性能测试方法或者技术能适用于所有类型系统的性能测试。不过仍然有一些通用的步骤帮助我们完成一个性能测试项目。通用的步骤为:性能测试计划、性能测试设计、性能测试执行、性能测试结果分析。

7.2.1 性能测试的计划

制定测试计划的目的是为了约束测试各个活动的起止时间,为性能测试的准备、执行、分析与报告、总结等环节给出合理时间估算。每一个性能测试计划中的第一步都会制定目标和分析系统构成。只有明确目标和了解系统构成才会知道测试范围,知道在测试中要掌握什么样的技术。计划阶段一般需要确定如下问题。

1. 目标

确定客户需求和期望。例如客户能接受的响应时间、每日交易处理能力、系统资源利用率、系统环境搭建方式、并发用户数、日交易数量等。

2. 系统组成

系统组成这里包含几方面含义:系统类别、系统构成、系统功能等。了解这些内容有助于测试人员明确测试的范围,选择适当的测试方法来进行测试。

3. 系统功能

系统功能指系统提供的不同子系统,如办公管理系统中的公文子系统、会议子系统等,系统功能是性能测试中要模拟的环节,了解这些是必要的。

性能测试计划没有统一的模板,基本内容主要是所谓的5W1H,即When(何时)、Who(何人)、Where(何地)、What(何事)、Why(为什么)、HOW(如何进行)。

7.2.2 性能测试的设计

设计阶段主要是设计测试用例。设计测试用例是在了解软件业务流程的基础上进行。设计的原则是受最小的影响提供最多的测试信息,设计测试用例的目标是一次尽可能地包含多个测试要素。这些测试用例必须是测试工具可以实现的，不同的测试场景将测试不同的功能。因为性能测试不同于平时的测试用例，尽可能把性能测试用例设计得复杂一些，才有可能发现软件的性能瓶颈。

性能测试用例设计通常不会一次设计到位，它是一个不断迭代完善的过程，即使在使用过程中，也不是完全按照设计好的测试用例来执行的，需要根据需求的变化进行调整和修改。

7.2.3 性能测试的执行

通过性能测试工具运行测试用例。同一环境下做的性能测试得到的测试结果是不准确的，所以在运行这些测试用例的时候，需要在不同的测试环境下、不同的机器配置上运行。

7.2.4 测试结果的分析

运行测试用例后，收集相关信息，进行数据统计分析，找到性能瓶颈。通过排除误差和其他因素，让测试结果接近真实情况。不同的体系结构分析测试结果的方法也不同，B/S 结构我们会分析网络带宽，流量对用户操作响应的影响，而 C/S 结构我们可能更会关心系统整体配置对用户操作的影响。

7.3 LoadRunner 应用

LoadRunner 是一种预测系统行为和性能的工业标准级负载测试工具。通过以模拟上千万用户实施并发负载及实时性能监测的方式来确认和查找问题，LoadRunner 能够对整个企业架构进行测试。通过使用 LoadRunner，企业能最大限度地缩短测试时间、优化性能和缩短应用系统的发布周期。

LoadRunner 性能测试工具的体系架构如图 7-2 所示，主要由 4 个部分组成。

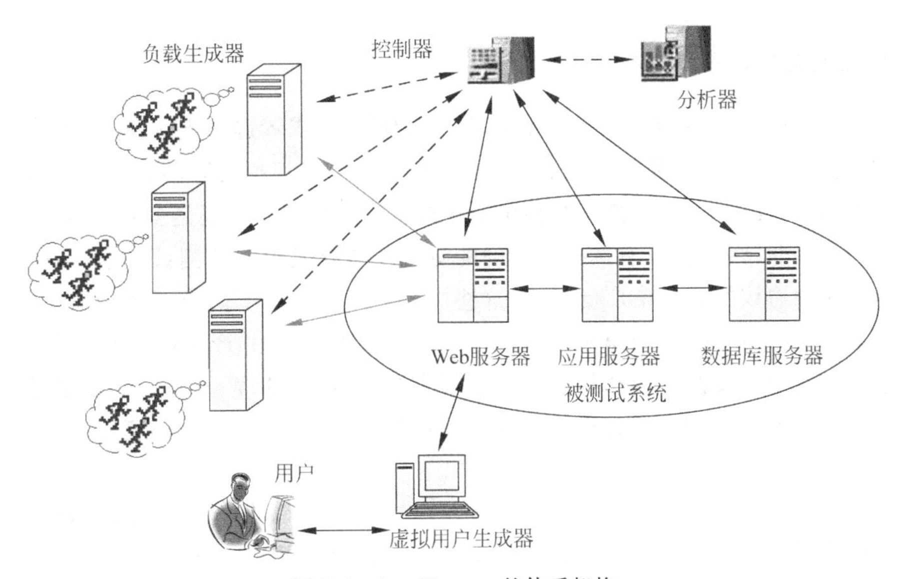

图 7-2 LoadRunner 的体系架构

(1) 虚拟用户生成器(Virtual User Generator,VuGen):提供了基于录制的可视化图形开发环境,可以使用户方便地生成性能测试脚本。

(2) 压力调度和监控系统(Controller):对整个负责的过程进行设置,制定负载的方式和周期,同时提供了系统监控的功能。

(3) 负载生成器(Load Generator):负责将 VuGen 脚本复制成大量的虚拟用户对系统生成负载。

(4) 结果分析器(Analysis):用户通过分析器对性能测试的结果数据进行分析整理。

7.3.1 脚本录制与开发

VuGen 是一种基于录制和回放的脚本开发工具,用户按照业务流程操作,VuGen 将用户的操作记录下来,自动转化成脚本,然后完成对用户行为的模拟,从而进一步对系统产生负载。生成虚拟用户脚本是性能测试中的重要步骤。假设现在要对 LoadRunner 自带的 MercuryTours 网站进行性能测试,首先要录制虚拟用户脚本。

1. 启动 VuGen

启动 LoadRunner 后,在 Load Testing 选项卡中,选择第一项 Create/Edit Scripts,就可以启动 VuGen,如图 7-3 所示。

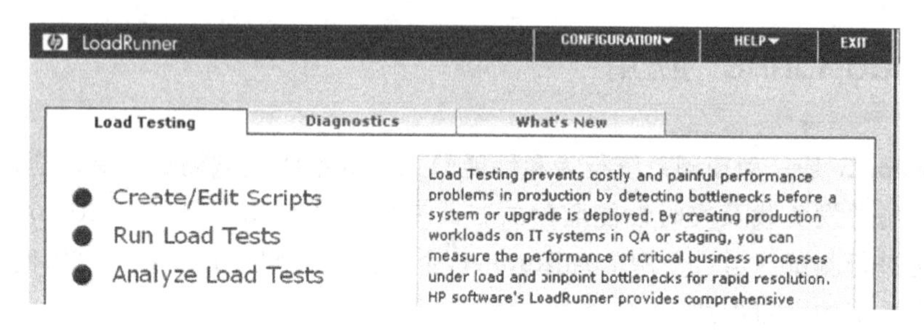

图 7-3 LoadRunner 窗口

2. 创建新的虚拟用户脚本

启动 VuGen 之后,在窗口中单击新建脚本按钮,或者选择 File|New 命令,可以打开新建脚本窗口,如图 7-4 所示。在 Category 项,用户可以根据实际项目选择协议类型,默认列出了 Popular Protocols。窗口左侧用于选择录制单协议脚本还是多协议脚本。

协议的选择非常重要,只有选择了正确的协议才能开发出好的测试脚本。LoadRunner 支持的虚拟用户协议类型非常广泛,通过这些协议可以在使用不同类型的 C/S 体系结构时生成服务器负载。每种虚拟用户协议都适合于特定体系结构,并产生特定的虚拟用户类型。在协议选择过程中需要注意选择与被测对象相应的脚本,比如 Web 系统一般选择 HTTP/HTML 协议,FTP 服务器一般选择 FTP 协议的脚本。下面列出了常见应用与协议的对应关系。

(1) 一般应用:C Vuser、VB Vuser、VB script Vuser、JAVA Vuser、Javascript Vuser。

(2) 电子商务:Web(Http/Html)、FTP、LDAP、Palm、Web/WinsocketDual Protocol。

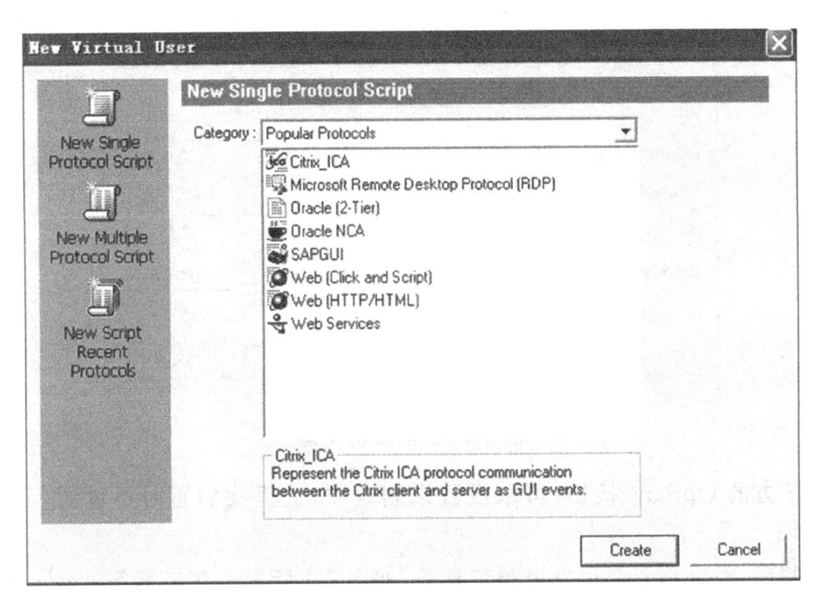

图 7-4 选择协议

(3) 客户端/服务器：MSSQLServer、ODBC、Oracle、DB2、Sybase CTlib、Sybase DBlib、Domain Name Resolution(DNS)、WindowsSocket。

(4) 分布式组件：COM/DCOM、Corba-Java、Rmi_Java。

(5) EJB：EJB、Rmi_Java。

(6) ERP/CRP：Oracle NCA、SAP-Web、SAPGUI、SAPGUI/SAP-Web Dual Protocol、PropleSoft_Tuxedo、Siebel Web、Siebel-DB2 CLI、Sieble-MSSQL、Sieble Oracle。

(7) 遗留系统：Terminal Emulation (RTE)。

(8) Mail 服务：Internet Messaging(IMAP)、MS Exchange(MAPI)、POP3、SMTP。

(9) 中间件：Jacada、Tuxedo 6、Tuxedo 7。

(10) 无线系统：i-mode、voiceXML、WAP。

(11) 应用部署解决方案：Citrix_ICA。

(12) 流数据：Media Plays(MMS)和 Real 协议。

由于现在要测试的是 Web 网站，这里选择 Web(HTTP/HTML)协议。选择完毕后单击 Create 按钮，启动开始录制对话框，如图 7-5 所示。Application type 即应用程序类型，有 Internet Applications 和 Win32 Applications 两种。Program to record 默认使用 IE 浏览器，可以选择其他类型的浏览器。在 URL Address 处输入被测网站的地址，HP 自带的示例网站地址为 http://127.0.0.1:1080/WebTours/，选择 Working directory。Record into Action 有 3 个选项，分别是 vuser_init、vuser_end 和 Action，其中 vuser_init 一般存放用户的初始化操作，用户的结束操作一般存放在 vuser_end 中，因为这两个 Action 在运行逻辑 Run Logic 默认设置中是处在脚本最先运行和最后运行的位置，并且在负载时 vuser_int 和 vuser_end 只会在开始和结束时被运行一次。Action 是用来存放用户操作的，可以在负载时被运行多次。

选择 Record the application startup 选项，单击 OK 按钮后可以启动要录制的应用程序。

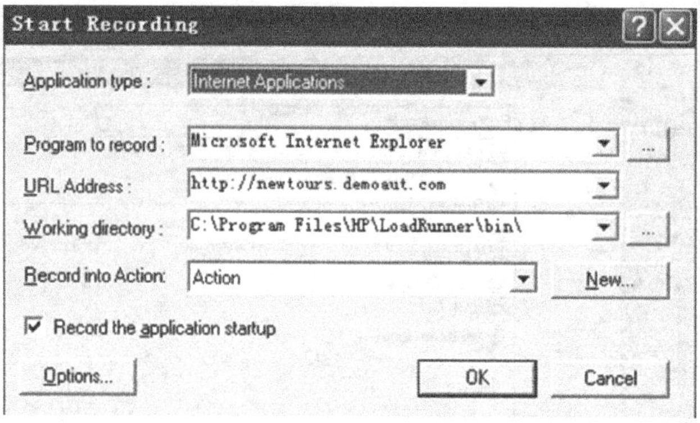

Start Recording
Application type: Internet Applications
Program to record: Microsoft Internet Explorer
URL Address: http://newtours.demoaut.com
Working directory: C:\Program Files\HP\LoadRunner\bin\
Record into Action: Action New...
Record the application startup
Options... OK Cancel

图 7-5 开始录制设置

单击左下方的 Options 按钮,可以设置录制选项,这里我们暂时不设置。单击 OK 按钮,启动录制。

开始录制后,在屏幕上会出现录制工具条,如图 7-6 所示。在工具条上显示了 events 的数目,表明 VuGen 正在录制用户操作。通过该工具条可以在录制过程中插入事务或集合点。

图 7-6 Recording 工具条

在录制期间进行的用户操作如下所示。

输入用户名和密码登录,登录成功后单击 Sign off 按钮,退出系统,然后单击停止录制按钮 停止录制,将测试脚本保存为 login。录制的脚本如下所示。

```
Action()
{
        web_url("WebTours",
        "URL = http://127.0.0.1:1080/WebTours/",
        "Resource = 0",
        "RecContentType = text/html",
        "Referer = ",
        "Snapshot = t2.inf",
        "Mode = HTML",
        LAST);

    lr_think_time(7);

    web_submit_form("login.pl",
        "Snapshot = t3.inf",
        ITEMDATA,
        "Name = username","Value = wfs",ENDITEM,
        "Name = password","Value = 123",ENDITEM,
        "Name = login.x","Value = 56",ENDITEM,
        "Name = login.y","Value = 15",ENDITEM,
```

```
        LAST);

    web_image("SignOff Button",
        "Alt = SignOff Button",
        "Snapshot = t4.inf",
        LAST);
    return 0;
}
```

这是C语言标准的脚本程序。其中web_url函数实现对网站http://127.0.0.1:1080/WebTours/的访问，相当于在IE浏览器地址栏中输入网站地址并按下Enter键。web_submit_form函数自动检测网页上是否有form表单，然后将后面的ITEMDATA数据进行传送，这里用户输入用户名wfs和密码123。web_image函数表示单击了网页上的图片，以进行SignOff按钮的操作。

脚本录制完成后，在VuGen窗口中默认是以ScriptView(脚本视图)的形式显示录制的用户操作，可以将视图切换到TreeView形式，单击工具栏上的 Tree 按钮，或者选择View|Tree View命令，Tree视图如图7-7所示。在图左侧显示Action中包含的几个函数对应的操作，单击其中一个，在右侧可以看到对应的截图Page View、客户端响应Client Request以及Server Response。

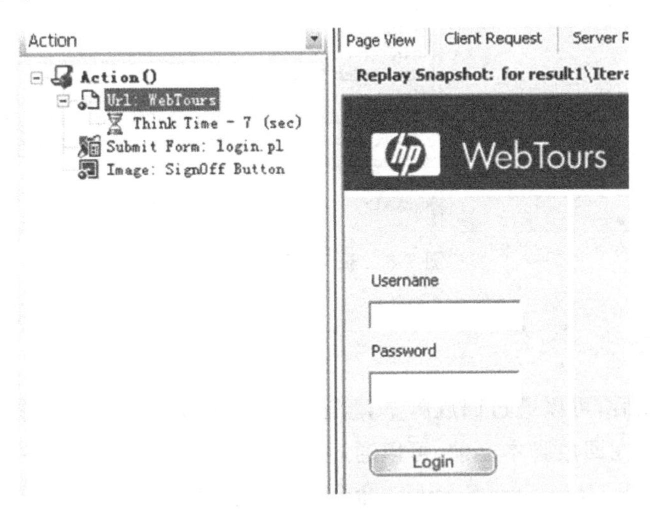

图7-7 TreeView视图

例如单击Submit Form: login.pl后，对应的Server Response如图7-8所示。从其中可以看到服务器的响应信息。单击该图中的Client Request，可以查看客户的请求信息。

用户也可以通过查看录制日志Recording Log和产生日志Generation Log来了解客户端请求以及服务器响应信息。例如，在Recording Log的开头中，可以看到VuGen支持的协议类型。这里对HTTP协议的解析式是通过api_http_filter.dll库文件实现的。

```
[Network Analyzer (cf4: 930)] ------------------------------------------------
[Network Analyzer (cf4: 930)] Load Network Traffic Analyzers:
[Network Analyzer (cf4: 930)] Analyzer Module: WPLUS (value = )
[Network Analyzer (cf4: 930)] Analyzer Module: WebBase (value = GetHttpProtocolAnalyzer: api_
```

```
http_filter.dll)
[Network Analyzer (cf4: 930)] + Network Analyzer: api_http_filter.dll @ GetHttpProtocolAnalyzer
Loaded!
[Network Analyzer (cf4: 930)] + Interception Auditors: WinInetWplusInterceptionAudit:api_http
_filter.dll
[Network Analyzer (cf4: 930)] Analyzer Module: QTWeb (value = )
[Network Analyzer (cf4: 930)] Analyzer Module: local_server (value = )
[Network Analyzer (cf4: 930)] ------------------------------------------
```

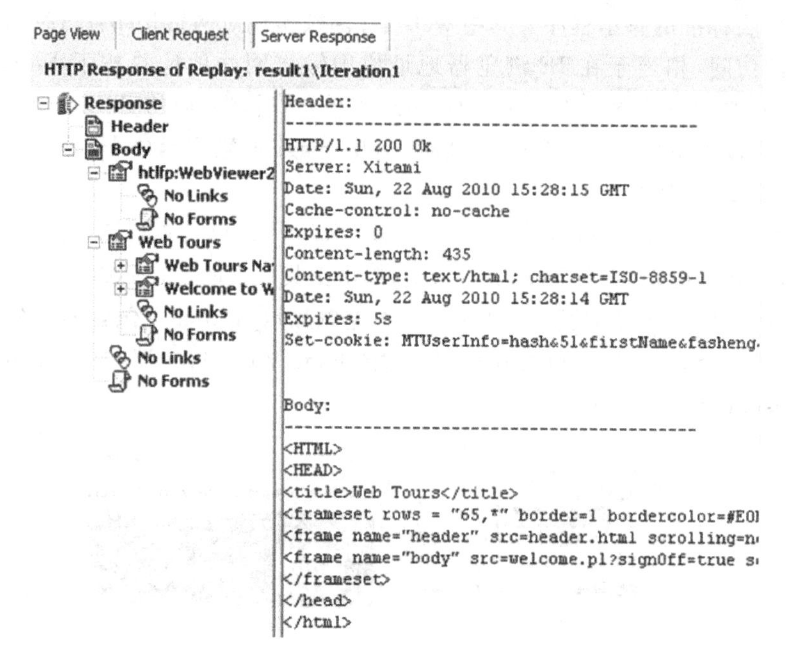

图 7-8 Server Response

3. 脚本的回放

脚本创建完成后，可以通过回放脚本，验证系统是否按照预期的操作正常运行。回放脚本就是执行测试。在回放脚本之前，可以通过运行时设置模拟用户的各种活动和行为。在菜单栏中选择 Vuser|Run-time Settings 命令，打开运行时设置窗口，如图 7-9 所示。

1) Run Logic

运行逻辑用来设置脚本的运行方式，例如，可以将 Action 动作的迭代次数设置为两次，在执行脚本时，Action 会被执行两次。

2) Pacing

该项用来设置每次迭代之间的等待时间，如图 7-10 所示。默认设置是选择 As soon as the previous iteration ends 选项，即结束一次迭代之后马上开始另一次。第二个选项是 After the previous iteration ends:，用户可以在上一次迭代结束后，等待一段时间之后再开始新的一次迭代，这里可以设置等待时间。第三个选项是设置两次迭代之间的时间间隔，包括了上一次迭代的执行时间。如果一次迭代的执行时间大于用户设置的值，LoadRunner 会提示无法达到这里的时间设置，然后立即开始执行下一次迭代。

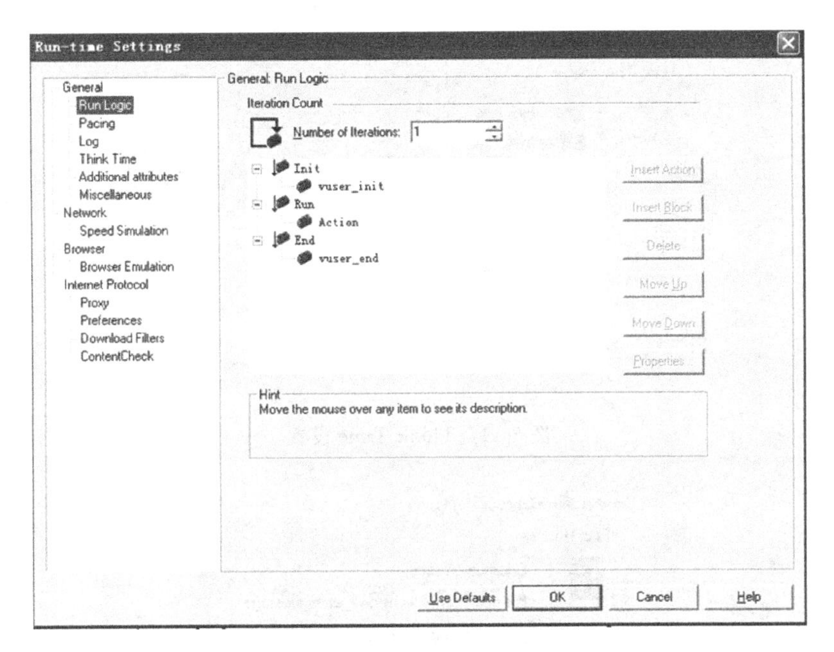

图 7-9　运行时设置窗口

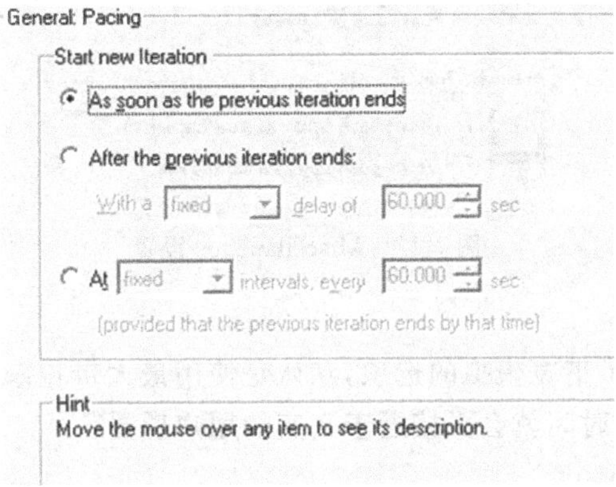

图 7-10　Pacing 设置

3) Think Time

思考时间是一种等待时间的方式，VuGen 执行脚本的速度非常快，但实际用户的操作可能没有那么快，所以通过设置思考时间，可以更加真实地模拟用户等待操作，如图 7-11 所示。

默认设置是忽略思考时间。用户可以选择 Replay think time 项，进行设置。选项中提供了 4 种选择，分别是：与录制时的时间一致、录制思考时间的若干倍、录制思考时间的随机百分比、限定思考时间为若干秒。

4) Miscellaneous

Miscellaneous 提供了一些在 Controller 中运行脚本的设置：错误处理、多线程设置、自动事务设置，如图 7-12 所示。

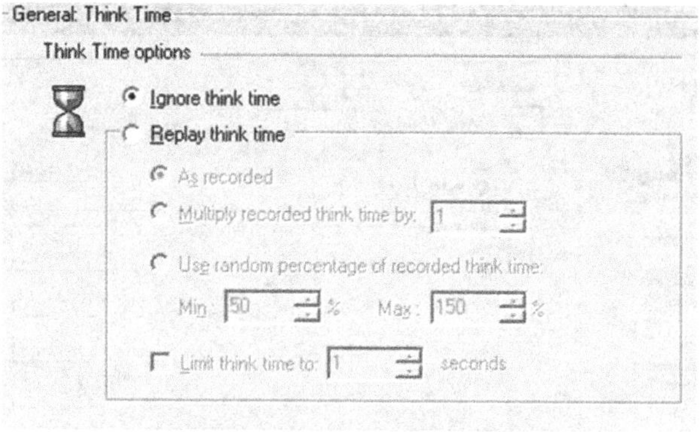

图 7-11　Think Time 设置

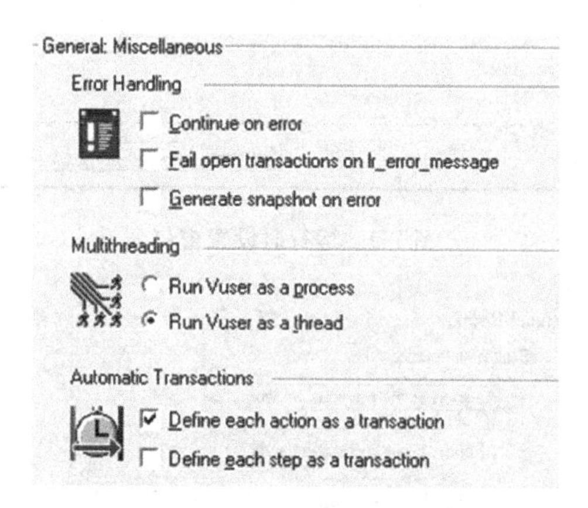

图 7-12　Miscellaneous 设置

5) Speed simulation

网络速度模拟提供了带宽模拟的选项,默认是使用最大带宽来进行访问,如果设置了带宽限制,那么得到的响应时间就会更接近于真实的用户感受。

6) Browser Emulation

VuGen 可以回放脚本,是因为 Browser Emulation 模拟了整个 HTTP 协议头中的 user-agent 信息,如图 7-13 所示,服务器将其看作是客户端发出的请求。

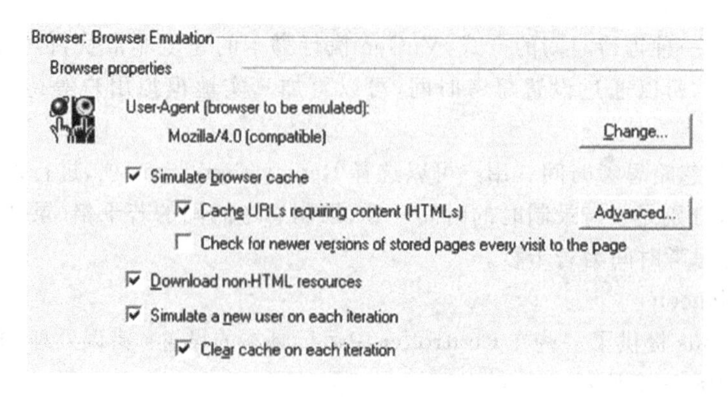

图 7-13　Browser Emulation 设置

在 Browser properties 中，User-Agent (Browser to be emulated)的默认选项是 Mozilla 浏览器，单击 Change 按钮，可以对其修改，从而模拟其他类型的浏览器，如图 7-14 所示。

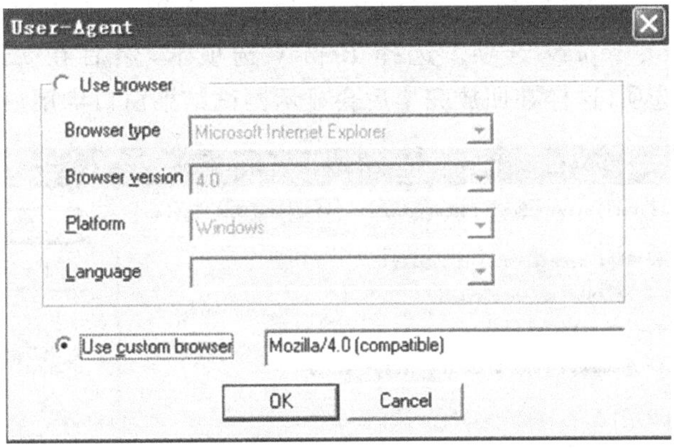

图 7-14 User-Agent 设置

在图 7-13 中，还可以设置是否需要模拟 cache 的处理方法，这样能够实现第一次访问较慢，下一次访问读取 cache 中的缓存以加快访问速度的目标，这也更符合真实的用户操作。

7) Preference

在 Preference 设置窗口中可以设置启用图片和文字检查、生成 Web 性能图、以及其他运行时设置，如图 7-15 所示。

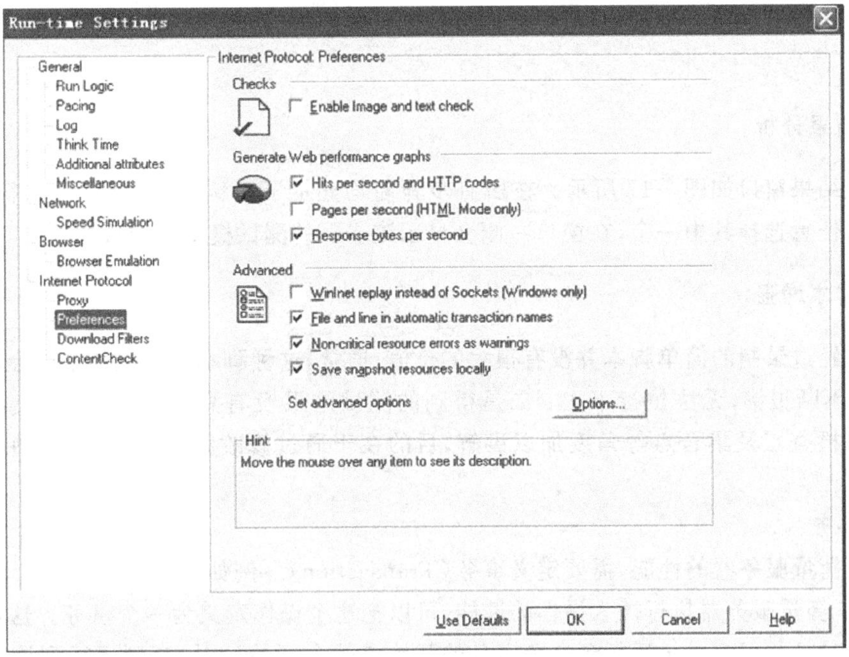

图 7-15 用户自定义设置窗口

根据需要完成运行时设置后，单击 OK 按钮以确认，这里我们统统使用默认设置来回放该脚本。

VuGen还可以让用户通过进行相交设置,使得在回放脚本期间能够打开浏览器观察回放的操作,默认设置是运行时不打开浏览器。在菜单栏中选择Tools|General options命令,打开General options设置窗口,如图7-16所示。在窗口中选择Display标签,选择Show browser during replay选项。选择Replay选项卡,然后在After Replay中选择Visual test results选项,这样在回放完毕后会显示测试结果窗口供用户分析。

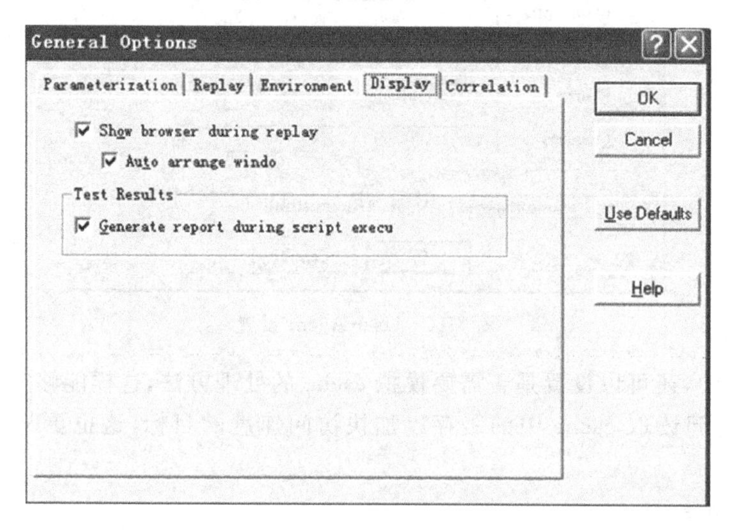

图7-16 Display设置

设置完成后,保存脚本,然后单击工具栏上的回放按钮 ▶,或者选择VUser|Run命令,脚本开始执行。在执行过程中,用户可以看到执行的用户操作。执行完毕后,将弹出测试结果窗口。

4. 结果分析

测试结果窗口如图7-17所示。在所有步骤前均显示了对钩,表示该步骤执行通过,测试成功。任意选择其中一个,在窗口右侧会显示该步骤的测试概要以及截图。

5. 脚本增强

前述经过录制的简单脚本并没有很大的价值,通常,这种脚本在测试场景中会有两个结果:一是不断报错,无法执行下去;二是得到的测试结果没有意义。本节将从事务、参数化、关联、检查点及集合点等角度加以讲解,目的在于通过修改脚本,不断增强脚本的可执行性。

1) 事务

为了衡量服务器的性能,需要定义事务(Transaction)。例如在脚本中有一个数据插入操作,为了衡量服务器执行插入操作的性能,可以把这个操作定义为一个事务。这样在运行测试脚本时,LoadRunner运行到这个事务的开始点就会开始计时,直到运行到该事务的结束点停止计时。这个事务的运行时间在测试结果中会有所反映,可以使用LoadRunner的Transaction Response Time图来分析每个事务的服务器性能。

插入事务操作可以在录制过程中进行,也可以在录制结束后进行。LoadRunner允许

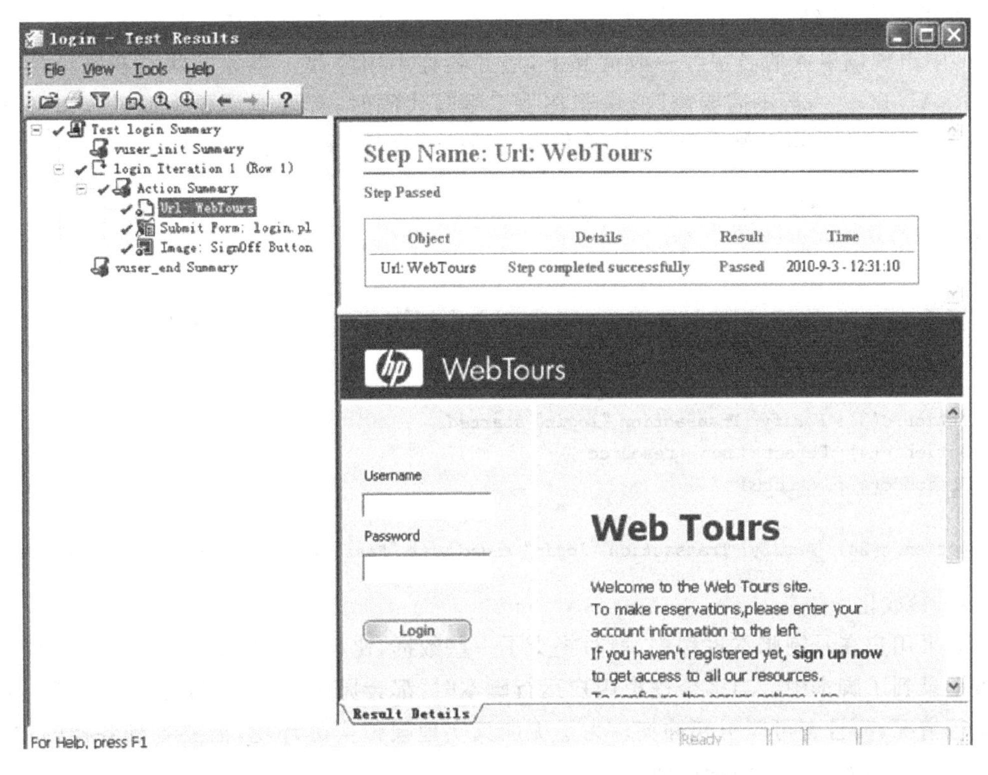

图 7-17 测试结果窗口

在脚本中插入不限数量的事务。具体的操作方法如下：在 TreeView 视图下，选择要插入事务起始点的操作，然后在菜单栏中选择 Insert|Start Transaction 命令，打开开始事务窗口，如图 7-18 所示，填入事务的名称。注意：事务的名称最好要有意义，能够清楚地说明该事务完成的动作，如 login。

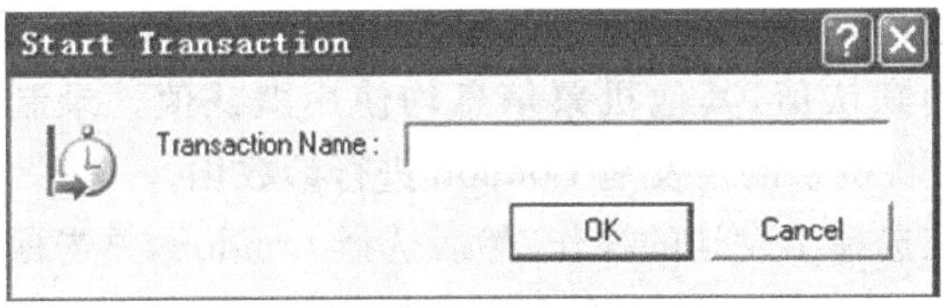

Start Transaction

Transaction Name:

OK Cancel

图 7-18 开始事务

插入事务的开始点后，下面在需要定义事务的操作后面插入事务的"结束点"。选择 Insert|End Transaction 命令，出现结束事务窗口，如图 7-19 所示。

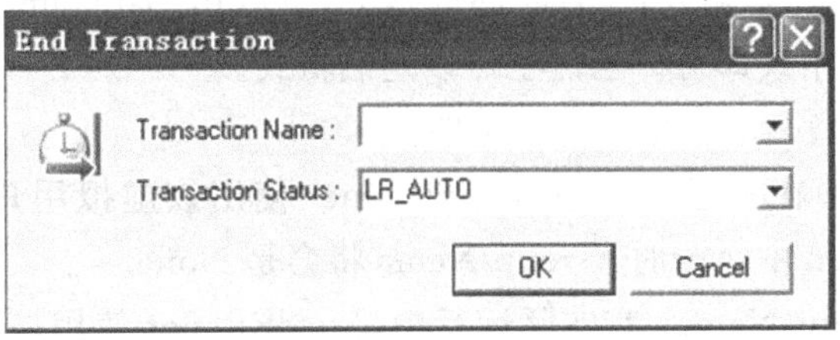

End Transaction

Transaction Name:

Transaction Status: LR_AUTO

OK Cancel

图 7-19 结束事务

如果之前已经插入了一个开始事务,那么在结束事务窗口中,默认在 Transaction Name 中出现该事务的名字。一般情况下,事务名称不用修改。事务的状态在默认情况下是 LR_AUTO。一般不需要修改,除非在手工编写代码时,有可能需要手动设置事务的状态。插入开始事务以及结束事务后,在脚本视图中可以看到相关的脚本:

```
lr_start_transaction("TransactionName");
/* 中间为事务的具体操作 */
lr_end_transaction("TransactionName");
```

插入事务后,在回放脚本过程中,回放日志中可以看到事务开始和结束的信息,如下所示:

```
Action.c(3): Notify: Transaction "login" started.
Action.c(4): Detected non - resource …
Action.c(4): Detected …
…
Action.c(24): Notify: Transaction "login" ended with "Pass" status (Duration: 1.8756).
```

2) 参数化

如果用户在录制脚本过程中,填写提交了一些数据,比如要增加数据库记录。这些操作都被记录到了脚本中。当多个虚拟用户运行脚本时,都会提交相同的记录,这样不符合实际的运行情况,而且有可能引起冲突。为了更加真实地模拟实际环境,需要各种各样的输入。参数化输入是解决此问题的有效方法。

用参数表示用户的脚本有两个优点:可以使脚本的长度变短;可以使用不同的数值来测试脚本。例如,如果需要搜索不同名称的图书,仅仅需要编写一次提交函数。在回放的过程中,可以使用不同的参数值,而不只搜索一个特定名称的值。

参数化包含以下两项任务:首先在脚本中用参数取代常量值;其次,设置参数的属性以及数据源。下面举例说明。

首先录制一段脚本,登录 http://127.0.0.1:1080/WebTours/,预定一张从 London 到 Paris 的机票,日期使用默认值,其他机票信息均使用默认值。录制完成后将脚本保存为 bookTicket。我们现在将机票的出发地 London 进行参数化。

在脚本视图中找到选择出发地的操作,然后选择 London,单击鼠标右键,在弹出的快捷菜单中选择 Replace with a Parameter 命令,如图 7-20 所示。

出现创建参数窗口(见图 7-21)后,在 Parameter name 中输入参数名 depart,一般都是取通俗易懂、有一定含义的名字。在 Parameter type 列表中选择一个参数类型,可供选择的参数类型有以下几个。

(1) DateTime:在需要输入日期/时间的地方,可以用 DateTime 类型来替代。其属性设置很简单,选择一种格式即可。当然也可以定制格式。

(2) File:文件类型。即参数取自于文件。

(3) Group Name:在实际运行中,LoadRunner 使用该虚拟用户所在的 Vuser Group 来代替。但是在 VuGen 中运行时,Group Name 将会是 None。

(4) Load Generator Name:在实际运行中,LoadRunner 使用该虚拟用户所在的 Load Generator 的机器名来代替。

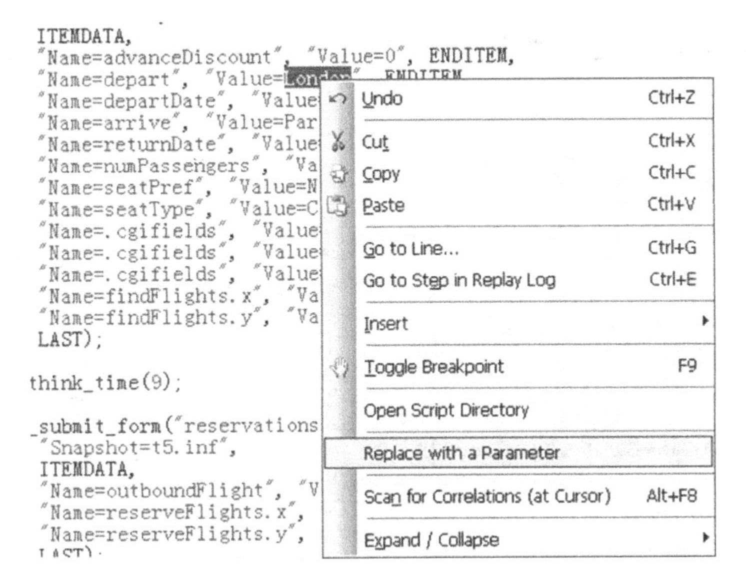

图 7-20 参数化

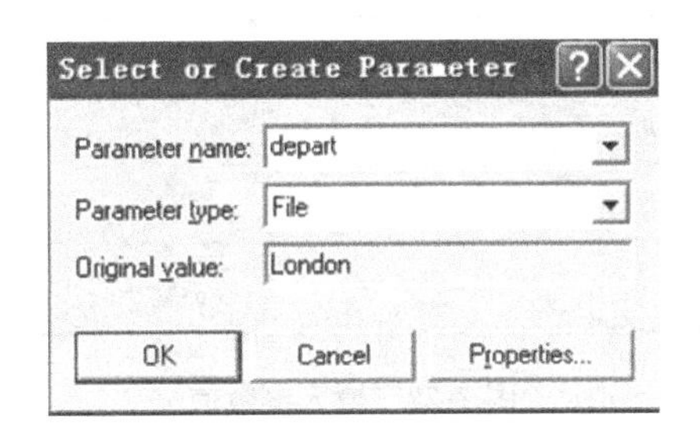

图 7-21 创建参数

(5) Iteration Number：在实际运行中，LoadRunner 使用该测试脚本当前循环的次数来代替。

(6) Random Number：随机数。在属性设置中可以设置产生随机数的范围。

(7) Unique Number：唯一的数。在属性设置中可以设置第一个数以及递增的数的大小。提示：使用该参数类型必须关注可以接受的最大数。例如：某个文本框能接受的最大数为 99。当使用该参数类型时，设置第一个数为 1，递增的数为 1，但 100 个虚拟用户同时运行时，第 100 个虚拟用户输入的将是 100，这样脚本运行将会出错。

这里选择 File 类型，然后单击 Properties 按钮，弹出参数属性窗口，单击 Create Table 按钮，这时参数化之前的值 London 自动出现在表中，然后单击 Add Row 按钮添加新的数据 Denver，继续添加 Portland 和 Seattle，其他选项采用默认值，设置完成后将如图 7-22 所示，单击 Close 按钮以关闭，回到图 7-21 所示界面，单击 OK 按钮以确认。

在脚本视图中可以看到参数化之后，原先的常数 Value=London 变成了 Value={depart}。

接下来，在 Run-time setting 窗口的 Run Logic 中，将 Action 的迭代次数设置为 4 次，参数化之后总共有 4 个出发地，然后保存脚本。

回放脚本，分析结果。结果显示，只有第一次迭代通过，其他 3 次迭代均失败，如图 7-23 所示。

Parameter Properties - [depart]

Parameter type: File

File depart.dat Browse...

Add Column... Add Row... Delete Column... Delete Row...

	depart
1	London
2	Denver
3	Portland
4	Seattle

Edit with Notepad... Data Wizard... Simulate Parameter...

Select column: By number: 1; By name:

File format: Column Comma; First data 1

Select next row: Sequential

Update value on: Each iteration

When out of values: Continue with last value

Allocate Vuser values in the Controller: Automatically allocate block size; Allocate values for each Vuser

Close

图 7-22 输入参数值

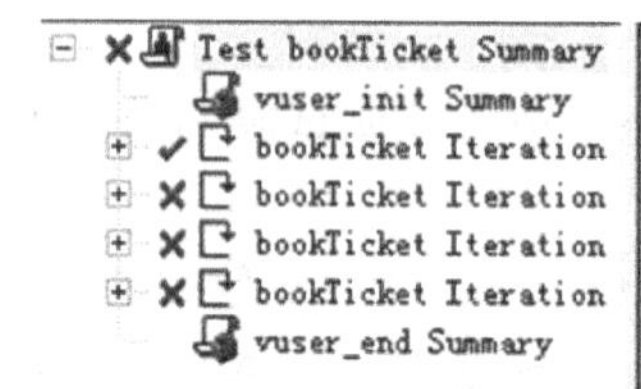

Test: bookTicket

Results name: result1

Time Zone: 中国标准时间

Run started: 2010-9-3 - 12:42:34

Run ended: 2010-9-3 - 12:42:56

Iteration #	Results
1	Passed
2	Failed
3	Failed
4	Failed

Status	Times
Passed	35
Failed	4
Warnings	0

图 7-23 测试执行结果

3）关联

所谓关联(Correlation)就是把脚本中某些写死的(Hard-Coded)数据，转变成是撷取自服务器发送的、动态的、每次都不一样的数据。常见场景之一：如果有些服务器在每个浏览器第一次跟它要数据时，都会在数据中夹带一个唯一的辨识码，接下来就会利用这个辨识码来辨识跟它要数据的是不是同一个浏览器。一般称这个辨识码为 Session ID。对于每个新的交易，服务器都会产生新的 Session ID 给浏览器。如果录制时的 Session ID 与回放时获得的 Session ID 不同，而 VuGen 还是用旧的 Session ID 向服务器要数据，服务器会发现这个 Session ID 是失效的或是它根本不认识这个 Session ID，当然就不会传送正确的网页数据给 VuGen 了。

关联的方法可以分为手工关联和自动关联。这两种方法各有所长，手工的比较保险，但是需要自己去找关联函数的位置和需要关联的参数，然后一一替代。自动关联比较简单，找到关联参数的特征，运行的时候自动关联。但有时候自动关联不是很完整，可能有的参数找不全，在实际使用过程中需要注意。如果录制的脚本比较简单，需要关联的参数只有一个，自动关联还是可行的。

VuGen 提供自动关联的方法有 3 种：

(1) 在录制之前设定辨别规则，录制完毕，产生脚本的时候根据规则识别出需要关联的动态内容，从而产生正确的脚本。

(2) 录制完毕回放一遍，把回放结果与录制结果进行自动对比，确定动态信息，进行自动关联。

(3) 录制两个一模一样的脚本，对比其中的差异来确定需要关联的动态信息，然后进行关联。

以之前讲述的 bookTicket 脚本为例，使用第二种自动关联方法进行关联。选择 Vuser|Scan Script for Correlations 命令，扫描完毕后，在窗口下方的 Correlation Results 中可以看到扫描的结果，如图 7-24 所示。

Correlated	Text in Recording	Text in Replay: result1\Iteration4	First occurs in
	240;108;09/04/2010	740;598;09/04/2010	Action

图 7-24 关联扫描结果

扫描结果显示，在参数化之后，提交用户订单时，服务器始终是用户第一次订票时的响应结果。在 Page View 视图中可以看到第一次迭代和第四次迭代中选择航班步骤的页面，如图 7-25 所示。

在 Correlation Results 视图选项卡中单击 Correlate 按钮进行关联，关联完成后，图 7-24 中的 Correlated 状态显示为一个绿色的对钩，表示关联成功。保存脚本，然后执行回放。回放完毕后，可以看到 4 次迭代都已通过。

在关联之前，脚本视图中的脚本为：

```
web_submit_form("reservations.pl_2",
    "Snapshot = t5.inf",
    ITEMDATA,
    "Name = outboundFlight","Value = 240;108;09/04/2010",ENDITEM,
    "Name = reserveFlights.x","Value = 14",ENDITEM,
```

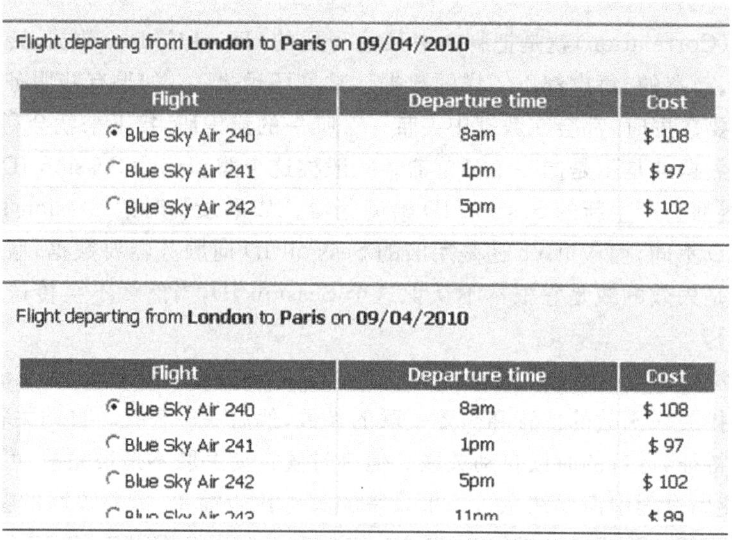

Flight departing from **London** to **Paris** on **09/04/2010**

Flight	Departure time	Cost
◉ Blue Sky Air 240	8am	$ 108
○ Blue Sky Air 241	1pm	$ 97
○ Blue Sky Air 242	5pm	$ 102

Flight departing from **London** to **Paris** on **09/04/2010**

Flight	Departure time	Cost
◉ Blue Sky Air 240	8am	$ 108
○ Blue Sky Air 241	1pm	$ 97
○ Blue Sky Air 242	5pm	$ 102
○ Blue Sky Air 243	11pm	$ 89

图 7-25　需要关联的操作页面

```
    "Name = reserveFlights.y","Value = 11",ENDITEM,
    LAST);
```

而关联之后的脚本为:

```
web_submit_form("reservations.pl_2",
    "Snapshot = t5.inf",
    ITEMDATA,
    "Name = outboundFlight","Value = {WCSParam_Diff1}",ENDITEM,
    "Name=reserveFlights.x","Value=14",ENDITEM,
    "Name=reserveFlights.y","Value=11",ENDITEM,
    LAST);
```

同时在参数化的 web_submit_data 函数之前多出一个关联函数,关联出来的内容被保存到一个叫做 WCSParam_Diff1 的参数中。

```
  // [WCSPARAM WCSParam_Diff1 18 240;108;09/04/2010] Parameter {WCSParam_Diff1} created by
Correlation Studio
  web_reg_save_param("WCSParam_Diff1","LB=outboundFlight value=","RB=","Ord=1",
"IgnoreRedirections=Yes","Search=Body","RelFrameId=1",LAST);
```

4) 检查点

在进行压力测试时,为了检查 Web 服务器返回的网页是否正确,VuGen 允许插入 Text/Image 检查点,这些检查点用于验证网页上是否存在指定的 Text 或者 Image,还可以测试在比较大的压力测试环境中,被测的网站功能是否保持正确。检查点的含义和 QTP 中检查点的功能基本上一致。

添加 Text/Image 检查点的工作,可以在录制过程中,也可以在录制完成后进行。本节以录制完成后的检查点插入为例进行讲解。

现在,我们检查用户登录成功后在欢迎界面是否出现用户名。在 TreeView 视图下,找到 Submit Form：login. pl 操作，单击鼠标右键，在弹出的快捷菜单中选择 Insert After 命令，弹出 Add Step 窗口后，选择 Web Checks 下的 Text Check，如图 7-26 所示。单击 OK 按钮以确认。

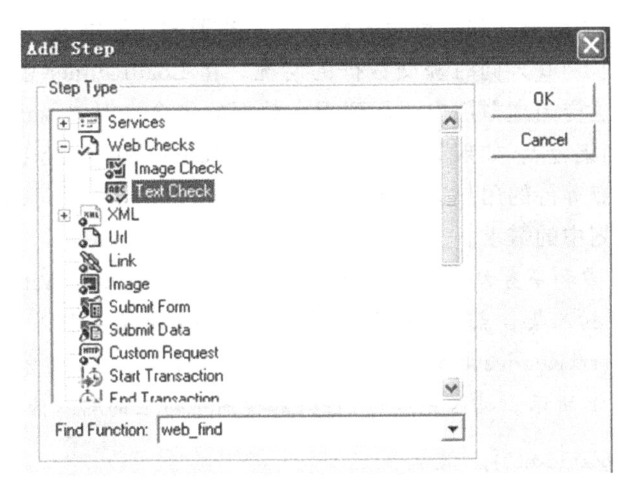

图 7-26　添加文本检查点

确认后，出现 Text Check Properties 窗口(见图 7-27)，在 Search for 输入框中输入用户名 wfs，也可以在 Right of 或者 Left of 中填入特征文字，输入完毕后，单击“确定”按钮。在 TreeView 视图中能够看到新加入的 Service：Find 步骤。在脚本视图中对应的脚本为：

```
web_find("web_find","What = wfs",LAST);
```

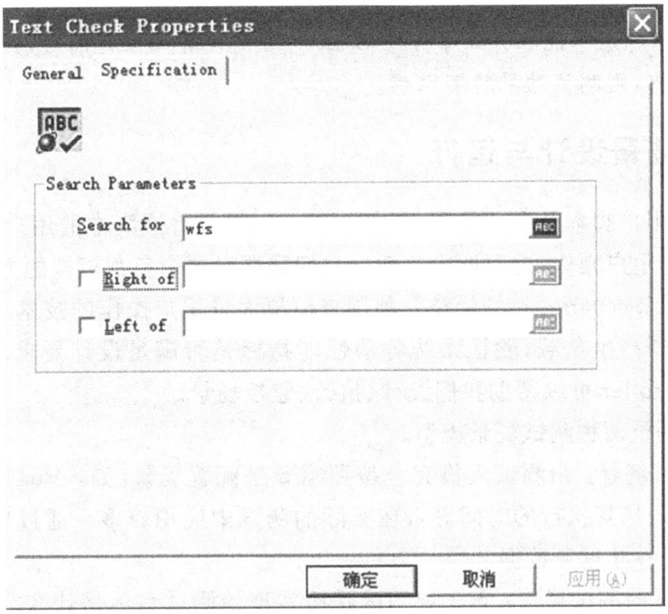

图 7-27　文本检查点属性

保存脚本，然后回放脚本，在 Replay Log 中能够看到文本检查点的执行情况：

```
web_find was successful[MsgId: MMSG - 26392]
```

图片检查点式通过函数 web_image_check 检查页面上的图片。要使用图片检查点必须在运行时设置的 Preferences 中选择 Enable Image and text check 选项才有效。

5) 集合点

插入集合点是为了衡量在加重负载的情况下服务器的性能情况。在测试计划中,可能会要求系统能够承受 1000 人同时提交数据的情况。在 LoadRunner 中可以在提交数据操作前面加入集合点,这样当虚拟用户运行到提交数据的集合点时,LoadRunner 就会检查有多少用户同时运行到集合点,如果不到 1000 人,LoadRunner 就会命令已经到集合点的用户在此等待,当在集合点等待的用户达到 1000 人时,LoadRunner 命令 1000 人同时去提交数据,从而达到测试计划中的需求。

注意:集合点经常和事务结合起来使用。集合点只能插入到 Action 部分,vuser_init 和 vuser_end 中不能插入集合点。具体的操作方法如下:在需要插入集合点的事务前面,通过菜单栏选择 Insert|Rendezvous 命令,出现集合点对话框,输入集合点的名称,单击 OK 按钮以确认,如图 7-28 所示。插入完成后,在脚本视图中对应的脚本为:

```
lr_rendezvous("bookticket");
```

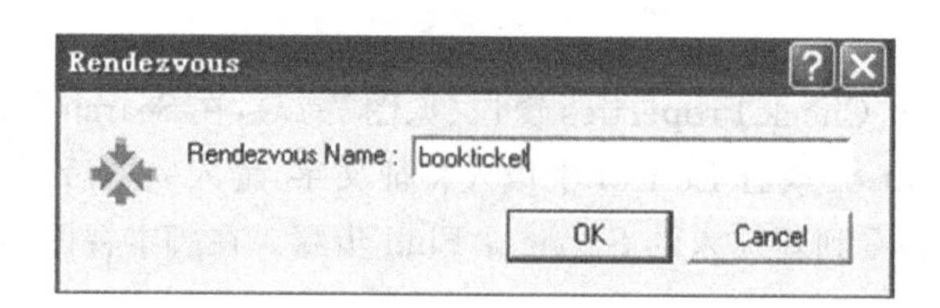

图 7-28 集合点

提示:集合点一定不能在开始事务之后插入,否则计算响应时间时,把集合点用户的等待时间也计算在内,则测试结果将不准确。

7.3.2 场景设计与运行

当完成虚拟用户脚本开发及增强后,使用 Controller 将该脚本的用户从单人转化为多人,从而模拟大量用户操作,进而形成负载。我们需要对这个负载模拟的方式和特征进行配置,从而形成场景(Scenario)。场景是一种用来模拟大量用户操作的技术手段,通过配置和执行场景向服务器产生负载,验证系统各项性能指标是否满足设计要求。LoadRunner 为我们提供的 Controller 可以帮助我们设计、执行、监控场景。

Controller 提供两种测试场景类型。

(1) 手动测试场景:由测试人员完全按照需要来配置场景(如:Vuser 的数量、加压的过程、减压的过程、场景执行的时间等),在实际的测试中应用较多。通过性能测试,来获得系统的响应时间、吞吐量等数据。

(2) 面向目标的测试场景:首先要明确希望实现的测试目标是什么,如:虚拟用户数、每秒点击数(仅限 Web 虚拟用户)、每秒事务数、事务响应时间等。然后由 Controller 进行自动测试评估。

1. 新建场景

新建一个场景可以首先启动 Controller，启动后弹出新建场景对话框，如图 7-29 所示。在窗口左侧列出了可用的 Vuser 脚本，用户选择某个脚本，然后单击 Add 按钮，即可将脚本添加到即将创建的场景中。例如，可将 login 脚本添加到场景中，然后单击 OK 按钮以确认。新建场景时 Controller 默认选择手工场景，并选择 Use the Percentage Mode to distribute the Vusers among the scripts 选项，即使用百分比模式在脚本间分配虚拟用户。

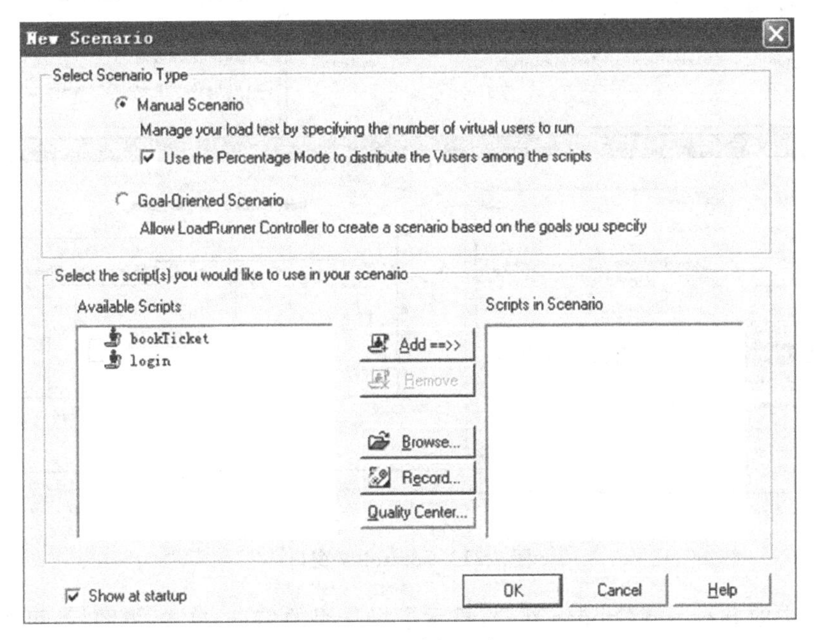

图 7-29　新建场景窗口

也可以在 VuGen 中开启的测试脚本中直接创建与该脚本相关的测试场景。方法是在菜单栏中选择 Tools|Create Controller Scenario 命令，以打开创建场景窗口，如图 7-30 所示。可以通过该窗口设置场景的类型，如果是手工场景，还可设置虚拟用户数量，设置完成后单击 OK 按钮确认后，直接进入 Controller 界面。

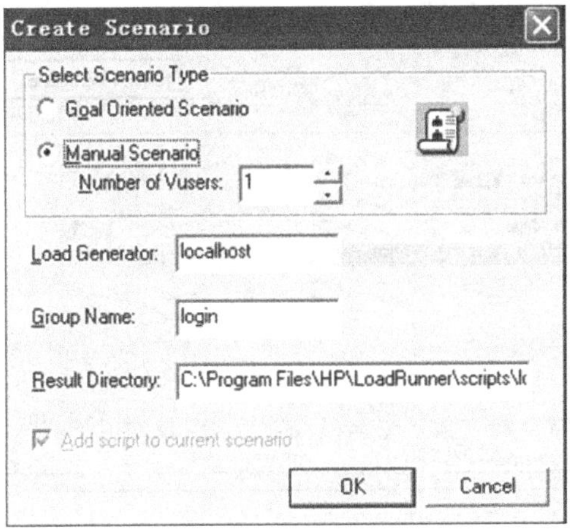

图 7-30　创建场景

2. 为 login 脚本创建手工场景

启动 Controller 为 login 脚本创建手工场景，在图 7-29 中，将 login 加入右侧列表，并取消选择百分比模式的选项。单击 OK 按钮以确认，进入 Controller 窗口，如图 7-31 所示。

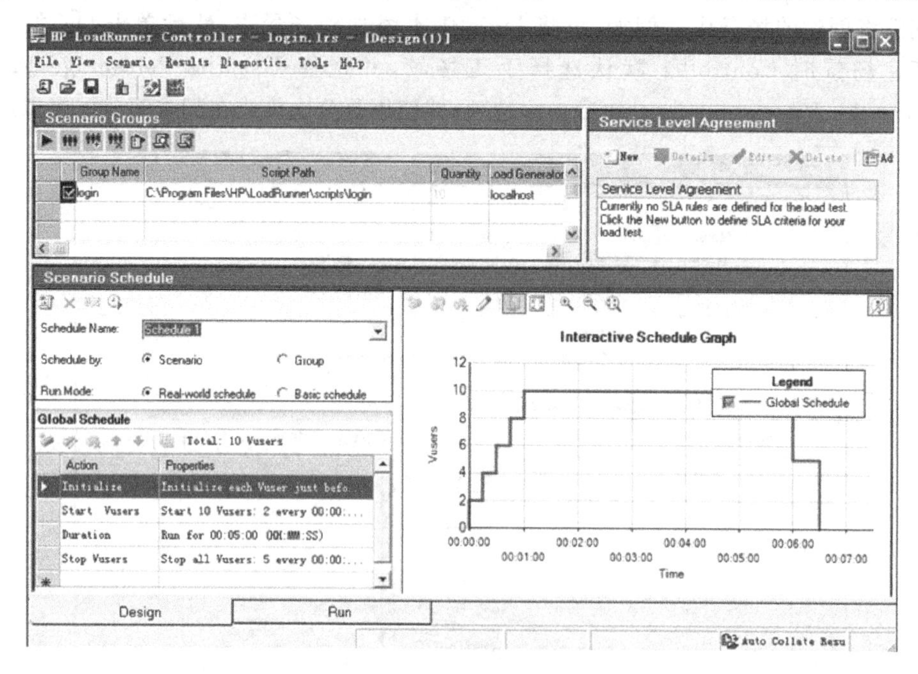

图 7-31 Controller 窗口

在窗口中的 Scenario Groups 部分，显示了场景组的信息，单击图标，可以查看场景组的详细信息，如图 7-32 所示。在这里可以修改 Group Name 和 Load Generator Name，默

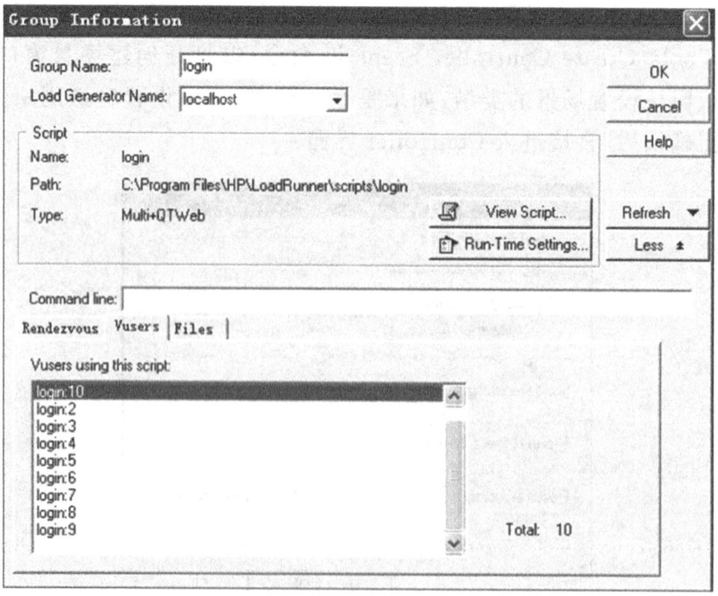

图 7-32 场景组信息

认的 Load Generator Name 的值是 localhost。可以单击 View Script 按钮启动 VuGen 来编辑脚本，还可进行 Run-Time Settings 等。

手工场景默认提供 10 个虚拟用户。单击 图标可查看虚拟用户的信息，如图 7-33 所示。

Vusers (10)

login | All Vusers

ID	Status	Script	Load Generator	Elapsed Time
1	Down	login	localhost	
2	Down	login	localhost	
3	Down	login	localhost	
4	Down	login	localhost	
5	Down	login	localhost	
6	Down	login	localhost	
7	Down	login	localhost	
8	Down	login	localhost	
9	Down	login	localhost	
10	Down	login	localhost	

Run | Gradual Stop | Stop | Reset | Details... | Add Vuser(s)... | Help | Close

图 7-33 虚拟用户信息

如果想增加虚拟用户数，可以单击窗口中的增加虚拟用户图标 Add Vuser(s)... 来增加一定数量的虚拟用户。

图 7-31 所示的 Controller 窗口中的 Scenario Schedule 部分为场景计划部分，可以修改计划名称为 login。在 Global Schedule 中的内容为场景计划的具体内容，如图 7-34 所示。

Global Schedule

Total: 10 Vusers

Action	Properties
Initialize	Initialize each Vuser just before it runs
Start Vusers	Start 10 Vusers: 2 every 00:00:15 (HH:MM:SS)
Duration	Run for 00:05:00 (HH:MM:SS)
Stop Vusers	Stop all Vusers: 5 every 00:00:30 (HH:MM:SS)

图 7-34 场景计划

其中包含了 4 个动作。Initialize 为初始化，Controller 提供了 3 种初始化 Vuser 的方式。双击该动作，将出现 Edit Action 窗口，可以进行设置，如图 7-35 所示。第一种方式是同时初始化所有的 Vuser；第二种是指定每隔多长时间初始化若干个 Vuser；第三种是在每个 Vuser 运行前进行初始化。

第二个动作是 Vuser 启动策略，如图 7-36 所示，默认是每 15 秒启动两个 Vuser。

第三个动作是持续时间，默认值是 5 分钟，可以通过图 7-37 中的窗口进行设置。

第四个动作是 Vuser 停止策略，默认为每 30 秒停止 5 个 Vuser。可以在图 7-38 所示窗口中进行设置。

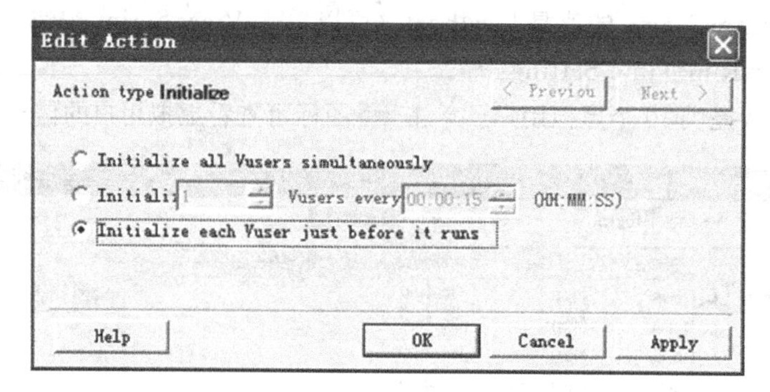

图 7-35 Vuser 初始化策略设置

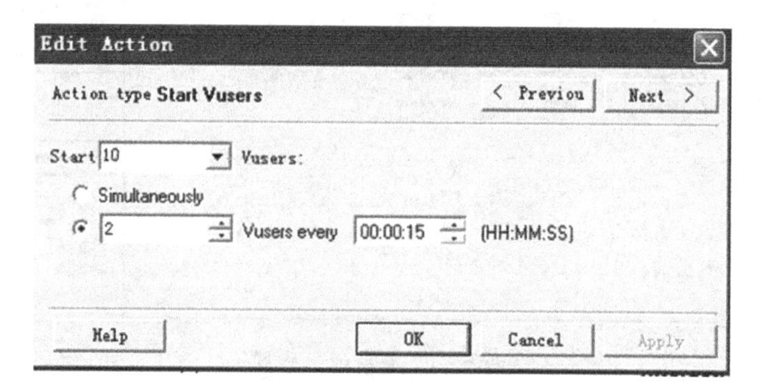

图 7-36 Vuser 启动策略设置

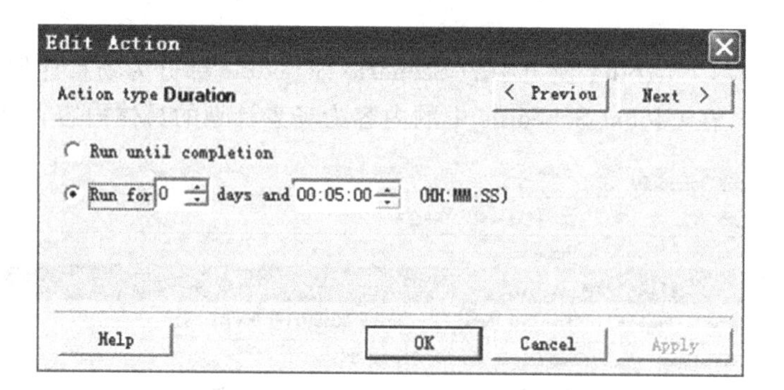

图 7-37 持续时间设置

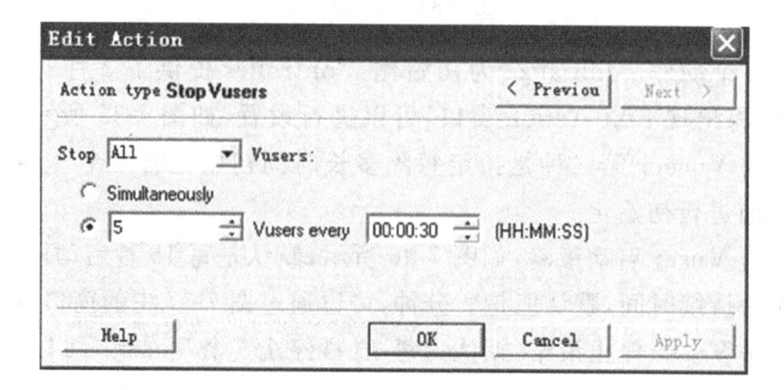

图 7-38 Vuser 停止策略

对以上动作中的场景计划的设置可以在 Interactive Schedule Graph(交互计划图)中看到。这是关于虚拟用户和时间的曲线图，Vuser 的启动和停止、持续时间等策略均体现在该图中，如图 7-39 所示。

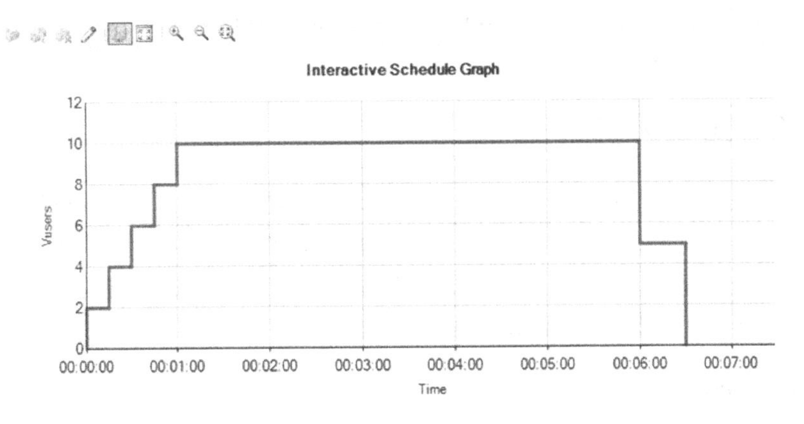

图 7-39　交互计划图

3. 执行场景

场景计划设计完成后，单击 Controller 窗口下方的 Run 按钮，进入运行和监控场景窗口。单击 Start Scenario 按钮 ▶ Start Scenario 启动场景运行。在 Available Graphs 中选择监控的图表，在场景运行中可以在窗口中观察一些指标随时间变化的曲线。

1) 监控用户与用户组

通过 Vusers... 和 Run/Stop Vusers... 按钮可以对 Vusers 进行控制、停止、状态改变等，如图 7-40 所示。

Vusers (10)

login　All Vusers

ID	Status	Script	oad Generato	Elapsed Time
1	Running	login	localhost	00:02:26
2	Running	login	localhost	00:02:26
3	Running	login	localhost	00:02:19
4	Running	login	localhost	00:02:19
5	Running	login	localhost	00:02:04
6	Running	login	localhost	00:02:04
7	Running	login	localhost	00:01:49
8	Running	login	localhost	00:01:49
9	Running	login	localhost	00:01:34
10	Running	login	localhost	00:01:34

Run
Gradual Stop
Stop
Reset
Details...
Add Vuser(s)...
Help
Close

图 7-40　Vuser 控制窗口

2）查看运行数据

在场景运行过程中，Controller 可以查看数据图，通常情况下有 4 个图同时呈现，如果只想关注某个图，可用鼠标双击该图，则 4 个小区域合并为一个大区域，且只显示选中的图，如果要回到 4 个图的状态，再次双击该图即可。如果要查看未显示的图，可在 Available Graphs 中双击要观察的图。

7.3.3 结果分析

场景执行完毕后，就完成了性能测试的执行过程，然后就可以通过分析结果来发现和定位性能瓶颈。LoadRunner 提供的 Analysis 可以将场景运行中得到的数据整合在一起，对测试结果数据进行整理，并提供一些可以对结果进行近一步分析的方法，从而帮助测试人员发现可能的系统瓶颈，最后生成测试报告。

1. 启动 Analysis

在 Controller 中运行完场景后，在菜单中选择 Results|Analyze Results 命令，就可以启动 Analysis，并生成关于当前场景的结果报告，如图 7-41 所示。

Creating database
Currently Analyzing
Result: C:\Documents and Settings ... \res.lrr
49%
Cancel

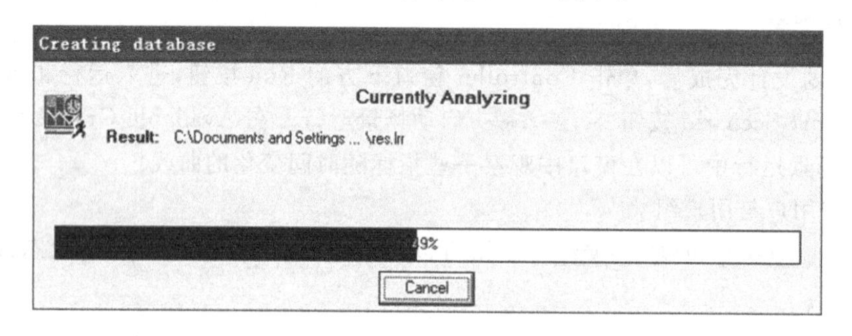

图 7-41 生成结果分析

进入 Analysis 窗口，可以看到生成的结果摘要，该摘要提供了对整个场景数据的简单报告。

1）Analysis Summary

分析摘要提供了场名称、结果存放位置、运行时间等信息，如图 7-42 所示。

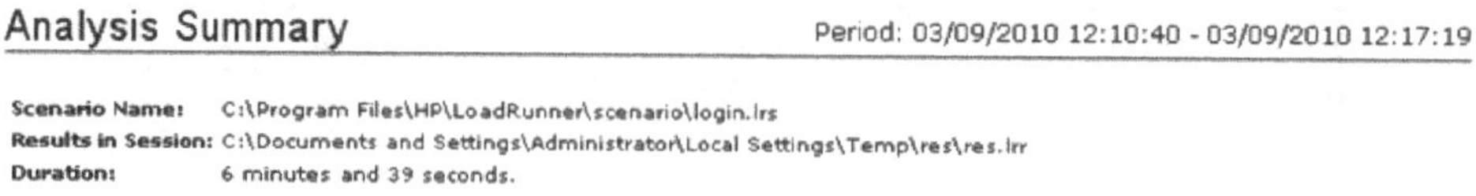

Analysis Summary
Period: 03/09/2010 12:10:40 - 03/09/2010 12:17:19
Scenario Name: C:\Program Files\HP\LoadRunner\scenario\login.lrs
Results in Session: C:\Documents and Settings\Administrator\Local Settings\Temp\res\res.lrr
Duration: 6 minutes and 39 seconds.

图 7-42 分析概要

2）Statistics Summary

统计摘要中包含了关于场景状态的统计信息，如图 7-43 所示。自上而下分别是：最大运行 Vuser 数、总带宽流量、平均每秒带宽流量、总点击数、平均每秒点击数。可以单击 View HTTP Responses Summary 查看 HTTP 请求的统计，该统计信息位于该窗口的最下方。每项统计信息都有一个图标，单击该图标后会进入 SLA 分析报告。

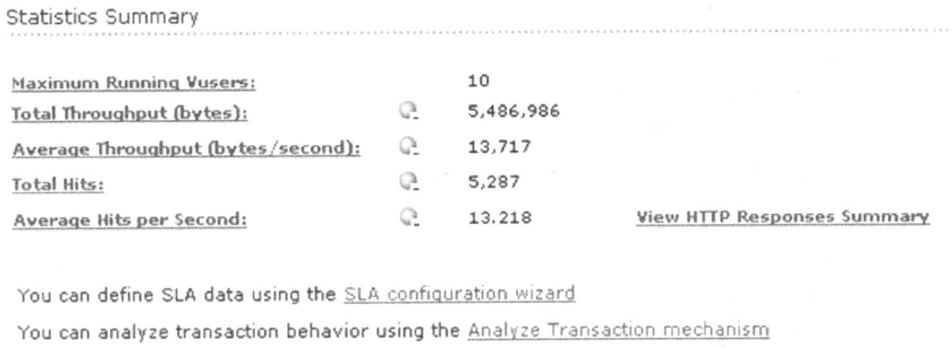

Statistics Summary

Maximum Running Vusers:		10	
Total Throughput (bytes):		5,486,986	
Average Throughput (bytes/second):		13,717	
Total Hits:		5,287	
Average Hits per Second:		13.218	View HTTP Responses Summary

You can define SLA data using the SLA configuration wizard

You can analyze transaction behavior using the Analyze Transaction mechanism

图 7-43　统计概要

3) Scenario Behavior Over Time

场景行为随时间的变化情况，如图 7-44 所示。这里列出了在场景中定义的事务在各个时间点上的 SLA 情况。

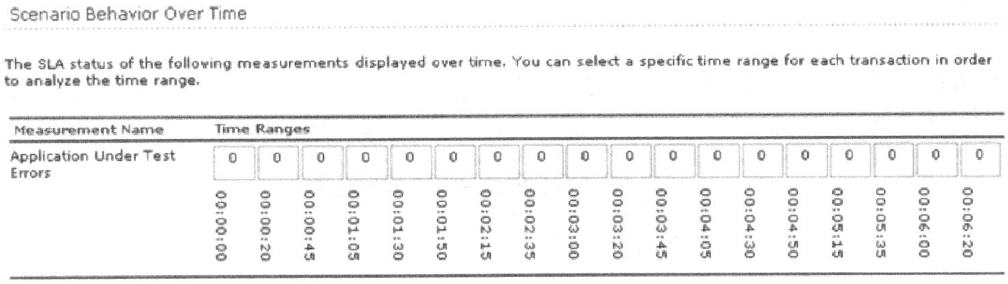

Scenario Behavior Over Time

The SLA status of the following measurements displayed over time. You can select a specific time range for each transaction in order to analyze the time range.

Measurement Name	Time Ranges																	
Application Under Test Errors	0	0	0	0	0	0	0	0	0	0	0	0	0	0	0	0	0	0
	00:00:00	00:00:20	00:00:45	00:01:05	00:01:30	00:01:50	00:02:15	00:02:35	00:03:00	00:03:20	00:03:45	00:04:05	00:04:30	00:04:50	00:05:15	00:05:35	00:06:00	00:06:20

图 7-44　场景行为随时间的变化表

4) Transaction Summary

事务摘要显示场景中事务的执行情况。如图 7-45 所示，Total Passed 为事务通过总数，Total Failed 为事务的失败总数，Total Stopped 为事务的总停止数。Average Response Time 为平均响应时间，单击该链接可以打开事务平均响应时间图。

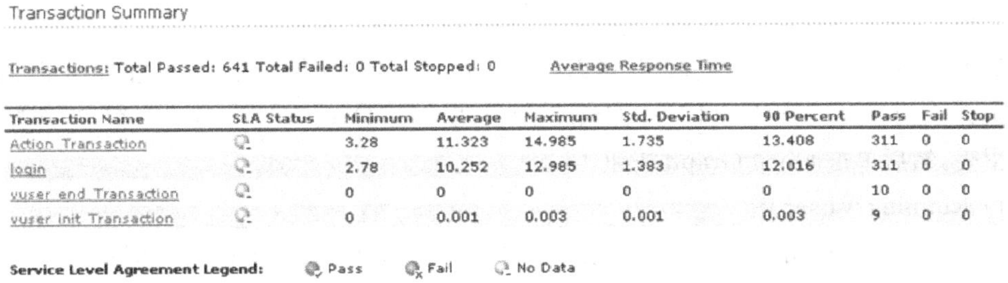

Transaction Summary

Transactions: Total Passed: 641 Total Failed: 0 Total Stopped: 0　　Average Response Time

Transaction Name	SLA Status	Minimum	Average	Maximum	Std. Deviation	90 Percent	Pass	Fail	Stop
Action Transaction		3.28	11.323	14.985	1.735	13.408	311	0	0
login		2.78	10.252	12.985	1.383	12.016	311	0	0
vuser end Transaction		0	0	0	0	0	10	0	0
vuser init Transaction		0	0.001	0.003	0.001	0.003	9	0	0

Service Level Agreement Legend:　Pass　Fail　No Data

图 7-45　事务概要

列表中各字段的含义如下所示。

- Transaction Name：事务名称
- SLA Status：SLA 状态，在 SLA 的指标测试中最终结果是通过还是失败

- Minimum：事务最小时间
- Average：事务平均时间
- Maximum：事务最大时间
- Std. Deviation：标准方差
- 90 Percent：用户感受百分比，说明采样数据中有90%的数据比它小，有10%的数据比它大
- Pass：通过事务数
- Fail：失败事务数
- Stop：停止事务数

5）HTTP Response Summary

HTTP响应摘要给出了服务器返回的状态，主要包括HTTP请求状态、HTTP请求返回次数、每秒请求数。

Analysis保存后会生成扩展名为.lra文件。以上简要介绍了Analysis Summary中的场景信息，下面对数据图进行讲解。

2. 数据图

在场景运行时可以看到一些数据图表，可以让用户了解当前该数据的变化。在Analysis窗口的左侧导航栏中，列出了6种图表，如图7-46所示。

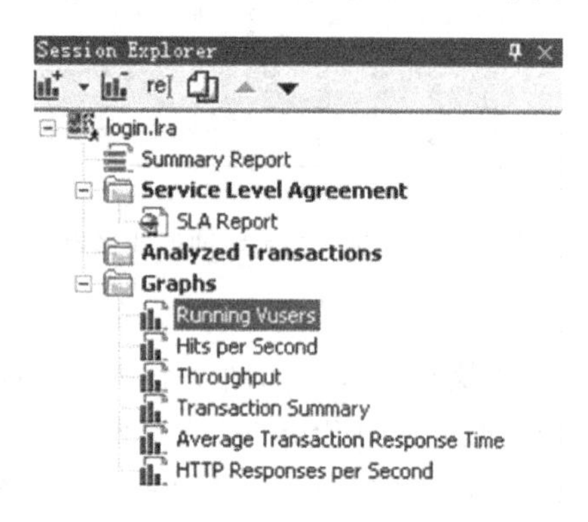

图7-46 结果窗口导航

如果想添加其他类型的数据图，可以在Graphs上单击鼠标右键，然后在弹出的快捷菜单中选择Add New Item|Add New Graph命令，以打开Open a New Graph窗口，选择要打开的图表，然后单击Open Graph按钮。

1）Running Vuser图

正在运行的虚拟用户图显示在场景运行的整个过程内，执行虚拟用户脚本的Vuser数量及其状态。X轴表示从场景或会话开始运行以来已用的时间，Y轴表示场景或会话步骤中的Vuser数，从图7-47中可以看出，10个并发用户的加载、运行、退出都是正常的。

默认情况下，图7-47仅显示状态为运行的Vuser，要查看其他的Vuser状态，可将筛选条件设置为所需的状态。具体步骤是在Running Vusers图上单击鼠标右键，然后在弹出的快捷菜单中选择Set Filter/Group By命令，在图7-48所示的窗口中进行设置即可。

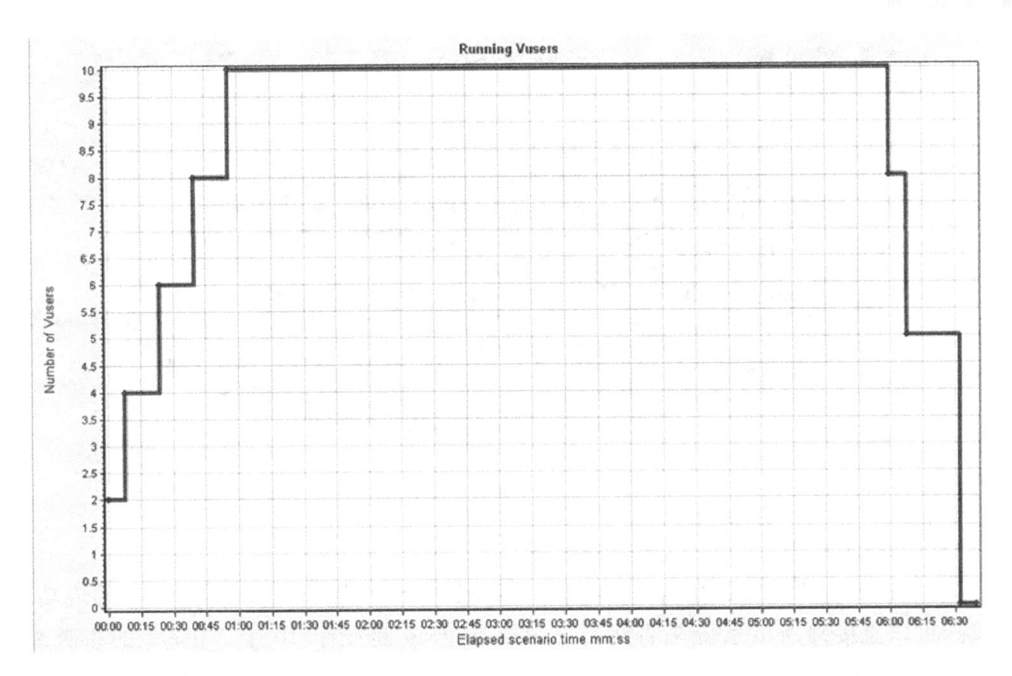

图 7-47　运行 Vuser 图

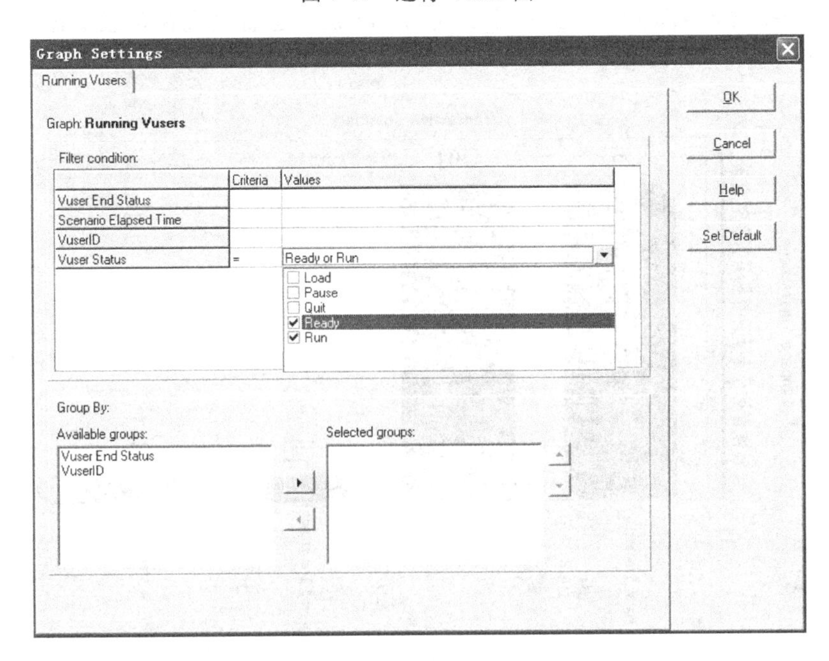

图 7-48　设置 Running Vuser 图中显示某状态用户

在分析虚拟用户的时候，经常会和事务响应时间一起进行分析。关于合并的相关内容，我们将在后面章节中讲解。

2) Vuser Summary(虚拟用户概要图)

使用虚拟用户概要图可以查看各类虚拟用户数量，为分析提供参考。图 7-49 是一个典型的虚拟用户概要图，可以看到此次性能测试的虚拟用户总数是 10 人，其中有 4 人失败，达到 40%。

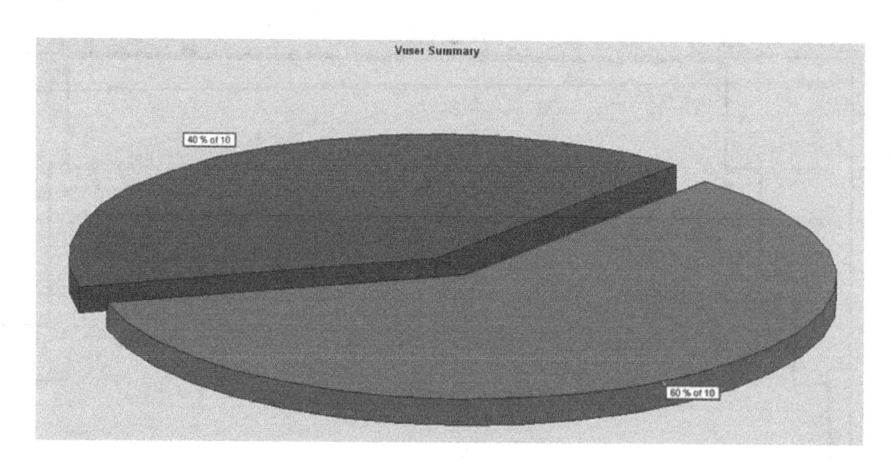

图 7-49 虚拟用户概要图

3) Transaction Sunmmary(事务综述图)

对事务进行综合分析是性能分析的第一步,通过分析测试时间内用户事务的成功与失败情况,可以直接判断出系统是否运行正常。图 7-50 是一个 10 个 Vusers 的事务综述,vuser_end_Transaction 的通过人数是 10 人,而 vuser_init_Transaction 通过的人数是 9,说明有一个 Vuser 初始化失败。其余的事务均为 311 次。也就是说在负载测试的这段时间,login 事务成功执行了 311 次。

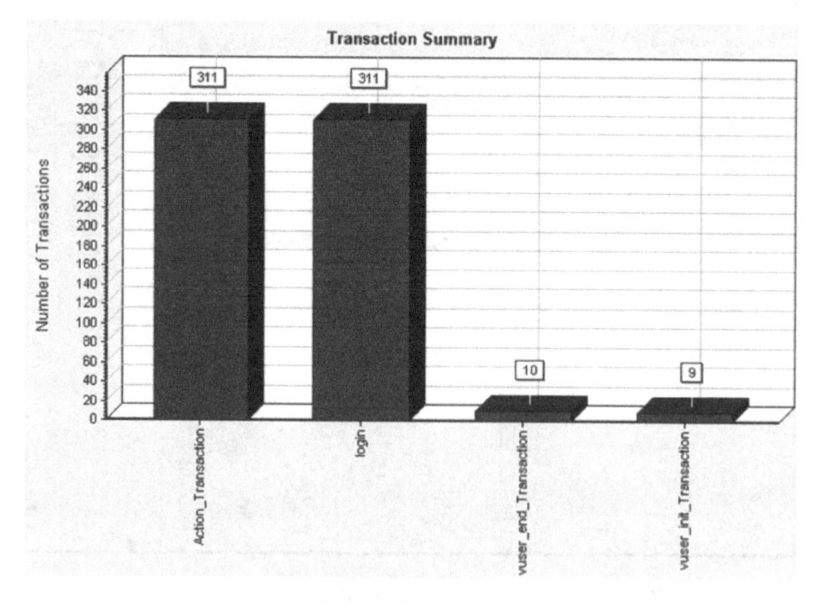

图 7-50 事务概要

4) Average Transaction Response Time(事务平均响应时间)

事务平均响应时间图显示的是测试场景运行期间的每一秒内事务执行所用的平均时间,通过它可以分析测试场景运行期间应用系统的性能走向。X 轴表示从场景或会话开始运行以来已用的时间,Y 轴表示每个事务所用的平均时间(以秒为单位)。如图 7-51 所示,随着测试时间的变化,系统处理事务的响应时间在开始的 2 分 30 秒时间内相对平稳,但之后随着响应时间变化呈递增趋势，说明系统的事务处理响应时间随着用户的增加速度开始逐渐变慢，系统整体性能将会有下降的趋势。

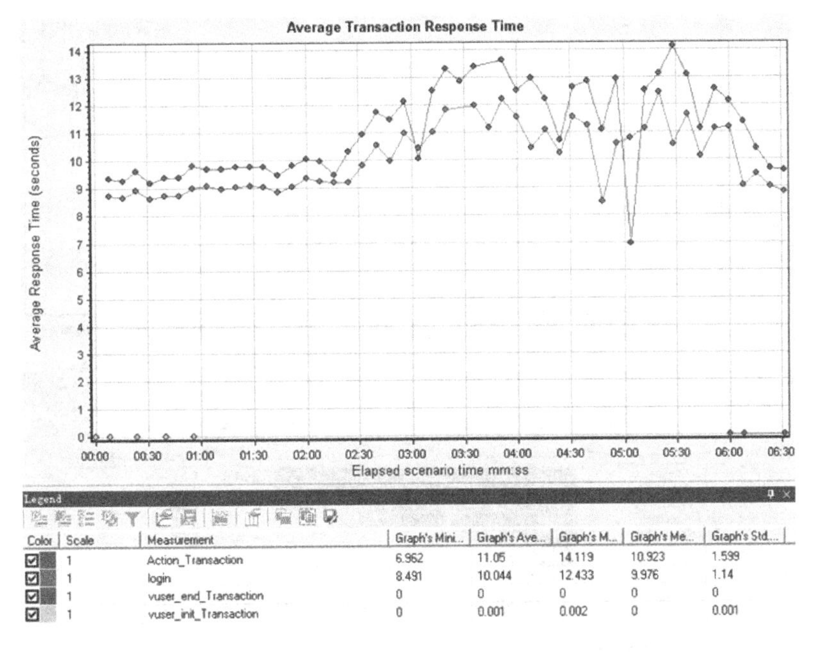

图 7-51 平均事务响应时间

另外，可以查看事务细分，方法是选择 view | Show Transaction Breakdown Tree 命令，在窗口的左下角会出现如图 7-52 所示的事务细分树，选择具体的细分事务名 login，右键选择 Web Page Diagnostics for，将出现如图 7-53 所示的窗口。

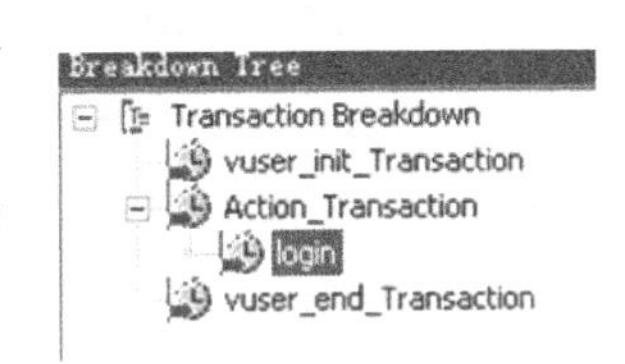

图 7-52 事务细分树

从图 7-52 中可以得到某个具体事务的更多信息。

5) Total Transactions per Second(每秒通过事务数，简称 TPS)

每秒通过事务数(TPS)图显示在场景运行的每一秒中，每个事务通过、失败以及停止的数量，是考查系统性能的一个重要参数。通过它可以确定系统在任何给定时刻的时间事务负载。分析 TPS 主要是看曲线的性能走向，如图 7-54 所示。

将它与平均事务响应时间进行对比，可以分析事务数目对执行时间的影响。例：当压力加大时，点击率-TPS 曲线如果变化缓慢或者有平坦的趋势，则很有可能是服务器开始出现瓶颈。

6) Hits per Second(每秒点击次数)

每秒点击次数，即运行场景过程中虚拟用户每秒向 Web 服务器提交的 HTTP 请求数。通过它可以评估虚拟用户产生的负载量。将其和“平均事务响应时间”图比较，可以查看点击次数对事务性能产生的影响。通过查看“每秒点击次数”，可以判断系统是否稳定。系统点击率下降通常表明服务器的响应速度在变慢，需要进行进一步分析，发现系统瓶颈所在。如图 7-55 所示，平均每秒点击数是 13.218，最大值是 21.375，最小值是 0。

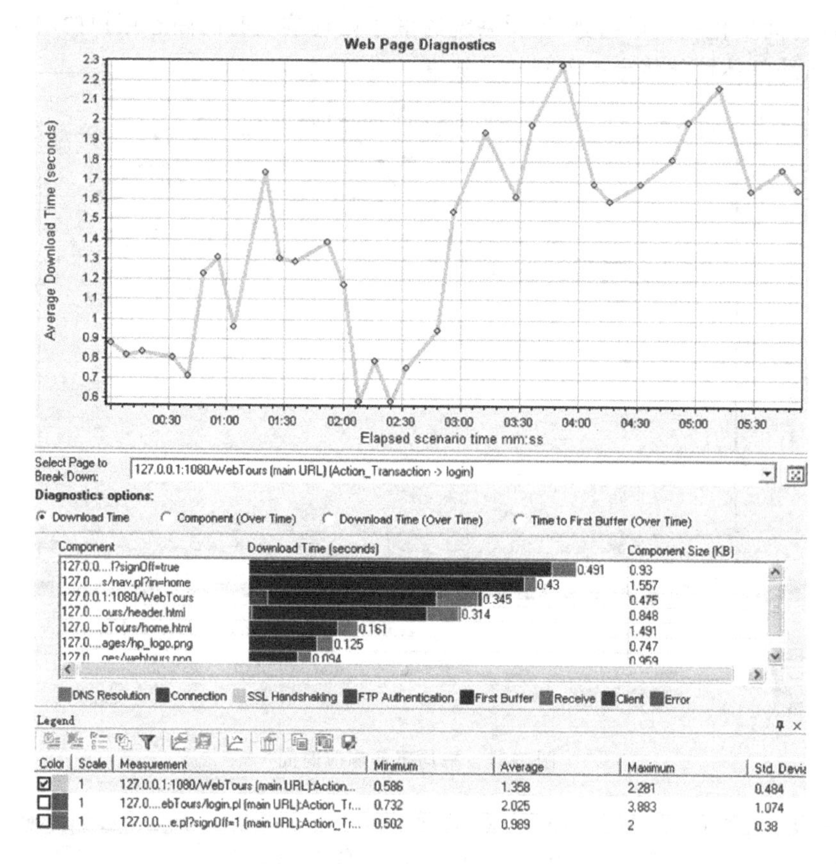

图 7-53　细分事务

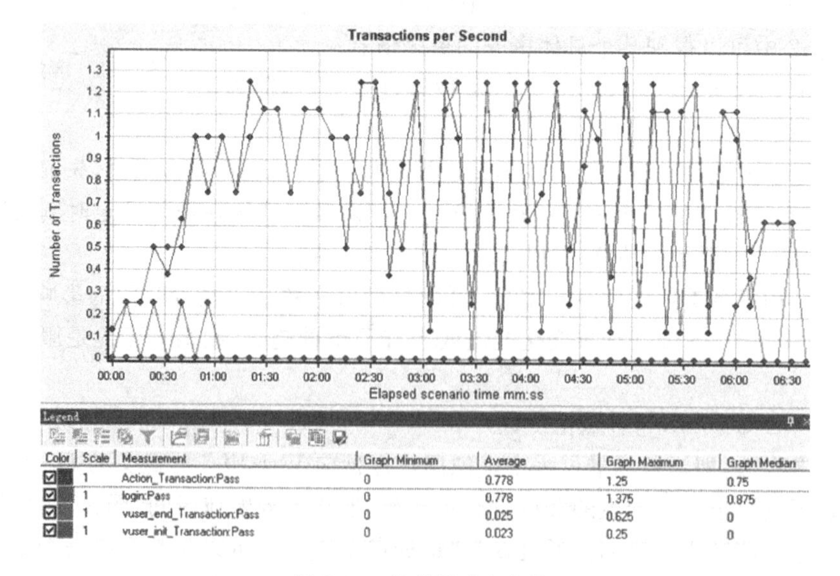

图 7-54　每秒通过事务数

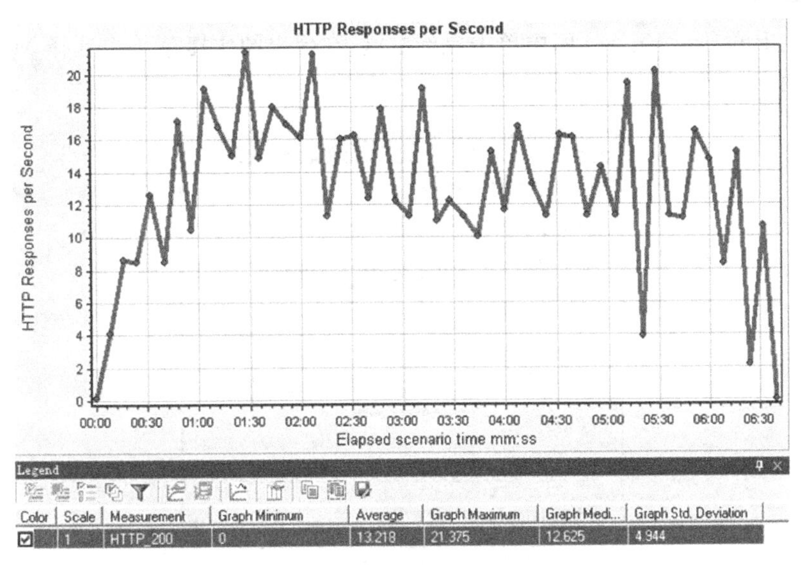

图 7-55 每秒点击数

7) Throughput(吞吐率)

吞吐率显示的是场景运行过程中服务器每秒的吞吐量。其度量单位是字节,表示虚拟用户在任何给定的每一秒从服务器获得的数据量。可以依据服务器的吞吐量来评估虚拟用户产生的负载量,以及查看服务器在流量方面的处理能力以及是否存在瓶颈。

从图 7-56 中可见,平均每秒吞吐量是 13 717.465,最大值是 22 053.625,最小值是 0。

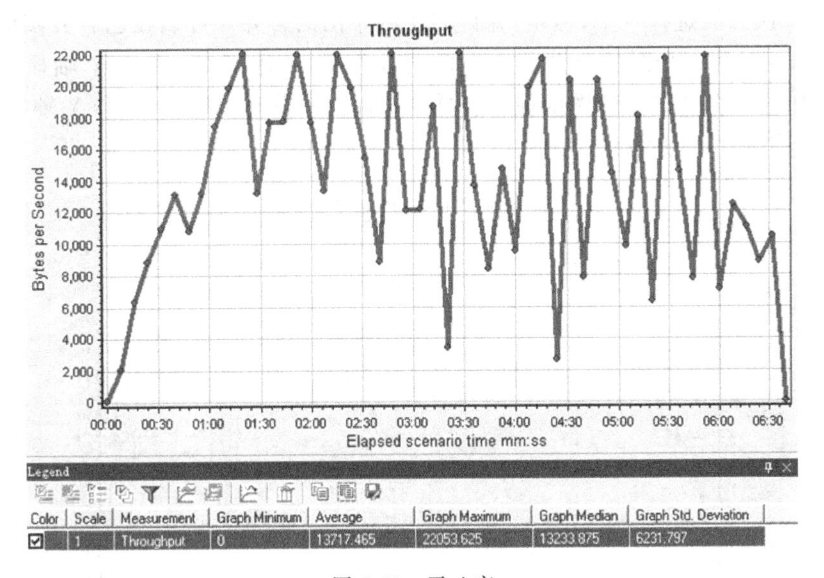

图 7-56 吞吐率

3. 合并分析图

当对测试结果进行分析时,经常需要将点击率图和吞吐量图,或者事务平均响应时间和虚拟用户图合并在一起。在打开 analysis 之后系统 LR 默认这些分析曲线不在同一张图中的,需要自行设置。合并分析图便于通过多个角度的对比来分析性能。具体步骤如下所示。

首先，在 Running Vusers 图中单击鼠标右键，在弹出的快捷菜单中选择 Merge Graphs 命令，出现如图 7-57 对话框。

Merge Graphs

Current Graph: **Running Vusers**

Select graph to merge with

Hits per Second

Select type of merge:

Overlay

Tile

Correlate

View contents of 2 charts that share a common X Axis

Title of merged graph

Running Vusers - Hits per Second

OK Cancel Help

图 7-57　合并图对话框

通过 select graph to merge with 的下拉列表框选择要与其合并的分析图，合并方式有叠加(Overlay)、平铺(Tile)、关联(Correlate)3 种。

叠加：一次只能选择一个，但是，允许多于两个图的合并。可以在已合并图的基础上再次使用合并，此时为 3 个图的合并状态。两图合并后，共用 X 轴，左侧 Y 轴显示当前图的值，右侧 Y 轴显示合并进来的图的值。合并两个以上的图时，只显示一个 Y 轴，相应地缩放不同的度量，如图 7-58 所示。

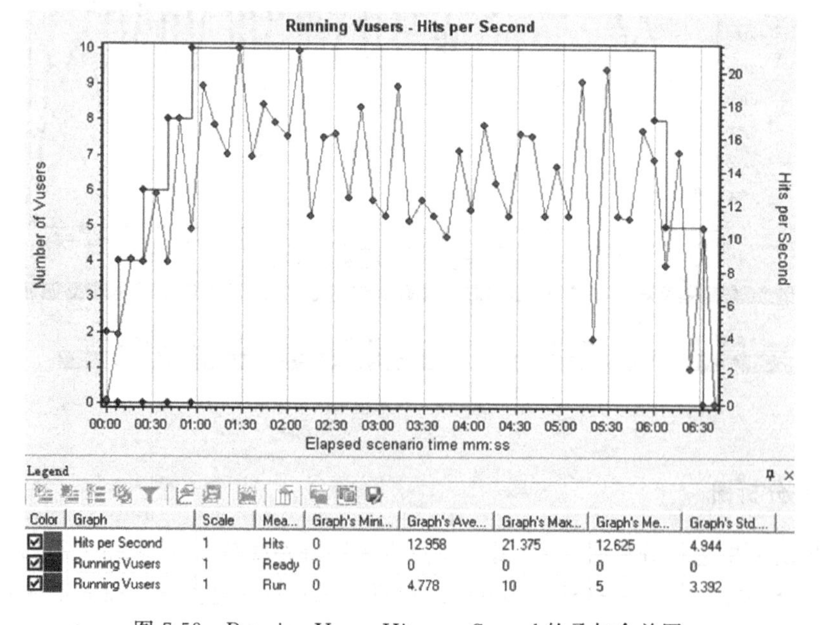

图 7-58　Running Vuser-Hits per Second 的叠加合并图

平铺：合并后平铺布局，共用同一个 X 轴，合并进来的图在原图上面显示。

关联：绘图时区分两个图各自的 Y 轴。当前图的 Y 轴变为合并图的 X 轴。合并过来的图的 Y 轴作为合并后新图的 Y 轴。

选择合并类型后，在 Title of merged graph 中修改合并图的名称。命名应该是有意义的，能够体现合并的两个原图。设置完毕后单击 OK 按钮以确认。

4. 自动关联

Analysis 的自动关联功能可以自动把一个图中的度量项与其他图中的度量项合并在一起进行分析，可以方便地找出哪些数据之间存在明显的依赖关系，通过图与图之间的关系确认系统资源和负载相互影响的关系。下面以 Running Vuser 图为例来介绍自动关联功能的使用方法。

切换到 Running Vuser 图中，单击工具栏的 图标，或者单击鼠标右键从弹出的快捷菜单中选择 Auto Correlate，打开如图 7-59 所示的设置对话框。从要关联的度量项（Measurement to Correlate）下拉列表中选择 login 选项，接下来设定需要关联的时间范围，然后切换到 Correlation Option 选项卡，如图 7-60 所示。

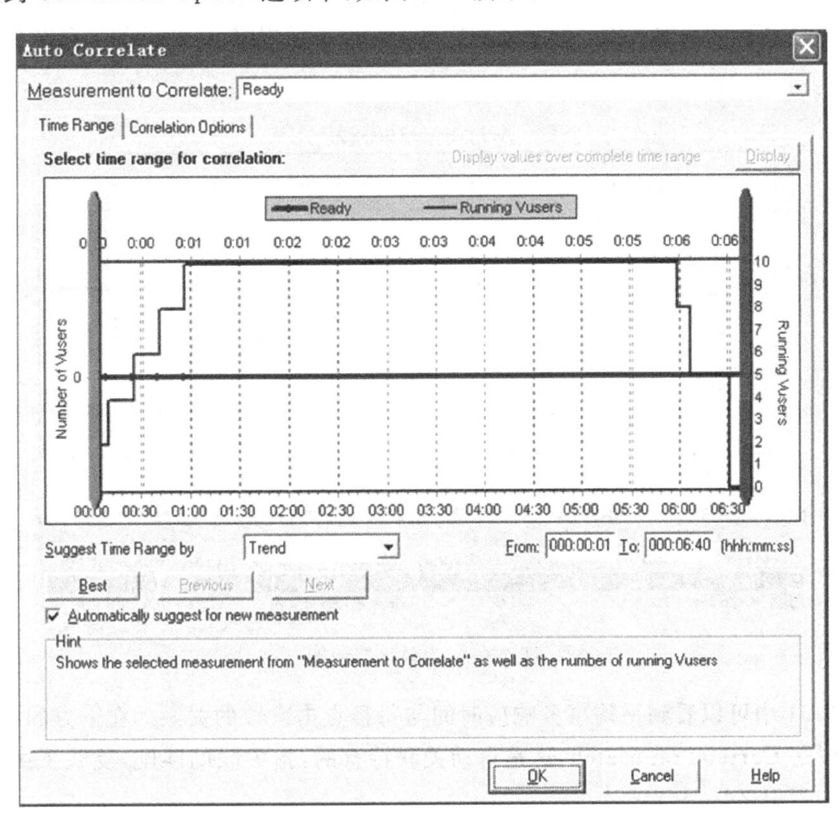

图 7-59 自动关联窗口

这里列出了所有和当前图可以进行关联的对象，用户根据需要选择需要关联的图，这里选择 HTTP Responses per Second。Data Interval 是指自动关联的数据间隔，默认为 5 秒，也可以手工设定。间隔的时间设置越小，得出的关联匹配度就越精确。Output 是对输出关

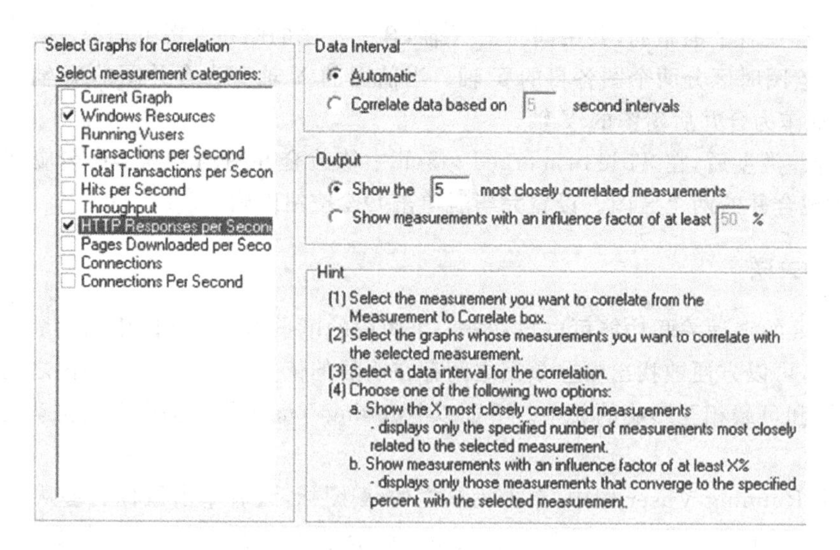

图 7-60 设置关联的时间范围

联结果的设置,可以设置显示和被关联图匹配值最高的 5 个对象,也可以设置显示所有和被关联图匹配值大于 50%的对象。设置完成后单击 OK 按钮以确认,得到的关联结果如图 7-61 所示。

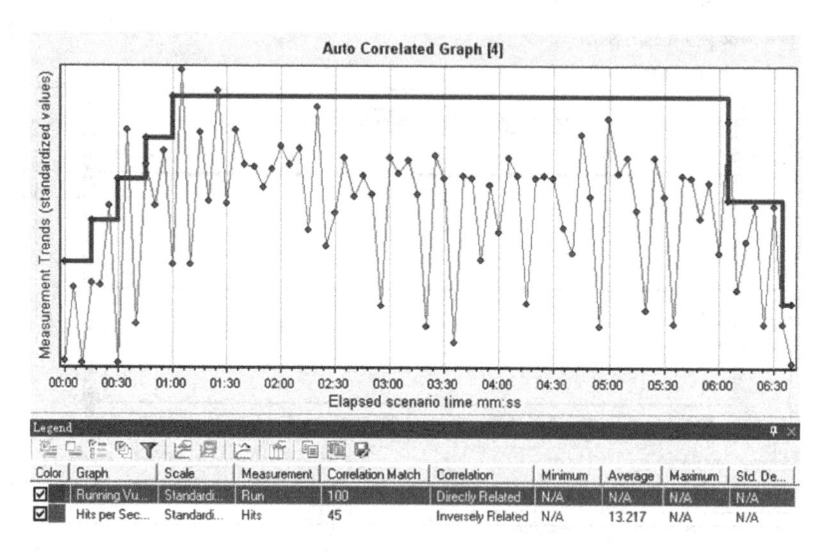

图 7-61 关联之后的图

在图 7-61 中可以看到平均事务响应时间与每秒点击次数的关系。在下方的 legend 中,有一个字段是 Correlation Match,这是自动关联特有的,指关联的匹配,反映了主数据和被关联数据的近似度。

5. 生成测试报告

Analysis 提供了导出测试报告的功能,支持 Word 形式和 HTML 形式,将相关的图表整理定位后,就可以直接生成测试报告。

1）HTML 报告

在 Analysis 中菜单栏中选择 Reports|HTML Report 命令，可为报告命名，并在某个路径下保存，生成的报告如图 7-62 所示。

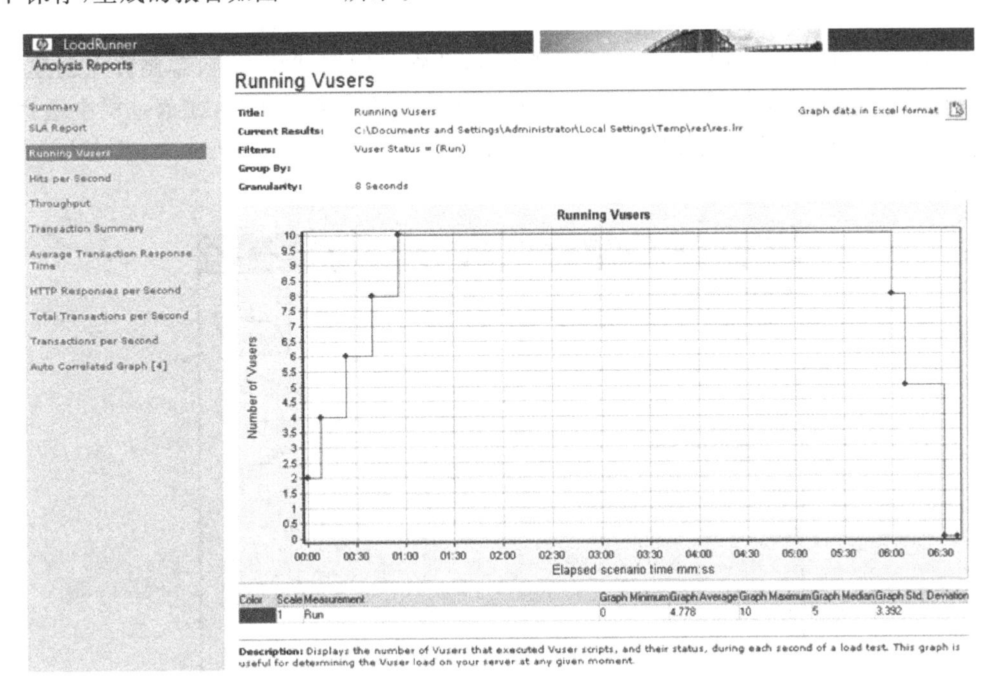

图 7-62 测试分析报告

2）Word 报告

在 Analysis 中菜单栏中选择 Reports|Microsoft Word Report 命令，在弹出的窗口中设置报告的属性，指定存储路径，单击 OK 按钮确认。Word 报告提供了更好的修改基础，一般生成的报告都选择 Word 形式。

7.4 Rational Performance Tester 应用

IBM Rational Performance Tester（简称 RPT）也是一款性能测试工具，适用于基于 Web 的应用程序的性能和可靠性测试。RPT 将易用性与深入分析功能相结合，从而简化了测试创建、负载生成和数据收集，以帮助确保应用程序具有支持数以千计并发用户并稳定运行的性能。

安装 RPT 7.0 完成之后，启动 RPT，方法是选择“开始”|“程序”|“IBM 软件开发平台”|IBM Rational Performance Tester|IBM Rational Performance Tester 命令。启动过程中，RPT 会弹出工作空间启动程序窗口，用户通过该窗口设置工作空间目录，这与 MyEclipse 启动时的窗口是一样的，这是因为 RPT 是基于 Eclipse 平台的工具。

启动后，进入 RPT 主界面，通过该界面中的按钮，可以了解并根据教程学习 RPT。单击最右侧的图标，转至工作台窗口。

7.4.1 工具的基本使用方法

1. 新建测试项目

RPT中的测试脚本由测试项目进行管理，因此在录制测试脚本前，需要首先创建一个测试项目，这一点与LoadRunner不同。新建性能测试项目的方法是，在菜单栏中选择“文件|新建|性能测试项目”命令，在弹出窗口中输入项目名称，比如myProject，单击“完成”按钮，如图7-63所示。

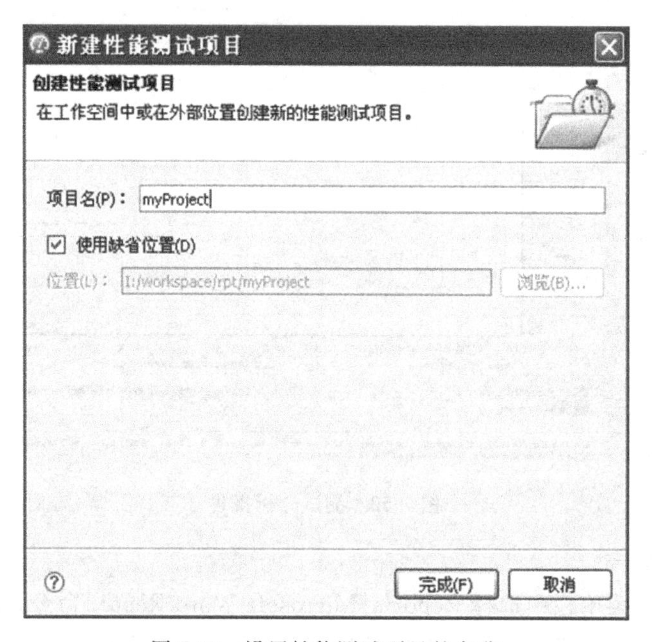

图7-63 设置性能测试项目的名称

单击“完成”按钮后，会弹出如图7-64所示的对话框，提示用户选择记录器来录制测试脚本。一般新建的测试脚本都是选择第一个选项“根据新记录来创建测试”，记录器选择“HTTP记录”。

选择完毕后，单击“下一步”按钮，提示用户选择项目和输入文件名，如webTours，输入完毕后，单击“完成”按钮，就将启动测试脚本的录制，如图7-65所示。

2. 录制测试脚本

在图7-65所示窗口中，单击“完成”按钮后，将启动脚本录制过程。RPT将启动浏览器，用户在IE地址栏中输入被测系统的路径，http://newtours.demoaut.com。进入Mercury Tours网站后，输入用户名和密码登录系统，登录成功后，单击SignOff按钮退出系统。单击停止记录按钮停止录制，在窗口下方“记录控制器”中显示的内容如图7-66所示。如果“记录的千字节数”为0，说明本次录制失败，需要重新录制。

将视图切换到Package Explorer(包资源管理器)视图，在src目录下生成了3个文件：webTours.rec、webTours.recmodel和webTours.testsuite。其中webTours.testsuite为测试定义文件，可以通过该文件查看本次测试的内容，如图7-67所示。

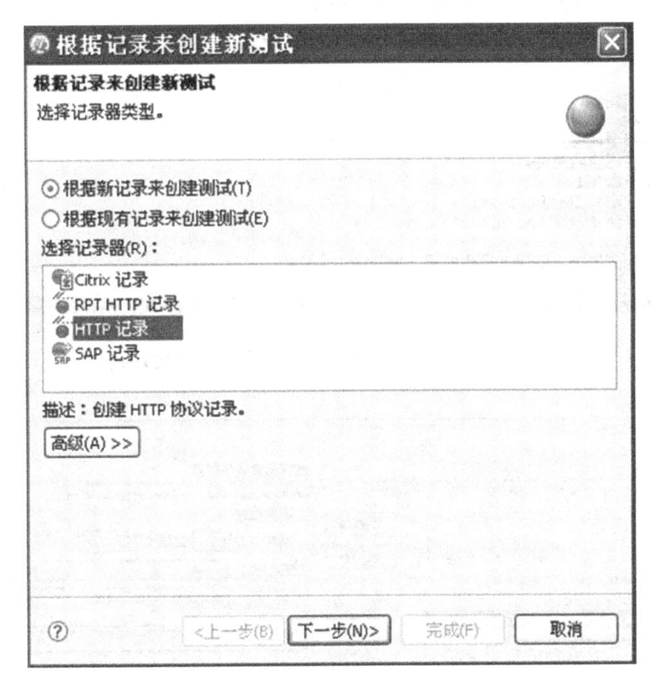

图 7-64　选择记录器

图 7-65　选择项目和文件名

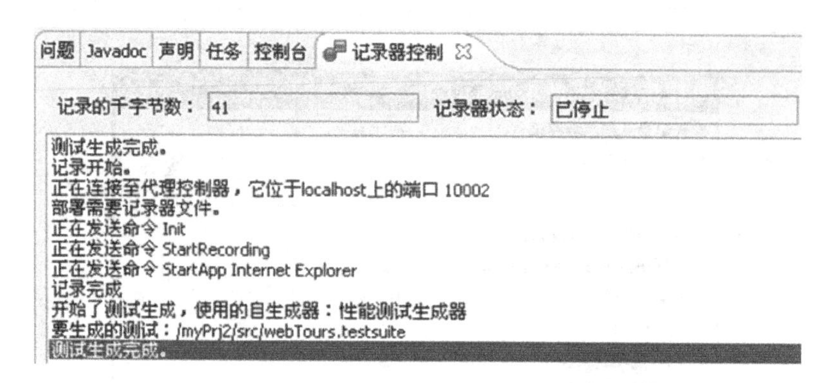

图 7-66　录制完成后记录控制器中显示的内容

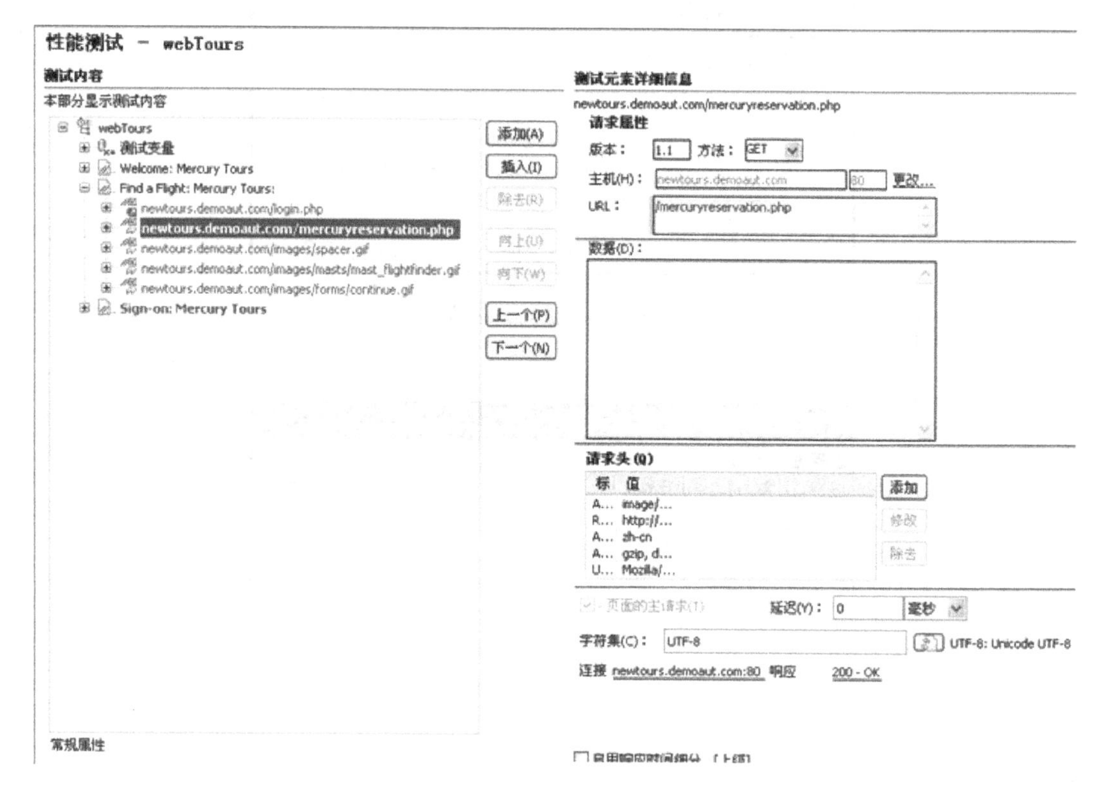

图 7-67　通过 webTours. testsuite 查看测试内容

3. 执行测试脚本

要执行测试脚本，可以在图 7-67 所示窗口中选择测试名称，在工具栏中单击“运行”按钮，然后在运行方式中选择“性能测试”选项。或者使用组合键 Alt＋Shift＋X，弹出列表后，选择“运行性能测试”选项。运行完成后，生成性能报告，如图 7-68 所示。

通过柱状图中的百分比信息，可以判断测试是否执行成功。在性能报告中还有其他结果信息，如响应时间、页面性能等，可以在视图中选择对应的标签来查看。

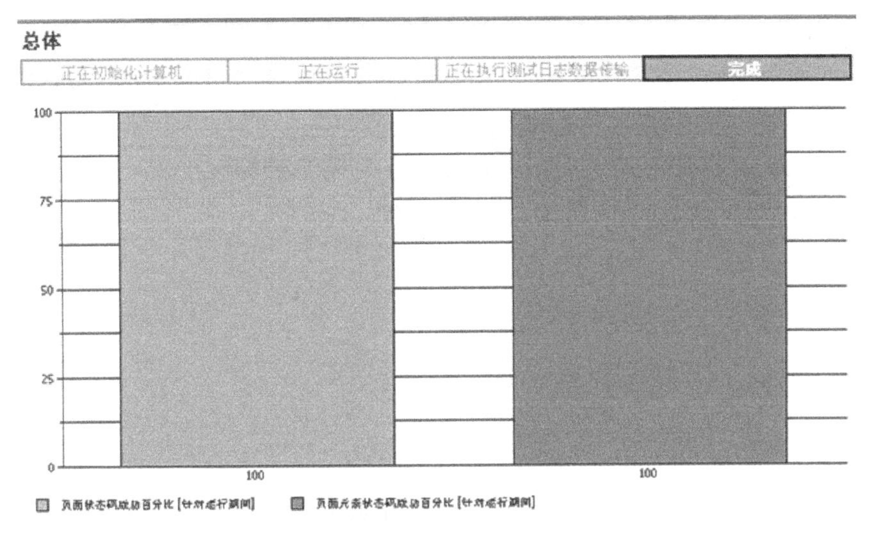

图 7-68 性能报告

7.4.2 测试验证点的设置

RPT 中的验证点和 LoadRunner 中的检查点功能类似，用于验证是否发生期望的行为，如果实际值和期望值不一致，验证点就会运行失败。

RPT 提供了 3 种验证点。

1. 页面标题验证点

用于验证网页的标题是否和预期的一致，对大小写敏感。插入页面标题验证点的方法是：在图 7-67 所示的窗口中，单击左侧 Welcome：Mercury Tours 步骤，然后在窗口右下角选择“启用验证点”选项，在“预期的页面标题”中输入期望的页面标题“Welcome：Mercury Tours”(预期值可以设置为其他值)，如图 7-69 所示。在执行测试时，如果期望值和实际值不一致，测试将失败。

2. 响应代码验证点

响应代码验证点可以用来验证发出请求后得到的响应的代码是否与期望的一致，如 200 表示客户端请求成功，302 表示对象已经移动，404 表示未找到客户端的请求资源。在图 7-69 所示窗口中，在左侧的树形列表中展开 newtours. demoaut. com/，然后选择“响应 200：OK”，单击按钮列表中的添加按钮，然后选择“响应代码验证点”，在该请求的响应下将增加一个“响应代码验证点”文件夹，如图 7-70 所示。

在匹配方法中，有模糊和精确两种匹配方法。如果选择模糊匹配，响应代码允许与期望值存在一定的偏差，在执行时也会通过。

3. 响应大小验证点

插入响应大小验证点的方法与响应代码验证点类似，如图 7-71 所示。响应大小的匹配方法有精确、至少、至多、范围(字节)、范围(百分比)等几种，用户在测试过程中可根据实际测试需求进行选择。

测试内容
本部分显示测试内容
webTours
测试变量
Welcome: Mercury Tours
newtours.demoaut.com/
newtours.demoaut.com/black
newtours.demoaut.com/images/spacer.gif
Find a Flight: Mercury Tours:
Sign-on: Mercury Tours
添加(A)
插入(I)
除去(R)
向上(U)
向下(W)
上一个(P)
下一个(N)
常规属性
测试元素详细信息
Welcome: Mercury Tours
页标题(T)： Welcome: Mercury Tours
主请求： newtours.demoaut.com/
思考时间(M)： 0 毫秒
测试数据
名称 值 替换为 所有者
URL 编码(E) 除去替换(I) 数据池变量(D)...
页面标题验证点
启用验证点(V)
预期的页面标题(X)： Welcome: Mercury Tours
记录的标题：Welcome: Mercury Tours
启用响应时间细分 [上级]

图 7-69 页面验证点的建立

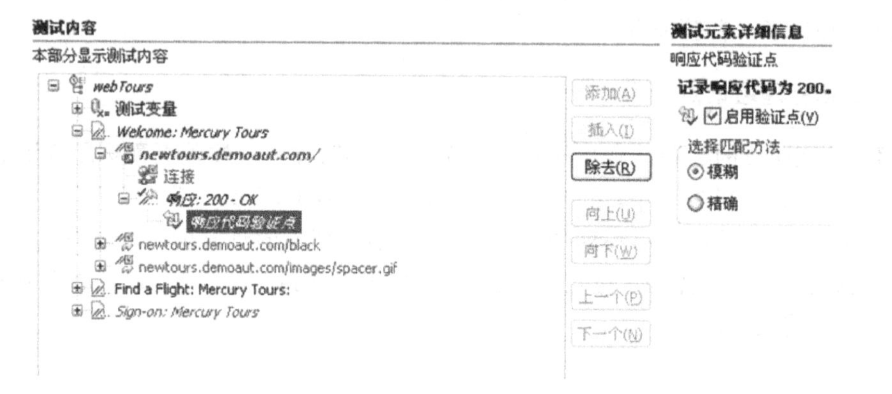

图 7-70 响应代码验证点

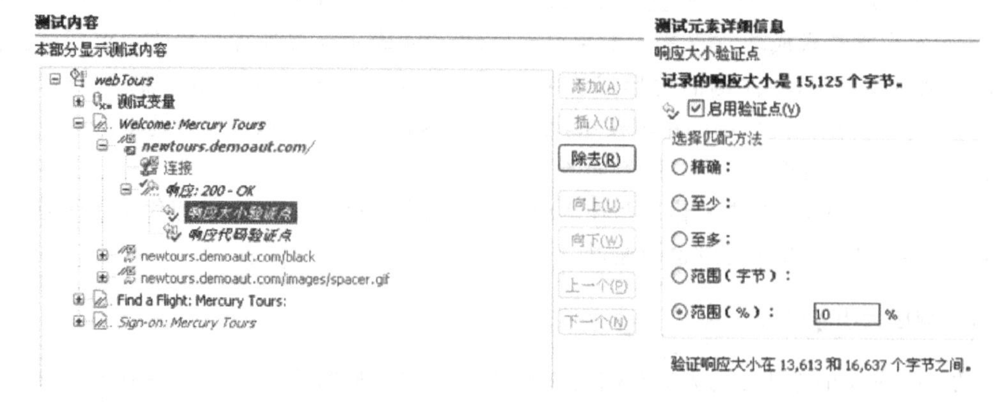

图 7-71 响应大小验证点

4. 内容验证点

内容验证点用来测试响应内容中是否有指定的内容，插入方法与插入响应大小验证点的方法相同，如图 7-72 所示。在“验证失败”中有两个选项，可以根据实际需要选择其中一种。在“可用字符串”区域中可以编辑用于内容验证的字符串。

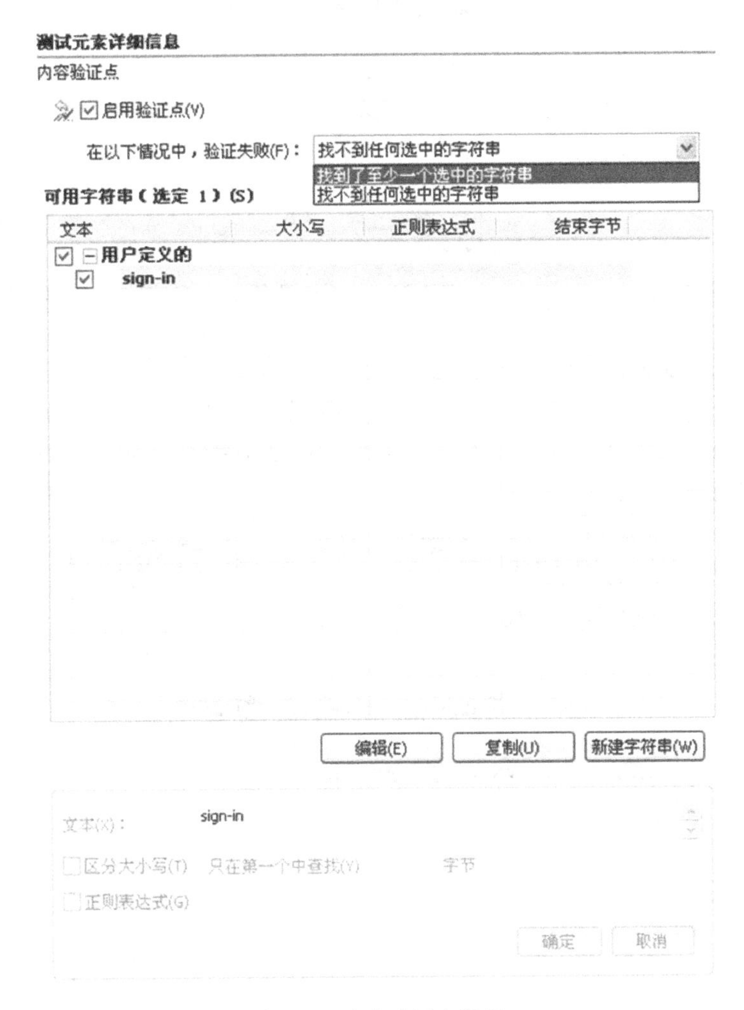

图 7-72 内容验证点设置

7.4.3 数据池的应用

RPT 中数据池(Datapool)的原理和后面章节中即将学习的 RFT 中的数据池的原理是一样的，通过数据池可以获得动态的数据，它主要用于存储测试数据，在脚本中插入数据池命令并增加相关的控制命令后，在脚本回放时就可以自动从数据池中取出数据，完成多组测试数据的测试工作。

在“测试导航器”中选择要创建数据池的项目，单击鼠标右键，在弹出的快捷菜单中选择“新建|数据池”命令，在弹出的窗口中输入数据池文件的名称，单击“完成”按钮，可得到一个

空的数据池，在 RPT 窗口中可以看到该数据池。如图 7-73 所示。

修改变量名称可单击上图中的变量名。如图 7-74 所示，在弹出窗口中输入新的变量名称 username，然后单击“确定”按钮。

然后单击单元格，输入一批数据，输入完成后，数据池将如图 7-75 所示。

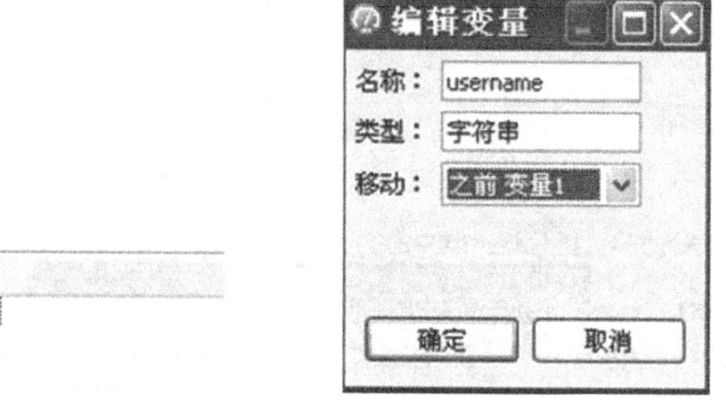

图 7-73 数据池　　图 7-74 修改变量名　　图 7-75 添加数据之后的数据池

数据池及数据准备完成后，就可以替换数据了，步骤如下所示。

(1) 在 RPT 窗口中显示测试内容选项卡，单击选中测试名称 webTours，在右侧公共选项中，单击“添加数据池”按钮，弹出如图 7-76 所示的添加数据池窗口，选择 username 数据池，然后单击“完成”按钮。

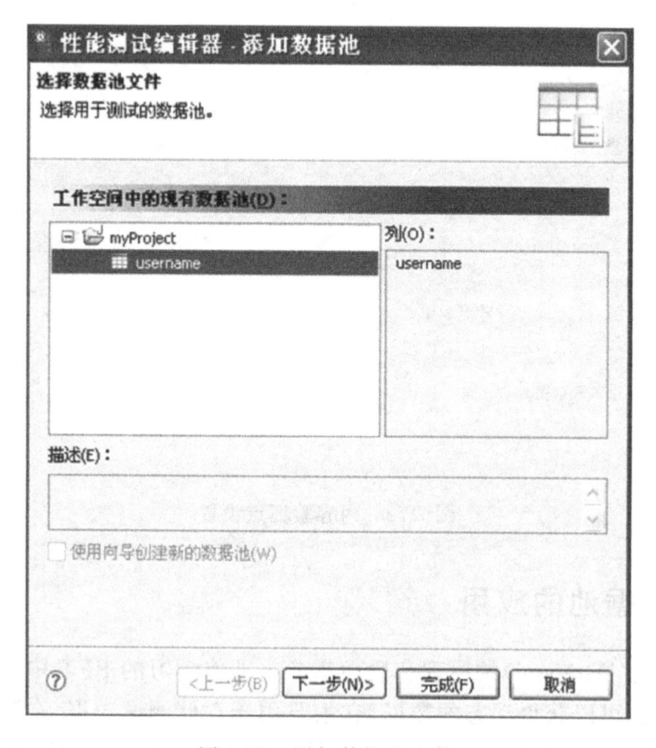

图 7-76 添加数据池文件

(2) 添加完成后，在测试内容中找到需要替换数据的测试步骤，本例中是输入用户名和密码的步骤 Find a Flight: Mercury Tours。选择该步骤，在右侧“测试数据”区域中，选择名称为 userName 的记录，然后单击“数据池变量”，弹出“选择数据池列”窗口，选择

username 数据池，然后选择 username 列，单击“完成”按钮，数据替换完成，如图 7-77 所示。

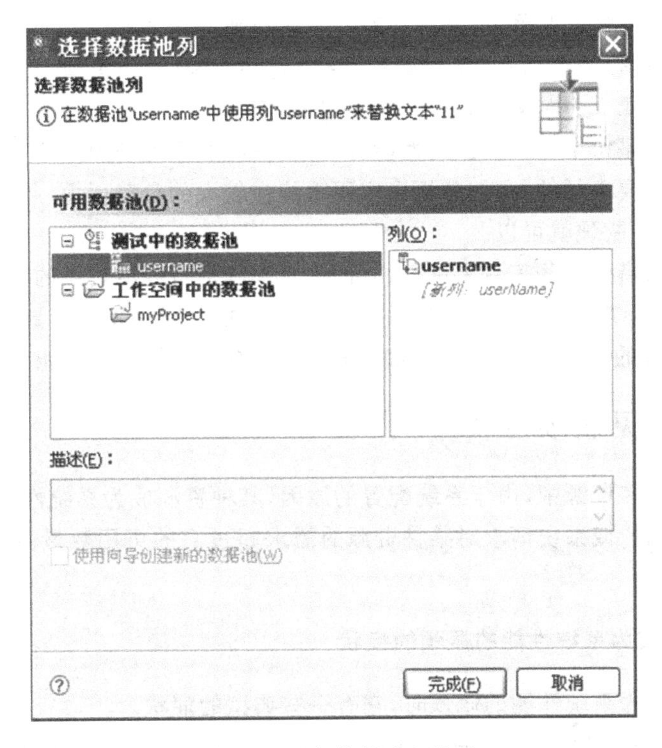

图 7-77　选择数据池中的列

(3) 替换完成后，在“测试数据”区域中就可以看到在 userName 对应的记录中“替换为”字段显示了数据池的列。根据其“所有者”，在测试内容中找到该步骤，可以在对应的“数据”部分，看到 userName 被突出显示，如图 7-78 所示。

图 7-78　参数化完成

7.5　性能测试结果分析

性能测试完成后，需要对结果进行分析，以定位瓶颈。应用 LoadRunner、RPT 等工具进行性能测试，测试运行完毕后，产生的各性能指标曲线是进行性能分析的重要依据。可以通过对性能指标随时间的变化综合分析，帮助测试人员定位性能瓶颈，并采取措施对系统进行性能优化。

7.5.1　性能分析原则

性能分析的目的是发现性能瓶颈并进行性能调优。进行性能分析的原则有以下两个。

(1) 具体问题具体分析。这是由于不同的应用系统，测试目的不同，测试过程中性能关注点也会不同造成的。

(2) 查找瓶颈时按以下顺序,由易到难:服务器硬件瓶颈→网络瓶颈(对局域网,可以不考虑)→服务器操作系统瓶颈(参数配置)→中间件瓶颈(参数配置、数据库、Web服务器等)→应用瓶颈(SQL语句、数据库设计、业务逻辑、算法等)。

以上过程并不是每个项目测试的性能分析中都需要,要根据测试目的和要求来确定分析的深度。对一些要求低的,我们分析出应用系统在较大的负载压力(并发用户数、数据量)下,找到系统的硬件瓶颈就可以。

性能分析可以借助一些工具来进行。目前,对系统进行性能调试的工具有很多,可以分为两大类:一类是标准的分析工具,即所有的UNIX都会带的分析工具;另一类是不同厂商的UNIX所特有的性能分析工具,比如HP-UX就有自己的增值性能分析工具。

7.5.2 常见瓶颈症状

在计算机的众多资源中,由于系统配置的原因,某种资源成为系统性能的瓶颈是很自然的事情。当所有用户或系统请求对某种资源的需求超过它的可用数量范围时,我们称这种资源为瓶颈。

1. 内存资源成为系统性能的瓶颈的症状

当内存资源成为系统性能的瓶颈时,它有一些典型的症状。

(1) 很高的换页率(High Pageout Rate):HP-UX是一个按需调页的操作系统,通常情况下,它只执行调入页面进入内存的操作,以使得进程能够运行。只有操作系统觉得系统需要释放一些内存空间时,才会执行从内存调出页面的操作,而过高的调出页面操作说明缺乏内存。

(2) 进程进入不活动状态(Process Deactivation Activity):当自由的内存页面数量小于最小自由内存页面数时,很多进程将强制进入不活动状态。因为,如果有进程进入不活动状态,说明正常的调页已经不足以满足内存需求了。

(3) 自由内存的数量很小,但活动的虚拟内存却很大。

(4) 交换区所有磁盘的活动次数很高。

(5) 很高的全局系统CPU利用率。

(6) 很长的运行进程队列,但CPU的空闲时间却很多。

(7) 内存不够出错。

(8) CPU用于vhand和swapper两种守护进程的时间(CPU Time To Vhand And Swapper):必须注意的是,有时候我们发现CPU很忙,这似乎是CPU资源成为系统性能的瓶颈,但如果进一步分析,发现vhand和swapper守护进程占用了大量的系统CPU时间,很显然,这时系统性能瓶颈真正所在可能是内存。

2. CPU资源成为系统性能的瓶颈的征兆

CPU就像人的大脑,完成各种交给它的任务。如果任务太多,CPU就要忙不过来,它的运行效率就要下降。就像人生病会有一典型症状一样,当CPU资源成为系统性能的瓶颈时,它也有一些典型的症状:

(1) 很慢的响应时间(Slow Response Time)。

(2) CPU 空闲时间为零(Zero Percent Idle CPU)。

(3) 过高的用户占用 CPU 时间(High Percent User CPU)。

(4) 过高的系统占用 CPU 时间(High Percent System CPU)。

(5) 很长的运行进程队列持续运行较长的时间(Large Run Queue Size Sustained Over Time)。

(6) 被优先级封锁的进程(Processes Blocked On Priority)。

必须注意的是,如果系统出现上面的这些症状并不能说一定是由于 CPU 资源不够。事实上,有些症状的出现很可能是由于其他资源的不足而引起。如内存不够时,CPU 会处理内存管理工作,这时从表面上看,CPU 的利用率是 100%,甚至显得不够,这时通过简单地增加 CPU 来解决该问题显然是行不通的。

因此,必须用不同的工具、从不同的方面对系统进行分析后,才能得出最终结论。因此,经验将起到不可替代的作用。

3. I/O 资源成为系统性能的瓶颈的征兆

当 I/O 成为瓶颈时,会出现下面这些典型的症状:

(1) 过高的磁盘利用率(High Disk Utilization)。

(2) 太长的磁盘等待队列(Large Disk Queue Length)。

(3) 等待磁盘 I/O 的时间所占的百分比太高(Large Percentage Of Time Waiting For Disk I/O)。

(4) 太高的物理 I/O 速率(Large Physical I/O Rate(Not Sufficient In Itself)。

(5) 过低的缓存命中率(Low Buffer Cache Hit Ratio(Not Sufficient In Itself))。

(6) 太长的运行进程队列,但 CPU 却空闲(Large Run Queue With Idle CPU)。

本 章 小 结

本章主要讲述了性能测试的相关理论及测试工具的运用方法。性能测试的目的是验证软件系统是否能够达到用户要求的性能指标,同时发现软件系统中存在的性能瓶颈,优化软件,最后起到优化系统的目的。在对应用系统进行性能测试时,将按照计划、设计、执行、分析的流程进行。在 LoadRunner 应用部分,针对脚本的录制、场景设计、结果分析进行了讲解。RPT 应用部分讲解了 RPT 的基本使用、测试验证点的设置以及数据池技术等。两种工具中有些共同的技术,比如 LoadRunner 中的检查点和 RPT 中的验证点。最后讲解了性能分析问题及常见性能瓶颈的症状。

第8章 本地化测试

学习目标

- 本地化测试的基本概念
- 中文本地化翻译语言文字规范
- 本地化工程师的基础技能和职业素质

软件公司走向国际市场后，就需要对软件产品进行本地化以适应本地客户的需求，开拓市场。本地化测试是保证本地化之后的软件正确满足客户需求的重要措施。

8.1 本地化测试概述

8.1.1 本地化测试的定义

本地化测试(Localization Testing)是在对软件进行本地化过程中进行的测试。所谓本地化就是将软件版本语言进行更改，比如将英文的 Windows 改成中文的 Windows 就是本地化。本地化测试的对象是软件的本地化版本。本地化测试的目的是测试特定目标区域设置的软件本地化质量。本地化测试的环境是在本地化的操作系统上安装本地化的软件。从测试方法上可以分为基本功能测试、安装或卸载测试、当地区域的软硬件兼容性测试。测试的内容主要包括软件本地化后的界面布局和软件翻译的语言质量，包含软件、文档和在线帮助等部分。

本地化测试的目的首先是保证本地化的软件与源语言软件具有相同的功能和性能。其次，还要保证本地化的软件在语言、文化、传统观念等方面符合当地用户的习惯。

本地化测试过程中的测试工作集中在：

(1) 易受本地化影响的方面，如用户界面。

(2) 区域性或区域设置特定的、语言特定的和地区特定的方面。

另外，本地化测试还应包括：

(1) 基本功能测试。保证软件被本地化之后，其基本功能不受影响。

(2) 在本地化环境中运行的安装和升级测试。

(3) 根据产品的目标地区，进行应用程序和硬件兼容性测试。

用户界面和语言的本地化测试应包括的项有：

(1) 验证所有应用程序资源。

(2) 验证语言的准确性和资源属性。

(3) 版式错误。

(4) 对书面文档、在线帮助、消息、界面资源、命令键顺序等进行的一致性检查。

(5) 确认是否遵守系统、输入和显示环境标准。

(6) 用户界面可用性。

(7) 评估文化适合性。

(8) 检查政治上敏感的内容。

当交付本地化产品时，应确保包含本地化文档(手册、在线帮助、上下文帮助等)。要检查的项包括：

(1) 翻译的质量。

(2) 翻译的完整性。

(3) 在所有文档和应用程序用户界面中使用的术语的一致性。

8.1.2　本地化测试与其他测试的区别

软件本地化测试的测试对象是本地化的软件，需要在本地化的操作系统上进行。虽然本地化的软件是基于源程序软件创建的，但与其他测试的测试内容和重点有很大不同。

一般情况下，两者的不同如表 8-1 所示。

表 8-1　本地化测试与其他测试的区别

不同点	描述
测试顺序	首先要先对源程序软件进行测试，然后再创建本地化软件，测试本地化软件
测试内容和重点	源程序软件主要测试功能和性能，结合软件界面的测试；本地化软件的测试，更注重因本地化引起的错误；例如，翻译是否正确、本地化的界面是否美观、本地化后的功能是否与源语言软件保持一致
测试环境	源程序软件测试通常在源语言的操作系统上进行；本地化软件在本地化的操作系统上进行

在本地化测试过程中，需要同时运行源程序软件和本地化软件，源程序软件结果将作为本地化软件的主要参考。

8.1.3　本地化测试的类型

根据软件本地化项目的规模、测试阶段以及测试方法，本地化测试分为多种类型，每种类型都对软件本地化的质量进行检测和保证。为了提高测试的质量、保证测试的效率，不同类型的本地化测试需要使用不同的方法、掌握必要的测试技巧。本节主要选取本地化测试中具有代表性的测试类型进行分析，结合软件本地化项目的测试经验对其测试要领进行剖析。

1. 导航测试

导航测试(Pilot Testing)是为了降低软件本地化的风险而进行的一种本地化测试。大型的全球化软件在完成国际化设计后，通常选择少量的典型语言进行软件的本地化，以此测试软件的可本地化能力,降低多种语言同时本地化的风险。

导航测试尤其适用于数十种语言本地化的新开发的软件,导航测试版本的语言主要由语言市场的重要性和规模确定,也要考虑语言编码等的代表性。例如,德语市场是欧洲的重要市场,通常作为导航测试的首要单字节字符集语言。汉语是亚洲重要的市场,可以作为双字节字符集语言代表。随着中国国内软件市场规模的增加,国际软件开发商逐渐对简体中文本地化提高重视程度,简体中文有望成为导航测试的首选语言。

导航测试是软件本地化项目早期进行的探索性测试,需要在本地化操作系统上进行,测试的重点是软件的国际化能力和可本地化能力,包括与区域相关的特性的处理能力,也包括测试是否可以容易地进行本地化,减少硬编码等缺陷。由于导航测试在整个软件本地化过程中意义重大,而且导航测试的持续时间通常较短,另外由于是新开发的软件的本地化测试,测试人员对软件的功能和使用操作了解不多,因此,本地化公司通常需要在正式测试之前搜集和学习软件的相关资料、分配人员,并搭建测试环境。

2. 可接受性测试

本地化软件的可接受性测试(Build Acceptable Testing)也被称作冒烟测试,是指对编译的软件本地化版本的主要特征进行基本测试,从而确定版本是否满足详细测试的条件。理论上,每个编译的本地化新版本在进行详细测试之前,都需要进行可接受性测试,以便在早期发现软件版本的可测试性,避免不必要的时间浪费。

注意,软件本地化版本的可接受性测试与软件公司为特定客户定制开发的原始语言软件的验收测试不同,验收测试主要确定软件的功能和性能是否达到了客户的需求,如果一切顺利,只进行一次验收测试就可以结束测试。

本地化软件在编译后,编译工程师通常需要执行版本健全性检查,确定本地化版本的内容和主要功能可以用于测试。而编译的本地化版本是否真的满足测试条件则还要通过独立的测试人员进行可接受性测试,它要求测试人员在较短的时间内完成,确定本地化的软件版本是否满足全面测试的要求,是否正确包含了应该本地化的部分。如果版本通过了可接受性测试,则可以进入软件全面详细测试阶段,反之,则需要重新编译本地化软件版本,直到通过可接受性测试。

在进行本地化软件版本的可接受性测试时,需要配置正确的测试环境,在本地化的操作系统上安装软件,确定是否可以正确安装和运行软件,确定软件包含了应该本地化的全部内容,并且主要功能正确。然后,卸载软件,保证软件可以被彻底卸载。软件的完整性是需要注意的一个方面,通过使用文件和文件夹的比较工具软件,对比安装后的本地化软件和英文软件内容的异同,确定本地化的完整性。

3. 语言质量测试

语言质量测试是软件本地化测试的重要组成部分,贯穿于本地化项目的各个阶段。语言质量测试的主要内容是软件界面和在线帮助等文档的翻译质量,包括正确性、完整性、专业性和一致性。

为了保证语言测试的质量,应该安排本地化语言作为母语的软件测试工程师进行测试,同时请本地化翻译工程师提供必要的帮助。在测试之前，必须阅读和熟悉软件开发商提供的软件术语表，了解软件翻译风格的语言表达要求。

由于软件的用户界面总是首先进行本地化，因此，本地化测试的初期的软件版本的语言质量测试主要以用户界面的语言质量为主，重点测试是否存在未翻译的内容、翻译的内容是否正确、是否符合软件术语表和翻译风格要求、是否符合母语表达方式、是否符合专业和行业的习惯用法。

本地化项目后期要对在线帮助和相关文档（各种用户使用手册等）进行本地化，这个阶段的语言质量测试，除了对翻译的表达正确性和专业性进行测试之外，还要注意在线帮助文件和软件用户界面的一致性。如果对于某些软件专业术语的翻译存在疑问，需要报告一个翻译问题，请软件开发商审阅，如果确认是翻译错误，需要修改术语表和软件的翻译。本书后续章节将就本地化翻译问题进行讲解。

4. 用户界面测试

本地化软件的用户界面测试（User Interface Testing），也被称作外观测试（Cosmetic Testing），主要对软件的界面文字和控件布局（大小和位置）进行测试。用户界面至少包括软件的安装和卸载界面、软件的运行界面和软件的在线帮助界面。软件界面的主要组成元素包括窗口、对话框、菜单、工具栏、状态栏、屏幕提示文字等内容，如图 8-1 所示的原始语言版本的 PowerPoint 界面。

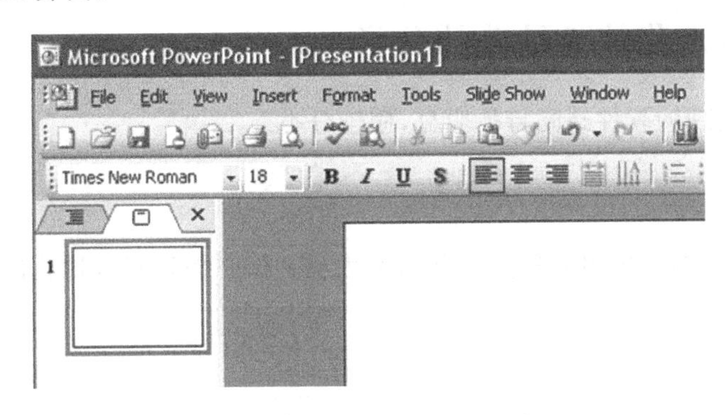

图 8-1　Microsoft PowerPoint 用户界面

用户界面的布局测试是本地化界面测试的重要内容。由于本地化的文字通常比原始开发语言长度更长，所以一类常见的本地化错误是软件界面上的文字显示不完整，例如，按钮文字只能显示一部分。另一类常见的界面错误是对话框中的控件位置排列不整齐、大小不一致。

相对于其他类型的本地化测试，用户界面测试可能是最简单的测试类型，软件测试工程师不需要过多的语言翻译知识和测试工具，但是由于软件的界面众多，而且某些对话框可能隐藏的比较深，因此，软件测试工程师必须尽可能地熟悉被测试软件的使用方法，这样才能找出那些较为隐蔽的界面错误。另外，某个界面错误可能是一类错误，需要报告一个综合的错误，例如，软件安装界面的“上一步”或“下一步”按钮显示不完整，则可能所有安装对话框的同类按钮都存在相同的错误。

5. 功能测试

原始语言开发的软件的功能测试主要测试软件的各项功能是否被实现以及是否正确，而本地化软件的功能测试主要测试软件经过本地化后，软件的功能是否与源软件一致，是否存在因软件本地化而产生的功能错误，例如，某些功能失效。

本地化软件的功能测试相对于其他测试类型具有较大难度，由于大型软件的功能众多，而且有些功能不经常使用，可能需要多步组合操作才能完成，因此本地化软件的功能测试需要测试工程师熟悉软件的使用操作，对于容易产生本地化错误之处能够预测，以便减少软件测试的工作量，这就要求测试工程师具有丰富的本地化测试经验。

除了某些菜单和按钮的本地化功能失效错误外，本地化软件的功能错误还包括软件的组合键和快捷键错误，例如，菜单和按钮的组合键与源软件不一致或者丢失组合键。另外一类是排序错误，例如，排序的结果不符合本地化语言的习惯。

发现本地化功能错误后，需要在源软件上进行相同的测试，如果源软件也存在相同的错误，则不属于本地化功能错误，而属于源软件的设计错误，需要报告源软件的功能错误。另外，如果同时进行多种本地化语言(例如，简体中文、繁体中文、日文和韩文)的测试，在一种语言上的功能错误也需要在其他语言版本上进行相同的测试，以确定该错误是单一语言特有的，还是许多本地化版本共有的。

8.1.4 本地化软件缺陷的分类

本地化测试发现的软件缺陷特征明显，便于分类。

1. 缺陷类型

概括地讲，软件本地化的缺陷主要分为两大类：核心缺陷和本地化缺陷。两类缺陷的详细分类如图 8-2 所示。

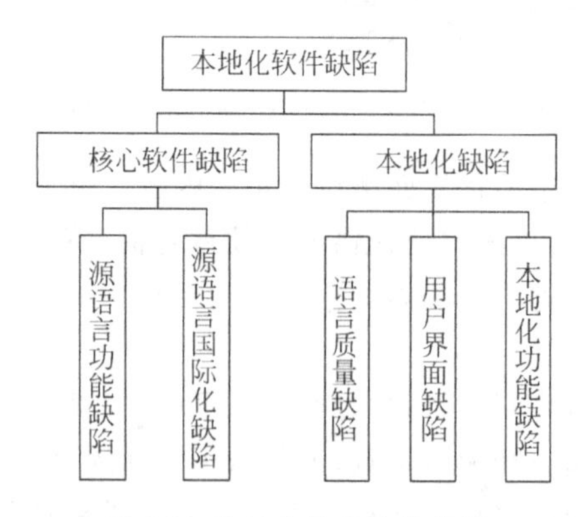

图 8-2 本地化软件缺陷分类

各类缺陷对应的英文名称如表 8-2 所示。

表 8-2　各类缺陷对应的英文名称

中文名称	英文名称	说明
本地化缺陷	Localization Bug	L10N Bug
核心缺陷	Core Bug	
语言质量缺陷	Linguistic Bug	
用户界面缺陷	User Interface Bug Cosmetic Bug	
本地化功能缺陷	Localization Functionality Bug	
源语言功能缺陷	Source Functionality Bug	
源语言国际化缺陷	Source Internationalization Bug	Source L18N Bug

2. 缺陷表现特征

由于本地化缺陷是本地化测试中出现的数量最多的缺陷，所以首先分析本地化缺陷的表现特征。本地化测试中发现的核心缺陷虽然数量不多，但它们的危害程度更大，所以需要认真对待。接下来分析它们的表现特征。

1）用户界面缺陷

- 控件的文字被截断：如对话框中的文本框、按钮、列表框、状态栏中的本地化文字只显示一部分。
- 控件或文字没有对齐：如对话框中的同类控件或本地化文字没有对齐。
- 控件位置重叠：如对话框中的控件彼此重叠。
- 多余的文字：如软件程序的窗口或对话框中出现的多余文字。
- 丢失的文字：软件程序的窗口或对话框中的文字部分丢失或全部丢失。
- 不一致的控件布局：本地化软件的控件布局与源语言软件不一致。
- 文字的字体、字号错误：控件的文字显示不美观，不符合本地化语言的正确字体和字号。
- 多余的空格：本地化文字字符之间存在多余的空格。

2）语言质量缺陷

- 字符没有被本地化：如对话框或软件程序窗口中的、应该被本地化的文字没有被本地化。
- 字符被不完整地本地化：如对话框或软件程序窗口中的、应该被本地化的文字只有一部分被本地化。
- 错误的本地化字符：如源语言文字被错误地本地化，或者对政治敏感的文字错误地进行了本地化。
- 不一致的本地化字符：如相同的文字前后翻译不一致，或相同的文字软件用户界面与在线帮助文件不一致。
- 过度本地化：对不应该本地化的字符进行了本地化。
- 标点符号、版权、商标符号错误：如标点符号、版权和商标的本地化不符合本地化语言的使用习惯。

3）本地化功能缺陷

本地化功能缺陷使本地化软件中的某些功能不起作用，或者产生功能错误，与源语言功能不一致。

- 功能不起作用：菜单、对话框的按钮、超链接不起作用。
- 功能错误：如菜单、对话框的按钮、超链接引起程序崩溃，菜单、对话框的按钮、超链接带来与源语言软件不一致的错误结果，超链接没有链接到本地化的网站或页面，软件的功能不符合本地化用户的使用要求等。
- 组合键和快捷键错误：如菜单或对话框中存在重复的组合键，本地化软件中缺少组合键或快捷键，不一致的组合键或快捷键，组合键或快捷键无效。

4）源语言功能缺陷

源语言功能缺陷是在源语言软件和全部本地化软件上都可以复现的错误。

- 功能不起作用：如菜单不起作用、对话框的按钮不起作用、超链接不起作用、控件焦点跳转顺序(Tab 键)不正确，等等。
- 文字内容错误：如软件的名称或者版本编号错误，英文拼写错误、语法错误，英文用词不恰当等。

5）源语言国际化缺陷

源语言国际化缺陷是在源语言软件设计过程中对软件的本地化能力的处理不足引起的，它只出现在本地化的软件中。

- 区域设置错误：如本地化日期格式错误，本地化时间格式错误，本地化数字格式(小数点、千位分隔符)错误，本地化货币单位或格式错误，本地化度量单位错误，本地化纸张大小错误，本地化电话号码和邮政编码错误。
- 双字节字符错：如不支持双字节字符的输入，双字节字符被显示为乱码，不能保存含有双字节字符内容的文件，不能打印双字节字符。

3. 缺陷产生的原因

核心缺陷是由于源程序软件编码错误引起的，例如开发人员对于某个功能模块的编码错误，或者没有考虑软件的国际化和本地化能力，而将代码设定为某一种语言。

本地化缺陷是由于软件本地化过程引起的，例如语言翻译质量较差、界面控件布局不当、翻译了程序中的变量等。

4. 缺陷修正方法

本地化缺陷是测试中发现的数量最多的缺陷，它只出现在本地化的版本上，而不出现在源语言版本上，可以由本地化工程师修改本地化软件相关资源文件解决，例如修改错误的翻译文字、调整控件的大小和位置等。

核心缺陷中的源语言功能缺陷既出现在本地化软件，也可以在源语言软件上复现，而核心缺陷中的源语言国际化缺陷，虽然只出现在本地化版本中，但是只能通过修改程序代码实现，属于源语言软件的设计错误，这类缺陷只能由软件开发人员修正。

8.1.5 本地化测试的流程

本地化测试的流程包括测试规划、测试设计、测试实施、配置管理、测试管理等步骤。

1. 测试规划

确定测试的目标和策略。这个过程将输出测试计划，明确要完成的测试活动，评估完成测试活动所需要的时间和资源，设计测试组织和岗位职责，进行活动安排和资源分配，安排跟踪和控制测试过程的活动。

软件本地化测试的测试计划，通常由软件供应商根据源语言软件项目开发计划制定并提供给软件本地化提供商，测试计划包括各个测试阶段的起始和结束时间、资源需求、测试内容等。软件本地化提供商根据得到的测试规划进行评阅和项目准备，并就测试计划中的具体问题与软件供应商协商和讨论，以达成共识。

2. 测试设计

根据测试计划设计测试方案。测试设计过程输出的是各测试阶段的测试用例，其结果可以作为各阶段的测试计划的附件提交评审。测试设计的另一项内容是回归测试设计，即确定回归测试的用例集。

软件本地化的测试设计，一般由软件供应商完成，软件供应商也可以提供软件测试文档，委托软件本地化提供商完成测试设计。软件本地化提供商完成的测试设计，要经过软件供应商的确认才能用于实际测试过程。

3. 测试实施

使用测试用例运行被测试程序，将获得的运行结果与期望结果进行比较和分析，记录、跟踪和管理软件错误和缺陷，最后得到测试报告。

本地化测试由本地化提供商的测试项目组成员完成，需要与软件供应商有效协作，获得最新的测试用例和测试软件，提交测试结果（软件错误数据库和测试报告等）。

4. 配置管理

测试配置管理是软件配置管理的子集，作用于测试的各个阶段。管理对象包括测试计划、测试方案（用例）、测试版本、测试工具、测试环境、测试结果等。测试资源管理包括对人力资源和工作场所，以及相关测试设备和技术支持的管理。

大型软件本地化测试项目，一般需要测试多个本地化版本，因此，测试周期较长。测试的内容多，需要较多的测试人员共同完成。测试过程需要在多个本地化操作系统上，运用多种测试工具和测试方法。软件测试过程会报告数百甚至上千个错误和缺陷，对软件错误数据库管理有较高要求。因此，测试配置管理在软件测试中具有重要作用。

5. 测试管理

本地化测试需要掌握被测软件功能特征，拥有专业的本地语言知识，熟悉测试工具和测试技术。因此，本地化测试是一项艰苦的、繁复的工作，难度大、工作量大，测试要求的时间短，测试过程中可能经常变更测试内容，因此，本地化测试管理变得十分重要，本地化测试管理是高质量、高效率地完成本地化测试工作的重要保证。

本地化测试管理包括软件测试的组织管理、测试质量管理、测试进度和资源管理、测试文档管理、测试数据的统计和积累。测试管理应由测试工作的各级负责人和机构管理部门共同担任,各尽其职。

8.2 简体中文本地化翻译语言文字规范

在计算机软件的本地化过程中,无论是界面、在线帮助还是手册,翻译和校对都是最基础的环节,而且这部分的工作量也最大;而文档的文字质量又是评价本地化工作质量的重要标准;这部分工作的质量还会影响其他环节的工作效率。因此,根据客户的需求在从事翻译和校对工作时,必须遵循一定的原则。

无论翻译或校对的文字是来自界面、在线帮助,还是文档,译文都必须符合以下原则:

(1) 凝练平实,言简意赅。

(2) 信息全面,含义准确。

(3) 语句流畅,逻辑通顺。

(4) 使用书面用语,符合汉语语法习惯。

(5) 杜绝错字、别字、多字、少字、标点符号误用和英文拼写错误。

(6) 译文的用词及语气须避免有对性别、年龄、种族、职业、宗教信仰、政治信仰、政党、国籍、地域、贫富以及身体机能障碍者的歧视。

手册的语言风格与在线帮助或界面相比要略显活泼一些,经常会出现一些疑问句、反问句、感叹句、俚语等,在翻译时要将这些地方译得文雅而不口语化,既要传达出原文要表达的感情,而表达方式又要符合汉语的习惯。

8.2.1 本地化语言翻译技巧

1. 顺译法

顺译法多用于简单句和直接描述操作的句子。

例如:

If you create a PowerPoint presentation and want to transfer it to Word to create speaker notes, in PowerPoint, click **Send To** (File menu), and then click **Microsoft Word Outline.**

译文:

如果您创建了一份 PowerPoint 演示文稿,并想将它转移到 Word 中去创建演讲者备注,可在 PowerPoint 中选择"文件|发送|Microsoft Word 大纲"命令。

2. 选义译法

单词有多种含义时,要根据上下文选择最恰当的词义。

3. 转译法

在弄清原意的基础上,根据上下文的逻辑关系和汉语的搭配习惯,对词义加以引申。引申和转译后的词义虽然和词典译义不一致,但更能准确地表达原文的思想内容。

例如：

Recorded macros are great when you want to perform exactly the same task every time you run the macro. But what if you want to automate a task in which the actions vary with the situation, or depend on user input, or move data from one Office application to another?

译文：

如果每次执行的操作都完全一样，那么录制宏可谓最善之策，但又并非万全之策。因为您希望自动完成的操作可能会因具体情况而异，或是要取决于用户输入，或是要在 Office 应用程序间移动数据。

又例如：

Tells Word what to apply the page border to.

译文：

确定 Word 应用页面边框的范围。

不可译为"告诉 Word 要把页面边框应用到什么东西上"。虽然也很准确，但这种场合需要的是平实的书面语。

4. 增译法

恢复英语中省略掉的一些词或成分，有时甚至要有意增加一些词语，以使译文清晰。在英文手册中，有些关于操作的叙述在结果和实现过程之间没有过渡，在翻译时，应加上"方法是："。

例如：

Jump to sites on the World Wide Web　If you have access to the Internet, you can jump to Web sites. Just type the address, or *Uniform Resource Locator* (URL), in the **Address** box. For example, type the following: **http://www.microsoft.com/**

译文：

跳至"万维网"节点　如果您能够访问 Internet，就可以跳至 Web 站点。方法是：在"地址"框中输入地址或"统一资源定位符(URL)"。例如，输入"http://www.microsoft.com/"。

又如：

Add Hyperlinks to Your Files A *hyperlink* is colored or underlined text or a graphic that you click to jump to another file, or to another location in the same file. You can jump to files on your intranet or to Web sites. For example, you can click a hyperlink to jump to a heading in Word, a cell or named range in Microsoft Excel, titles in PowerPoint slides, and table cells in Microsoft Access. If your company already has a LAN or WAN, all you need to do to make your files available to other employees is to put them on a public server and add then hyperlinks to files that you want to jump to. In your file, click where you want to be able to jump from, and then click the **Insert Hyperlink** button.

这一段的标题是“给文件添加超链接”，第一段是介绍超链接的概念和作用，第二段是介绍超链接的插入方法，因此第二段应译为：

添加超链接的方法是：单击跳转的起始位置，然后单击“插入超链接”按钮。

5. 省译法

为使译文简洁明了，常须省译一些词语。比如将带 you 或 your 的从句译成不带“您”的短语，使整个复合句变为简单句。

6. 简译法(在使用时，应该记录该语句，在提交文件时，应被一起提交)

英汉两种语言都有大量的习语、成语，特别是汉语中的成语具有非常强的表现力，言简意赅。简译法主要就是运用成语来使译文生动、简洁、明快。

例如：

The Office Assistant is ready to help

Ask for help when you need it. The Office assistant observes your actions, fields your questions, and quickly presents you with a list of the most relevant Help topics.

Get expert advice without asking. The Office Assistant delivers helpful messages and timely tips that can make your work easier.

译文：

Office 助手

呼之即来 Office 助手可观察您的操作并迅速提供与操作最相关的帮助主题列表。

如影随形 Office 助手会及时提供颇有助益的信息和提示，使您工作倍感轻松。

7. 倒译法

根据两种语言表达习惯上的差异，有时需要把有关的词语甚至语句的先后顺序颠倒，否则就会成为洋腔。

例如：

Chances are you'll want to begin the contract by revising an existing one or by using your firm's template. Open the contract by clicking **Open** (**File** menu).

译文：

如果您希望通过修改以前的合同或利用本公司制订的规范来创建新合同，可选择“文件|打开”命令来打开它们。

8. 改译法

改译法主要包括将被动句改为主动句、双重否定句译为肯定句、转换句子成分和词性等。

手册中有大量的短标题，常常是疑问句或陈述句，但又和后面的正文叙述关系密切，这时如果直译，则两者间的关系反映得不明显，因此，应改译为条件从句。

例如：

What if Help is not available? Run Office Setup to install it. For more information, see "Add or Remove Components," page XXX.

译文：

如果无法使用帮助 可运行 Office 安装程序进行安装。详细内容，请参阅"安装和启动 Microsoft Office"一章中的"添加或删除组件"部分。

又例如：

Want to change your day-to-day font? Click **Font** (**Format** menu), select your favorite font, click **Default**, and then click **Yes**. (Default fonts are stored in each individual template, so the default can be different for each template.)

译文：

如果要改变常用字体 可选择"格式|字体"命令，选择您喜欢的字体，单击"默认值"，然后单击"是"按钮(默认字体储存在各个单独的模板中，因此，默认字体会因模板而异)。

当然，不是所有的短标题都要求这样翻译。总的目的是使这样一段话读起来既平实又一气呵成。

9. 分译法(较为常见)

地道的汉语通常使用短句，而英语中却不乏长句。在这种场合，就要将原文中的一个句子分解为若干个短句，这样才符合汉语的表达习惯。否则会使读者在读完全句之后不知所云。

例如：

Microsoft Visual Basic for Applications is a powerful built-in programming language that enables a novice user to automate simple tasks and enables a developer to create customized, multiple application solutions to automate complex tasks.

译文：

Microsoft Visual Basic for Applications 是一种功能强大的内置式编程语言，它既能帮助不谙此道的初级用户自动完成简单任务，也能让经验丰富的开发人员创建出自定义的多应用程序解决方案，以自动完成复杂的工作。

8.2.2 一般翻译规则

1. 译、校要求

翻译或校对，要在正确理解原文的基础上，结合软件功能和操作的实际情况进行。对于原文中的技术或语言错误，在译文中要更正过来；对于原文中叙述不清的地方，如果不是很复杂，应在译文中加入进一步的解释，以利于用户理解。

2. 精确

避免含意出现模棱两可的情况。例如："一次发送文件给一个人"。这句话就可以有"一次只给一个人发送文件"和"将所有文件一次发给某人"两种不同的理解。

3. 符合中国人的习惯

有时,英文作者为了使内容变得生动活泼,往往会加入一些比较"花哨"的比喻,有些内容,并不符合我们的习惯,对这些语句,在不影响其他内容的情况下,可改变其中的说法,使之符合中国人的习惯。有时,把英文的示例、文字、地名、人名改成中国的地名、人名,会使用户感到亲切自然。

4. 简洁

用"可"则尽量不用"可以"。能用"用"则尽量不用"使用"。能用"将"则尽量不用"把"。这一点并不绝对,取舍标准是使语句读起来既通顺、又凝练。

5. 使用书面语

避免口语化,以及多余的词。

6. 对应与一致

与本产品早期版本、同类产品中的译文应尽量保持一致。本产品内类似的短语应保持一致。

7. 灵活用词,避免单调重复

段落中的多个句子中,要灵活使用词汇,避免单调重复。

8. 语言风格

注意语言环境,不同的文章需要不同风格,要前后一致。

9. 规范用词

规范用词(即使在与界面无关的叙述中,也不要无故自造词汇)。对词意的使用要精确,如果有特指,则需要加引号。

10. 章、节、项的翻译

章、节、项等文档的标题应尽量简洁,少用句子。并且能以标题推测内容。同一级的标题应尽量保持风格一致。但如果难于统一或易于引起意义混淆,则不必强求统一。

11. 要求用户进行操作的短句

在在线帮助中,有许多要求用户进行操作的短句,在翻译这些句子时,句首要加"请"。

8.3 本地化测试工程师

大型软件本地化项目的顺利实施需要多个团队(翻译、测试、排版、质量保证团队等),多个团队的分工要明确,还要能相互合作。因此,软件本地化工程师需要具备多种能力素质,如图 8-3 所示。

图 8-3 本地化测试工程师需要的能力素质

8.3.1 基础技能

基础技能包括熟练的计算机基础知识和良好的语言技能。

1. 安装和配置常用操作系统的知识

软件本地化过程可能会在多种操作系统上执行，例如，经常需要在多个操作系统中对本地化软件进行测试。熟练安装和配置常用操作系统是基本要求。例如 Windows、UNIX、Linux、Solaris 操作系统。

2. 计算机网络基础知识

为了便于资源共享，本地化测试需要在计算机网络环境下完成。此外在与客户的交流过程中也需要利用 Internet 技术。例如，下载软件本地化指导文档和其他相关文件、提交工作任务、测试某些软件功能。因此，需要了解局域网和 Internet 基础知识、通信软件的使用和常用通信协议的基本知识。

3. 通用软件的使用知识

软件本地化需要使用多种软件工具，例如常用办公软件，包括字处理软件，表格处理、数据库管理和邮件管理软件等。熟练安装和使用这些通用软件，可以提高工作效率和质量。

4. 良好的语言技能

软件本地化是与语言密切相关的技术，涉及多种语言的理解、表达和转换的多方面知识。软件开发商提供的文档以英文为主，良好的阅读理解能力和基本的英语写作基础是从事软件本地化工作的基础技能。如果与软件开发商直接联系，还需要英语听说表达能力。

8.3.2 专业基础知识

软件本地化技术与软件国际化技术紧密相关，软件本地化又具有软件工程技术的通用特征，所以，有必要了解这些基础专业知识。

1. 软件本地化或国际化的基本知识

软件本地化或国际化的基本知识包括软件本地化或国际化的概念、软件本地化的作用、发展历史和行业前景等。这些知识可以加深本地化测试工程师对该行业的认识，增加工作的主动性。

2. 软件本地化工程的基础知识

包括软件本地化的一般工作流程,软件本地化资源文件的类型、作用和处理过程,计算机字符编码的知识,包括 Unicode 和双字节字符集(DBCS)知识,软件的图形用户界面(GUI)的类型和作用等。

8.3.3 职业素质

"态度决定一切",这同样适合于软件本地化行业。除了掌握行业技术知识,职业态度和从业心理也决定了职业发展的软技能。

1. 解决问题的专业态度和创新能力

在软件本地化项目的实施中,将会遇到各种技术问题,需要拥有严谨负责的工作作风。需要具有发现问题、分析问题和解决问题的能力。某些技术问题的解决,必须尝试采用新的思路和方法,反对因循守旧,提倡创新精神。

2. 主动迅速学习新知识的能力

不同类型的本地化软件,其功能各自不同,本地化过程中需要的工具和操作系统等经常会改变或升级,这都需要不断跟踪技术发展的脚步,主动迅速掌握本行业的新知识,并将其积极应用到工作中。

3. 执著敬业和团队合作能力

软件本地化项目是一项系统工程,需要团队合作、相互配合。只有每个项目成员执著敬业,整个项目才能顺利完成。

4. 良好的书面和口头交流技能

在团队合作过程中,经常需要讨论项目执行过程中发现的问题,因此,每个项目成员需要提出问题,找出解决办法,总结规律,这就需要有良好的书面和口头交流技能。

5. 承受压力的能力

软件的更新周期缩短,新版本、新技术不断涌现,需要学习的新知识会不断增加。这些都加剧了本地化工程师的工作压力和心理压力。如果不能很好地在压力下工作,相关人员就会变得心情急躁,缺少耐性,从而对工作失去兴趣,很难保证软件本地化的质量和进度。

本章小结

本章针对本地化测试进行了讲解,本地化测试是在对软件进行本地化过程中进行的测试。第 8.2 节讲解了简体中文本地化翻译语言文字规范。最后简要介绍了软件本地化工程师的基础技能和职业素质。

第9章 网络互联与测试

学习目标

- OSI的七层模型
- TCP/IP协议族
- IP地址分类
- ping命令
- tracert命令
- ipconfig命令
- arp命令
- ftp命令
- 网络故障分析

本章以计算机网络技术为基础，讲述网络互联与测试的基础知识，包括OSI的七层模型、TCP/IP协议族、IP地址分类、ping命令、tracert命令、ipconfig命令、arp命令、ftp命令和网络故障分析。

9.1 网络基础知识

网络体系结构是计算机之间相互通信的层次、各层中的协议和层次之间接口的集合。网络协议是计算机网络和分布系统中相互通信的对等实体间交换信息时所必须遵守的规则集合。

9.1.1 OSI的七层模型

在网络历史的早期，国际标准化组织(ISO)和国际电报电话咨询委员会(CCITT)共同出版了开放系统互联的七层参考模型。一台计算机操作系统中的网络过程包括从应用请求(在协议栈的顶部)到网络介质(底部)，OSI参考模型把功能分成七个独立的层次，如图9-1所示。

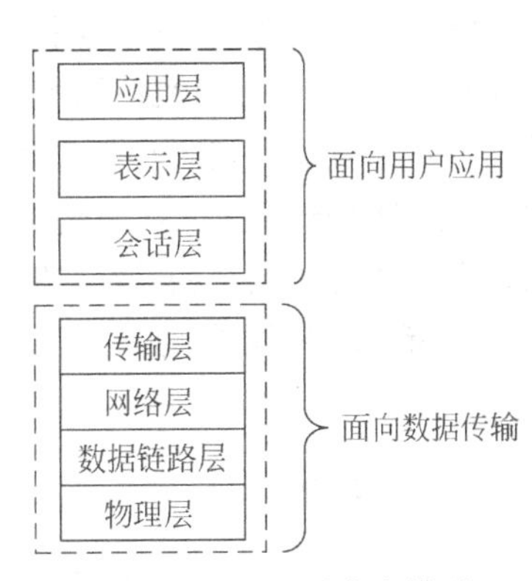

图9-1 OSI七层参考模型

1. 物理层

第一层是物理层，负责将信息编码成电流脉冲或其他信号用于网上传输。它由计算机和网络介质之间的实际界面组成,可定义电气信号、符号、线的状态和时钟要求、数据编码和数据传输用的连接器。如最常用的 RS-232 规范、10BASE-T 的曼彻斯特编码以及 RJ-45 就属于第一层。所有比物理层高的层都通过事先定义好的接口而与它通话。如以太网的附属单元接口(AUI),一个 DB-15 连接器可被用来连接第一层和第二层。

2. 数据链路层

第二层是数据链路层,通过物理网络链路提供可靠的数据传输。不同的数据链路层定义了不同的网络和协议特征,其中包括物理编址、网络拓扑结构、错误校验、帧序列以及流控。物理编址(相对应的是网络编址)定义了设备在数据链路层的编址方式;网络拓扑结构定义了设备的物理连接方式,如总线拓扑结构和环拓扑结构;错误校验向发生传输错误的上层协议报警;数据帧序列重新整理并传输除序列以外的帧;流控可能延缓数据的传输,使接收设备不会因为在某一时刻接收到超过其处理能力的信息流而崩溃。数据链路层实际上由两个独立的部分组成:介质存取控制层(Media Access Control,MAC)和逻辑链路控制层(Logical Link Control,LLC)。MAC 描述在共享介质环境中如何进行栈的调度、发生和接收数据。MAC 确保信息跨链路的可靠传输,对数据传输进行同步,识别错误和控制数据的流向。一般地讲,MAC 只在共享介质环境中才是重要的,只有在共享介质环境中多个节点才能连接到同一传输介质上。IEEE MAC 规则定义了地址,以标识数据链路层中的多个设备。逻辑链路控制子层管理单一网络链路上的设备间的通信,IEEE 802.2 标准定义了 LLC。LLC 支持无连接服务和面向连接的服务。在数据链路层的信息帧中定义了许多域。这些域使得多种高层协议可以共享一个物理数据链路。

3. 网络层

第三层是网络层,负责在源和终点之间建立连接。它一般包括网络寻径,还可能包括流量控制、错误检查等。相同 MAC 标准的不同网段之间的数据传输一般只涉及数据链路层,而不同的 MAC 标准之间的数据传输都会涉及网络层。例如 IP 路由器工作在网络层,因而可以实现多种网络间的互联。

4. 传输层

第四层是传输层,向高层提供可靠的端到端的网络数据流服务。传输层的功能一般包括流控、多路传输、虚电路管理及差错校验和恢复。流控管理设备之间的数据传输,要确保传输设备不发送比接收设备处理能力大的数据;多路传输使得多个应用程序的数据可以传输到一个物理链路上;虚电路由传输层建立、维护和终止;差错校验包括为检测传输错误而建立的各种不同结构;而差错恢复包括所采取的行动(如请求数据重发),以便纠正发生的任何错误。传输控制协议(TCP)是提供可靠数据传输的 TCP/IP 协议族中的传输层协议。

5. 会话层

第五层是会话层,建立、管理和终止表示层与实体之间的通信会话。通信会话包括发生在不同网络应用层之间的服务请求和服务应答，这些请求与应答通过会话层的协议实现。它还包括创建检查点，使通信发生中断的时候可以返回到以前的一个状态。

6. 表示层

第六层是表示层，提供多种功能用于应用层数据编码和转化，以确保以一个系统应用层发送的信息可以被另一个系统应用层识别。表示层的编码和转化模式包括公用数据表示格式、性能转化表示格式、公用数据压缩模式和公用数据加密模式。

表示层协议一般不与特殊的协议栈关联，如 QuickTime 是 Applet 计算机的视频和音频的标准，MPEG 是 ISO 的视频压缩与编码标准。常见的图形图像格式 PCX、GIF、JPEG 是不同的静态图像压缩和编码标准。

7. 应用层

第七层是应用层，是最接近终端用户的 OSI 层，这就意味着 OSI 应用层与用户之间是通过应用软件直接相互作用的。注意，应用层并非由计算机上运行的实际应用软件组成，而是由向应用程序提供访问网络资源的 API(Application Program Interface，应用程序接口)组成，这类应用软件程序超出了 OSI 模型的范畴。应用层的功能一般包括标识通信伙伴、定义资源的可用性和同步通信。因为可能丢失通信伙伴，应用层必须为传输数据的应用子程序定义通信伙伴的标识和可用性。在定义资源的可用性时，应用层为了请求通信而必须判断是否有足够的网络资源。在同步通信中，所有应用程序之间的通信都需要应用层的协同操作。

OSI 的应用层协议包括文件的传输、访问和管理协议(FTAM)，以及文件虚拟终端协议(VIP)、公用管理系统信息(CMIP)等。

9.1.2　TCP/IP 协议族

TCP/IP 分层模型(TCP/IP Layering Model)被称作 Internet 分层模型(Internet Layering Model)和 Internet 参考模型(Internet Reference Model)。图 9-2 表示了 TCP/IP 分层模型中的四层。

<table>
<tr><td>应用层</td><td colspan="2">Telnet \FTP \SMTP\ DNS
TFTP \NFS\ SNMP\ BOOTP</td></tr>
<tr><td>传输层</td><td>TCP</td><td>UDP</td></tr>
<tr><td>网间层</td><td colspan="2">IP\ICMP\ARP\RARP</td></tr>
<tr><td>网络接口层</td><td colspan="2">FDDI\ISDN\TDMA\
X. 25\Ethernet</td></tr>
</table>

图 9-2　TCP/IP 各层主要协议

TCP/IP 分层模型的 4 个协议层分别完成以下的功能。

1. 网络接口层

第一层是网络接口层，包括用于协作 IP 数据在已有网络介质上传输的协议。实际上 TCP/IP 标准并不定义与 ISO 数据链路层和物理层相对应的功能。相反，它定义像地址解析协议(Address Resolution Protocol，ARP)这样的协议，提供 TCP/IP 协议的数据结构和实际物理硬件之间的接口。

2. 网间层

第二层是网间层，对应于 OSI 七层参考模型的网络层。该层包含 IP 协议和 RIP 协议(Routing Information Protocol，路由信息协议)，负责数据的包装、寻址和路由。同时还包含网间控制报文协议(Internet Control Message Protocol，ICMP)用来提供网络诊断信息。

3. 传输层

第三层是传输层，对应于 OSI 七层参考模型的传输层，它提供两种端到端的通信服务。其中 TCP 协议(Transmission Control Protocol)提供可靠的数据流运输服务，UDP 协议(Use Datagram Protocol)提供不可靠的用户数据报服务。

4. 应用层

第四层是应用层，对应于 OSI 七层参考模型的应用层和表达层。Internet 的应用层协议包括 Finger、Whois、FTP(文件传输协议)、Gopher、HTTP(超文本传输协议)、Telent(远程终端协议)、SMTP(简单邮件传送协议)、IRC(Internet 中继会话)、NNTP(网络新闻传输协议)等。

9.1.3 IP 地址分类

所谓分类的 IP 地址，就是将 IP 地址分为若干个固定的类，每个类都由两个部分组成：Net-ID 和 Host-ID。即 IP 地址＝Net-ID＋Host-ID。Net-ID 是网络号，即网络的编号；Host-ID 指主机的编号。

IP 地址可以分为 5 类：A 类～E 类。不同类的 Net-ID 和 Host-ID 是不同的。A 类～C 类地址是最常用的，D 类地址是组播地址，E 类地址留作后用。不同类型的 IP 地址会有不同的 Net-ID 和 Host-ID：

(1) A 类地址的第一位是 0。Net-ID 有 8 个 bit，Host-ID 有 24 个 bit。

(2) B 类地址的前两位是 10，Net-ID 有 16 个 bit，Host-ID 有 16 个 bit。

(3) C 类地址的前 3 位是 110，Net-ID 有 24 个 bit，Host-ID 有 8 个 bit。

(4) D 类地址的前 4 位是 1110。

(5) E 类地址的前 5 位是 11110。

从分类这个过程可知，如果给定某个类型的 IP 地址，可以推断出它的网络号范围，具体如表 9-1 所示。

表 9-1 IP 地址网络类别

网络类别	第一个网络号	最后一个网络号
A	1	126
B	128.0	191.255
C	192.0	223.255.255

子网掩码不能单独存在,它必须结合 IP 地址一起使用。子网掩码的作用就是将某个 IP 地址划分成网络地址和主机地址两部分。子网掩码的设定必须遵循一定的规则。与 IP 地址相同,子网掩码的长度也是 32 位,左边是网络位,用二进制数字"1"表示;右边是主机位,用二进制数字"0"表示。只有通过子网掩码,才能表明一台主机所在的子网与其他子网的关系,使网络正常工作。

(1) A 类地址的默认子网掩码为 255.0.0.0

(2) B 类地址的默认子网掩码为 255.255.0.0

(3) C 类地址的默认子网掩码为:255.255.255.0

子网掩码是用来判断任意两台计算机的 IP 地址是否属于同一子网络的根据。两台计算机各自的 IP 地址与子网掩码进行 &(按位逻辑与)运算后,如果得出的结果是相同的,则说明这两台计算机处于同一个子网络上的,可以进行直接通信。

示例:

IP 地址　192.168.0.1=$(11000000.10101000.00000000.00000001)_2$

&

子网掩码　255.255.255.0=$(11111111.11111111.11111111.00000000)_2$

& 运算结果:192.168.0.0=$(11000000.10101000.00000000.00000000)_2$

192.168.0.1 与 255.255.255.0 的 &(按位逻辑与)运算后的结果为 192.168.0.0。

另:

I P 地址 192.168.0.254=$(11000000.10101000.00000000. 11111110)_2$

&

子网掩码 255.255.255.0=$(11111111.11111111.11111111.00000000)_2$

& 运算结果:192.168.0.0=$(11000000.10101000.00000000.00000000)_2$

192.168.0.254 与 255.255.255.0 的 &(按位逻辑与)运算后的结果为 192.168.0.0。

通过以上对两组计算机 IP 地址与子网掩码的 & 运算后,可以看到运算结果是一样的。均为 192.168.0.0,这两台计算机被视为处于同一子网络。

9.2 常用网络测试命令

本节介绍常用的网络测试命令,包括 ping、tracert、ipconfig、arp 和 ftp。

9.2.1 ping 命令

ping(Packet Internet Grope,Internet 包探索器)是用来检查网络是否通畅或者网络连接速度的 DOS 命令。ping 发送一个 ICMP 回声请求消息给目的地并报告是否收到所希望的 ICMP 回声应答。

ping 是 Windows 系列自带的一个可执行命令。利用它可以检查网络是否能够连通，用好它可以很好地分析判定网络故障。

该命令只有在安装了 TCP/IP 协议后才可以使用。

1. 命令格式

ping 命令的用法如下：

```
ping [-t] [-a] [-n count] [-l length] [-f] [-i ttl] [-v tos] [-r count] [-s count]
[[-j computer-list]|[-k computer-list]] [-w timeout] destination-list
```

ping 命令参数的具体含义如表 9-2 所示。

表 9-2 ping 命令参数含义

参数	含义
-t	ping 指定的计算机，直到中断
-a	将地址解析为计算机名
-n count	发送 count 指定的 ECHO 数据包数，默认值为 4
-l length	发送包含由 length 指定的数据量的 ECHO 数据包，默认为 32 字节；最大值是 65 527
-f	在数据包中发送“不要分段”标志；数据包不会被路由上的网关分段
-i ttl	将“生存时间”字段设置为 ttl 指定的值
-v tos	将“服务类型”字段设置为 tos 指定的值
-r count	在“记录路由”字段中记录传出和返回数据包的路由；count 可以指定最少 1 台，最多 9 台计算机
-s count	指定 count 指定的跃点数的时间戳
-j computer-list	利用 computer-list 指定的计算机列表路由数据包；连续计算机可以被中间网关分隔(路由稀疏源)IP 允许的最大数量为 9
-k computer-list	利用 computer-list 指定的计算机列表路由数据包；连续计算机不能被中间网关分隔(路由严格源)IP 允许的最大数量为 9
-w timeout	指定超时间隔，单位为 ms
destination-list	指定要 ping 的远程计算机

2. 利用 ping 来检查网络状态的方法

1) ping 本机 IP

例如本机 IP 地址为：10.4.124.168。则可执行命令 ping 10.4.124.168。如果网卡安装配置没有问题，则应有类似如图 9-3 所示的结果。

如果在 MS-DOS 方式下执行此命令，显示内容将为：Request timed out。则表明网卡安装或配置有问题。将网线断开再次执行此命令，如果显示正常，则说明本机使用的 IP 地址可能与另一台正在使用的机器的 IP 地址重复了。如果仍然不正常，则表明本机网卡安装或配置有问题，需要继续检查相关网络配置。

```
C:\Documents and Settings\wenyandong\「开始」菜单>ping 10.4.124.168

Pinging 10.4.124.168 with 32 bytes of data:

Reply from 10.4.124.168: bytes=32 time<1ms TTL=128
Reply from 10.4.124.168: bytes=32 time<1ms TTL=128
Reply from 10.4.124.168: bytes=32 time<1ms TTL=128
Reply from 10.4.124.168: bytes=32 time<1ms TTL=128

Ping statistics for 10.4.124.168:
    Packets: Sent = 4, Received = 4, Lost = 0 (0% loss),
Approximate round trip times in milli-seconds:
    Minimum = 0ms, Maximum = 0ms, Average = 0ms
```

图 9-3　ping 本机 IP

2）ping 网关 IP

假定网关 IP 为：10.4.120.1。执行命令 ping 10.4.120.1。在 MS-DOS 方式下执行此命令，如果显示类似如图 9-4 所示的信息，则表明局域网中的网关路由器正在正常运行。反之，则说明网关有问题。

```
C:\Documents and Settings\wenyandong\「开始」菜单>ping 10.4.120.1

Pinging 10.4.120.1 with 32 bytes of data:

Reply from 10.4.120.1: bytes=32 time<1ms TTL=255
Reply from 10.4.120.1: bytes=32 time<1ms TTL=255
Reply from 10.4.120.1: bytes=32 time<1ms TTL=255
Reply from 10.4.120.1: bytes=32 time<1ms TTL=255

Ping statistics for 10.4.120.1:
    Packets: Sent = 4, Received = 4, Lost = 0 (0% loss),
Approximate round trip times in milli-seconds:
    Minimum = 0ms, Maximum = 0ms, Average = 0ms
```

图 9-4　ping 网关 IP

3）ping 远程 IP

这一命令可以检测本机能否正常访问 Internet。比如本地电信运营商的 IP 地址为：130.84.1.116。在 MS-DOS 方式下执行命令：ping 130.84.1.116，如果屏幕显示如图 9-5 所示的信息。则表明系统运行正常，能够正常接入 Internet。反之，则表明主机文件（windows/host）存在问题。

```
C:\Documents and Settings\wenyandong\「开始」菜单>ping 130.84.1.116

Pinging 130.84.1.116 with 32 bytes of data:

Reply from 130.84.1.116: bytes=32 time=207ms TTL=57
Reply from 130.84.1.116: bytes=32 time=34ms TTL=57
Reply from 130.84.1.116: bytes=32 time=40ms TTL=57
Reply from 130.84.1.116: bytes=32 time=59ms TTL=57

Ping statistics for 130.84.1.116:
    Packets: Sent = 4, Received = 4, Lost = 0 (0% loss),
Approximate round trip times in milli-seconds:
    Minimum = 34ms, Maximum = 207ms, Average = 85ms
```

图 9-5　Ping 远程 IP

3. 使用 ping 命令的各类反馈信息

1）Request timed out

第 1 种情况：对方已关机，或者网络上根本没有这个地址。

第 2 种情况：对方与自己不在同一网段内，通过路由也无法找到对方，但有时对方确实是存在的，当然若不存在也会返回超时的信息。

第 3 种情况：对方确实存在，但设置了 ICMP 数据包过滤(比如防火墙设置)。

提示：可以用带参数 -a 的 ping 命令探测对方，如果能得到对方的 NETBIOS 名称，则说明对方是存在的，是有防火墙设置的；如果得不到，多半是对方不存在或关机，或不在同一网段内。

第 4 种情况：错误设置 IP 地址。

2）Destination host Unreachable

第 1 种情况：对方与自己不在同一网段内，而自己又未设置默认的路由。

第 2 种情况：网线有故障。

注意：destination host unreachable 和 time out 的区别。如果所经过的路由器的路由表中具有到达目标的路由，而目标因为其他原因不可到达，这时候会出现 time out。如果路由表中没有到达目标的路由，就会出现 destination host unreachable。

3）Bad IP address

这个信息表示可能没有连接到 DNS 服务器，所以无法解析这个 IP 地址，也可能是 IP 地址不存在。

4）Source quench received

这个信息比较特殊，出现的几率很少，它表示对方或中途的服务器繁忙无法回应。

5）Unknown host——不知名主机

这种出错信息的意思是，该远程主机的名字不能被域名服务器(DNS)转换成 IP 地址。故障原因可能是域名服务器有故障，或者其名字不正确，或者网络管理员的系统与远程主机之间的通信线路有故障。

6）No answer

这种故障说明本地系统有一条通向中心主机的路由，但却接收不到它发给该中心主机的任何信息。故障原因可能是下列之一：中心主机没有工作；本地或中心主机网络配置不正确；本地或中心的路由器没有工作；通信线路有故障；中心主机存在路由选择问题。

7）ping 127.0.0.1(127.0.0.1 是本地循环地址)

如果本地地址无法 ping 通，则表明本地机器的 TCP/IP 协议不能正常工作。

8）no rout to host

网卡工作不正常。

9）transmit failed，error code：10043

网卡驱动不正常。

10）unknown host name

DNS 配置不正确。

9.2.2 tracert 命令

如果有网络连通性问题，可以使用 tracert 命令来检查到达的目标和 IP 地址的路径，并记录结果。tracert 命令显示用于将数据包从计算机传递到目标位置的一组 IP 路由器，以及每个跃点所需的时间。如果数据包不能传递到目标，tracert 命令将显示成功转发数据包的最后一个路由器。当数据报从源计算机经过多个网关传送到目的地时，tracert 命令可以用来跟踪数据报使用的路由(路径)。该实用程序跟踪的路径是源计算机到目的地的一条路径，因此不能保证或认为数据报总遵循这个路径。如果源计算机的配置使用 DNS，那么常常会从所产生的应答中得到城市、地址和常见通信公司的名字。tracert 是一个运行得比较慢的命令(如果指定的目标地址比较远)，每个路由器大约需要给它 15s。

tracert 的使用方法很简单，只需要在 tracert 后面跟一个 IP 地址或 URL，tracert 会进行相应的域名转换。

1. 最常见的 tracert 用法

```
tracert [-d] [-h maximum_hops] [-j host-list] [-w timeout] target_name
```

tracert 命令的具体参数含义如表 9-3 所示。

表 9-3 tracert 命令参数

参 数	含 义
-d	指定不将 IP 地址解析到主机名称
-h maximum_hops	指定跃点数以跟踪到被称为 target_name 的主机的路由
-j host-list	指定 tracert 实用程序数据包所采用路径中的路由器接口列表
-w timeout	等待 timeout 为每次回复所指定的毫秒数
target_name	目标主机的名称或 IP 地址

该命令返回到达 IP 地址所经过的路由器列表。通过使用 -d 选项，将更快地显示路由器路径，因为 tracert 不会尝试解析路径中路由器的名称。如图 9-6 所示，目标机器的 IP 是 130.84.1.116，使用 tracert 130.84.1.116，则路由的可能路径如图 9-6 所示。

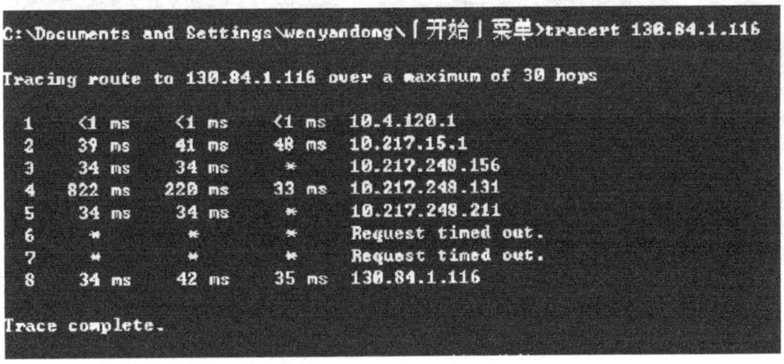

```
C:\Documents and Settings\wenyandong\「开始」菜单>tracert 130.84.1.116

Tracing route to 130.84.1.116 over a maximum of 30 hops

  1    <1 ms    <1 ms    <1 ms  10.4.120.1
  2    39 ms    41 ms    40 ms  10.217.15.1
  3    34 ms    34 ms     *     10.217.249.156
  4   822 ms   220 ms    33 ms  10.217.248.131
  5    34 ms    34 ms     *     10.217.248.211
  6     *        *        *     Request timed out.
  7     *        *        *     Request timed out.
  8    34 ms    42 ms    35 ms  130.84.1.116

Trace complete.
```

图 9-6 tracert 命令

tracert 一般用来检测故障的位置，可以用 tracert IP 查看在哪个环节上出了问题，虽然还是没有确定是什么问题，但它已经告诉了问题所在。

2. 探测路由的 3 种方式

通常，有 3 种方式能够探测一个数据包从源点到目的地经过了哪些中转路由器，分别是：

(1) 基于记录路由选项(Record Route Options)的路由探测，使用 ping -R url。

(2) 基于 UDP 协议的路由探测，使用 tracert url，如图 9-7 所示。

(3) 基于 ICMP Echo Request 的路由探测，使用 pathping *url*，如图 9-8 所示。

```
C:\WINDOWS\system32\cmd.exe
C:\Documents and Settings\wenyandong\「开始」菜单>tracert 130.84.1.116

Tracing route to 130.84.1.116 over a maximum of 30 hops

  1    <1 ms    <1 ms    <1 ms  10.4.120.1
  2    33 ms    33 ms    33 ms  10.217.15.1
  3    34 ms    34 ms     *     10.217.248.156
  4    34 ms    33 ms    34 ms  10.217.248.131
  5    34 ms    34 ms     *     10.217.248.211
  6     *        *        *     Request timed out.
  7     *        *        *     Request timed out.
  8    34 ms    34 ms    34 ms  130.84.1.116

Trace complete.

C:\Documents and Settings\wenyandong\「开始」菜单>_
```

图 9-7　基于 UDP 协议的路由探测

```
C:\WINDOWS\system32\cmd.exe
C:\Documents and Settings\wenyandong>pathping 130.84.1.116

Tracing route to 130.84.1.116 over a maximum of 30 hops

  0  0A79EB7C2BA44AA [10.4.124.168]
  1  10.4.120.1
  2  10.217.15.1
  3  10.217.248.156
  4  10.217.248.131
  5  10.217.248.211
  6     *        *        *
Computing statistics for 150 seconds...
            Source to Here   This Node/Link
Hop  RTT    Lost/Sent = Pct  Lost/Sent = Pct  Address
  0                                           0A79EB7C2BA44AA [10.4.124.168]
                                0/ 100 =  0%   |
  1    0ms     0/ 100 =  0%     0/ 100 =  0%  10.4.120.1
                                0/ 100 =  0%   |
  2   43ms     0/ 100 =  0%     0/ 100 =  0%  10.217.15.1
                                0/ 100 =  0%   |
  3   45ms     0/ 100 =  0%     0/ 100 =  0%  10.217.248.156
                                0/ 100 =  0%   |
  4   44ms     0/ 100 =  0%     0/ 100 =  0%  10.217.248.131
                              100/ 100 =100%   |
  5  ---     100/ 100 =100%     0/ 100 =  0%  10.217.248.211
                                0/ 100 =  0%   |
  6  ---     100/ 100 =100%     0/ 100 =  0%  0A79EB7C2BA44AA [0.0.0.0]

Trace complete.
```

图 9-8　基于 ICMP Echo Request 的路由探测

9.2.3　ipconfig 命令

执行 ipconfig 命令可显示所有当前的 TCP/IP 网络配置值、刷新动态主机配置协议 (DHCP) 和域名系统 (DNS) 设置。使用不带参数的 ipconfig 可以显示所有适配器的 IP 地址、子网掩码和默认网关。

1. 语法

```
ipconfig [/all] [/renew [Adapter]] [/release [Adapter]] [/flushdns] [/displaydns]
[/registerdns] [/showclassid Adapter] [/setclassid Adapter [ClassID]]
```

ipconfig 命令的参数含义如表 9-4 所示。

表 9-4　ipconfig 命令的参数含义

参　　数	含　　义
/all	显示所有适配器的完整 TCP/IP 配置信息；在没有该参数的情况下 ipconfig 只显示 IP 地址、子网掩码和各个适配器的默认网关值；适配器可以代表物理接口（例如安装的网络适配器）或逻辑接口（例如拨号连接）
/renew [adapter]	更新所有适配器（如果未指定适配器），或特定适配器（如果包含了 Adapter 参数）的 DHCP 配置；该参数仅在具有配置为自动获取 IP 地址的网卡的计算机上可用；要指定适配器名称，请输入使用不带参数的 ipconfig 命令显示的适配器名称
/release [adapter]	发送 DHCPRELEASE 消息到 DHCP 服务器，以释放所有适配器（如果未指定适配器）或特定适配器（如果包含了 Adapter 参数）的当前 DHCP 配置并丢弃 IP 地址配置；该参数可以禁用配置为自动获取 IP 地址的适配器的 TCP/IP；要指定适配器名称，请输入使用不带参数的 ipconfig 命令显示的适配器名称
/flushdns	清理并重设 DNS 客户解析器缓存的内容；如有必要，在 DNS 疑难解答期间，可以使用本过程从缓存中丢弃否定性缓存记录和任何其他动态添加的记录
/displaydns	显示 DNS 客户解析器缓存的内容，包括从本地主机文件预装载的记录以及由计算机解析的名称查询而最近获得的任何资源记录；DNS 客户服务在查询配置的 DNS 服务器之前使用这些信息快速解析被频繁查询的名称
/registerdns	初始化计算机上配置的 DNS 名称和 IP 地址的手工动态注册；可以使用该参数对失败的 DNS 名称注册进行疑难解答或解决客户和 DNS 服务器之间的动态更新问题，而不必重新启动客户计算机；TCP/IP 协议高级属性中的 DNS 设置可以确定 DNS 中注册了哪些名称
/showclassid adapter	显示指定适配器的 DHCP 类别 ID；要查看所有适配器的 DHCP 类别 ID，可以使用星号（*）通配符代替 Adapter；该参数仅在具有配置为自动获取 IP 地址的网卡的计算机上可用
/setclassid Adapter [ClassID]	配置特定适配器的 DHCP 类别 ID；要设置所有适配器的 DHCP 类别 ID，可以使用星号（*）通配符代替 Adapter；该参数仅在具有配置为自动获取 IP 地址的网卡的计算机上可用；如果未指定 DHCP 类别 ID，则会删除当前类别 ID
/?	在命令提示符显示帮助

2. 范例

(1) 要显示所有适配器的基本 TCP/IP 配置，请输入：

ipconfig

(2) 要显示所有适配器的完整 TCP/IP 配置，请输入：

ipconfig /all

(3) 仅更新“本地连接”适配器的由 DHCP 分配 IP 地址的配置，请输入：

ipconfig /renew "Local Area Connection"

(4) 要在排除 DNS 的名称解析故障期间清理 DNS 解析器缓存，请输入：

ipconfig /flushdns

(5) 要显示名称以 Local 开头的所有适配器的 DHCP 类别 ID，请输入：

ipconfig /showclassid Local*

(6) 要将“本地连接”适配器的 DHCP 类别 ID 设置为 TEST，请输入：

ipconfig /setclassid "Local Area Connection" TEST

3. 注意事项

(1) ipconfig 等价于 winipcfg,后者在 Windows Millennium Edition、Windows 98 和 Windows 95 上可用。尽管 Windows XP 没有提供像 winipcfg 命令一样的图形化界面,但可以使用“网络连接”查看和更新 IP 地址。具体步骤:首先打开网络连接,然后右键单击某一网络连接,在弹出的快捷菜单中选择“状态”命令,最后选择“支持”选项卡。

(2) ipconfig 命令最适用于配置为自动获取 IP 地址的计算机,使用户可以确定哪些 TCP/IP 配置值是由 DHCP、自动专用 IP 地址(APIPA)和其他配置配置的。

(3) 如果 Adapter 名称包含空格,请在该适配器名称两边使用引号(即 "Adapter Name")。

(4) 对于适配器名称,ipconfig 可以使用星号(*)通配符字符指定名称为指定字符串开头的适配器,或名称包含有指定字符串的适配器。例如,Local * 可以匹配所有以字符串 Local 开头的适配器,而 * Con * 可以匹配所有包含字符串 Con 的适配器。

(5) 只有当网际协议(TCP/IP)在网络连接中安装为网络适配器属性的组件时,该命令才可用。

9.2.4 arp 命令

arp(地址解析协议)能够实现通过主机的 IP 地址得知其物理地址。arp 缓存中包含一个或多个表,它们用于存储 IP 地址及其经过解析的以太网或令牌环物理地址。计算机上安装的每一个以太网或令牌环网络适配器都有自己单独的表。如果在没有参数的情况下使用,则 arp 命令将显示帮助信息。

1. 语法

```
arp [ - a [InetAddr] [ - N IfaceAddr]] [ - g [InetAddr] [ - N IfaceAddr]] [ - d InetAddr [IfaceAddr]] [ - s InetAddr EtherAddr [IfaceAddr]]
```

arp 命令的参数含义如表 9-5 所示。

表 9-5 arp 命令的参数含义

参　数	含　义
-a [InetAddr]	显示指定 IP 地址的 arp 缓存项,InetAddr 代表指定的 IP 地址
[-N IfaceAddr]	显示指定接口的 arp 缓存表,IfaceAddr 代表分配给指定接口的 IP 地址;-N 参数区分大小写
-d InetAddr [IfaceAddr]	删除指定的 IP 地址项,InetAddr 代表 IP 地址;对于指定的接口,要删除表中的某项,使用 IfaceAddr 参数,代表分配给该接口的 IP 地址;要删除所有项,使用星号(*)通配符代替 InetAddr
-s InetAddr EtherAddr [IfaceAddr]	向 arp 缓存添加将 IP 地址 InetAddr 解析成物理地址 EtherAddr 的静态项;要向指定接口的表添加静态 arp 缓存项,使用 IfaceAddr 参数,代表分配给该接口的 IP 地址
/?	命令提示符显示帮助

注:InetAddr 和 IfaceAddr 的 IP 地址用带圆点的十进制记数法表示。物理地址 EtherAddr 由 6 个字节组成,这些字节用十六进制记数法表示并且用连字符隔开(比如,00-AA-00-4F-2A-9C)。只有当网际协议(TCP/IP)在网络连接中安装为网络适配器属性的组件时,该命令才可用。

2. arp 命令使用举例

(1) 要显示所有接口的 arp 缓存表,可输入:

arp -a

(2) 对于指派的 IP 地址为 10.0.0.99 的接口,要显示其 arp 缓存表,可输入:

arp -a -N 10.0.0.99

(3) 要添加将 IP 地址 10.0.0.80 解析成物理地址 00-AA-00-4F-2A-9C 的静态 arp 缓存项,可输入:

arp -s 10.0.0.80 00-AA-00-4F-2A-9C

9.2.5 ftp 命令

ftp 命令是 Internet 用户使用最频繁的命令之一,不论是在 DOS 还是 UNIX 操作系统下使用 ftp,都会遇到大量的 ftp 内部命令。熟悉并灵活应用 ftp 的内部命令,可以大大方便使用者,并收到事半功倍之效。

ftp 的命令行格式为:ftp -v -d -i -n -g [主机名],其中:

(1) -v 显示远程服务器的所有响应信息。

(2) -n 限制 ftp 的自动登录,即不使用.netrc 文件。

(3) -d 使用调试方式。

(4) -g 取消全局文件名。

9.3 常见网络故障的分析与处理

网络故障的现象千奇百怪,网络的诊断工作千头万绪,如何有效地排除网络故障,给网络的"健康"情况下一个正确的结论呢?本文针对网络的层次结构,讲述网络测试的常见故障分析以及定位方法。

据统计,网络故障有 35%在物理层,25%在数据链路层,12%在网络层,10%在传输层,8%在对话层,7%在表示层,3%在应用层。由此可以看出网络故障通常发生在网络七层模型的下三层,即物理层、链路层和网络层。对应于实际的网络也就是使用的网线、连接模块、网卡、交换机、路由器等设备出现故障。这些故障可能因为产品的质量或性能、磨损老化、人为误操作、不正确的设置以及管理缺陷等原因而经常性地发生。其后果轻则影响单个站点的信息传送,重则可能造成网络重要设备(服务器、交换机和路由器)的宕机,导致全网络的瘫痪。

网络故障通常有以下几种可能:物理层中物理设备相互连接失败或者硬件及线路本身出现问题;数据链路层的网络设备的接口配置问题;网络层网络协议配置或操作错误;传输层的设备性能或通信拥塞问题。

诊断网络故障的过程应该沿着 OSI 七层模型从物理层开始向上进行。首先检查物理层,然后检查数据链路层,以此类推,设法确定通信失败的故障点,直到系统通信正常为止。

不同系统默认的 TTL 值如表 9-6 所示。

表 9-6 不同系统默认的 TTL 值

操作系统	TCP 传输	UDP 传输
AIX	60	30
DEC Patchworks V5	30	30
FreeBSD 2.1	64	64
HP/UX 9.0x	30	30
HP/UX 10.01	64	64
Irix 5.3	60	60
Irix 6.x	60	60
UNIX	255	255
Linux	64	64
MacOS MacTCP 2.0x	60	60
OS/2 TCP/IP 3.0	64	64
OSF/1 V3.2A	60	30
Solaris 2.0	255	255
SunOS 4.1.3/4.1.4	60	60
Ultrix V4.1/V4.2A	60	30
VMS/Multinet	64	64
VMS/TCPware	60	64
VMS/Wollongong 1.1.1.1	128	30
VMS/UCX(latest rel)	128	128
MS Windows 95/98/NT 3.51	32	32
Windows NT 4.0/2000/XP/2003 Server	128	128

9.3.1 物理层故障分析

物理层是 OSI 分层结构体系中最基础的一层，它建立在通信媒体的基础上，实现系统和通信媒体的物理接口，为数据链路实体之间进行透明传输，为建立、保持和拆除计算机和网络之间的物理连接提供服务。物理层的故障主要表现在设备的物理连接方式是否恰当；连接电缆是否正确；modem、csu/dsu 等设备的配置及操作是否正确。

确定路由器端口物理连接是否完好的最佳方法是使用 show interface 命令，检查每个端口的状态，解释屏幕输出信息，查看端口状态、协议建立状态和 eia 状态。

物理层的常见故障如下所示。

(1) 衰减(比特流衰减)：五类双绞线最大额定布线距离是 100m，超过 100m 须再生信号；当然除了长度导致衰减外，线缆质量差、连接头制作不标准等均可引起衰减。

(2) 回波损耗：回波损耗是一个由线路上各处阻抗不匹配而引起的能量反射的测量值，表示了在某个频率范围内线缆的特性阻抗与其额定阻抗的匹配情况，用分贝表示。链路两端的终端阻抗必须与链路的特性阻抗相匹配以避免反射。回波损耗影响的不是信号强度，而是引入了信号抖动，即点到点时间上的延迟变化。要特别注意在在万兆以太网中的回波损耗。

(3) 噪声：本地 EMI 通常被称为噪声。脉冲噪声(在线缆上引入电压波动或电流尖峰)、白噪声(分布在整个频谱上的随机噪声)、外部串扰、近端串扰。

(4) 冲突：减小冲突域。

(5) 晚冲突：在设备上已经发送了帧的第 512 个比特后才检测到的冲突叫晚冲突。

全双工状态的路由器、交换机或 NIC 端口永远不会发生冲突和晚冲突，因为它们是工作在全双工状态，可以同时接收和发送比特流。

(6) 短帧：出现短帧的原因可能是网卡故障或者不正确的配置，也可能是网卡驱动文件损坏。

(7) Jabber：是指为一个网络设备不停地发送随机而无意义的数据到网络上的情况，它被 IEEE 802.3 定义为一个长度超过标准的数据分组，被称为长帧。长帧可能由故障的网卡及网卡驱动、坏的线缆以及接地问题等引起。

物理层故障排除的常见方法有以下几个。

(1) 电力相关问题：检查系统 LED 是否亮、风扇工作是否正常等。

(2) 布线故障：五类线可用普通测线仪检测。制作标准 T568A 和 T568B，直通线一般两端均做成 T568B 标准；交叉线一端为 T568A，一端为 T568B。好的网卡和交换机可能弥补质量差的线缆和制作不标准的线缆接头所带来的线缆极性故障问题。

光纤可用光纤测试仪检测。光纤链路都是交叉的，即 TX 输出连接到 RX 输入。有可能会接错光纤的 TX 和 RX 端。另外，光纤接口一定要干净，不用时要加防尘盖，防止受到污染。注意光纤也不能被过度弯曲。

(3) 硬件故障：在连接正常的状态下，有指示灯的硬件通常可通过看是否亮灯来判断硬件是否有故障。

(4) 外部干扰：噪声、串扰、脉冲噪声等。

(5) 配置错误：设备配置错误有时会导致端口被关闭。

(6) CPU 过载：show processes cpu 可查看设备 CPU 的负载。

9.3.2 数据链路层故障分析

数据链路层的主要任务是使网络层无须了解物理层的特征即可获得可靠的传输。数据链路层为通过链路层的数据进行打包和解包、进行差错检测，并拥有一定的校正能力，还会协调共享介质。在数据链路层交换数据之前，协议关注的是形成帧和同步设备。

查找和排除数据链路层的故障，需要查看路由器的配置，检查连接端口的共享同一数据链路层的封装情况。每对接口要和与其通信的其他设备有相同的封装。可通过查看路由器的配置检查其封装，或者使用 show 命令查看相应接口的封装情况。

9.3.3 网络层故障分析

网络层提供建立、保持和释放网络层连接的手段，包括路由选择、流量控制、传输确认、中断、差错及故障恢复等。

排除网络层故障的基本方法是：沿着从源到目标的路径，查看路由器路由表，同时检查路由器接口的 IP 地址。如果路由没有在路由表中出现，应该通过检查来确定是否已经输入了适当的静态路由、默认路由或者动态路由。然后手工配置一些丢失的路由,或者排除一些动态路由选择过程中的故障,包括 rip 或者 igrp 路由协议出现的故障。例如,对于 igrp 路由选择信息而言,只在同一自治系统号(as)的系统之间交换数据,要查看路由器配置的自治系统号的匹配情况。

网络层故障分析如表 9-7 所示。

表 9-7 网络层故障分析

故障类型	处理步骤
RIP 故障	(1) 检查从源到目的间的所有路由设备的路由表,看是否丢失路由表项 (2) 当发生路由表项丢失或其他问题,检查网络设备的 RIP 基本配置 (3) 当 RIP 基本配置没有发现问题时,请检查如下项目
OSPF 故障	(1) 配置故障处理:检查是否已经启动并正确配置了 OSPF 协议 (2) 局部故障处理:检查两台直接相连的路由器之间协议是否正常运行 (3) 全局故障处理:检查系统设计(主要是指区域的划分)是否正确 (4) 其他疑难问题:路由时通时断、路由表中存在路由却无法 ping 通该地址;需要针对不同的情况进行具体分析
邻居路由器间故障	(1) 检查物理连接及下层协议是否正常运行 (2) 检查双方在接口上的配置是否一致 (3) hello-interval 与 dead-interval 之间的关系 (4) 若网络的类型为广播或 NBMA,至少有一台路由器的 priority 应大于 0 (5) 区域的 STUB 属性必须一致 (6) 接口的网络类型必须一致 (7) 在 NBMA 类型的网络中是否手工配置了邻居

9.3.4 传输层及高层故障分析

传输层的基本任务是为两台主机的应用层提供端到端的通信。在 TCP/IP 网络中有两个传输协议:TCP 和 UDP。TCP 通过面向连接的方式提供高可靠的数据传输;UDP 通过无连接的方式提供不可靠的简单服务,可靠性由应用层提供。传输层的故障主要表现在端口配置错误;访问控制列表不正确。排除传输层故障的有效方法是:用 display acl 命令显示三层交换机或路由器的访问控制列表,检查已应用的规则是否合适;用 netstat 命令检查服务器的端口开启状态是否正常,客户机的端口连接是否正确。

应用层负责处理特定的应用程序细节,例如 telnet 负责处理远程登录、FTP 负责处理文件传输、SNMP 负责处理网络管理、SMTP 负责文件邮件传送等。由于应用层的多样性,其故障现象及排除方法没有一个固定模式,需要根据具体的情况进行具体分析。

9.3.5 用 ping 命令检测网络故障

首先,输入 ping 127.0.0.1(该 IP 是本地循环地址)。如发现本地址无法 ping 通,就表明计算机的 TCP/IP 协议不能正常工作或者网卡被损坏。

再次,ping 一台同网段计算机的 IP,不通则表明网络线路出现故障。若网络中还包含路由器,则应先 ping 路由器在本网段端口的 IP:不通则证明此段线路有问题。通则再 ping

路由器在目标计算机所在网段的端口 IP：不通则是路由出现故障；通则再 ping 目标机器的 IP 地址。

最后，检测一个带 DNS 服务的网络。在 ping 通目标计算机的 IP 地址后，假如仍无法连接到该机器，则可 ping 该机器的网络名（比如 ping jqcp.com）：正常情况下会出现该网址所指向的 IP，这表明本机的 DNS 设置正确而且 DNS 服务器工作正常，反之就可能是其中之一出现了故障。同样，也可通过 ping 计算机名来检测 WINS 解析是否有故障（WINS 是将计算机名解析到 IP 地址的服务）。

当以上 4 个步骤执行完毕后，就可判断出到底是哪个环节出现了故障，并可做出相应处理。另外，如果想检测网络连接的详细状况，还可以在 ping 的地址后面加上-t，这样即可不断地进行 ping 的连接，反映出网络连接是否有中断或者丢包的现象。

本章小结

本章主要讲解了网络互联与测试的理论及实践。首先简要介绍了计算机网络的基础理论，然后介绍了常用的网络测试命令。最后，对网络故障分析给出一些策略。

在实际的测试工作中，在连接网络以及搭建测试环境时都需要应用到此部分知识，重要的是动手实践。

第10章 测试环境搭建

学习目标

- 测试环境的基本概念
- Windows 环境下 Web 测试环境的搭建
- Linux 环境下测试环境的搭建
- 自动化测试环境的搭建
- 测试管理工具 Quality Center 的安装
- 常见问题的解决方法

在获得一个项目的测试任务之后，首先要做的就是搭建一个用来运行该项目的测试环境。配置测试环境是测试实施的一个重要阶段，测试环境适合与否会严重影响测试结果的真实性和正确性。

10.1 测试环境概述

测试环境包括硬件环境和软件环境，硬件环境指测试必需的服务器、客户端、网络连接设备，以及打印机、扫描仪等辅助硬件设备所构成的环境。软件环境指被测软件运行时的操作系统、数据库及其他应用软件构成的环境。

10.1.1 测试环境的定义

简单来说，测试环境就是运行软件必须具备的各种软件和硬件的集合。作为一名测试人员，既需要具备软件方面的知识，又需要具备硬件方面的知识。与软件开发工程师不同，测试工程师可能需要接触众多的测试环境，如 C/S 架构、B/S 架构的系统，Windows 平台或 Linux 平台的系统，等等。在实际测试中，软件环境又可分为主测试环境和辅测试环境。主测试环境是测试软件功能、安全可靠性、性能、易用性等大多数指标的主要环境。

10.1.2 测试环境的组成

如前所述，测试环境包括被测软件的运行平台、用于各级测试的工具和与该测试有关的软硬件环境，如图 10-1 所示。搭建的测试环境越接近用户环境越好。

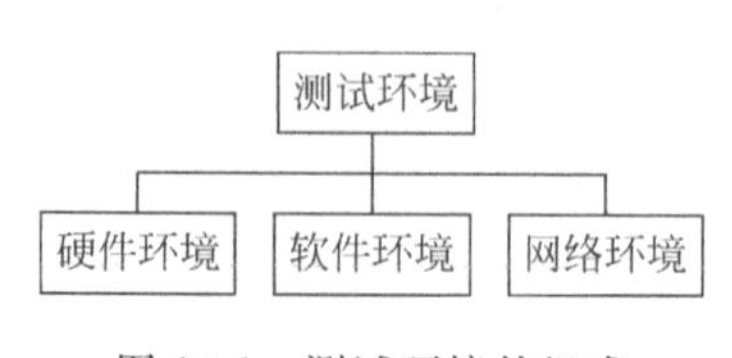

图 10-1 测试环境的组成

1. 硬件环境

指测试必需的服务器、客户端、网络连接设备,以及打印机、扫描仪等辅助硬件设备所构成的环境。如果用户要求的硬件配置种类较多,可以定义一些基本硬件配置。如果资源有限,配置一个能最小满足必须的硬件配置的环境也是一个可行的方法。

2. 软件环境

指被测软件运行时的操作系统、数据库及其他应用软件构成的环境。如一个典型的基本 Web 系统,测试环境中的软件环境可能包括 Tomcat、JDK、MySQL、Windows Server 2003 等。

10.1.3 测试环境的管理

每个测试项目或测试小组都应当配备一名专门的测试环境管理员,其职责包括如下。

(1) 测试环境的搭建。包括操作系统、数据库、中间件、Web 服务器等必须软件的安装、配置,并做好各项安装、配置手册的编写工作。

(2) 记录组成测试环境的各台机器的硬件配置、IP 地址、端口配置、机器的具体用途,以及当前网络环境的情况。

(3) 测试环境各项变更的执行及记录,测试环境的备份及恢复。

(4) 操作系统、数据库、中间件、Web 服务器以及被测系统中所需的各用户名、密码以及权限的管理。

(5) 对测试环境管理所需的各种文档要做好记录,测试环境的各台机器的硬件环境文档,测试环境的备份和恢复方法手册,并记录每次备份的时间、备份人、备份原因以及所形成的备份文件的文件名和获取方式;用户权限管理文档,记录访问操作系统、数据库、中间件、Web 服务器以及被测系统时所需的各种用户名、密码以及各用户的权限,并对每次变更进行记录。

(6) 为每个访问测试环境的测试人员和开发人员设置单独的用户名和密码。访问操作系统、数据库、Web 服务器以及被测应用等所需的各种用户名、密码、权限,由测试环境管理员统一管理;测试环境管理员拥有全部的权限,开发人员只有对被测应用的访问权限和查看系统日志(只读)的权限,不授予测试组成员删除权限,用户及权限的各项维护、变更,需要记录到相应的“用户权限管理文档”中。

10.1.4 测试环境的备份与恢复

测试环境必须是可恢复的,否则将导致原有的测试用例无法执行,或者发现的缺陷无法重现,最终使测试人员已经完成的工作失去价值。因此,应当在测试环境(特别是软件环境)发生重大变动时进行完整的备份,例如使用 Ghost 对硬盘或某个分区进行镜像备份。

测试过程中会发生多种不可预测的事情,一旦造成系统崩溃,则会造成测试数据丢失、测试过程中断或者测试环境的重新搭建。所以,经常对测试环境进行多次必要的备份是一个必备的预防措施和一个比较好的习惯。对测试环境的备份可以挽回不必要的损失、节省测试的时间、保持测试的连续性。

一旦测试环境遭到破坏,可以还原最近备份的系统,实现测试环境的恢复。

10.2 Windows 环境下 Web 测试环境的搭建

本节以典型的 Web 项目测试环境搭建为例,讲解 Windows 环境下测试环境的搭建。该 Web 项目是基于 JSP 技术的,运行在 JDK + Tomcat 服务上,数据库服务器使用 MySQL,如表 10-1 所示。

表 10-1 Web 系统测试服务器软件需求列表

名　称	用　途	版　本
Tomcat	Web 服务器	6.0
JDK	Java 编译器	1.5.0_05-windows-i586-p
MySQL	数据库服务器	5.0
Windows Server 2003 Enterprise Edition	系统平台	简体中文版

10.2.1 操作系统的配置与安装

Windows Server 2003 安装注意事项如下所示。

1. 选择安装模式

Windows Server 2003 可以有不同的安装模式,主要是根据安装程序所在的位置、原有的操作系统等进行分类的。

- 从 CD-ROM 启动,开始全新的安装
- 在运行 Windows 98/NT/2000/XP 的计算机上安装
- 通过网络进行安装
- 通过远程安装服务器进行安装
- 无人值守安装
- 升级安装

2. 选择升级或全新安装

升级:就是将 Windows NT 或 Windows 2000 Server 的某个版本替换为 Windows Server 2003。

全新安装:它意味着清除以前的操作系统,或将 Windows Server 2003 安装在以前没有操作系统的系统的磁盘或磁盘分区上。

10.2.2 JDK + Tomcat + MySQL 环境的搭建

1. JDK 的安装与配置

JDK 的安装过程比较简单,一般在安装过程中使用默认配置即可,直至安装完成。JDK

安装完成后需要配置环境变量。本书安装的 JDK 版本为 1.5.0_05。

在“桌面”上，右击“我的电脑”，在弹出的快捷菜单中选择“属性”命令，选择“高级”选项卡，然后单击“环境变量”按钮，出现“环境变量”对话框，如图 10-2 所示。

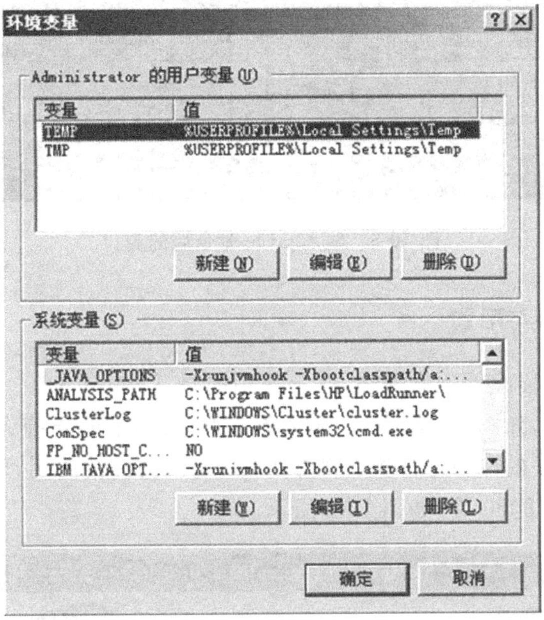

图 10-2 “环境变量”对话框

单击“系统变量”选区中的“新建”按钮，弹出“新建系统变量”对话框，如图 10-3 所示。在“变量名”文本框中输入 JAVA_HOME，在“变量值”文本框中输入 JDK 的安装目录路径，如 C:\Program Files\Java\jdk1.5.0_05。然后单击“确定”按钮。

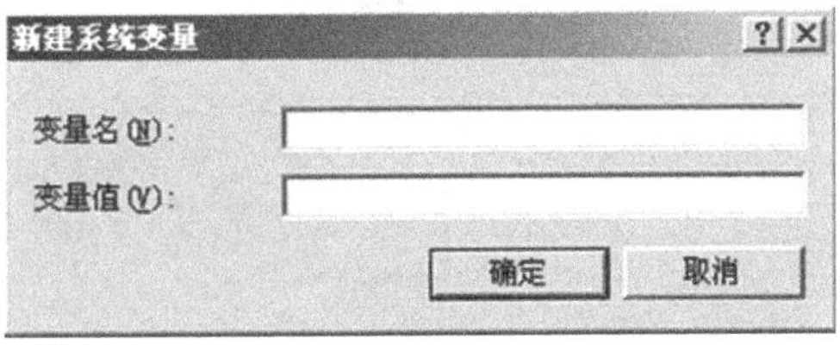

图 10-3 新建系统变量

然后在系统变量列表中，选择 Path 变量，单击“编辑”按钮，如图 10-4 所示。

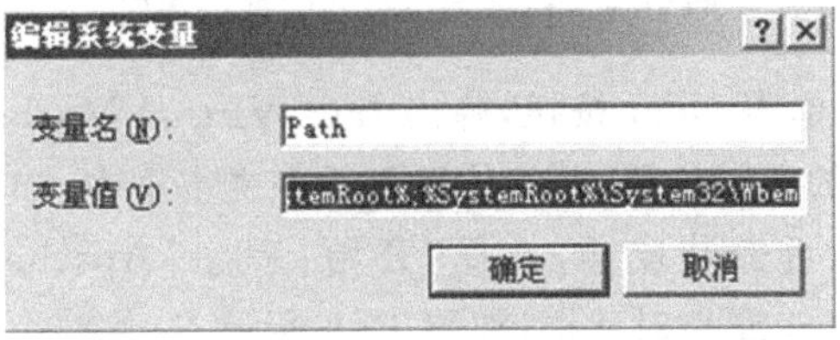

图 10-4 编辑 Path 变量

在变量值文本框中输入“;%JAVA_HOME%\bin”，单击“确定”按钮，完成编辑工作。需要注意的是，环境变量以分号“;”分隔开，所以添加环境变量时一定不要忘记分号。

检查 JDK 是否配置成功,可选择“开始|运行”命令,打开运行对话框,输入 cmd,输入 javac 命令,如果出现如图 10-5 所示的结果,表明配置成功。

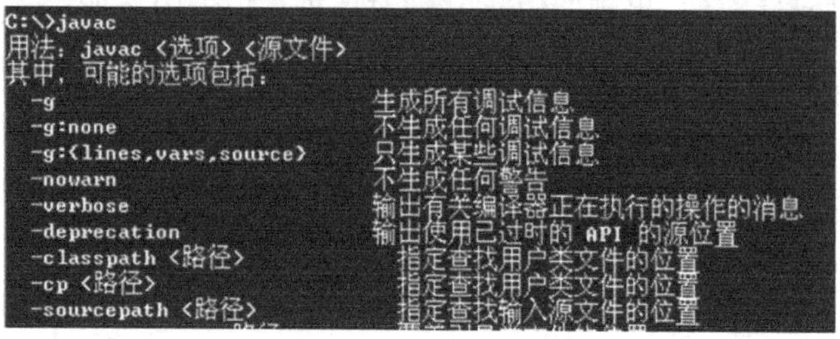

图 10-5 输入 javac 命令后的窗口

2. Tomcat 的安装与配置

Tomcat 的安装过程此处不做赘述,本书使用的是 Tomcat 6.0。在安装过程中,会弹出 Tomcat 端口设置窗口,如图 10-6 所示。输入端口号,输入管理员登录用户名及密码。注意端口号不要与其他程序的端口号冲突。如果 8080 端口已经被占用,可以设置为其他的端口号,如 5080 或者 8050、8060 等,如图 10-6 所示。

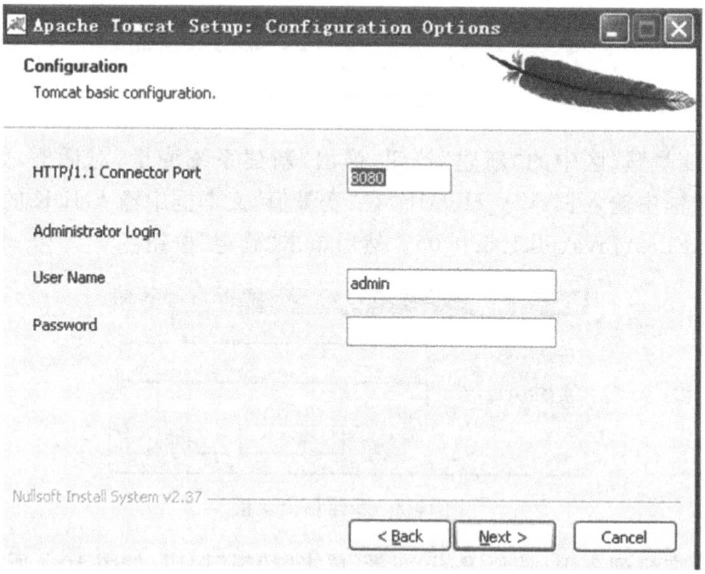

图 10-6 设置端口号及管理员密码

设置完端口号之后,单击 Next 按钮,弹出 Java Virtual Machine 对话框,Tomcat 安装程序会自动检测到 JRE 的安装位置,并将位置显示在文本框中,如图 10-7 所示。

安装完成后,测试是否安装成功,选择“开始|程序|Apache Tomcat 6.0|Configure Tomcat”命令,弹出 Tomcat 属性对话框,如图 10-8 所示。

单击 Start 按钮,启动服务器。启动完成后,打开 IE 浏览器,在地址栏中输入以下地址:http://localhost:8080,8080 为端口号,是安装时设定的端口号。如果出现欢迎页面,如图 10-9 所示,表明 Tomcat 已经安装成功。

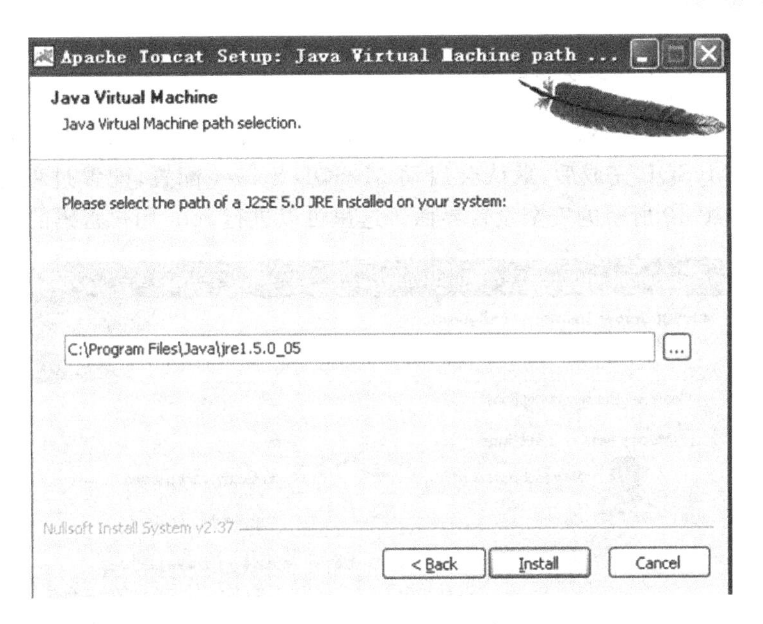

图 10-7　选择 JRE 安装路径

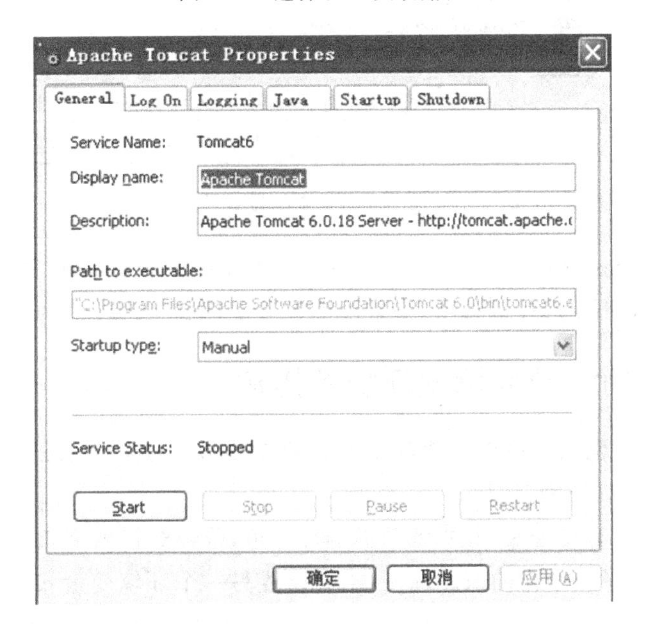

图 10-8　Tomcat 属性对话框

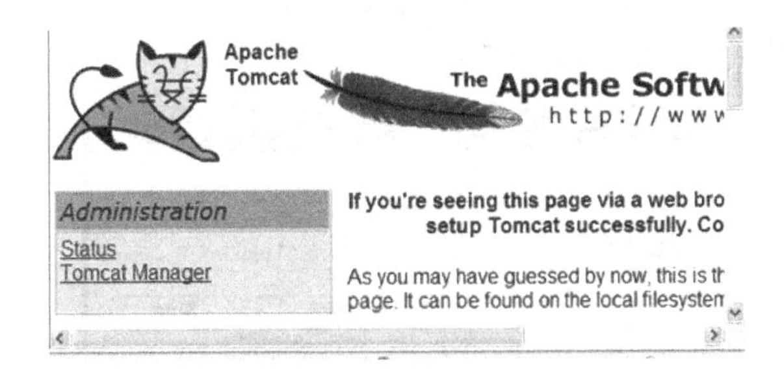

图 10-9　Tomcat 安装配置成功后的启动页面

3. MySQL Server 的安装与配置

本书使用 MySQL Server 5.0 版本。安装过程中的配置使用默认值即可，端口号默认为 3306。安装 MySQL 完成后，默认会启动 MySQL Server 配置，配置过程全部使用默认值，直到出现图 10-10 所示的安全设置界面。这里可以进行 root 用户密码的设置工作。

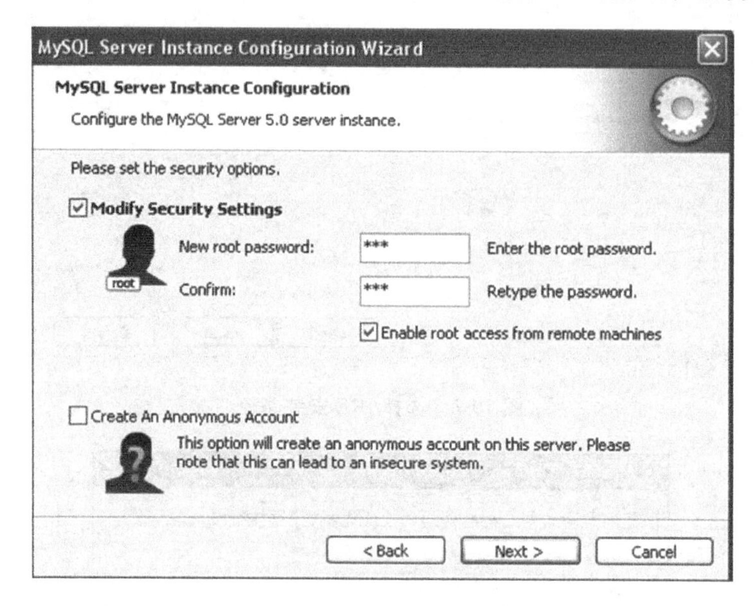

图 10-10　安全设置

Enable root access from remote machines(是否允许 root 用户在其他的机器上登录)，如果要保证安全，就不要选择该选项，如果要确保方便，就应选择该选项。

10.2.3　JUnit 单元测试环境的搭建

在 JUnit 的官方网站上可以下载到 4.8.2 的安装包 junit4.8.2.zip。将该安装包解压缩到一个目录下，如 C 盘根目录。

接下来需要配置环境变量，在本章前面的部分里，曾经对 JDK 的环境变量进行了配置，在 path 变量里添加了一个新的值。现在，需要设置另一个环境变量 classpath，在变量列表中如果没有 classpath 变量，那么单击“新建”按钮创建一个 classpath 变量，变量值为 JUnit4.8.2 目录下的 junit4.8.2.jar 文件的路径全名，即 c:\junit4.8.2\junit-4.8.2.jar，在环境变量的值之前需要加上“.;”，如图 10-11 所示。

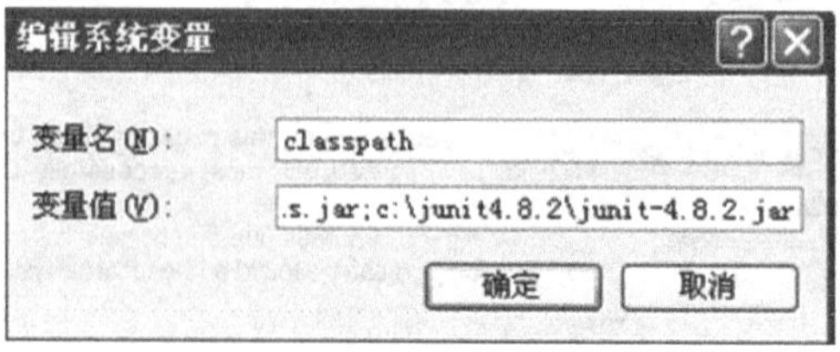

编辑系统变量
变量名(N): classpath
变量值(V): .s.jar;c:\junit4.8.2\junit-4.8.2.jar
确定　取消

图 10-11　新建 classpath 变量

然后，再加入两个变量值，C:\Program Files\Java\jdk1.5.0_05\lib\dt.jar 和 C:\Program Files\Java\jdk1.5.0_05\lib\tools.jar，环境变量的值之间仍然是用分号隔开。可以编写一个简单的 Java 程序进行检验，代码如下：

```
import java.io.*;
import junit.framework.*;
public class Try
{
    public static void main(String args[])
    {
    System.out.println("Hello Java!!");
    }
}
```

编写完毕后，将其保存在某目录下，文件名为 Try.java，然后进入到 cmd 模式下。进入到该文件所在的目录(假设为 E:\try)，编译该程序，如果编译成功，则说明环境变量配置成功。依次输入如图 10-12 所示的命令。

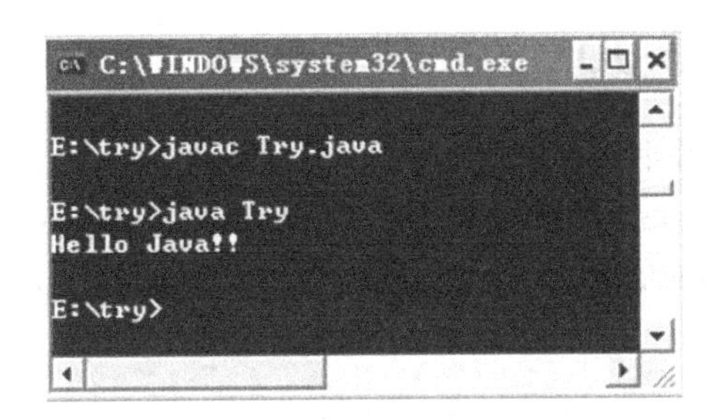

图 10-12 编译运行 Try.java

10.2.4 常见问题分析及对策

初学者在配置测试环境时，往往会遇到一些出错的情况，本节将对一些常见的问题进行分析并给出解决方法。

(1) JDK 安装完成后，在 cmd 中输入 javac 命令，没能出现图 10-5 所示的信息，显示信息如图 10-13 所示。

```
C:\Documents and Settings\Administrator>javac
'javac' is not recognized as an internal or external command,
operable program or batch file.

C:\Documents and Settings\Administrator>
```

图 10-13 环境变量设置错误

出现该问题的原因是环境变量没有设置或者设置有误。在 Path 变量中，添加一个值，具体设置方法已在第 10.2.2 节中讲解过。

(2) 安装 Tomcat 后，在 IE 浏览器地址栏中输入 http://localhost:8080，没有出现如图 10-9 所示的网页，而是提示“找不到服务器”。出现该问题的原因有可能是 Tomcat 服务器没有开启。需要开启 Tomcat 服务器，然后再重新输入一遍上述地址。

(3) Tomcat 端口号冲突。如果在安装 Tomcat 时使用默认的 8080 端口,而该端口已经被其他服务占用,可以通过 Tomcat 中的配置文件来修改端口号。在 Tomcat 的安装目录下有一个 conf 文件夹,其中有一个 server. xml 文件。打开该文件,找到如下的端口配置标签:

```
<Connector port = "8080" protocol = "HTTP/1.1"
    connectionTimeout = "20000"
    redirectPort = "8443" />
```

然后,将其中的 8080 端口修改为其他端口号,如 8050、5080 等。修改完成后,停止 Tomcat 服务,重新启动 Tomcat 服务,然后再访问相关资源。

10.3 Linux 环境下测试环境的搭建

前面学习了 Windows 操作系统下的测试环境搭建的方法,本节向大家讲解 Linux 操作系统下的测试环境。本节主要讲述 JDK、Tomcat、MySQL 等应用程序的安装与配置。

10.3.1 Linux 下 JDK 的安装与配置

准备好 JDK 安装包,本书采用的是 jdk-6u5-linux-i586. bin,可从 JDK 官方网站下载得到。建立一个目录,例如 TomcatJDK,将安装包存放在该目录下。然后,使用 root 账号登录,修改安装文件的执行权限,然后检查权限是否更改正确,以上过程用到的命令如图 10-14 所示。

```
[root@localhost TomcatJDK]# chmod 755 jdk-6u5-linux-i586.bin
[root@localhost TomcatJDK]# ls -l
total 74800
-rwx------    1 root     root       5998298 May  6 15:07 apache-tomcat-6.0.20.tar
.gz
-rwxr-xr-x    1 root     root      70504987 May  6 15:08 jdk-6u5-linux-i586.bin
[root@localhost TomcatJDK]#
```

图 10-14 修改安装文件的权限

如果 jdk 的操作权限变成-rwxr-xr-x 表示修改成功。

下一步是解压安装文件,使用命令:

```
[root@localhost TomcatJDK]# ./jdk - 6u5 - linux - i586.bin
```

命令执行后,可以看到许可信息,如图 10-15 所示。

按下 Enter 键,将显示 Do you agree to the above license terms? [yes or no],输入 y,然后按下 Enter 键,解压缩开始。在解压缩过程中,出现 Press Enter to continue 时,按下 Enter 键,然后解压完成,出现 Done 信息,如图 10-16 所示。

使用 ls 命令检查是否解压缩成功,如果成功,会出现 jdk1. 6. 0_05 目录。

使用 mv 命令将 jdk1. 6. 0_05 目录重命名为 jdk,命令如下:

```
[root@localhost TomcatJDK]#mv jdk1.6.0_05 jdk
```

再次使用 ls 命令,检查是否修改成功,如图 10-17 所示。

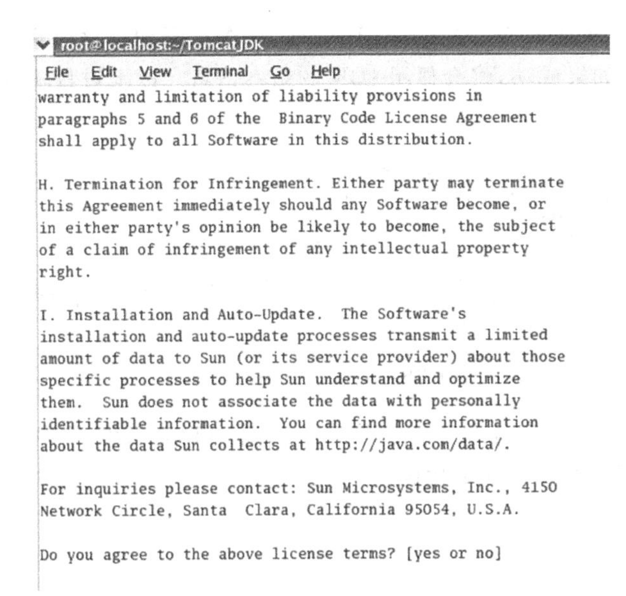

图 10-15 许可信息

```
Press Enter to continue.....


Done.
[root@localhost TomcatJDK]#
```

图 10-16 解压缩完成

```
[root@localhost TomcatJDK]# ls
apache-tomcat-6.0.20.tar.gz  jdk  jdk-6u5-linux-i586.bin
[root@localhost TomcatJDK]#
```

图 10-17 重命名 jdk 文件夹

接下来要配置 JDK 的环境变量。首先切换到 root 目录下,编辑.bashrc 文件。使用命令如下:

```
[root@localhost TomcatJDK]#vi .bashrc
```

然后在 vi 编辑器中位文件的末尾输入如图 10-18 所示的内容,读者在编辑该文件内容时,结合各自系统内的文件路径进行配置。

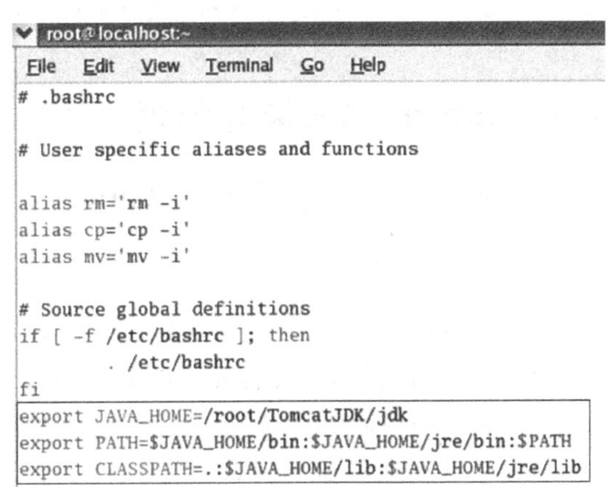

图 10-18 配置 JDK 环境变量

编辑完成后退出 vi 编辑器。然后使用 source 命令重新加载该文件。用 Java 命令验证 JDK 是否安装成功,如果成功,将会显示 JDK 的版本信息。以上过程输入的命令如图 10-19 所示。

```
[root@localhost TomcatJDK]# cd /root
[root@localhost root]# vi .bashrc
[root@localhost root]# source .bashrc
[root@localhost root]# java -version
java version "1.6.0_05"
Java(TM) SE Runtime Environment (build 1.6.0_05-b13)
Java HotSpot(TM) Client VM (build 10.0-b19, mixed mode, sharing)
[root@localhost root]#
```

图 10-19　配置 JDK 使用的命令

这样就配置完成了,可以编写一个简单的 Java 程序验证 JDK 配置是否成功,使用 vi 命令创建 Try.java 文件,并输入如下代码:

```
public class Try{
    pubilc static void main(String args[])
    {
        System.out.println("Hi,Success!");
    }
}
```

然后使用 javac 命令编译 Try.java,用 Java 命令执行。使用的命令如下所示:

```
[root@localhost root]# vi /root/TomcatJDK/Try.java
[root@localhost root]# cd TomcatJDK/
[root@localhost TomcatJDK]# javac Try.java
[root@localhost TomcatJDK]# java Try
Hi,Success!
```

编译完成后,在 Try.java 所在目录可以看到两个文件,如图 10-20 所示。

图 10-20　编译完成后的 Try.java 和生成的 Try.class

10.3.2　Linux 下 Tomcat 的安装与配置

首先,解压缩 apache-tomcat-6.0.20.tar.gz 安装包,使用命令为:

```
tar -zxvf apache - tomcat - 6.0.20.tar.gz
```

然后使用 mv 命令将 apache-tomcat-6.0.20 重新命名为 tomcat,过程如图 10-21 所示。

接下来,增加 tomcat 用户,并设置密码,该过程使用的命令如图 10-22 所示。

创建 java.sh 文件,配置 Tomcat 的环境变量,在 java.sh 中输入如图 10-23 所示的内容。

输入完毕后使用 source 命令重新加载该文件,然后用 echo 命令检查是否正确设置了相关的变量。整个过程使用的命令如图 10-24 所示。

```
[root@localhost TomcatJDK]# ls
apache-tomcat-6.0.20  apache-tomcat-6.0.20.tar.gz  jdk  jdk-6u5-linux-i586.bin  Try
[root@localhost TomcatJDK]# ls -l
total 74816
drwxr-xr-x   9 root    root        4096 Jun  7 09:38 apache-tomcat-6.0.20
-rwx------   1 root    root     5998298 May  6 15:07 apache-tomcat-6.0.20.tar.gz
drwxr-xr-x  10 root    root        4096 Jun  7 09:06 jdk
-rwxr-xr-x   1 root    root    70504987 May  6 15:08 jdk-6u5-linux-i586.bin
-rw-r--r--   1 root    root         412 Jun  7 09:14 Try.class
-rw-r--r--   1 root    root         104 Jun  7 09:14 Try.java
[root@localhost TomcatJDK]# mv apache-tomcat-6.0.20 tomcat
[root@localhost TomcatJDK]#
```

图 10-21 解压缩及重命名 tomcat

```
[root@localhost TomcatJDK]# useradd tomcat
[root@localhost TomcatJDK]# passwd tomcat
Changing password for user tomcat.
New password:
BAD PASSWORD: it's WAY too short
Retype new password:
passwd: all authentication tokens updated successfully.
```

图 10-22 增加 tomcat 用户并修改密码，提示 all authentication……即设置完毕

```
export JAVA_HOME=/root/TomcatJDK/jdk
export PATH=$JAVA_HOME/bin:$JAVA_HOME/jre/bin:$PATH
export CLASSPATH=.:$JAVA_HOME/lib:$JAVA_HOME/jre/lib
export CATALINA_BASE=/root/TomcatJDK/tomcat
export CATALINA_HOME=/root/TomcatJDK/tomcat
```

图 10-23 编辑 java. sh 文件内容

```
[root@localhost TomcatJDK]# vi /etc/profile.d/java.sh
[root@localhost TomcatJDK]# vi /etc/profile.d/java.sh
[root@localhost TomcatJDK]# source java.sh
bash: java.sh: No such file or directory
[root@localhost TomcatJDK]# cd /etc/profile.d/
[root@localhost profile.d]# source java.sh
[root@localhost profile.d]# echo $JAVA_HOME
/root/TomcatJDK/jdk
[root@localhost profile.d]# echo $CATALINA_HOME
/root/TomcatJDK/tomcat
[root@localhost profile.d]#
```

图 10-24 配置 Tomcat 环境变量

使用 echo 命令后能够得到正确的变量路径，说明配置正确，这样就配置完毕。可以进入 Tomcat 的 bin 文件夹，然后启动 Tomcat，过程如图 10-25 所示。

```
[root@localhost bin]# ./startup.sh
Using CATALINA_BASE:   /root/TomcatJDK/tomcat
Using CATALINA_HOME:   /root/TomcatJDK/tomcat
Using CATALINA_TMPDIR: /root/TomcatJDK/tomcat/temp
Using JRE_HOME:        /root/TomcatJDK/jdk
[root@localhost bin]#
```

图 10-25 启动 Tomcat

打开浏览器,输入 http://localhost:8080,如果能打开 Tomcat 的欢迎页面,如图 10-26 所示,表明 Tomcat 已经安装成功。

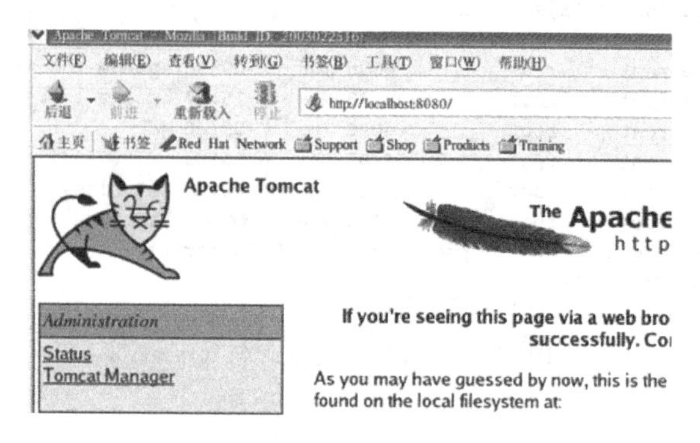

图 10-26　在 Linux 环境中配置 Tomcat 的欢迎页面

10.3.3　Linux 下 MySQL 的安装与配置

Linux 系统安装包中一般带有 MySQL 的安装程序,在安装 Linux 操作系统时,可以通过相关设置来安装 MySQL。如果在安装 Linux 系统(例如 Fedora 10)的过程中没有选择安装 MySQL,那么,可以通过 Linux 系统管理菜单中的 Add/Remove Software 来进行安装,如图 10-27 所示。当然,也可以从 Internet 上下载安装包安装,但比较而言,还是使用 Add/Remove Software 方式更方便。本节将以这种方式讲解 MySQL 的安装及使用方法。

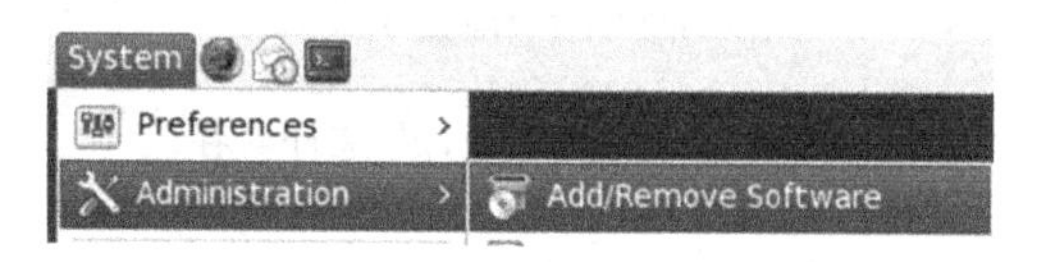

图 10-27　Fedora 中的添加/删除程序

选择 System|Administration|Add/Remove Software 命令后,出现如图 10-28 所示界面。

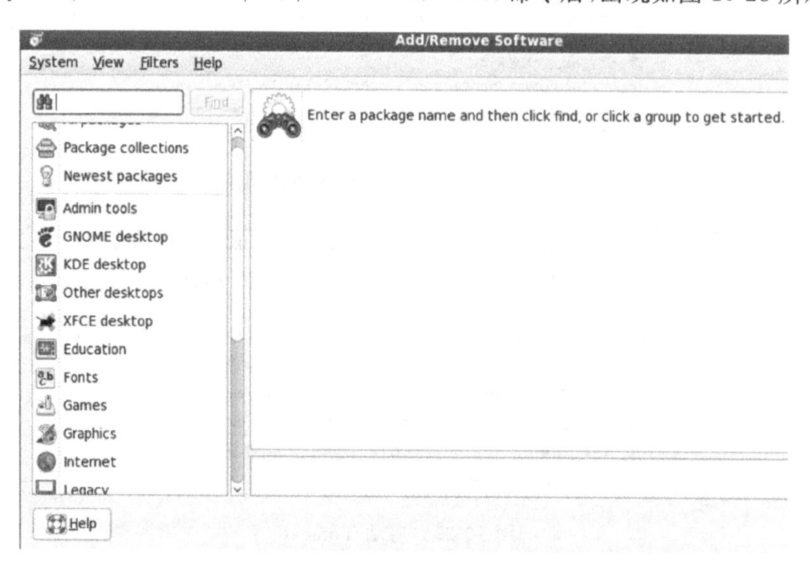

图 10-28　添加/删除程序界面

在左上方的输入框中输入 mysql 搜索，搜索完成后在右侧列表中找到 MySQL Database，选择 MySQL Database，然后单击 Apply 按钮，如图 10-29 所示。

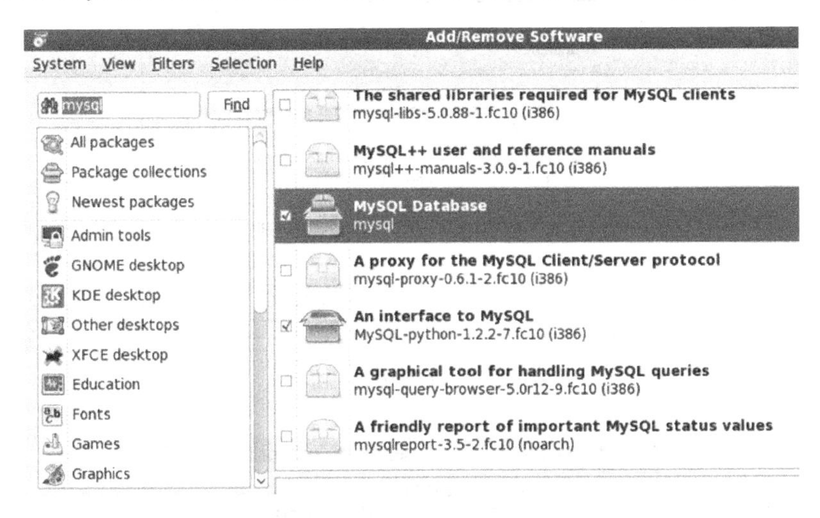

图 10-29　选择 MySQL 安装包

接下来出现获取软件包信息界面(见图 10-30)，获取完成后，得到所选软件包的信息，如图 10-31 所示。

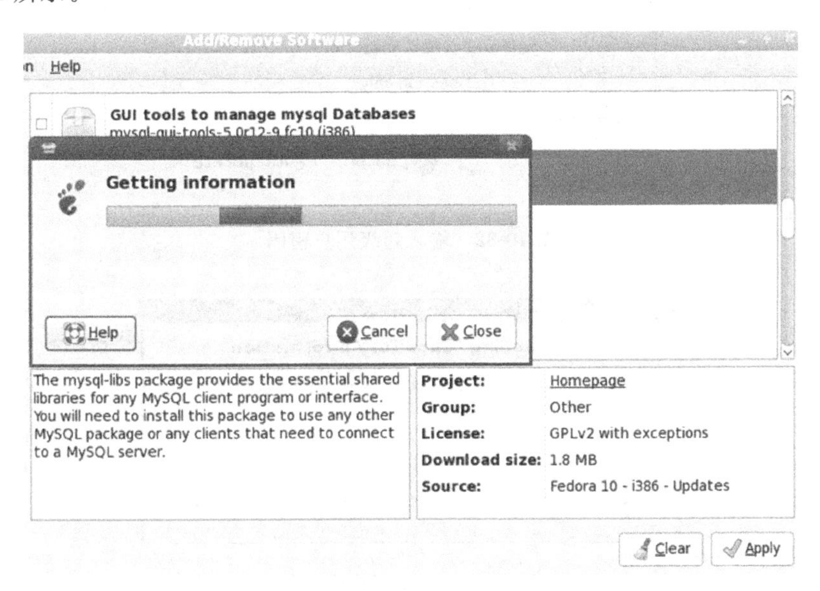

图 10-30　获取安装包的信息

确认安装包信息，单击 Install 按钮，如图 10-31 所示。

如果使用普通用户登录，会提示用户输入超级用户密码，如图 10-32 所示。

输入密码后，系统开始下载安装包并完成安装任务，如图 10-33 和图 10-34 所示。

然后输入超级用户密码，等待安装完成。

安装完成后，以 root 用户启动 MySQL 的服务。使用 su 命令登录 root 用户(根据提示输入 root 用户的密码)，然后使用 service mysqld start 命令启动 MySQL 服务，输入命令后，

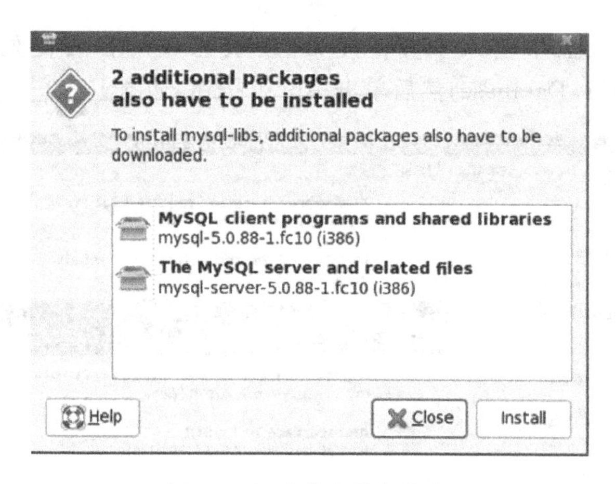

图 10-31　获得安装包信息

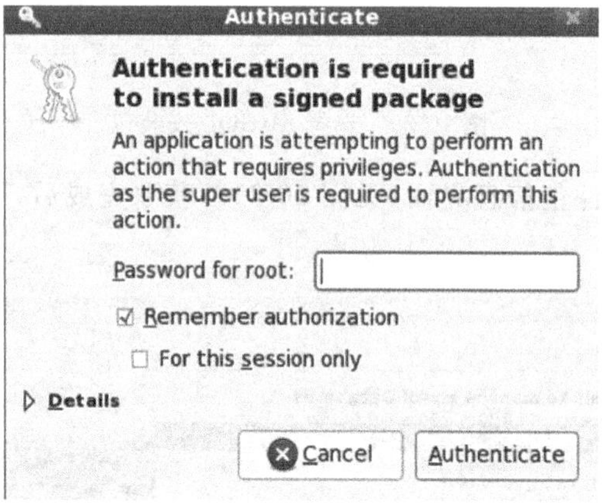

Authenticate
Authentication is required
to install a signed package
An application is attempting to perform an action that requires privileges. Authentication as the super user is required to perform this action.
Password for root:
Remember authorization
For this session only
Details
Cancel
Authenticate

图 10-32　输入超级用户密码

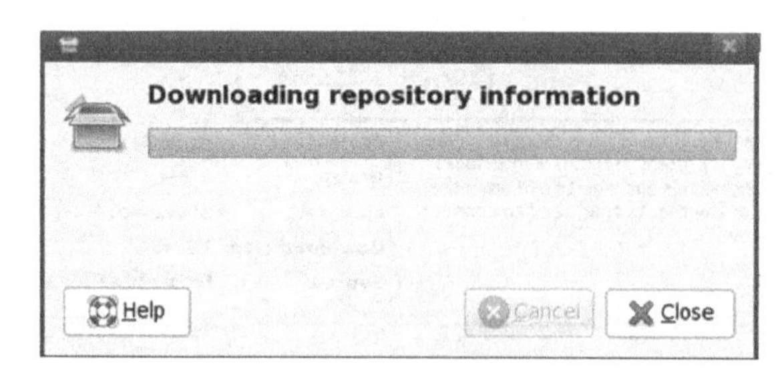

图 10-33　开始下载安装包

最后就会提示 MySQL 的启动,整个过程如图 10-35 所示。

MySQL 启动后,首先我们要设定 MySQL 的密码,初始的 MySQL 的密码为空。设置密码的方法为 mysqladmin -u root password mypassword,然后 mysql 的密码就被设置为了新密码 mypassword。如果要想修改 mysql 的密码,要输入命令 mysqladmin -u root -p password newpassword,然后系统提示再输入一次密码,这次要输入的是原来的旧密码,输入正确后,MySQL 的密码就被改为了 newpassword。而后,我们用 mysql -u root -p 命令登录 MySQL,然后提示输入密码,密码输入正确后就进入了 MySQL 的操作界面。

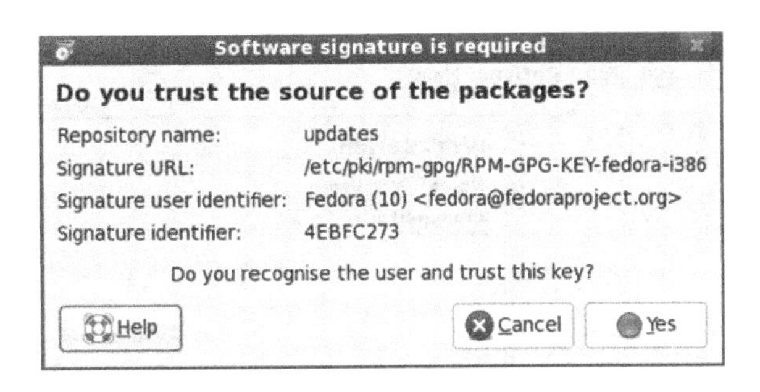

图 10-34　提示软件签名，单击 Yes 按钮以确认

```
[wangfasheng@wfs ~]$ su
Password:
[root@wfs wangfasheng]# ls
Desktop  Documents  Download  Music  Pictures  Public  Study  Templates  Videos
[root@wfs wangfasheng]# cd Study/
[root@wfs Study]# ls
20100627  20100627~  20100627-2  20100627-2~
[root@wfs Study]# service mysqld start
Starting MySQL:                                            [  OK  ]
[root@wfs Study]#
```

图 10-35　启动 MySQL

停止 MySQL 服务可使用命令 service mysqld stop。

10.3.4　Linux 下的其他测试工具

1. JMeter 的安装与配置

Apache JMeter 是 Apache 组织的开放源代码项目，是一个 100%纯 Java 桌面应用，用于压力测试和性能测量。它最初被设计用于 Web 应用测试，但后来被扩展到其他测试领域。最新的版本可以到 http://jakarta.apache.org/site/downloads 下载。目前的最新版本是 jakarta-jmeter-2.3.4，在官方网站的主页上下载安装包 jakarta-jmeter-2.3.4.tgz。安装 jmeter 之前需要保证 JDK 已安装并已设置好环境变量。

将安装包解压缩，解压缩时先使用 gzip 命令将安装文件解压为 tar 文件：

gzip -dv jakarta-jemeter-2.3.4.tgz

同时解压后生成 jakarta-jemeter-2.3.4.tar 文件，然后再使用 tar 命令解压 jakarta-jemeter-2.3.4.tar 文件：

tar -xvf jakarta-jemeter-2.3.4.tar

解压完毕，然后使用 mv 命令将解压缩后的 jakarta-jemeter-2.3.4 命名为 jmeter。

启动 JMeter 的方法非常简单，进入 jmeter 目录下的 bin 目录，然后启动 jmeter.sh 即可，使用的命令如图 10-36 所示。

```
[root@wfs JMeter]# cd jmeter/
[root@wfs jmeter]# ls
bin  docs  extras  lib  LICENSE  NOTICE  printable_docs  README
[root@wfs jmeter]# cd bin
[root@wfs bin]# ./jmeter.sh
```

图 10-36　启动 JMeter 使用的命令

启动成功后，将会出现 JMeter 的界面，如图 10-37 所示。

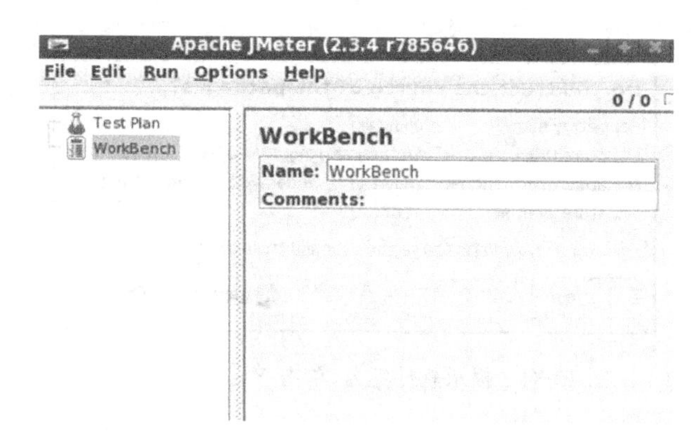

图 10-37 JMeter 的启动界面

关于 JMeter 的使用方法,可以参考其官方网站提供的文档,在此不再赘述。

2. 其他测试工具简介

1) WebInject

官方网站: http://www.webinject.org/。

WebInject 是一个针对 Web 应用程序和服务的免费测试工具。它可以通过 HTTP 接口测试任意一个单独的系统组件。可以作为测试框架管理功能自动化测试和回归自动化测试的测试套件。

2) 开源测试工具——缺陷管理工具 Mantis

官方网站: http://www.mantisbt.org。

Mantis 是一款基于 Web 的软件缺陷管理工具,配置和使用都很简单,适合中小型软件开发团队,关于 Mantis 的介绍文章,请参见"51testing 软件测试网"顾问蔡琰的《使用开源软件 Mantis 实施缺陷跟踪的成功实践》一文。

3) WebTest

官方网站: http://webtest.canoo.com/webtest/manual/WebTestHome.html。

WebTest 是 Canoo 开发的一款开源的 Web 测试框架,用于模拟浏览器行为。它是基于 Httpunit 开发的,测试脚本是基于 XML 格式的。这样不熟悉编程语言的人也很容易掌握该软件。

10.3.5 常见问题分析及对策

1. JDK 环境变量配置错误

安装和配置完 JDK 之后,如果输入 Java 命令后出现提示信息 bash: java: command not found,如图 10-38 所示,则代表环境变量没有配置好,需要仔细检查.bashrc 文件中的环境变量配置是否和本机 JDK 所在的路径一致。

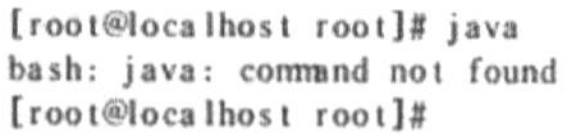

```
[root@localhost root]# java
bash: java: command not found
[root@localhost root]#
```

图 10-38 JDK 环境变量配置错误

2. Tomcat 环境变量配置错误

配置完 Tomcat 后,输入启动命令后无法启动。出现该问题的最终原因仍然是环境变量没有配置成功。在前面配置环境变量的 java. sh 文件中,配置了如下几个环境变量。JAVA_HOME、PATH、CLASSPATH、CATALINA_BASE、CATALINA_HOME,这是运行 Tomcat 所必需的,所以要保证这些环境变量正确。出现启动 Tomcat 失败的情况时,要认真检查这几个环境变量与 Tomcat 和 JDK 所在路径的关系。

3. MySQL 安装中的问题

在第 10.3.3 节讲解 MySQL 的安装方法时,采用的系统环境是 Fedora 10,使用 Add/Remove Software 方式进行安装。但是在安装过程中读者可能就会发现,这种方式的速度非常慢,这是因为 Fedora 的 Add/Remove Software 默认上网搜索安装包的列表。如果不想上网搜索,而只是在本地计算机的系统安装光盘中添加或删除软件,那我们就需要对 yum 的仓库文件位置做一些调整。

首先,把/etc/yum. repos. d/目录里的文件备份到其他位置,命令如下:

```
mkdir backup
mv fedora * ./backup
```

然后在/etc/yum. repos. d/创建以. repo 为扩展名的文件 cdrom. repo,命令如下:

```
vi cdrom.repo
```

为该文件输入以下内容:

```
[cdrom] #这里不能改,否则会出现下载软件包头错误
name = cdrom
baseurl=file:///media/Fedora-10-i386 #这里是放你光盘挂载的路径
enabled=1
gpgcheck=1
gpgkey=file:///media/Fedora-10-i386/RPM-GPG-KEY-fedora-i386 # 光盘中的认证文件
```

其中 Fedora-10-i386 是光盘挂载后的文件夹名称,不同用户可能会产生不同的名称。如果文件夹名称中含有空格等特殊字符,可以为该文件夹建立链接,链接的名称使用简单的字符组成,如 fedora 等。当然,在 cdrom. repo 文件中输入的光盘挂载路径,就可以使用链接。本书所用的安装光盘挂载后的文件夹名称为“Fedora 10 i386DVD”,作者通过为其建立链接“Fedora-10-i386”以方便操作使用,如图 10-39 所示。

图 10-39 为光盘挂载后的文件夹(左)建立链接(右)

注意:注释语句(#后的内容)可能需要更改,并且注释语句不可写入文件。

cdrom. repo 文件内容输入完毕后,确认无误,使用 wq 命令保存并退出 vi 编辑器,然后

执行 yum clean all 命令。

打开 Add/Remove Software,等它搜索完安装包,就可以开始添加或删除程序了,操作速度会比修改之前快很多。

10.4 自动化测试环境的搭建

在测试过程中使用自动化测试工具,可以有效地提高测试效率,减少软件项目成本。目前,业界出现的自动化测试工具比较多,其中应用较多的是 IBM Rational 系列的自动化测试工具以及 HP 系列的自动化测试工具。

10.4.1 Rational 自动化测试软件的安装

Rational 系列的测试工具比较多,其中用来做功能测试的是 Rational Functional Tester 和 Robot,用来做性能测试的是 Performance Tester 和 Robot。Rational Purify 用来帮助程序员找出程序中的空指针,以及内存泄露等方面的缺陷。Rational TestManager 可以用来计划、管理、组织、执行、评估、报告个别测试用例或者整个测试计划等。这些工具可以在 TestManager 的管理下配合使用。读者可以在 IBM 官方网站下载软件的试用版,其安装过程比较简单,限于篇幅,本节不再就软件的安装进行详细讲解。

10.4.2 HP LoadRunner 的安装

HP LoadRunner(LR)是一种自动化性能测试工具,HP LoadRunner 的使用需要.NET Framework 的支持,因此在安装 LR 时,如果系统内没有配置.NET Framework,LR 会首先提示用户安装.NET Framework 以及其他一些必须有的组件,如图 10-40 所示。

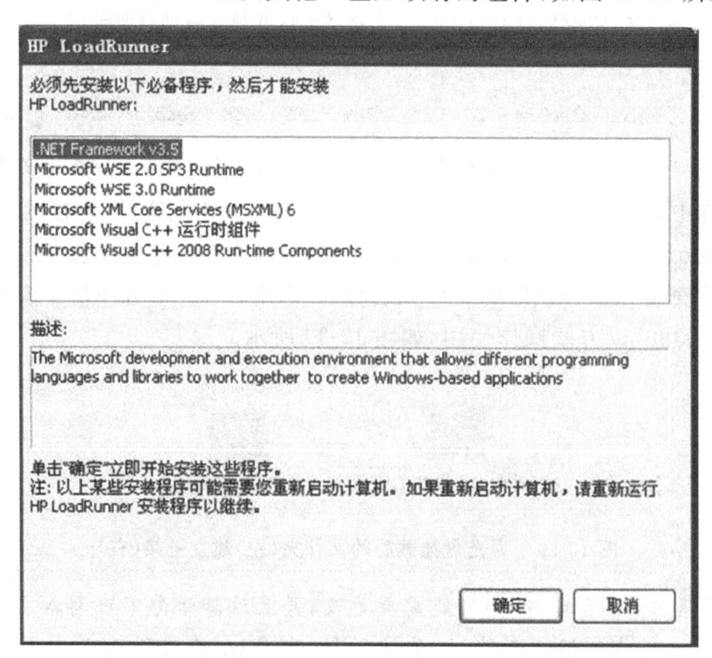

图 10-40 安装必须有的组件

安装完成后需要按照提示重新启动系统，以完成 LR 的安装。LR 的安装过程需要一段时间，在安装过程中，用户要耐心等待，不要进行其他的无用操作，同时将杀毒软件和防火墙关闭，这些后台噪声会影响软件的安装。

10.4.3 HP QuickTest Professional 的安装

HP QuickTest Professional(QTP)是一种功能自动化测试工具，它的运行也需要一些插件的支持，所以在安装时首先提示安装需要的插件，如果系统已经具备了这些插件，安装时就没有这些提示信息。安装 QTP 过程中也需要注意关闭防火墙和杀毒软件，根据提示信息重启操作系统，完成安装。

10.4.4 常见问题分析与对策

在搭建自动化测试环境时，建议读者使用干净的操作系统。所谓干净，即操作系统内最好不要安装太多的软件，尽量保持系统的"体重"。QTP 和 LoadRunner 与一些应用程序的兼容性存在问题，安装后可能会导致两种工具无法使用。所以，干净的操作系统更能保证自动化测试工具的正常使用。读者可以在 HP 官方网站下载最新版本 LR 9.5 和 QTP 10.0 的软件，并购买 License。

有些自动化测试工具在运行的过程中易受杀毒软件的影响，因此，建议在使用的过程中关闭防火墙和杀毒软件，或者将一些与 Web 有关的监控功能关闭，这样能够保证测试工具的顺利运行。

操作系统内不要安装其他浏览器，只保留 IE 即可。这一点非常重要，一些测试工具在运行过程中只支持 IE 浏览器。

10.5 测试管理工具 Quality Center 的安装

测试管理平台 QC 的安装比较烦琐，本节以 QC 10.0 的安装配置为例介绍，系统所需软硬件配置如表 10-2 所示。

表 10-2 QC 管理平台软硬件配置

软/硬件	版本/配置
操作系统	Windows Server 2003 sp2
Quality Center	HP QC 10.0
数据库	Oracle 10g
服务器	JBoss(QC 自带服务器)
硬件	满足以上软件安装的最低配置

QC 10.0 的下载地址为：

http://h30302.www3.hp.com/prdownloads/T7333-15006_1.zip?ordernumber=380460920&itemid=1&downloadid=33646252&merchantId=HP_DOWNLOAD_CENTER&dlm=ON

首先安装 Windows Server 2003 sp2，安装方法如在第 10.2 节所述。安装完成后需要为系统配置静态 IP(本书实验过程中所用服务器 IP 为 192.168.102.45)。配置好 IP 后，就要部署域控制器和 DNS 服务器，过程如下。

(1) 在命令行中输入 dcpromo 命令，启动 Active Directory 安装向导，如图 10-41 所示，单击“下一步”按钮。

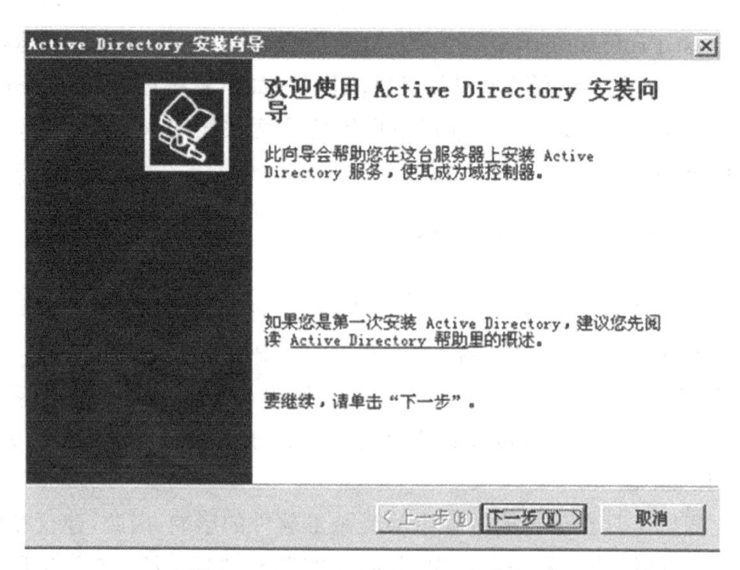

图 10-41　Active Directory 安装向导

(2) 如图 10-42 所示，出现操作系统兼容性提示信息，单击“下一步”按钮。

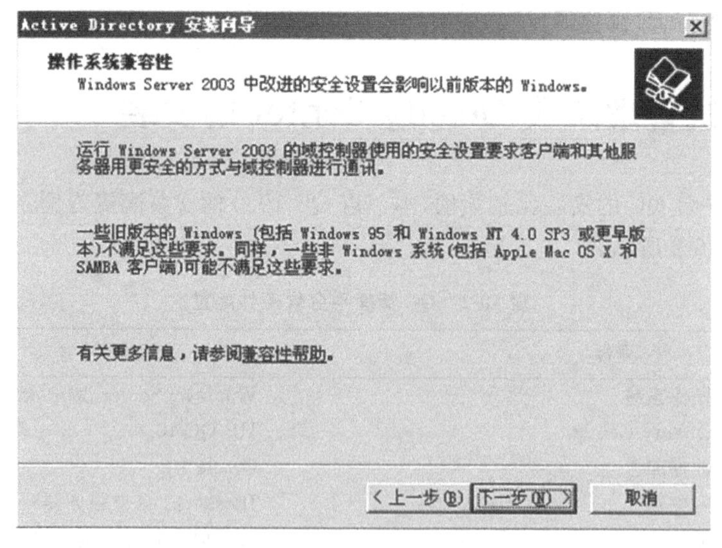

图 10-42　操作系统兼容性提示信息

(3) 如图 10-43 所示，选择“新域的域控制器”选项，然后单击“下一步”按钮。

(4) 在如图 10-44 所示的窗口中选择“在新林中的域”选项，然后单击“下一步”按钮。

(5) 在如图 10-45 所示的界面中，需要指定新域的名称，如 test.com 等，输入后单击“下一步”按钮。

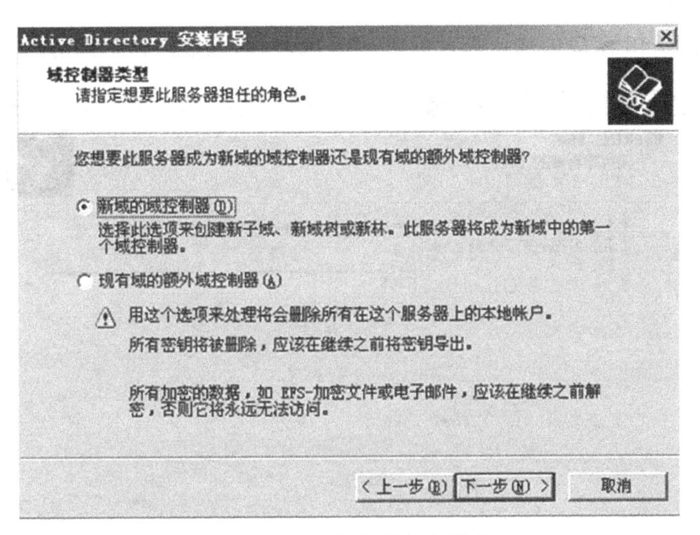

图 10-43　指定服务器担任的角色

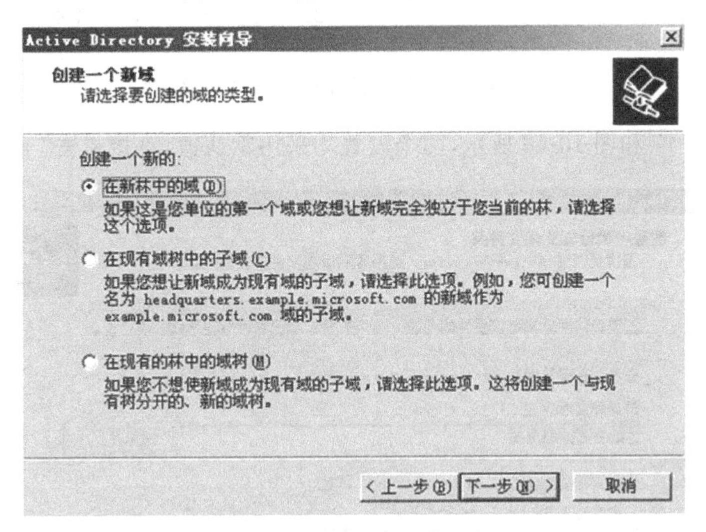

图 10-44　选择创建的域的类型

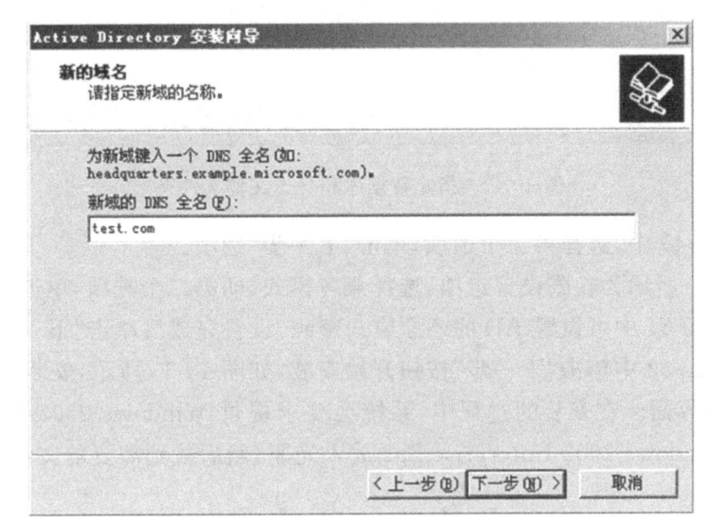

图 10-45　指定新域的名称

(6) 在如图 10-46 窗口中指定新域的 NetBIOS 名称,采取默认值即可,单击“下一步”按钮。

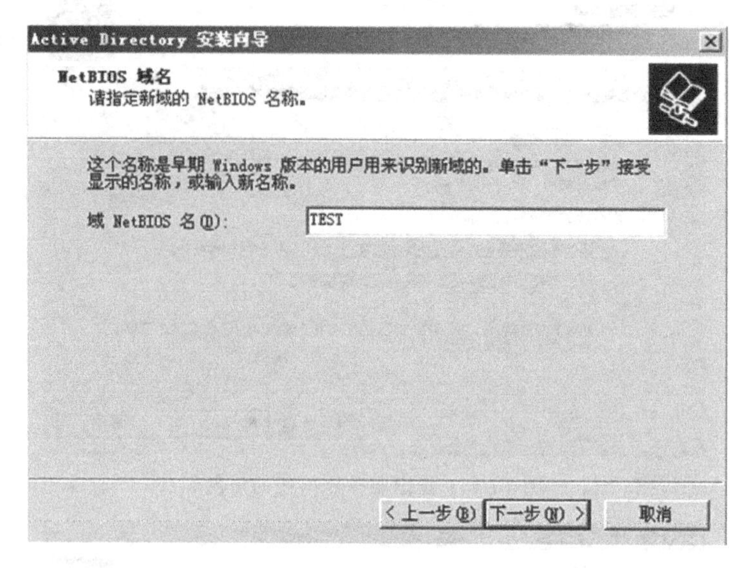

图 10-46 指定新域的 NetBIOS 名称

(7) 如图 10-47 和图 10-48 所示,两个设置均采用默认值,直接单击“下一步”按钮。

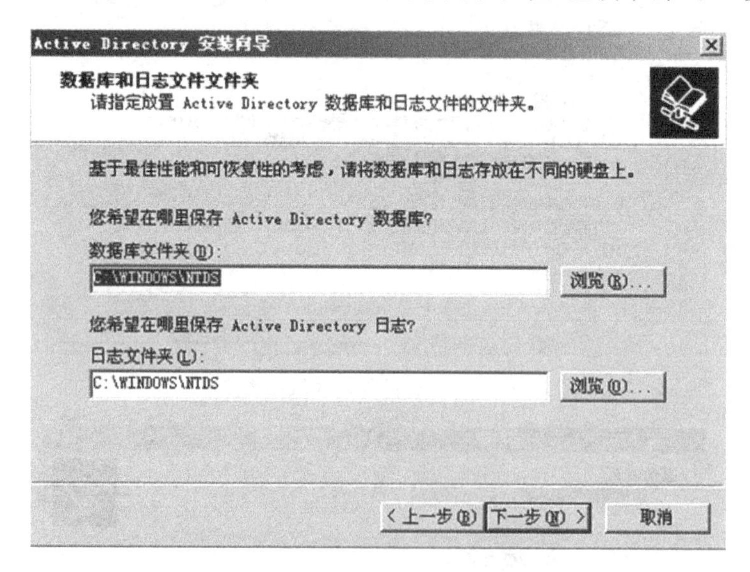

图 10-47 指定数据库和日志文件文件夹

(8) 在图 10-49 中,选择第二个选项,单击“下一步”选项。

(9) 图 10-50 所示为权限设置选项,选择兼容模式,即第二个选项,单击“下一步”按钮。

(10) 在图 10-51 中可设置 AD 的还原模式密码,设置完成后单击“下一步”按钮。

(11) 在图 10-52 中单击“下一步”按钮开始安装,如图 10-53 所示,安装完成后将出现如图 10-54 所示的界面。在安装的过程中,系统会要求提供 Windows 2003 系统盘上的一些文件,此时将 Windows 2003 Enterprise Sp2 放入光驱,然后找到需要的文件即可,当然也可以用虚拟光驱。

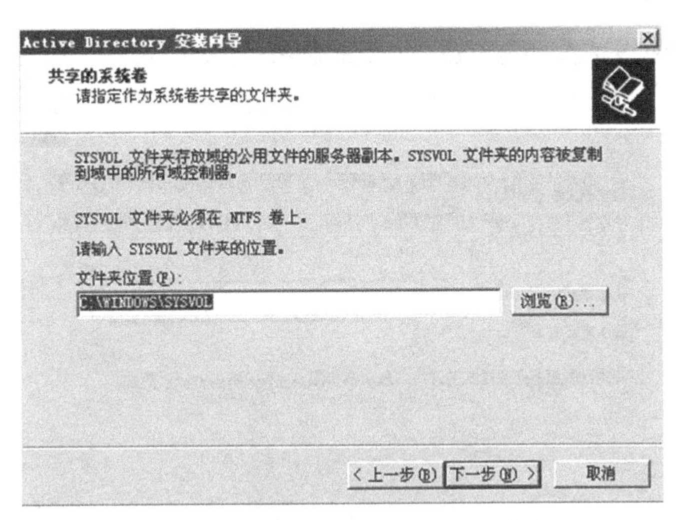

图 10-48 指定作为系统卷共享的文件夹

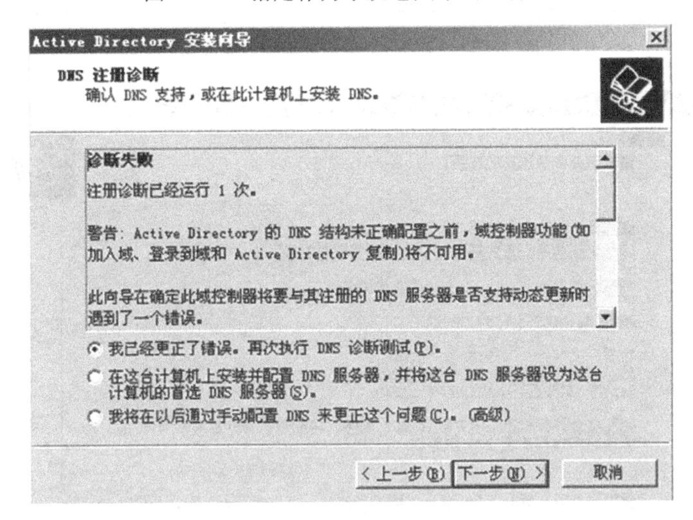

图 10-49 DNS 注册诊断

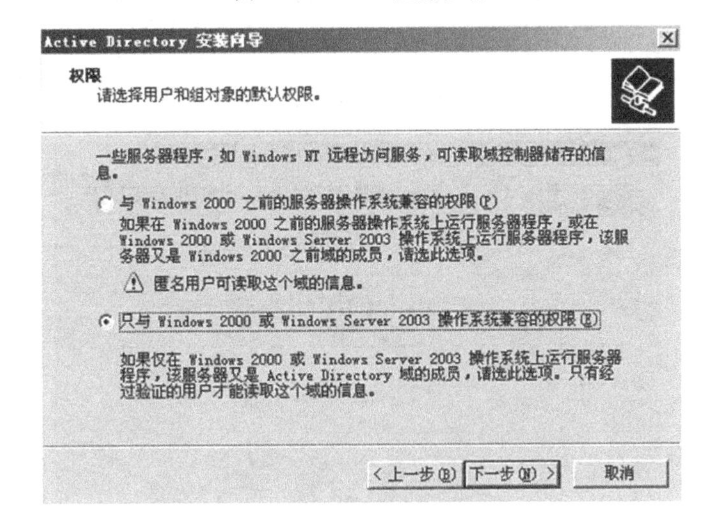

图 10-50 权限设置

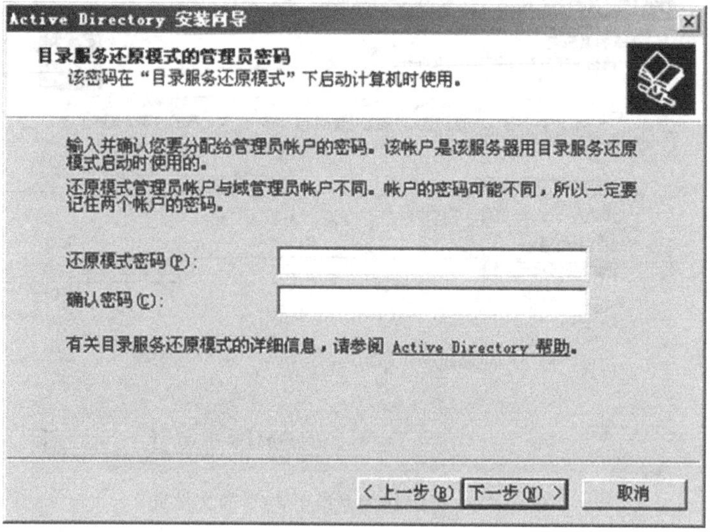

Active Directory 安装向导
目录服务还原模式的管理员密码
该密码在“目录服务还原模式”下启动计算机时使用。
输入并确认您要分配给管理员帐户的密码。该帐户是该服务器用目录服务还原模式启动时使用的。
还原模式管理员帐户与域管理员帐户不同。帐户的密码可能不同，所以一定要记住两个帐户的密码。
还原模式密码(P):
确认密码(C):
有关目录服务还原模式的详细信息，请参阅 Active Directory 帮助。
< 上一步(B)
下一步(N) >
取消

图 10-51　设置还原模式的管理员密码

Active Directory 安装向导
摘要
请复查并确认选定的选项。
您选择(Y):
将这个服务器配置成新域林中的第一个域控制器。
新域名将为 test.com。这也是新林的名称。
域的 NetBIOS 名将为 TEST
数据库文件夹: C:\WINDOWS\NTDS
日志文件文件夹: C:\WINDOWS\NTDS
SYSVOL 文件夹: C:\WINDOWS\SYSVOL
将在这台计算机上安装并配置 DNS 服务。将配置这台计算机使用此 DNS 服务器作为其首选 DNS 服务器。
要更改选项，单击“上一步”。要开始操作，单击“下一步”。
< 上一步(B)
下一步(N) >
取消

图 10-52　确认安装选项

Active Directory 安装向导
向导正在配置 Active Directory。根据您所选的选项，此过程可能要花几分钟或更长时间。
开始...

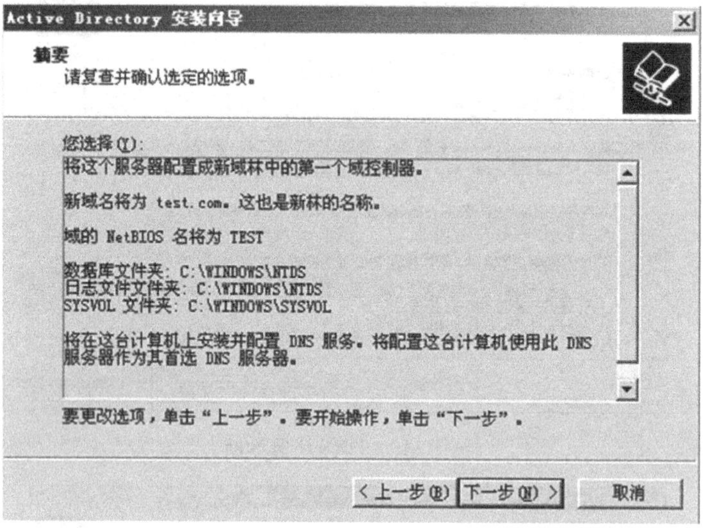

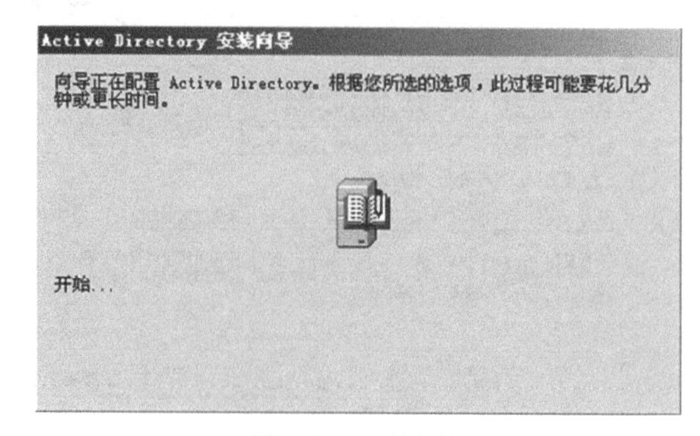

图 10-53　开始安装

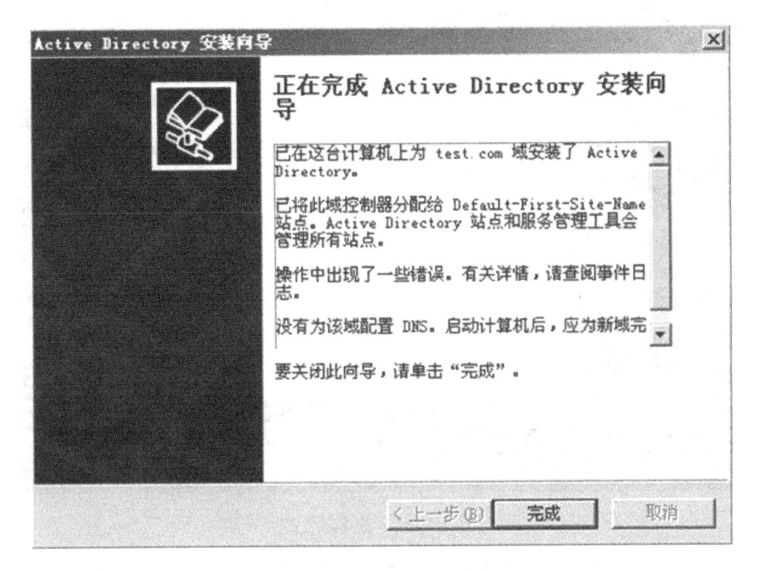

图 10-54　安装完成

在安装完域控制器之后，会提示重新启动系统。重新启动后，开始安装部署 Oracle10g，安装的过程在此不再赘述，需要提醒读者注意，一定要记住安装时创建的数据库实例名和相关的密码，在安装 QC 时需要用到。本书中用到的数据库实例为 orcl。

图 10-55　QC 安装启动画面

安装完 Oracle 之后，进入企业管理器控制台，新建一个表空间(Table Space)，本文新建的表空间为 QC，用来存储 QC 的一些基本信息，将其大小设置为 1GB。

接下来开始安装 QC，双击 setup.exe 文件，启动安装程序，如图 10-55 所示。

启动之后，系统会要求用户输入 License，输入之后单击“下一步”按钮，弹出集群配置对话框。如果是第一次安装，则选择“第一个节点/独立”选项，如图 10-56 所示，然后单击“下一步”按钮。

如图 10-57 所示，系统提示用户选择应用服务器的类型，QC 默认已经集成了 JBoss 服务器，不需要单独安装，当然也可以选择其他类型的服务器，如 IIS、WebLogic 等。本书采用了默认的 JBoss 服务器，默认的端口为 8080。如果要修改端口号，则应选择“显示 JBoss 高级选项”选项，然后进行相关修改。单击“下一步”按钮。

在如图 10-58 所示的窗口中配置 JBoss 服务，要求输入用户名和域名。其中用户名为系统管理员，域名则为前面配置的域名，本书中为 test.com。输入用户名和密码后，安装程序会验证用户名和域名信息。

完成后单击“下一步”按钮，直到出现如图 10-59 所示的界面。选择要安装的组件，然后单击“下一步”按钮，本书同时选择了两个组件。

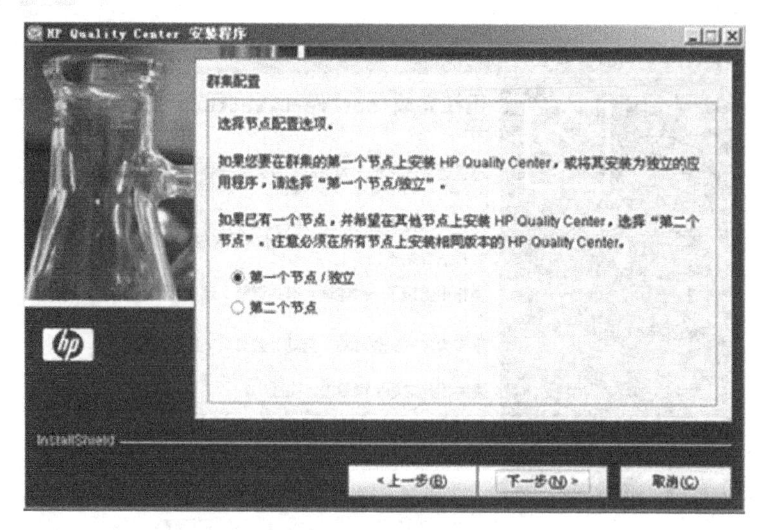

图 10-56　集群配置

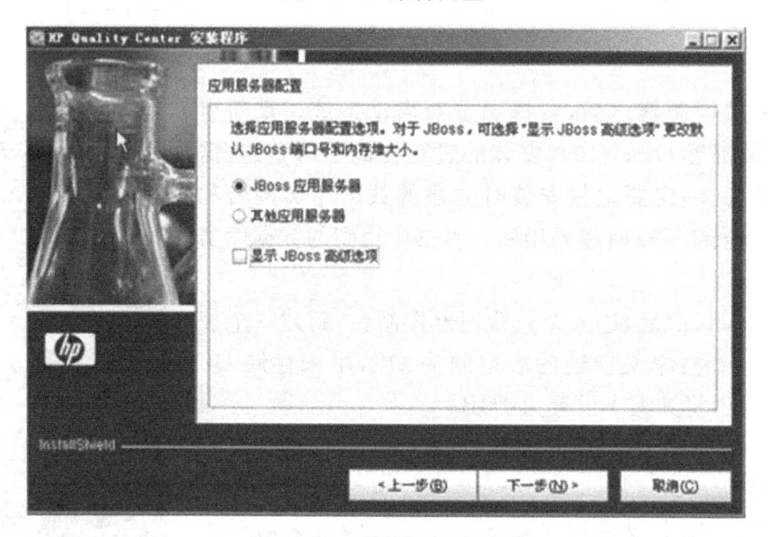

图 10-57　应用服务器配置

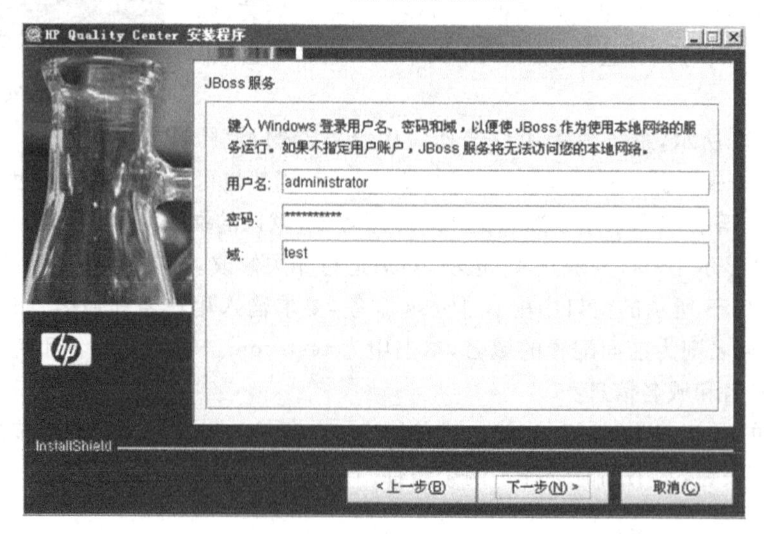

图 10-58　配置 JBoss 服务

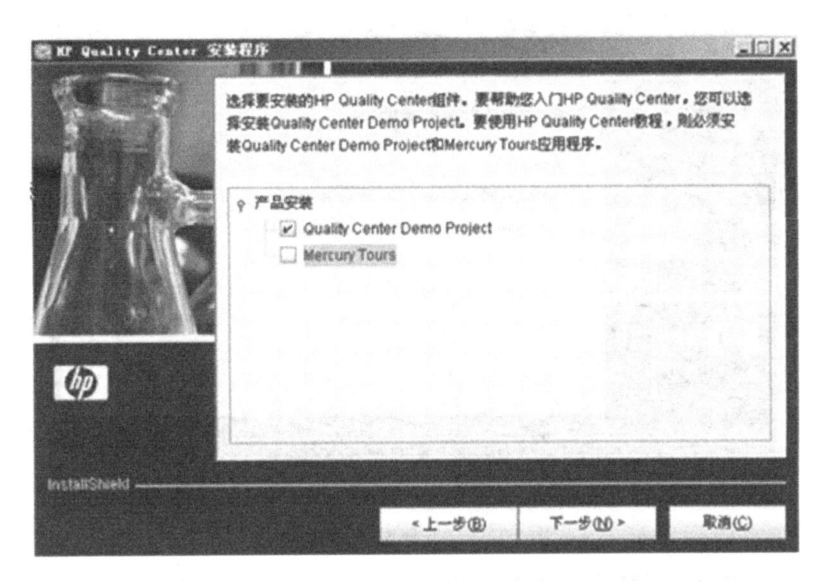

图 10-59　选择安装的组件

图 10-60 所示界面提示用户选择邮件服务器，如果系统有邮件服务器，可以选择邮件服务器，本次安装不选择邮件服务器，单击“下一步”按钮。

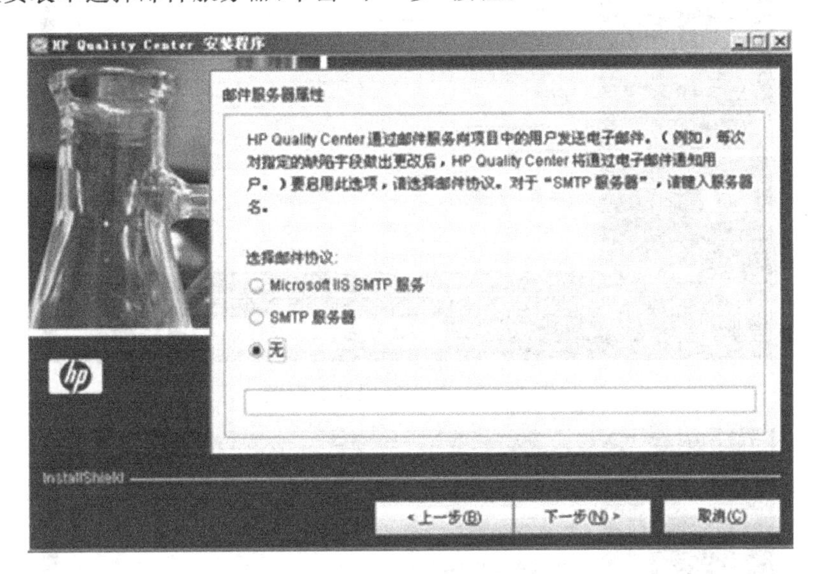

图 10-60　邮件服务器配置

在图 10-61 所示界面中选择数据库类型，这里选择 Oracle 选项，单击“下一步”按钮。

在图 10-62 所示界面中输入服务器名称，就是计算机名(不需要加域名)，如果是本机安装的服务器，则为 localhost，数据库管理员用户名为 system，密码就是在安装 Oracle 数据库时设置 system 的密码。这里提醒读者，不能直接单击“下一步”按钮，因为默认情况下，QC 安装程序设定的 Oracle SID 是不正确的；正确的做法是选择“显示高级选项”选项，将会弹出数据库服务器配置窗口，将默认给出的 Oracle SID 的值修改为安装 Oracle 时的 SID：orcl，如图 10-63 所示。修改完成后单击“下一步”按钮。

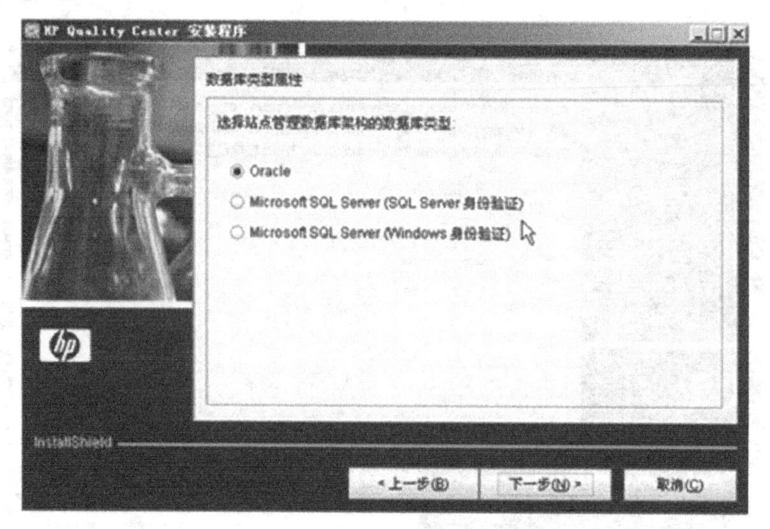

图 10-61 选择数据库类型

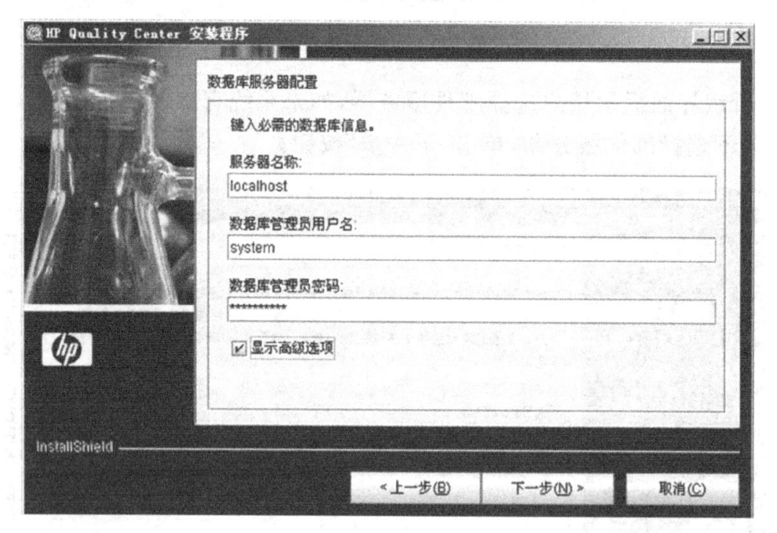

图 10-62 数据库服务器配置

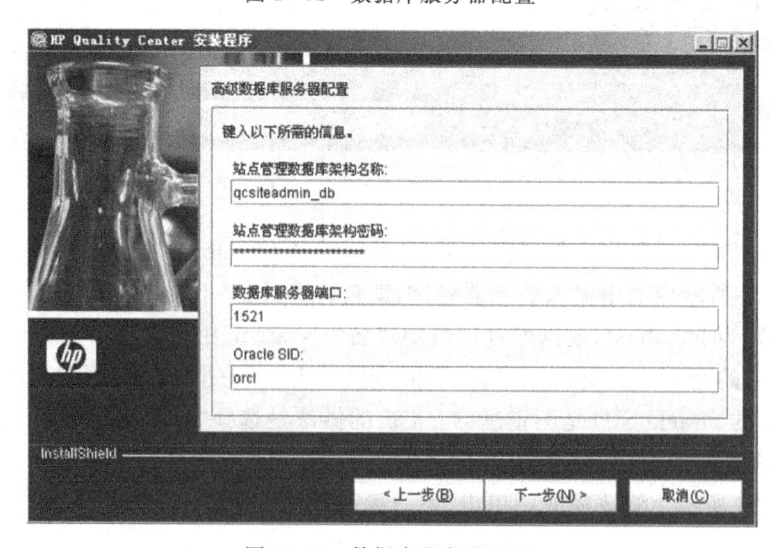

图 10-63 数据库服务器配置

如图 10-64 所示，在列表中为 QC 选择默认的表空间，本书在 Oracle 安装完成后建立的表空间为 QC。单击"下一步"按钮，在图 10-65 所示界面中设置 QC 的管理员用户名及密码，并务必要记住。

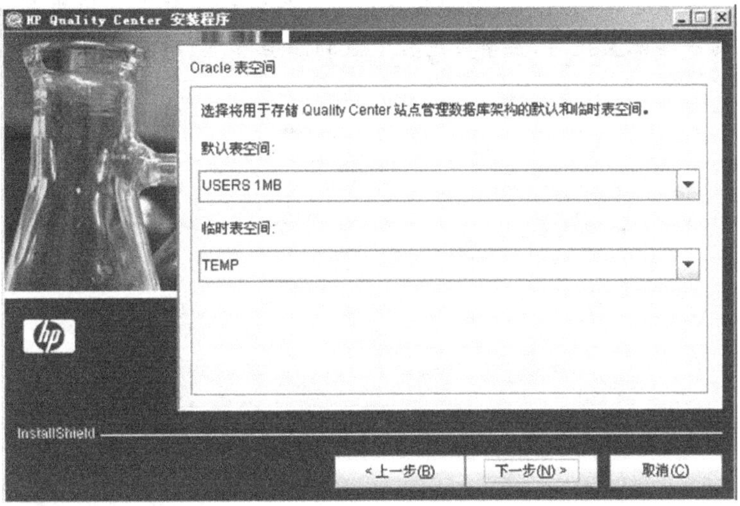

图 10-64 选择 Oracle 表空间

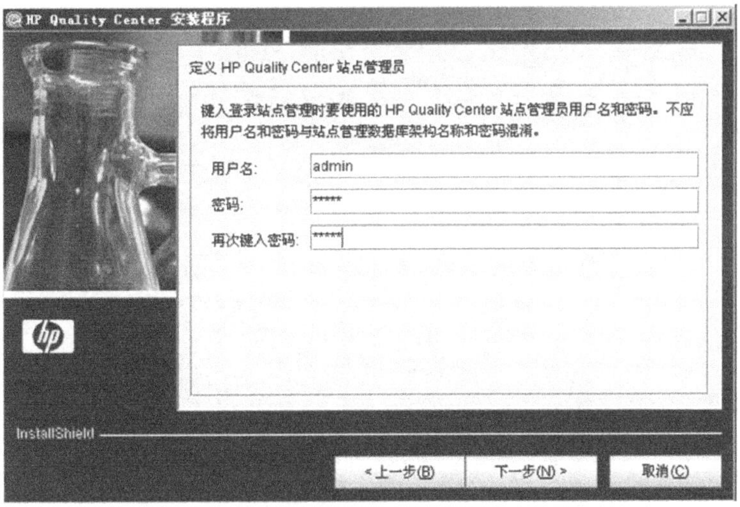

图 10-65 设置 QC 的管理员用户名及密码

完成以上操作后单击"下一步"按钮，直至安装完成。最后安装程序会提醒用户是否启动 JBoss 服务器，选择"是"即可立刻启动 JBoss 服务器。

本 章 小 结

本章主要讲解了软件测试环境搭建的理论及实践。首先简要介绍了测试环境的基础理论，然后以 Windows 和 Linux 环境下的 Web 测试环境搭建为例，对常用服务器及软件的配置方法进行了详细讲解,针对搭建环境过程中常见的问题给出了解决办法。最后,以业界主流自动化测试工具为例讲述了自动化测试环境的搭建方法。

在实际的测试工作中,搭建测试环境时需要根据具体的测试项目来选择测试环境需要的软件和硬件。本章介绍的内容不能够覆盖整个软件测试工作涉及的所有测试环境,但只要理解了其中的一些配置技巧,在学习过程中做到融会贯通、举一反三,对以后的工作会提供有益的帮助。

软件测试管理

学习目标

- 缺陷管理
- 团队管理
- 风险管理
- 过程管理
- Quality Center 测试管理工具

测试过程中所涉及的人、活动和工具都是很多的，在制定测试计划时，要对这些因素加以管理。在测试管理阶段，需要考虑的主要问题包括：缺陷管理以及测试管理工具、人员管理、风险管理以及测试过程管理。

11.1 缺陷管理

在前面的章节中已经陈述了软件缺陷的定义以及基本状态，本章将进一步描述缺陷的处理流程、缺陷报告的写作要求以及缺陷管理工具。

11.1.1 缺陷生命周期

在软件开发过程中，缺陷拥有自身的生命周期。缺陷在走完其生命周期后，最终会关闭。确定的生命周期保证了过程的标准化。缺陷在其生命周期中会处于许多不同的状态。缺陷的生命周期如图 11-1 所示。

(1) 新建(New)：当缺陷被第一次递交的时候，它的状态即为“新建”。这也就是说缺陷未被确认其是否真正是一个缺陷。

(2) 打开(Open)：在测试者提交一个缺陷后，测试组长确认其确实为一个缺陷的时候会把状态置为“打开”。

(3) 分配(Assign)：一旦缺陷被测试经理置为“打开”，再把缺陷交给相应的开发人员或者开发组。这时缺陷状态变更为“分配”。

(4) 测试(Test)：当开发人员修复缺陷后，缺陷提交给测试组进行新一轮的测试。在开发人员公布已修复缺陷的程序之前，缺陷状态被置为“测试”。这时表明缺陷已经被修复并且已经被交给了测试组。

(5) 已确认(Verified)：当缺陷被修复后就会被置为“测试”，测试员会执行测试。如果

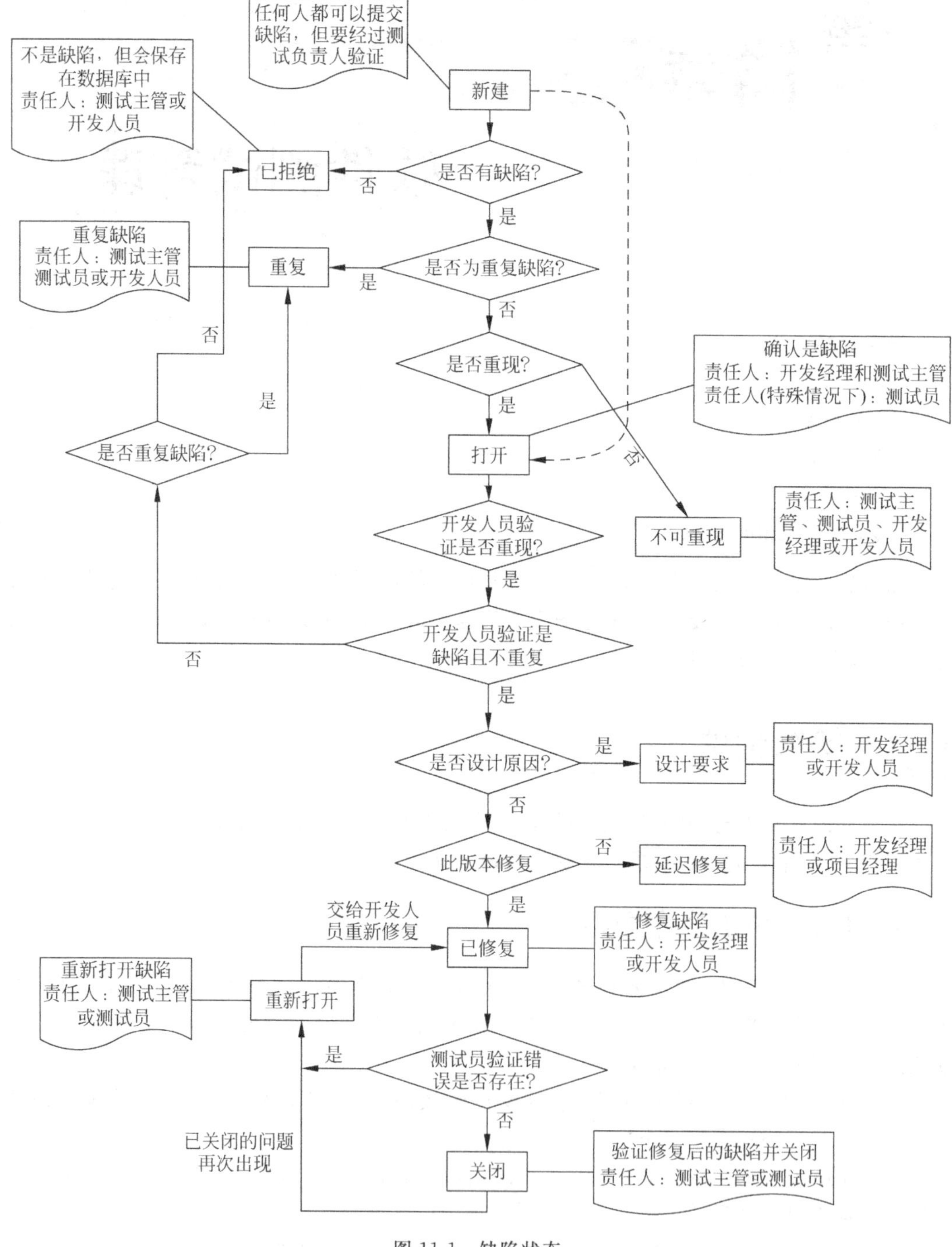

图 11-1 缺陷状态

缺陷不再出现，这就证明缺陷被修复了的同时其状态被置为“已确认”。

(6) 延期(Deferred)：缺陷状态被置为“延期”意味着，缺陷将会在下一个版本中被修复。

(7) 重新打开(Reopened)：如果缺陷被开发人员修复后，问题仍然存在，测试人员会把缺陷状态置为“重新打开”。缺陷即将再次穿越其生命周期。

(8) 重复(Duplicate)：如果同一个缺陷被重复提交或者两个缺陷表明的意思相同，那么这个缺陷状态会被置为“重复”提交。

(9) 拒绝(Rejected)：如果开发人员不认为其是一个缺陷，会拒绝此缺陷，缺陷状态被置为“拒绝”。

(10) 关闭(Closed)：当缺陷被修复后，测试人员会对其进行测试。如果测试人员认为缺陷不存在了，会把缺陷状态置为“关闭”。这个状态意味着缺陷已被修复，通过了测试并且核实确实如此。

11.1.2　缺陷报告的编写

软件测试人员编写软件缺陷报告是其主要工作内容之一。提供准确、完整、简洁、一致的缺陷报告是体现软件测试的专业性、高质量的评价指标之一。为了提高缺陷报告的质量，需要遵守编写缺陷报告的通用规则，合理组织缺陷报告的格式结构，掌握常用的缺陷报告编写技术。缺陷报告的编写要求如下所示。

(1) 清晰地描述缺陷：描述 bug 时要用简短的陈述句并能准确指出问题所在。测试人员应尽量清晰地描述缺陷，尽量让开发人员一看就明白是什么问题，甚至了解是什么原因引起的错误，这样可节省更多沟通上的时间。

(2) 使用简洁的语言：开发人员和测试人员都不喜欢阅读包含复杂的专业术语或者绕口的大段落语句。缺陷报告应使用简短的但是表达清晰的语句，只包含与 bug 有关的论述。避免过多地讲述对重现 bug 没有任何帮助的细节。如业务背景和常识就不必写在 bug 报告中。

(3) 重现的步骤和数据：必须详细说明关键细节，如操作顺序、点击对象、使用的数据等。如果需要输入一些特殊的数据，不要做模糊的表述，如“提供一个联系表中无效的名字并保存”，而应该表述为在名字域中输入“像 0@@@@@＄％这样无效的输入并点击保存”。为了使缺陷能快速得到处理，测试人员必须尽力提供所有相关的、关键的信息来帮助开发人员。

(4) 提供参考信息：如果缺陷与需求或设计说明文档或其他的关于工程的文档相冲突，则缺陷报告必须提供充分的、关于这种特殊情况的参考信息或与文档中相冲突条款的数目，以方便开发人员查阅。

(5) 抓屏截图：软件测试人员应对错误状态进行抓屏截图，该图将帮助开发者准确地理解这个问题，抓屏截图应该作为重要的附件附在 bug 报告中。有利于测试人员与开发人员的交流解释。

11.2　团队管理

一个人的测试是很难成功的，因为每个人的思维都存在局限性，很难做到面面俱到。所以需要组成一个团队。团队不是几个人简单地拼凑在一起，而是几个人有机结合、互补互助。选择适合的组织结构、达到测试人员的素质要求以及有效的激励措施是本节讲述的重点。

11.2.1 组织结构

通常,一个测试部门会面对许多项目,无论是完全职能的测试部门还是只负责系统测试的测试部门,均可根据需要按照以下 3 种模式来组建和管理内部的测试小组。

(1) 基于技能的组织模式。组织结构如图 11-2 所示。这种方式的优点是可以充分共享测试专业技术。缺点是测试人员可能会缺乏对项目的全面了解。

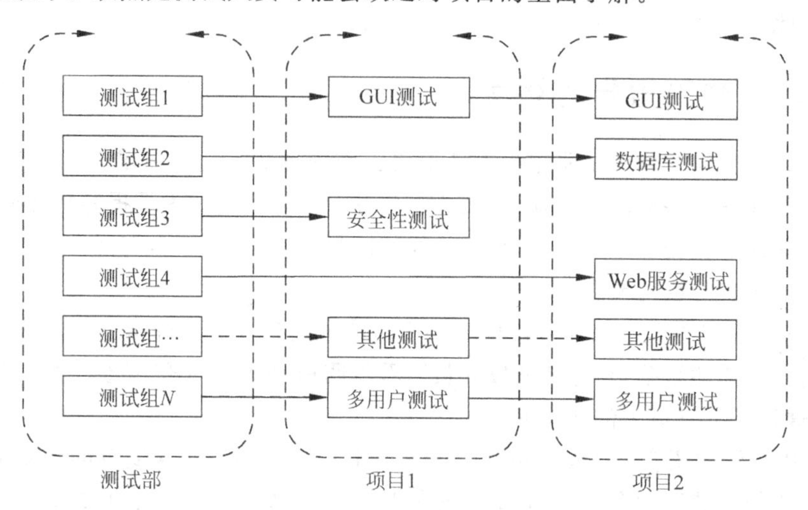

图 11-2 基于技能的组织模式

这种模式如果采用部门线和项目线的矩阵管理,则存在一定的管理难度,此种模式的组织结构建议采取部门直线管理模式。

(2) 基于测试流程的组织模式。其组织结构如图 11-3 所示。

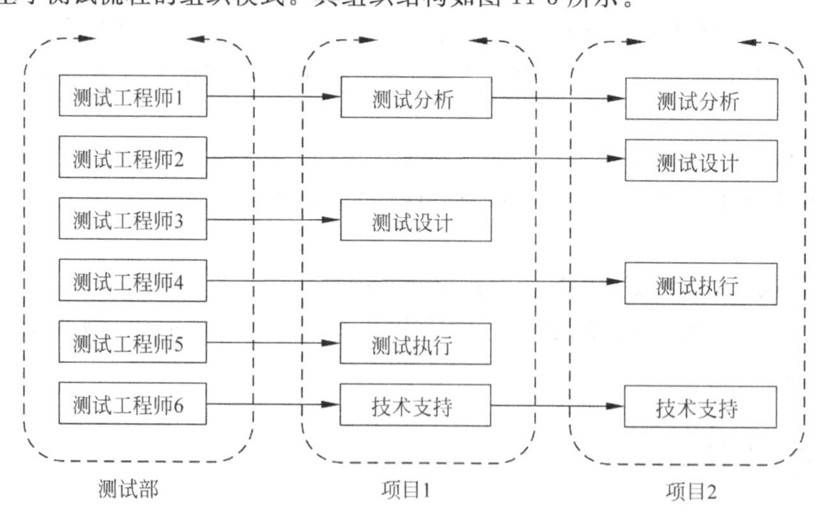

图 11-3 基于测试流程的组织模式

这种方式的优点是和开发过程紧密结合,形成测试阶梯结构。可以提高测试过程质量,充分了解测试需求、进行测试分析和设计,实现与开发流程一样的分析设计与实现分离的效果。缺点是测试执行人员可能缺乏对系统的整体理解,限制测试执行人员的发挥空间。

(3) 基于项目的组织模式。组织结构如图 11-4 所示。这种方式的优点是测试组和项目组结合紧密,在任务管理上能较好地满足项目的需要。缺点是不能高效地利用人力资源,任务安排可能会重复。

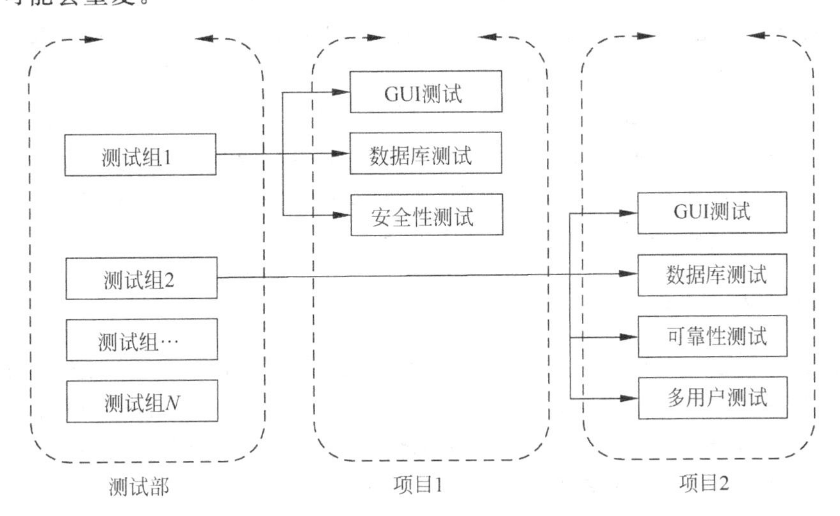

图 11-4　基于项目的组织模式

无论是基于技能,还是基于项目,都有各自的优点和缺点,可以结合几种组织模式组成测试团队。如果公司缺乏测试分析人员,则可以让测试分析人员同时属于几个测试项目组,而一般的测试执行人员只属于某一个测试项目。

11.2.2　素质要求

软件测试团队的职责有:运行计划测试,将不正常的结果以缺陷报告的形式录入缺陷追踪系统;帮助开发人员再现缺陷;验证对缺陷的修正,确保修正过的模块能以预期的方式工作且未引入新的缺陷;提交测试进程和缺陷状态报告等。一个合格的测试工程师应该具有的素质包括以下 4 个。

1. 踏实细心和积极主动

作为一名测试人员首先要踏实细心。测试人员每天都要面对枯燥的程序,从事大量的重复工作,还要尽量发现产品中的 bug。如果不具备踏实的性格,就无法静下心来想用户有可能怎么用,需求对产品是怎么要求的,现在产品中是怎么做的,哪里可能存在问题。如果工作不细心,则特别容易遗留一些微小的错误,进而影响产品的形象。

2. 怀疑一切

合格的测试人员应具有怀疑一切的态度。经过测试的产品面对的是直接用户。如果存在侥幸心理,认为此版本未对这个功能做修改,应该没什么问题;用户使用此功能的可能性较小,有点错误也没什么。这样的产品,是不该让用户使用的。因为用户使用产品的方法是千奇百怪的,有些用户的水平比测试人员高和对产品的理解比测试人员还要深。所以一定要抱着怀疑一切的态度,认为产品的每个功能都可能有问题,认真地测试产品的每一个测试点。

3. 协作和团队感

协作和团队感也是十分重要的。要意识到测试、开发、需求是一个团队、一个整体。离了谁,产品的质量都无法得到保证。诚然有个别开发人员责任心不强,经常将未经任何验证的代码编译后发给测试人员进行验证。耽误了测试人员不少的时间。但越这样,测试人员越应该负责,否则产品发布出去将影响公司的形象。还有个别开发人员看不起测试。此时就需要你通过各种方法去证明你自己的能力。比如测试出他根本就没考虑过的问题等。以实际行动证明你离不开我,咱们是一个水平的。只有这样加强协作和团队建设,加强整个团队的质量意识,才能提高开发效率、保证产品质量。

4. 自我提高和总结的能力

测试人员需要通过不断的学习积累知识,紧跟技术发展的最新动态,用先进的技术来武装自己。作为一名合格的测试人员,一定要注意进行总结。通过总结可以对自己的工作进行一个回顾分析,看看哪些做得不错,下次还继续这么做;哪些工作还有改进的余地。这对自己能力的提高是一个很好的帮助。

11.2.3 激励方法

建设高效率的测试团队,既要有规章制度的约束,更应该通过良好的管理方法和激励措施来激发士气和保持动力。具体措施如下所示。

1. 表扬和奖励

这是激励测试人员最主要的一种形式,甚至采用积极的方式去帮助测试人员改正缺点,而不用批评或责备的方式。表扬的形式多种多样,如管理人员需要关注 E-mail 邮件的质量以及邮件中表现出来的工作态度,对于好的一面要及时肯定。再如,定期举行一些评比活动,类似"bug 王"、"最有价值 bug"、"优秀新员工"、"季度优秀员工"等。

2. 信任的力量

作为测试团队的管理者,首先要信任测试人员、尊重测试人员,因为他们最了解产品,对产品提出的建议一般都具有针对性、有极高价值。其次,要保护测试人员,不要公开地批评和指责测试人员,应该主动承担责任,这样会有助于测试人员的情绪稳定。在私下与相应的测试人员做必要的交流工作,有助于在员工中建立真正的忠诚信念。

3. 提高士气

提高士气可以从以下几个方面去做:

(1) 薪水。测试团队负责人应该积极地为员工争取合理的薪水,这对于提高员工的工作积极性至关重要,应该使员工了解管理者的认可和态度。

(2) 职务。在测试领域,设置测试人员专业系列职务,建立一套认证体系,包括初级测试工程师、测试工程师、资深测试工程师、测试组长、测试经理、质量经理、质量总监等,为员工的成长指明方向。

(3) 工作时间。由于软件测试的特殊性,可能加班的时间会长一些,测试经理应多为测试人员争取额外补偿或者灵活的工作时间,设法制订一个更合理的项目日程表,改进工作方法,提高工作效率。

(4) 培训机会。重视每个员工的技能发展,应有针对性地培养后续人员。测试负责人需要创造培训机会,营造不断学习和进步的氛围。

11.3 风险管理

风险管理就是要将测试范围、测试过程中的风险识别出来,确定哪些是可避免的风险,哪些是不可避免的风险,对于可规避的风险应采取哪些具体措施。本节将讲述上述内容。

如表 11-1 所示,软件测试可能存在如下风险。

表 11-1　软件测试风险分类

风险编号	风险类别	风 险 内 容
CSFX1	需求风险	质量需求或产品的特性理解不准确,造成测试范围分析的误差,结果某些地方始终测试不到或验证的标准不对
CSFX2	人员风险	测试人员的工作状态、责任感、行为规范、人员流动等;由于测试人员水平的不同,在用例的执行过程中可能会有错误的操作;测试人员对用户的真实应用环境不了解,导致测试重点有遗漏
CSFX3	环境风险	一般不可能和实际运行环境完全一致,造成测试结果的误差
CSFX4	回归风险	一般不运行全部测试用例,是有选择性地执行,必然带来风险
CSFX5	测试资源	测试资源不充分、不能如期到位
CSFX6	需求变更	当有需求变更时,由于时间原因等测试用例的执行有遗漏
CSFX7	用例质量	对需求了解的不准确或不到位,导致某些测试用例的预期输出不符合真实的需求;软件测试用例设计不完整,测试覆盖率不高
CSFX8	标准差异	对于界面测试,如字体或布局是否美观等,不同的测试人员有不同的标准
CSFX9	测试工具	测试工具经常是模拟手工操作、模拟软件运行的状态变化、数据传递,但可能存在和实际的操作、状态和数据传递等差异

针对上述软件测试的风险,有以下一些有效的测试风险控制方法。

(1) 测试环境:可以通过事先列出要检查的所有条目,在测试环境设置好后,由其他人员按已列出条目逐条检查,增加复查阶段;对于某些紧缺资源,可建立预约、占用、空闲等状态供共享,以减少冲突。

(2) 用例质量:可以通过用例评审来避免部分风险,如要求测试人员的测试用例必须要进行自审,然后在本组内审查,最后是召开评审会议。并强调评审会议后的跟踪改进环节。

(3) 人员风险:激励测试人员增强其工作积极性具体的激励措施详见第 11.2.3 节,人员的流动是不可避免的,应该在文档质量方面严格要求,必须要在测试文档合格的情况下才能够执行测试。所有的缺陷必须要有缺陷报告。

有些测试风险可能带来的后果非常严重,在不可避免的情况下应尝试转移风险;有些风险不可避免,就应设法降低风险。为了避免、转移或降低风险,事先要做好风险管理计划和控制风险的策略，并对风险的处理还要制定一些应急的、有效的处理方案，如：

- 在做资源、时间、成本等估算时，要留有余地，建议增加 20%
- 重视风险评估，事先考虑到难以控制的因素并将其列入风险管理计划中
- 对每个关键性技术人员培养后备人员，做好人员流动的准备，每种类型的核心人员应至少有两位，既有利于竞争又能降低人员风险
- 制定文档标准，并建立一种机制，保证文档及时产生
- 对所有工作多进行互相审查，及时发现问题，包括对不同的测试人员在不同的测试模块上相互调换
- 对所有过程进行日常跟踪，及时发现风险出现的征兆，避免风险

针对测试的各种风险，建立一种"防患于未然"或"以预防为主"的管理意识。

11.4 过程管理

软件测试过程包含制定测试计划、设计测试、实施测试、执行测试和评估测试 5 个阶段，如图 11-5 所示。下面简要介绍各阶段的具体工作内容。

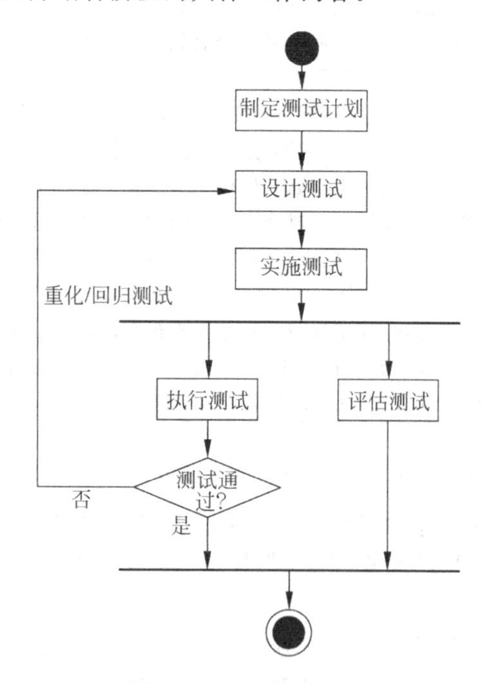

图 11-5　软件测试过程

11.4.1 测试需求分析

所谓的测试需求就是在项目中要测试什么。在测试活动中，首先需要明确测试需求(What)，才能决定怎么测(How)、测试时间(When)、需要多少人(Who)、测试的环境是什么(Where)，以及测试中需要的技能、工具以及相应的背景知识，测试中可能遇到的风险等，将

以上所有的内容结合起来就构成了测试计划的基本要素。而测试需求是测试计划的基础与重点。

测试需求分析的作用如下：

(1) 明确测试范围，测试工作量可度量

(2) 分析业务流程，列出的测试场景可度量

(3) 不同功能点业务的组合情况可度量

(4) 发掘隐含的需求，把不明确的需求进一步明确化

(5) 明确各功能点对应的输入、处理和输出

测试需求应力求详细明确，以避免测试遗漏与误解。测试需求越详细精准，表明对所测软件的了解越深，对所要进行的任务内容就越清晰，就更有把握保证测试的质量与进度。

1. 测试需求的依据与收集

测试需求通常是以待测对象的软件需求规格说明书为原型进行分析而转变过来的。但是，测试需求并不等同于软件需求，测试需求是以测试的观点根据软件需求整理出一个checklist，作为测试该软件的主要工作内容。测试需求主要通过以下途径来收集：

(1) 与待测软件相关的各种文档资料。如软件需求规格、用例、界面设计、项目会议或与客户沟通时有关于需求信息的会议记录、其他技术文档等。

(2) 与客户或系统分析员的沟通。

(3) 业务背景资料。如待测软件业务领域的知识等。

(4) 正式与非正式的培训。

(5) 其他。如果以旧系统为原型，以全新的架构方式来设计或完善软件，则旧系统的原有功能与特性是最有效的测试需求。

在整个信息收集过程中，务必确保软件的功能与特性被正确理解。因此，测试需求分析人员必须具备优秀的沟通能力与表达能力。

2. 测试需求的分析

针对收集到的需求，进行需求分析是决定测试需求成败的关键。一般遵循如下步骤。

首先，明确需求的范围，即需求中包括的功能点，这些功能点的信息来自软件需求规格说明书(SRS)的列表或者在QC/TD中的需求描述，最为直接的来源是系统的用例图(Usecase Diagram)。

其次，明确每一个功能的业务处理过程。任何一套软件都会有一定的业务流，也就是用户应用该软件来实现自己实际业务的一个流程。可参考系统的活动图进行分析，通常需要列出以下类别的业务流程：

(1) 常用的或规定的业务流程

(2) 各业务流程分支的遍历

(3) 明确规定不可使用的业务流程

(4) 没有明确规定但是不可以执行的业务流程

(5) 其他异常或不符合规定的操作

再次，将不同的功能点做业务上的组合。在完成单个功能的业务分析后，将业务流中涉

及的各种结果以及中间流程分支再回顾一遍,确定是否还有其他场景可能导致这些结果,以及各中间流程之间的交互可能产生的新流程,从而进一步补充与完善测试需求。

最后,应挖掘显式需求背后的隐式需求。软件测试人员应通过培训、学习同行业现有系统等方式了解被测系统的行业术语和业务,分析对应的功能所隐藏的隐式需求。

3. 测试需求的优先级

软件测试需求的优先级代表了客户的关注程度,也是软件测试工作的重点。优先级别的确定,有利于测试工作的展开,使测试人员清晰了解核心的功能、特性与流程,从而缓和测试风险。通常,测试需求的优先级与用户需求的优先级基本一致。

最后,需要检查测试需求与软件需求的对应关系。如果某个软件需求已经跟测试需求存在了一对一或一对多的对应关系,可以说测试需求已经覆盖了该功能点。但是,测试需求的覆盖率只计算了被明确规定的功能与特性,而那些没有被明确规定但是有可能或不应该拥有的功能与特性并未被计算在内。因此根据不断地完善或实际测试中发生的缺陷,可以对测试需求进行补充或优化,来提高测试需求的覆盖程度。

11.4.2 测试计划

软件测试是有计划、有组织和有系统的软件质量保证活动,而不是随意地、松散地、杂乱地实施过程。为了规范软件测试内容、方法和过程,在对软件进行测试之前,必须创建测试计划。

软件测试计划是指导测试过程的纲领性文件,包含了产品概述、测试策略、测试方法、测试区域、测试配置、测试周期、测试资源、测试交流、风险分析等内容。借助软件测试计划,参与测试的项目成员,尤其是测试管理人员,可以:

- 明确测试任务和测试方法。
- 保持测试实施过程的顺畅沟通。
- 跟踪和控制测试进度。
- 应对测试过程中的各种变更。

通常,测试计划的构成要素如表 11-2 所示。

表 11-2 测试计划的构成要素

序号	要 素	具体描述
1	测试目标	对测试目标进行简要描述
2	测试概要	简要说明被测试的软件、名词解释,以及所参考的相关文档
3	测试范围	测试计划所包含的测试软件需要测试的范围和优先级,哪些需要重点测试、哪些不需要测试或无法测试或推迟测试
4	重点事项	列出需要测试的软件的所有的主要功能和测试重点,这部分应该能和测试案例设计相对应和互相检查
5	质量目标	制定测试软件的产品质量目标和软件测试目标
6	资源需求	进行测试所需要的软件、硬件、测试工具、必要的技术资源、培训、文档等
7	人员组织	需要多少人进行测试,各自的角色和责任,他们是否需要进行相关的学习和培训、什么时候开始、将持续多长时间

续表

序号	要　素	具体描述
8	测试策略	制定测试整体策略、所使用的测试技术和方法
9	发布提交	在按照测试计划进行测试发布后需要交付的软件产品、测试案例、测试数据及相关文档
10	测试进度和人员安排	将测试的计划合理地分配到不同的测试人员，并注意先后顺序；如果开发的版本不确定，可以给出测试的时间段；对于长期大型的测试计划，可以使用里程碑来表示进度的变化
11	测试开始、完成、延迟标准	制定测试开始和完成的标准；某些时候，测试计划会因某种原因（过多阻塞性的bug）而导致延迟，问题解决后测试继续

撰写出高质量的测试计划不是一件容易的事情，需要综合考虑各种影响测试的因素。为了做好软件测试计划，需要注意以下几个方面。

(1) 明确测试的目标，增强测试计划的实用性。根据对用户需求文档和设计规格文档的分析，首先，需要在大量复杂的测试内容之间提炼测试的目标；其次，测试目标必须是明确的，可以被量化和度量，而不是模棱两可的宏观描述；最后，测试目标应该相对集中，避免罗列出一系列目标，不分轻重或平均用力，测试范围必须高度覆盖功能需求。

(2) 坚持"4W＋1H"规则，明确内容与过程。根据具体的项目和公司的情况，测试计划的模板不是最重要的，但是务必要在测试计划中体现：测试的目的（Why）、明确测试的范围和内容（What）、确定测试的开始和结束日期（When）、指出测试的方法和工具（How）、给出测试文档和测试资源（Where）。

(3) 采用评审和更新机制，保证测试计划满足实际需求。测试计划包含多方面的内容，编写人员可能受自身测试经验和对软件需求的理解所限，测试计划可能不准确或存在被遗漏的测试内容，因此，测试计划必须要经过评审才能给其他同事使用。另外，软件开发是一个渐进的过程，可能因为软件需求变更引起测试范围的增减，最初创建的测试计划可能是不完善的、需要不断更新的。

11.4.3 测试设计

测试用例是测试工作中最重要的元素或测试组件之一，是测试执行的基础。测试用例不仅能有效地帮助实施后继的回归测试、知识的传递和测试的管理等，更重要的是能更快、更有效地发现缺陷，确保测试的系统性和全面性，在测试的深度和广度上达到所期望的目标。关于测试用例的基础知识已在第2.1节进行了阐述，本节将从测试过程管理的角度加以介绍。

1. 测试用例设计的基本思路

首先是通过性测试和失效性测试。通过性测试用来确认软件能做什么，仅用最简单、最直观的测试用例。失效性测试是为了破坏软件而设计和执行的测试用例。包括非法、错误、不正确、垃圾数据测试。

其次是数据测试。数据测试指测试数据的来源，包括数字、文字、软件输入和输出；键盘输入、鼠标单击、磁盘文件、打印输出等。用于检查用户输入信息、返回的结果以及中间计算结果是否正确。

最后是状态测试。状态测试是指系统可执行的流程、转换、逻辑和运算,通过不同的状态验证程序的逻辑流程。测试系统可能进入的每一种独立状态;从一种状态转入另一种状态所需要的输入和条件;进入或退出时的设置条件及输出结果;每种状态至少访问一次;常见状态转换;最不常见的分支;所有的错误状态及返回值;随机状态装换;测试状态及其转换、包括检查所有的状态变量,与进入和退出状态相关的静态条件、信息、值、功能等。

2. 测试用例设计的方法

测试用例的设计方法已经在第2章和第3章进行了阐述,每种方法都有适合的应用情景,此处不再赘述。在设计测试用例时,除了要遵循基本思路和选择正确的方法外,应尽量避免出现如下常见错误:

(1) 尽量避免含糊的测试用例。测试用例的状态是唯一的,通常情况下,测试用例有3种状态:通过、未通过和未进行测试。如果测试不通过,一般会有测试的错误(bug)报告;如未进行测试,则需要说明原因(如测试用例本身的错误、测试用例目前不适用、环境因素等)。因此,清晰的测试用例使测试人员在测试过程中不会面对模棱两可的情况,不能说这个测试用例部分通过、部分未通过,或者是从这个测试用例描述中不能找到问题,但软件错误应该出现在这个测试用例中。这样的测试用例将会给测试人员的判断带来困难,也不利于测试过程的跟踪。

(2) 尽量将具有相类似功能的测试用例抽象并归类。因为软件测试过程是无法进行穷举测试的,因此,对相类似的测试用例的抽象过程显得尤为重要,一个好的测试用例应该能够代表一组或者一系列的测试过程,等价类划分法的应用是尤为重要的。

(3) 尽量避免冗长和复杂的测试用例。如果测试用例过于复杂,需要将测试用例进行合理分解,从而保证测试用例的准确性。有些用例包含很多不同类型的输入或者输出,测试过程的逻辑复杂,建议选择判定表或者因果图进行测试用例的描述。

3. 测试用例的评审

在测试用例编写完成之后,下一步的工作就是进行测试用例的评审。个人对产品的理解及经验始终是有限的。测试用例评审的主要目的就是集众人的经验及智慧于一体,对测试用例进行查缺补漏,提升测试用例的全面性。

测试用例评审的主要过程如下:

(1) 提前至少一天将需要评审的内容以邮件的形式发送给评审会议相关人员。并注明评审时间、地点及参与人员等。并在邮件中提醒评审会议相关人员至少简读一遍评审内容,并记录相关的疑问,以便在评审会议上提出问题。

(2) 用例编写人员应在会议前整理相关疑问,并在会议上提出问题,把握会议进度、提高效率。

(3) 在评审会议结束后,应提交会议记录,用例编写人员在会议结束后应根据会议中提出的问题及疑问,对测试用例进行优化。

测试用例在整个产品的测试过程中应一直保持动态更新。

11.4.4 测试开发

完成了测试用例的设计后，接下来就是将其中可以实现自动化的部分测试用例转换为脚本。软件自动化测试工具是实现软件自动化测试必不可少的关键要素，因此，选择一个优秀的、适合自己的测试项目实际情况的测试工具是实现成功自动化测试的第一步。本节将介绍自动化测试工具的适用情况，以及如何选择一个合适的自动化测试工具，并且还将介绍测试脚本的管理策略。

1. 测试工具的优缺点

测试工具的种类很多，按照其用途，可大致分成以下几大类：

(1) 测试管理工具。

(2) 功能测试工具。

(3) 性能测试工具。

(4) 单元测试工具。

(5) 白盒测试工具。

(6) 测试用例设计工具。

如果按测试工具的收费方式，又可分为以下几类。

(1) 商业测试工具：需购买，但相对稳定，且有售后服务和技术支持。

(2) 开源测试工具：大部分免费，可再次改造，但学习和获得支持的难度大。

(3) 自主开发测试工具：无购买成本，可个性化。

自动化的优点主要包括以下几个：

(1) 大幅度提高测试的效率。

(2) 完成一些手工测试无法完成的工作。

(3) 脚本可重用。

(4) 测试结果更加可靠。

其主要缺点包括：

(1) 自动化实施的成本较高、风险较大。

(2) 对测试人员的要求更高。

(3) 不能适应需求的动态变更。

2. 测试工具的选择

常用自动化测试工具可参见附录C，面对如此多的测试工具，如何选择合适的软件自动化测试工具是一个比较重要的问题，可以通过以下几个方面来选择。

(1) 功能：测试工具所提供的功能适用于项目的特点以及软件系统所采用的开发工具、语言、技术和平台等，这是选择的根本。

(2) 价格：价格须在其能承受的范围当中，应选择一个物美价廉、适合自己实际情况的产品。

(3) 报表功能：测试工具能否生成结果报表，能够以什么形式提供报表是需要考虑的因素。

(4) 测试工具的集成能力：测试工具的引入是一个长期的过程，应该是伴随着测试过程改进而进行的一个持续的过程。测试工具能否和开发工具进行良好集成、测试工具能否和其他测试工具进行良好集成,都是要考虑的问题。

(5) 测试工具的易用性:只有软件测试人员对测试工具有全面深入的了解,熟悉并灵活运用测试工具才能真正发挥测试工具的作用,因而测试工具的易用性以及软件测试人员的掌握程度是很重要的。

(6) 测试工具的售后服务:能否提供良好的技术支持,如培训测试人员、提供详尽的使用说明、能否提供持续的升级改进等,是引进工具需要考虑的问题。

3. 测试工具的培训

测试工具的培训是一项重要的工作,通过培训可以让测试人员最快地熟悉并掌握使用工具。在实际操作中需要注意以下细节:

(1) 培训和学习是一项长期的工作。一般来说,短期的培训通常只能达到掌握基本操作的目的,参与培训的人员无法达到将工具熟练应用到各种复杂的项目或产品中。建议测试经理为测试人员指定一个有经验的导师或测试工具专家,以解决测试人员在实际使用测试工具时遇到的问题或不断灌输好的自动化测试方法。

(2) 培训师的选择至关重要:在甄选培训师时需要问询关于培训师的资历等相关背景资料,特别要注意培训师是否有实际使用工具的经历和使用时间。如果公司内部已经存在一些测试工具专家,应该合理安排工作任务。另外,培训资料必须能全面地反映培训的条目。测试经理最好能亲自或指派他人审核培训资料。

(3) 参与培训的人员的选择。并不是所有的人都需要录制或自动化测试脚本,应该根据项目或人员的配备划分优先级别,综合考虑测试人员的特长和公司的发展来选择参加培训的人员。

(4) 持续学习的计划。在初期的培训结束后,参与培训的人员可将自己获得的知识传递给其他人。通过定期内部讲座的形式,对测试工具的学习与应用应持续进行测试。如果公司有技术论坛或电子期刊,应鼓励测试人员在上面提出问题并展开讨论。

11.4.5 测试执行

有效的测试计划是指导测试用例设计、测试执行的指导性文件,是成功测试的前提和必要条件,测试用例设计是测试工作的核心,但测试的执行是基础,是测试计划和测试用例实现的基础,严格的测试执行使测试工作真正实现。

真实、符合要求的执行过程,需要全程跟踪测试过程、过程度量和评审、借助有效的测试管理系统等来实现。在此仅列出一些有效的措施。

1. 测试执行前的准备

(1) 召开动员会,要鼓舞士气,更重要的是阐述执行策略,要确保每一个测试人员理解测试策略、测试目标、测试计划和测试范围。

(2) 审查测试环境,包括硬件型号、网络拓扑结构、网络协议、防火墙或代理服务器的设置、服务器的设置、应用系统的版本,包括被测系统以前发布的各种版本和补丁包、以及相关的或依赖性的产品。

2. 测试执行时的工作

（1）及时准确地填写用例的状态，避免重新测试或者不确定用例执行的情况。

（2）及时提交缺陷报告，提交给上级审查及实现人员进行确认和修复。

（3）及时修订测试用例，以免产生误导。用例需要及时更新，错误的用例将对测试人员产生误导。

（4）编写功能配置或操作文档。对于配置难度大的工作过程，最好在配置成功后留下文档，以备参考。

（5）沟通要顺畅、方便，测试人员之间、测试人员与项目组之间应保持有效的沟通，可通过每日汇报、每周例会等方式，及时发现测试中的问题。

11.5 Quality Center 测试管理工具

11.5.1 Quality Center 简介

应用程序测试是一个复杂的过程，涉及成千上万个测试的开发与执行。对于多种硬件平台、多种配置（计算机、操作系统和浏览器）以及多种应用程序版本，通常都需要进行测试。管理测试流程的方方面面很浪费时间，而且难度也很大。通过 Quality Center（QC），可以系统地控制整个测试流程，以简化和组织测试管理。

QC 有助于维护测试的项目数据库，这个数据库涵盖了应用程序功能的各个方面。设计了项目中的每个测试，以满足应用程序的某个特定的测试需求。要达到项目的各个目标，可将项目中的测试组织成各种特定的组。QC 提供了一种直观、高效的方法，用于计划和执行测试集、收集测试结果以及分析相关数据。

QC 还具有一套完善的系统，用于跟踪应用程序缺陷，可以在缺陷从初期被检测到到最后被解决的整个过程中严密监视缺陷。同时，可以将 QC 链接到电子邮件系统，所有应用程序开发、质量保证、客户支持和信息系统人员可以共享缺陷跟踪信息。此外，QC 可以集成 HP 系列的测试工具（QTP、LoadRunner 等）以及第三方和自定义测试工具、需求和配置管理工具。

QC 可指导用户完成测试流程的需求指定、测试计划、测试执行和缺陷跟踪阶段，把应用程序测试中所涉及的全部任务集成起来，有助于确保客户能够得到最高质量的应用程序。

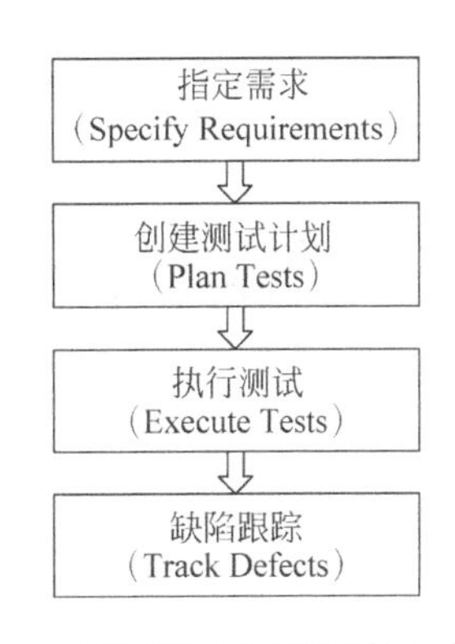

图 11-6 QC 管理测试流程的 4 个阶段

11.5.2 测试流程管理

使用 QC 进行测试管理涉及 4 个阶段，如图 11-6 所示。

其中，指定需求阶段需要分析应用程序、确定测试需求，计划测试阶段则需要基于测试需求创建测试计划,执行测试阶段用于创建测试集并执行测试,最后在跟踪缺陷阶段来报告应用程序中检测到的缺陷并跟踪修复的进展情况。QC可以帮助用户在各个阶段生成详细的报告和图表来分析数据。

1. 指定需求阶段

在指定需求阶段需要完成以下任务。

(1) 定义测试范围:根据提供的应用程序文档,确定测试范围、测试目的、测试目标和测试策略。

(2) 创建测试需求:构建需求树,定义总体测试需求,如图11-7所示。

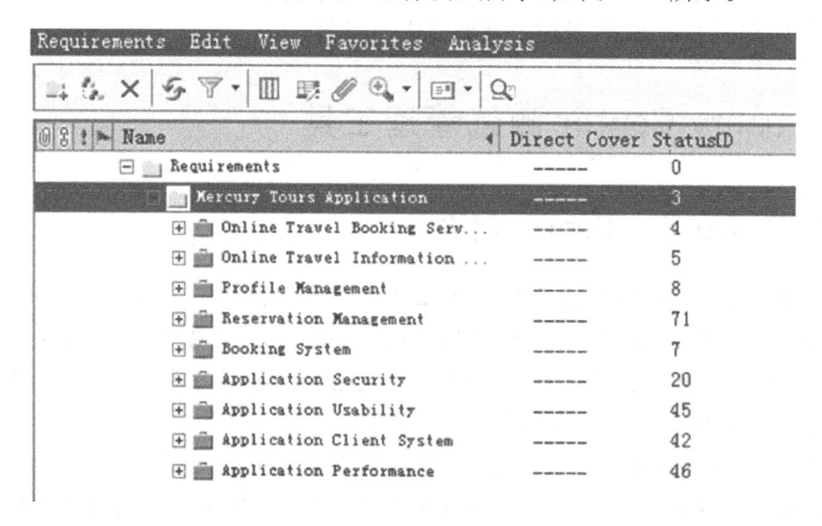

图11-7 QC中的需求树

(3) 确定详细需求:对于需求树中的每一个需求主体,创建详细的测试需求列表。描述各个需求,确定其优先级,如果有必要,则可以添加附件,如图11-8所示。

Name	Direct Cover Status	ID	Author
Requirements	------	0	
Mercury Tours Application	------	3	alex_qc
Online Travel Booking Serv...	------	4	alex_qc
Products/Services On Sale	N/A	9	alex_qc
Flight Tickets	Failed	10	shelly_qc
Hotel Reservations	Not Covered	12	alex_qc
Car Rentals	Not Covered	13	alex_qc
Tours/Cruises	Not Covered	14	alex_qc
Flight Reservation Service	N/A	11	alex_qc
Flight Search	Failed	39	robert_qc
! Search Conditions	N/A	48	shelly_qc
Origin And D...	Not Completed	83	peter_qc
Flight Sheduler	Not Completed	84	robert_qc
Service Class	Failed	85	robert_qc
Airline Company	Failed	86	robert_qc
Tickets Quan...	Failed	87	robert_qc
Type Of Trip	N/A	88	robert_qc

图11-8 详细需求列表

(4) 分析需求指定：生成报告和图，帮助用户分析测试需求，然后检查需求，确保符合相关测试范围的约定。

2. 创建测试计划阶段

在创建测试计划阶段需要完成以下任务。

(1) 定义测试策略：检查应用程序、系统环境和测试资源，以便确定测试目标。

(2) 定义测试主题：将应用程序划分为要进行测试的各个功能部分。构建测试计划树，以层次结构的方式将应用程序划分为测试单元或主题，如图 11-9 所示。

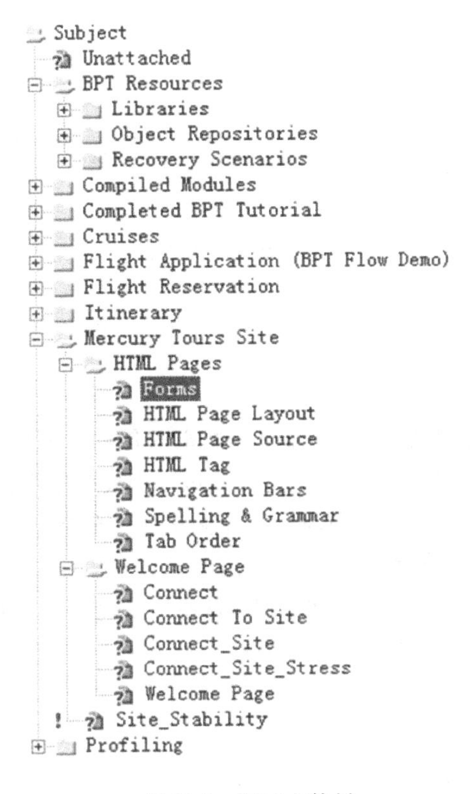

图 11-9 测试主体树

(3) 定义测试：确定每个科目所需的测试类型。向测试计划树中添加每个测试的基本定义，如图 11-10 所示。

(4) 创建需求范围：将每个测试与一个或多个测试需求相链接。

(5) 设计测试步骤：通过向测试计划树中的测试添加步骤，以制订手动测试。测试步骤描述测试操作以及每个测试的预期结果。还要确定哪些测试需要自动化。

(6) 实现测试自动化：使用 HP 测试工具、自定义测试工具或第三方测试工具，为决定实现自动化的测试创建测试脚本。

(7) 分析测试计划：生成报告和图，帮助分析测试计划数据。检查测试，确定它们对测试目标的适用性。

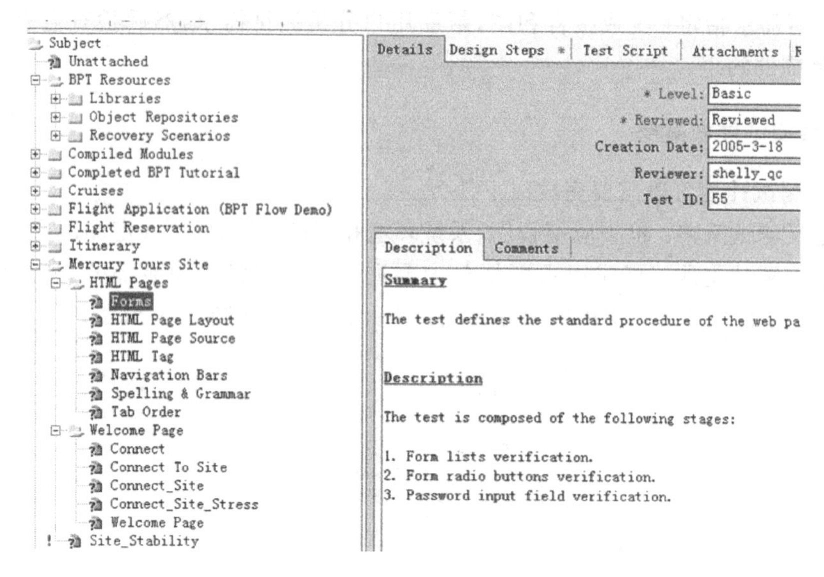

图 11-10 测试的基本定义

3. 执行测试阶段

执行测试阶段需要完成以下任务。

(1) 创建测试集：定义测试组，以达到项目规定的各种测试目标。例如，测试新的应用程序版本或应用程序中的特定功能。确定每个测试集中要包括哪些测试。

(2) 计划运行：计划测试执行并向应用程序测试人员分配任务。

(3) 运行测试：自动或手动执行测试集中的测试。

(4) 分析测试结果：查看测试运行的结果，以便确定是否在应用程序中检测到了缺陷。生成报告和图表，帮助分析这些结果。

4. 缺陷跟踪阶段

缺陷跟踪阶段需要完成以下任务。

(1) 添加缺陷：报告在应用程序中检测到的新缺陷。质量保证测试人员、开发人员、项目经理和最终用户可以在测试流程的任何阶段添加缺陷，如图 11-11 所示。

(2) 检查新缺陷：检查新缺陷并确定应修复哪些缺陷。

(3) 修复打开的缺陷：修复决定要修复的缺陷。

(4) 测试新的内部版本：测试应用程序的新内部版本。继续执行该流程，直至缺陷被修复为止。

(5) 分析缺陷数据：生成报告和图表，帮助分析缺陷修复的进展情况，并协助确定发布应用程序的时间。

关于 QC 的工作流程本书就介绍这么多，如果想熟练地运用 QC 进行测试管理，需要根据一个具体的项目进行全流程的学习，读者可以参考 QC 的帮助文档，结合 QC 自带的 Mercury Tours 网站的测试管理内容进行学习。

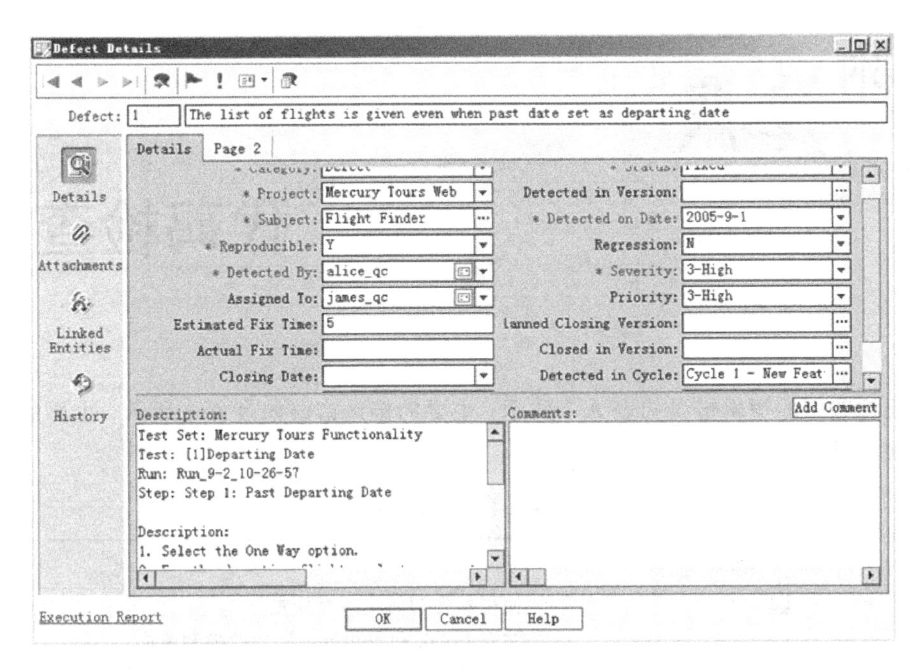

图 11-11　QC 中的缺陷

本 章 小 结

本章介绍了软件测试管理的缺陷管理、团队管理、风险管理和过程管理，最后介绍了 QC 的基本使用方法。

代码检查

代码检查中的逻辑错误如表 A-1 所示；主要的接口错误如表 A-2 所示；主要的可维护性问题如表 A-3 所示。

表 A-1 逻辑错误

序　号	错误修正
L1	使用前先初始化所有变量
L2	注意 break 和 continue 语句的控制流向
L3	检查 C 操作符的相关性和优先顺序确保正确使用
L4	确保循环边界的正确性
L5	不要越界检索数组
L6	确保变量未被截短取值
L7	正确使用引用指针变量
L8	检查指针递增与递减
L9	检查逻辑操作 or 和 and 的正确使用
L10	正确使用赋值与等于(==)操作符
L11	确保位域数据类型是 unsigned 或 enum
L12	正确使用逻辑 and 和 MASK(采样) 操作
L13	检查条件预处理
L14	检查注释的边界
L15	只对无符号(unsigned)变量做“==0”或“!=0”的判断

表 A-2 主要的接口错误

序　号	错误修正
I1	确保所有函数调用的参数和返回值类型和函数定义一致
I2	函数和全局变量的声明(Declarations) 和定义(Definitions) 须完备
I3	使用合理数量的函数传参
I4	核实宏的正确使用(例如,full context(正确的上下文环境 ??))
I5	遵循函数参数和全局变量的命名标准
I6	采用防御性的编程技巧
I7	确保系统进程入口点的正确性
I8	利用函数返回值否则将其转换为 void 类型
I9	函数调用时确保括号正确使用
I10	在可能的情况下采用子系统提供初始化函数
I11	尽可能利用库函数或者已有的函数

表 A-3　主要的可维护性问题

序　　号	错 误 修 正
M1	使用宏使代码更易于阅读并且(或者)更加灵活
M2	带有参数的宏的参数名称应该具备描述性
M3	不能由于宏定义而隐藏重要细节、关键操作或者副作用(Side Effect)
M4	避免因不恰当地在循环中使用 goto 和 break 而导致程序打结
M5	运用结构中的位域元素以避免通过 shift 或 mask 操作直接存取位域
M6	用头文件包含(#include)所有全局或局部头文件都将用到的定义
M7	在一系列相互排他的可能选择条件情况下采用 if-else 代码序列,而不是一连串的 if 语句
M8	采用#define 常量而不是直接在代码中嵌入数值
M9	运用括号来理清并确保正确的运算顺序
M10	用括号"{"来封闭流控制语句的实体代码
M11	参数尽可能利用前面用 struct/union/typedef 定义过的数据类型
M12	尽可能使用已有的#feature 语句
M13	源文件和函数应遵循标准的版面编排规则
M14	尽可能使用库函数而不是重写代码
M15	在恰当情况下,尽可能采用枚举而不是常数
M16	提供含义清楚、意义明确的注释

测试用例模板

B.1 需求测试方案

<table>
<tr><td colspan="2">本次主题</td><td></td><td>附带文档</td><td colspan="3"></td></tr>
<tr><td colspan="2">变更性质</td><td></td><td>程序版本号</td><td colspan="3"></td></tr>
<tr><td colspan="2">开发负责人</td><td></td><td>涉及模块</td><td colspan="3"></td></tr>
<tr><td colspan="2">技术支持人</td><td></td><td>发布时间</td><td colspan="3"></td></tr>
<tr><td colspan="2">客户方负责人</td><td></td><td>现场负责人</td><td colspan="3"></td></tr>
<tr><td colspan="2">预计上线时间</td><td></td><td>实际上线时间</td><td colspan="3"></td></tr>
<tr><td>序号</td><td>功能描述</td><td>开发人</td><td>测试库验证人</td><td>测试库验证结果</td><td>正式库验证人</td><td>正式库验证结果</td></tr>
<tr><td></td><td></td><td></td><td></td><td></td><td></td><td></td></tr>
<tr><td></td><td></td><td></td><td></td><td></td><td></td><td></td></tr>
</table>

表一：关联需求

关联需求编号	关联需求名称

表二：测试大纲

<table>
<tr><td rowspan="2">测试环境确认</td><td>硬件环境运行是否正常</td><td></td><td colspan="2">操作系统及相关软件运行是否正常</td><td colspan="6"></td></tr>
<tr><td>网络环境运行是否正常</td><td></td><td colspan="2">防病毒处理</td><td colspan="6"></td></tr>
<tr><td rowspan="2">模块编号</td><td rowspan="2">一级模块名称</td><td rowspan="2">二级模块名称</td><td rowspan="2">三级模块名称</td><td rowspan="2">四级模块名称</td><td colspan="6">测试结果</td></tr>
<tr><td>1</td><td>2</td><td>3</td><td>4</td><td>5</td><td>6</td></tr>
<tr><td></td><td></td><td></td><td></td><td></td><td></td><td></td><td></td><td></td><td></td><td></td></tr>
<tr><td></td><td></td><td></td><td></td><td></td><td></td><td></td><td></td><td></td><td></td><td></td></tr>
</table>

表三：测试用例

模块编号		模块名称	测试负责人
前置条件			
序号 01	测试用例 01 描述		
	测试过程及数据		
	预期结果		
	验证过程		
	验证结果		
序号 02	测试用例 02 描述		
	测试过程及数据		
	预期结果		
	验证过程		
	验证结果		

表四：测试问题卡

序号	Bugbase 编号	模块编号	错误现象	等级	频率	状态	发现人/日期	修改人/日期	问题状态

注：本方案适用于系统上线后针对需求的系统测试。

B.2 bug 验证测试方案

文档编号：项目编号＋BTC＋顺序号

序号	需求名称	问题现象描述	操作过程及数据		升级注意事项	开发人员	测试库验证人/日期	测试库验证结果	正式库验证人/日期	正式库验证结果	备注
			bug 验证过程	对其他功能影响的验证							

注：本方案适用于系统上线后针对影响较小 bug 的验证测试。

自动化测试工具简表

自动化测试工具简表如表 C-1 所示。

表 C-1 自动化测试工具简表

工具名称	来源	类型	功能概要
WinRunner	Mercury	功能测试	Winrunner 以脚本的形式记录下手工测试的一系列操作，在环境相同的情况下重放，检查其在相同的环境中有无异常的现象或与实际结果不符的地方；功能模块主要包括：GUI map、检查点、TSL 脚本编程、批量测试、数据驱动等几部分
LoadRunner	HP	性能与负载压力	LoadRunner 是一种预测系统行为和性能的工业标准级负载测试工具；通过以模拟上千万用户实施并发负载及实时性能监测的方式来确认和查找问题，是一种适用于各种体系架构的自动负载测试工具，能预测系统行为并优化系统性能；支持广泛的协议和技术，为特殊环境提供特殊的解决方案
QuickTest Professional	HP	功能测试和回归测试	QTP 是一个 B/S 系统的自动化功能测试的利器，可以覆盖绝大多数的软件开发技术，简单高效，并具备测试用例可重用的特点；用于创建功能和回归测试；为每一个重要软件应用和环境提供功能和回归测试自动化的行业最佳解决方案
Quality Center	HP	测试管理	基于 Web 的测试管理工具，系统地控制整个测试过程，并创建整个测试工作流的框架和基础，使整个测试管理过程变得更为简单和有组织；提供直观和有效的方式来计划和执行测试集、收集测试结果并分析数据；可以进行需求定义、测试计划、测试执行和缺陷跟踪，即整个测试过程的各个阶段的工作
SilkTest	Segue	功能测试和回归测试	SilkTest 是面向 Web 应用、Java 应用和传统的 C/S 应用，进行自动化的功能测试和回归测试的工具；提供多种手段来提高测试的自动化程度，包括：从测试脚本的生成、测试数据的组织、测试过程的自动化、测试结果的分析等方面；SilkTest 还提供了独有的恢复系统，允许测试可在 24×7×365 全天候无人看管条件下运行；在测试过程中一些错误导致被测应用崩溃时，错误可被发现并记录下来，之后，被测应用可以被恢复到它原来的基本状态，以便进行下一个测试用例的测试

续表

工具名称	来源	类型	功能概要
SilkPlan Pro	Segue	测试管理	SilkPlan Pro 是一个完整的测试管理软件，用于测试的计划管理、文档管理和各种测试行为的管理，能够跨越应用的全部生命周期，从早期的计划阶段直至测试设计都自动安排和执行；它包括需求的检查及确认，测试执行的安排和产品是否具备发布条件的评估的报告功能
SilkPerformer	Segue	负载压力测试	SilkPerformer 是一种可以模仿成千上万的用户工作在多协议和多计算的环境下，可以在企业电子商务应用部署前预测它的性能，不管它的大小和复杂性；可视的用户化界面、实时的性能监控和强大的管理报告可以帮助用户迅速地解决问题；SilkPerformer 提供了在广泛的、多样的状况下对电子商务应用进行弹性负载测试的能力，通过 TrueScale 技术，SilkPerformer 可以从一台独立的计算机上模拟成千上万的并发用户，在使用最小限度的硬件资源的情况下，提供所需的可视化结果确认的功能；在独立的负载测试中，SilkPerformer 允许用户在多协议多计算环境下工作，并可以精确地模拟浏览器与 Web 应用的交互作用；SilkPerformer 的 TrueLog 技术提供了完全可视化的原因分析技术；通过这种技术可以对测试过程中用户产生和接收的数据进行可视化处理，包括全部嵌入的对象和协议头信息，从而进行可视化分析，甚至在应用出现错误时都可以进行问题定位与分析
ClearQuest	IBM	缺陷管理	ClearQuest 提供基于活动的变更和缺陷跟踪；以灵活的工作流管理所有类型的变更要求，包括缺陷、改进、问题和文档变更；能够方便地定制缺陷和变更请求的字段、流程、用户界面、查询、图表和报告；与 Rational ClearCase 一起提供完整的 SCM 解决方案；提供基于活动的变更和缺陷跟踪；包含并集成于 IBM Rational Suite 和 IBM Rational Team Unifying Platform，提供生命周期变更管理
Robot	IBM	功能回归和集成测试	IBM Rational Robot 是一种可扩展的、灵活的功能测试工具，经验丰富的测试人员可以用它来修改测试脚本，改进测试的深度；IBM Rational Robot 自动记录所有测试结果，并在测试日志查看器中对这些结果进行颜色编码，以便进行快速可视分析
Manual Tester	IBM	手工测试自动化工具	IBM Rational Manual Tester 是一个易于使用的自动化工具，用来加速和提高手动测试的正确度；开发健壮的、易读的手工测试的 Rich text 编辑；批量导入 Microsoft Word 和 Excel 的手工测试文档；提高手工测试执行的准确度和速度的辅助数据入口；负责在测试执行期间的辅助数据对比；支持分布式团队

续表

工具名称	来源	类型	功能概要
Test RealTime	IBM	实时测试	Test RealTime是构件测试和运行时分析的跨平台解决方案，专门为编写嵌入式、实时或其他商业软件产品代码的人员设计的；为单一测试环境中的主机和目标机进行自动化的构件测试和运行时分析，自动创建和部署构件的测试桩模块和测试驱动程序，绘制内存和性能曲线、分析代码覆盖并对运行时追踪进行可视化说明；基于主机的测试，可以轻松适用于不同的目标机，无需重新编写测试过程，直接在目标机上进行测试和分析；支持所有公共平台——从8位微芯片到64位RTOS，为安全和关键任务认证提供详细代码覆盖信息
TestManager	IBM	测试管理	Rational TestManager是一个开放的可扩展的构架，它统一了所有的工具、工件(Artifacts)和数据，而数据是由测试工作产生并与测试工作(Effort)关联的；项目组定义计划用来实施以符合那些质量目标；而且，最重要的是，它提供给了整个项目组一个及时地在任何过程点上去判断系统状态的地方；质量保证专家可以使用TestManager去协调和跟踪他们的测试活动
Functional Tester	IBM	功能测试和回归测试	Rational Functional Tester 是一个面向对象的自动测试工具，可以通过记录对应用程序的测试来快速地生成脚本，并且可以测试应用程序中的任意对象，包括对象的属性和数据；提供记录和回放功能，并存储Java或.NET源代码的记录脚本；其实际上不做任何工作就能创建可重复的测试脚本，也使用本地的开发语言来增强脚本以满足具体的需求
Rational Performance Tester	IBM	负载和性能测试	Rational Performance Tester是自动负载和性能测试工具，用于开发团队在部署基于Web的应用程序前验证其可扩展性和可靠性 提供了可视化编辑器，使新的测试人员可以较松使用；为需要高级分析和自定义选项的专家级测试人员提供了对丰富的测试详细信息的访问能力，并支持自定义Java代码插入；自动检测和处理可变数据，以简化数据驱动的测试；提供有关性能、吞吐量和服务器资源的实时报告，以便及时发现系统的瓶颈；可以在Linux和Windows上进行测试录制和修改
Logiscope	Telelogic	功能测试	Telelogic Logiscope是一种软件质量保证(QA)工具，它可以通过自动进行代码检查和对容易出错的模块的鉴定与检测来帮助扩大测试范围，从而达到保证质量和完成软件测试的目的；可自定义的软件测试功能可帮助在软件开发过程中及早发现缺陷，将费用控制在预算内，同时又可以提高软件质量；在软件开发生命周期的早期排除错误对于维护软件开发标准是至关重要的，这样就可以满足需求、构建可靠产品，并最大限度地缩短将产品推向市场的时间；Logiscope可以鉴定出很可能包含缺陷的模块，说明有缺陷的结构，并提供改进建议

续表

工具名称	来源	类型	功能概要
TAU/Tester	Telelogic	系统测试和集成测试	Telelogic TAU/Tester 是基于 TTCN-3 的软件测试工具，用于软件开发生命周期的系统测试和集成测试；支持软件测试生命周期（从测试设计、开发、分析、执行到调试），可以通过具有共享的、常见的工作室界面的单台桌面计算机运行
QACenter	Compuware	功能测试、性能测试、回归测试等	QACenter 帮助所有的测试人员创建一个快速的、可重用的测试过程；这些测试工具自动帮助管理测试过程，快速分析和调试程序，包括针对回归、强度、单元、并发、集成、移植、容量和负载建立测试用例，自动执行测试和产生文档结果；QACenter 主要包括以下几个模块：- QARun（应用的功能测试工具）、- QALoad（强负载下应用的性能测试工具）、- QADirector（测试的组织设计和创建以及管理工具）、- TrackRecord（集成的缺陷跟踪管理工具）、-EcoTools（高层次的性能监测工具）
QADirector	Compuware	测试管理	QADirector 分布式的测试能力和多平台支持，能够使开发和测试团队跨越多个环境控制测试活动，QADirector 允许开发人员、测试人员和 QA 管理人员共享测试资产、测试过程和测试结果、当前的和历史的信息；从而为客户提供了最完全彻底的、一致的测试
QALoad	Compuware	负载压力测试	QALoad 是客户/服务器系统、企业资源配置（ERP）和电子商务应用的自动化负载测试工具；QALoad 是 QACenter 性能版的一部分，它通过可重复的、真实的测试能够彻底地度量应用的可扩展性和性能；QACenter 汇集完整的跨企业的自动测试产品，专为提高软件质量而设计；QACenter 可以在整个开发生命周期、跨越多种平台、自动执行测试任务；在投产准备时期，QALoad 可以模拟成百上千的用户并发执行关键业务而完成对应用程序的测试，并针对所发现问题对系统性能进行优化，确保应用的成功部署；预测系统性能，通过重复测试寻找瓶颈问题，从控制中心管理全局负载测试，验证应用的可扩展性，快速创建仿真的负载测试
TestPartner	Compuware	功能测试	TestPartner 能提高复杂应用的功能测试效率，对 Microsoft 平台、Java 平台和 Web 平台的应用都适用；TestPartner 按树形结构记录和展示测试；这些图形可以清晰地验证 Web 应用的测试路径、点击对象以及输入的数据，提供可视化的、高级脚本语言表示法
TrackRecord	Compuware	管理测试	TrackRecord 是一个高级的需求变更和缺陷管理工具，可以帮助组织建立一个系统方法来协调软件开发、调试、测试和实现；TrackRecord 的特性：直观、基于规则和模板驱动的输入表单；强大的桌面或 Internet 视图动态的项目跟踪；可定制的工作流和信息管理；与源代码管理、项目管理、软件开发和测试工具集成；用户组和项目安全级别；角色和用户指定的报告；高效的缺陷跟踪；电子邮件通知

续表

工具名称	来源	类型	功 能 概 要
WebLoad	Radview 公司	性能测试和压力测试	WebLoad 专为测试在大量用户访问下的 Web 应用性能而设计；其控制中心运行在 Windows 2000、XP 和 2003 操作系统上，负载发生模块可以运行在 Windows、Solaris 和 linux 操作系统上；模拟出来的用户流量可支持.NET 和 J2EE 两种环境；WebLoad 的测试脚本采用 Javascript 脚本语言实现，支持在 DOM(Document Object Model)的基础之上，将测试单元组织成树形结构，对 Web 应用进行遍历或者选择性测试
WebFT	Radview	功能测试	webFT 帮助用户对 Web 系统进行快速、有效的功能性测试；它是模拟单用户对网站进行功能测试的；WebFT 支持 3 个测试级别：全局、页面和对象，可以测试系统或者页面的全部功能，也可以深入细致地测试页面上某个对象的功能、webFT 测试脚本与 WebLoad 的完全一样，也是使用 Javascript 语言写成的，也能够自动生成；因此 webFT 使用的脚本，也可以在 WebLoad 中使用
TestView Manager	Radview	测试管理	TestView Manager 用来管理和组织各种规模的测试活动，使用它可以定义任意数量和复杂度的脚本；可以将各个测试脚本组成一个测试项目，用树形结构来组织脚本的执行次序和相互关系，完全模拟用户访问 Web 的行为
WebLoad Analyzer	Radview	性能测试	WebLoad Analyzer 用来发现、诊断，并定位 Web 应用性能问题；使用一个安装于服务器的探针程序搜集所需的应用进程以及操作系统信息；可以定制探针程序的搜集行为；它支持多种操作系统和应用服务
Apache JMeter	开源组织	压力测试和性能测试	Apache JMeter 可以用于对静态的和动态的资源(文件、Servlet、Perl 脚本、Java 对象、数据库和查询、FTP 服务器等)的性能进行测试；它可以用于对服务器，网络或对象模拟繁重的负载来测试它们的强度或分析不同压力类型下的整体性能；可以使用它做性能测试的图形分析或在大并发负载条件下测试你的服务器、脚本或对象
OpenSTA	开源组织	性能测试	OpenSTA 是专用于 B/S 结构的、免费的性能测试工具、OpenSTA 是基于 CORBA 的结构体系、它是通过虚拟一个代理服务器，使用其专用的脚本控制语言，记录通过代理服务器的一切 HTTP/S 流量、测试工程师通过分析 OpenSTA 的性能指标收集器收集的各项性能指标，以及 HTTP 数据，对被测试系统的性能进行分析
Bugzilla	开源组织	缺陷跟踪管理	Buzilla 是一个 bug 管理工具；能够建立一个完善的 bug 跟踪体系，包括报告 bug、查询 bug 记录并产生报表、处理解决、管理员系统初始化和设置四部分；并具有如下特点：基于 Web 方式，安装简单、运行方便快捷、管理安全；有利于缺陷的清楚传达；系统灵活，拥有强大的可配置能力；自动发送 E-mail，通知相关人员

续表

工具名称	来源	类型	功能概要
JUnit	开源组织	单元测试和回归测试	JUnit是由Erich Gamma和Kent Beck编写的一个单元测试框架(Regression Testing Framework)；Junit测试是程序员测试，即所谓白盒测试，因为程序员知道被测试的软件如何(How)完成功能和完成什么样(What)的功能；Junit是一套框架，继承TestCase类，就可以用Junit进行自动测试了
Cactus	开源组织	单元测试和回归测试	Cactus是一个基于JUnit框架的简单测试框架，用来单元测试服务端Java代码；Cactus框架的主要目标是能够单元测试服务端的使用Servlet对象的Java方法，如HttpServletRequest、HttpServletResponse、HttpSession等

软件测试英语词汇

1. 静态测试：Non-Execution-Based Testing 或 Static testing

代码走查：Walkthrough

代码审查：Code Inspection

技术评审：Review

2. 动态测试：Execution-Based Testing

3. 白盒测试：White-Box Testing

4. 黑盒测试：Black-Box Testing

5. 灰盒测试：Gray-Box Testing

6. 软件质量保证：Software Quality Assurance,SQA

7. 软件开发生命周期：Software Development Life Cycle

8. 冒烟测试：Smoke Test

9. 回归测试：Regression Test

10. 功能测试：Function Testing

11. 性能测试：Performance Testing

12. 压力测试：Stress Testing

13. 负载测试：Volume Testing

14. 易用性测试：Usability Testing

15. 安装测试：Installation Testing

16. 界面测试：UI Testing

17. 配置测试：Configuration Testing

18. 文档测试：Documentation Testing

19. 兼容性测试：Compatibility Testing

20. 安全性测试：Security Testing

21. 恢复测试：Recovery Testing

22. 单元测试：Unit Test

23. 集成测试：Integration Test

24. 系统测试：System Test

25. 验收测试：Acceptance Test

26. 测试计划应包括：

- 测试对象——The Test Objectives

- 测试范围——The Test Scope
- 测试策略——The Test Strategy
- 测试方法——The Test Approach
- 测试过程——The Test Procedures
- 测试环境——The Test Environment
- 测试完成标准——The Test Completion Criteria
- 测试用例——The Test Cases
- 测试进度表——The Test Schedules
- 风险——Risks

27. 主测试计划：Master Test Plan
28. 需求规格说明书：The Test Specifications
29. 需求分析阶段：The Requirements Phase
30. 接口：Interface
31. 最终用户：The End User
32. 正式的测试环境：Formal Test Environment
33. 确认需求：Verifying The Requirements
34. 有分歧的需求：Ambiguous Requirements
35. 运行和维护：Operation and Maintenance
36. 可复用性：Reusability
37. 可靠性：Reliability/Availability

参 考 文 献

[1] 温艳冬，王法胜. 实用软件测试教程. 北京：清华大学出版社，2011.

[2] 贺平. 软件测试教程. 北京：电子工业出版社，2007.

[3] 51Testing 软件测试网. QTP 自动化测试实践. 北京：电子工业出版社，2008.

[4] 陈绍英. LoadRunner 性能测试实践. 北京：电子工业出版社，2007.

[5] 段念. 软件性能测试过程详解与案例剖析. 北京：清华大学出版社，2006.

[6] 刘群策. LoadRunner 和软件项目性能测试. 北京：机械工业出版社，2008.

[7] Ron Patton. 软件测试(英文版第 2 版). 北京：机械工业出版社，2007.

[8] 全国计算机等级考试新大纲研究组. 四级软件测试工程师. 北京：清华大学出版社，2009.

[9] 钟元生. 软件测试实践教学特色的构建实践. 电化教育研究，2006，(10)，62～65.

[10] 张川，赵若曼. 基于.NET 的网络教学平台的研究与开发. 中国教育信息化，2007，(12)，23～25.

[11] 钟素芬，叶明芷. 软件测试应用性人才培养模式的探索与实践. 北京联合大学学报(自然科学版)，2007，(9)，89～92.

[12] 程宝雷，徐丽，金海东. 软件测试工具使用教程. 北京：清华大学出版社，2009.

[13] E 测工作室. QTP 项目应用与进阶. 北京：化学工业出版社，2009.

图书资源支持

感谢您一直以来对清华版图书的支持和爱护。为了配合本书的使用，本书提供配套的资源，有需求的读者请扫描下方的“书圈”微信公众号二维码，在图书专区下载，也可以拨打电话或发送电子邮件咨询。

如果您在使用本书的过程中遇到了什么问题，或者有相关图书出版计划，也请您发邮件告诉我们，以便我们更好地为您服务。

我们的联系方式：

地　　址：北京海淀区双清路学研大厦 A 座 707

邮　　编：100084

电　　话：010－62770175－4604

资源下载：http://www.tup.com.cn

电子邮件：weijj@tup.tsinghua.edu.cn

QQ：883604（请写明您的单位和姓名）

资源下载、样书申请

书圈

用微信扫一扫右边的二维码，即可关注清华大学出版社公众号“书圈”。